책 구입 시 드리는 혜택
❶ 필기 이론 동영상 강의 평생 무료 제공
❷ CBT 시험대비 복원 기출문제 수록
❸ 우수회원 인증 후 2017년 ~ 2019년 3개년 추가 기출문제(해설 포함) 제공

2026
개정 3판

평생무료 평생 무료 동영상과 함께하는

피복아크용접기능사

필기

이론+6개년기출문제 +필기무료강의

최갑규 저

2025년 1회·2회 3회·4회 복원 기출문제 수록

전 과목 핵심 이론 동영상 강의 평생 제공
우수회원 인증 후 2017년, 2018년, 2019년 3개년 기출문제 추가 제공
최근 기출문제 수록 및 완벽 해설 / 문제 해설을 이해하기 쉽도록 자세히 설명

무료 동영상 강의

용접무료동영상강의 http://cafe.daum.net/kh02260117

세진북스
www.sejinbooks.kr

머리말

용접은 산업현장에서 반드시 필요한 기술이며, 용접의 사용처는 무수히 많으나 그 중에서도 조선, 자동차, 플랜트 설비, 원자력, 가스 시공, 석유화학, 건축 등 아주 다양한 분야에서 사용되어지고 있습니다.

최근에는 용접을 배우려고 하는 사람들이 늘어나는 추세이며 용접기술을 배워 산업현장에 취업이나 자격증을 취득하려고 하는 인원 또한 늘어나고 있는 추세입니다.

오랜 강의 경험과 노하우를 이용하여 단원마다 핵심 요약정리를 충분히 하여 수험생들에게 상세하게 설명함으로써 독학으로 충분히 피복아크용접기능사 필기에 합격할 수 있도록 서술하였습니다.

기존의 수험서보다 핵심 내용과 문제를 쉽게 접할 수 있도록 노력하였고, 수험생 여러분들이 자격증을 손쉽게 취득할 수 있도록 본 교재를 서술하였습니다.

단기간에 핵심내용과 문제 해설을 공부할 수 있도록 하여 피복아크용접기능사 시험에 대비할 수 있도록 하였으니 이 교재로 공부하시는 모든 수험생 여러분의 합격을 기원하며, 추후 부족한 부분이 있으면 보강할 것을 약속하며 여러분의 건승을 빕니다.

끝으로 본 교재를 집필하는 데 물심양면으로 도움을 주신 세진북스 홍세진 대표와 임직원 여러분께 감사의 말씀을 전하며 이 책으로 공부하시는 여러분에게 합격의 영광이 함께 하시길 기원합니다.

저자 드림

피복아크용접기능사 필기

출제기준

1. 필 기

직무분야	재료	중직무분야	용접	자격종목	피복아크용접기능사	적용기간	2023.01.01 ~ 2026.12.31

- 직무내용: 용접 도면을 해독하여 용접절차 사양서를 이해하고 용접재료를 준비하여 작업환경 확인, 안전보호구 준비, 용접장치와 특성 이해, 용접기 설치 및 점검관리하기, 용접 준비 및 본 용접하기, 용접부 검사, 작업장 정리하기 등의 피복아크 용접(SMAW) 관련 직무이다.

필기검정방법	객관식	문제수	60	시험시간	1시간

필기과목명	문제수	주요항목	세부항목	세세항목
아크용접, 용접안전, 용접재료, 도면해독, 가스절단, 기타용접	60	1. 아크용접 장비준비 및 정리정돈	1. 용접장비 설치, 용접설비 점검, 환기장치 설치	1. 용접 및 산업용 전류, 전압 2. 용접기 설치 주의사항 3. 용접기 운전 및 유지보수 주의사항 4. 용접기 안전 및 안전수칙 5. 용접기 각 부 명칭과 기능 6. 전격방지기 7. 용접봉 건조기 8. 용접 포지셔너 9. 환기장치, 용접용 유해가스 10. 피복아크용접설비 11. 피복아크용접봉, 용접와이어 12. 피복아크용접기법
		2. 아크용접 가용접작업	1. 용접개요 및 가용접작업	1. 용접의 원리 2. 용접의 장·단점 3. 용접의 종류 및 용도 4. 측정기의 측정원리 및 측정방법 5. 가용접 주의사항
		3. 아크용접 작업	1. 용접조건 설정, 직선비드 및 위빙 용접	1. 용접기 및 피복아크용접기기 2. 아래보기, 수직, 수평, 위보기 용접 3. T형 필릿 및 모서리용접
		4. 수동·반자동 가스절단	1. 수동·반자동 절단 및 용접	1. 가스 및 불꽃 2. 가스용접 설비 및 기구 3. 산소, 아세틸렌용접 및 절단기법 4. 가스절단 장치 및 방법 5. 플라스마, 레이저 절단 6. 특수가스절단 및 아크절단 7. 스카핑 및 가우징
		5. 아크용접 및 기타용접	1. 맞대기(아래보기, 수직, 수평, 위보기) 용접, T형 필릿 및 모서리용접	1. 서브머지드아크용접 2. 가스텅스텐아크용접, 가스금속아크용접 3. 이산화탄소가스 아크용접 4. 플럭스코어드아크용접 5. 플라스마아크용접 6. 일렉트로슬래그용접, 테르밋용접 7. 전자빔용접　　　8. 레이저용접 9. 저항용접　　　　10. 기타용접
		6. 용접부 검사	1. 파괴, 비파괴 및 기타검사(시험)	1. 인장시험　　　　2. 굽힘시험 3. 충격시험　　　　4. 경도시험 5. 방사선투과시험　6. 초음파탐상시험 7. 자분탐상시험 및 침투탐상시험 8. 현미경조직시험 및 기타시험
		7. 용접 결함부 보수용접 작업	1. 용접 시공 및 보수	1. 용접 시공 계획　2. 용접 준비 3. 본 용접 4. 열영향부 조직의 특징과 기계적 성질 5. 용접 전·후처리(예열, 후열 등) 6. 용접결함, 변형 등 방지대책

필기과목명	문제수	주요항목	세부항목	세세항목
		8. 안전관리 및 정리정돈	1. 작업 및 용접안전	1. 작업안전, 용접 안전관리 및 위생 2. 용접 화재방지 3. 산업안전보건법령 4. 작업안전 수행 및 응급처치 기술 5. 물질안전보건자료
		9. 용접재료준비	1. 금속의 특성과 상태도	1. 금속의 특성과 결정 구조 2. 금속의 변태와 상태도 및 기계적 성질
			2. 금속재료의 성질과 시험	1. 금속의 소성 변형과 가공 2. 금속재료의 일반적 성질 3. 금속재료의 시험과 검사
			3. 철강재료	1. 순철과 탄소강 2 열처리 종류 3. 합금강 4. 주철과 주강 5. 기타재료
			4. 비철 금속재료	1. 구리와 그 합금 2. 알루미늄과 경금속 합금 3. 니켈, 코발트, 고용융점 금속과 그 합금 4. 아연, 납, 주석, 저용융점 금속과 그 합금 5. 귀금속, 희토류 금속과 그 밖의 금속
			5. 신소재 및 그 밖의 합금	1. 고강도 재료 2. 기능성 재료 3. 신에너지 재료
		10. 용접도면해독	1. 용접절차사양서 및 도면해독(재도 통칙 등)	1. 일반사항 (양식, 척도, 문자 등) 2. 선의 종류 및 도형의 표시법 3. 투상법 및 도형의 표시방법 4. 치수의 표시방법 5. 부품번호, 도면의 변경 등 6. 체결용 기계요소 표시방법 7. 재료기호 8. 용접기호 9. 투상도면해독 10. 용접도면 11. 용접기호 관련 한국산업규격(KS)

피복아크용접기능사 필기

출제기준

2. 실 기

직무분야	재료	중직무분야	용접	자격종목	피복아크용접기능사	적용기간	2023.01.01 ~ 2026.12.31

- **직무내용**: 용접 도면을 해독하여 용접절차 사양서를 이해하고 용접재료를 준비하여 작업환경 확인, 안전보호구 준비, 용접장치와 특성 이해, 용접기 설치 및 점검관리하기, 용접 준비 및 본 용접하기, 용접부 검사, 작업장 정리하기 등의 피복아크 용접(SMAW) 관련 직무이다.
- **수행준거**:
  1. 용접관련 안전사고방지를 위해 보호구, 전기, 화재, 폭발요인 등을 점검하여 작업할 수 있다.
  2. 용접절차사양서(용접도면, 작업지시서)에 따라 용접작업을 할 수 있다.
  3. 용접봉, 모재, 용접에 필요한 치공구 등을 준비할 수 있고 재료준비를 위한 가스절단을 할 수 있다.
  4. 피복아크 용접작업에 사용할 용접장비와 설비, 환기장치의 특성을 이해하고 용접작업에 적합하게 설치하여 이상 유무를 점검할 수 있다.
  5. 모재 재질 및 치수를 확인하고 가용접을 할 수 있다.
  6. 용접 작업 전·후 및 작업 간 용접부 상태를 확인하고 검사할 수 있다.
  7. 용접작업 완료 후 작업장에 대한 정리정돈을 할 수 있다.

실기검정방법	작업형	시험시간	2시간 정도

실 기 과목명	주요항목	세부항목	세세항목
피복아크 용접 실무	1. 피복아크용접 도면해독	1. 용접기호 확인하기	1. 용접자세를 지시하는 용접기본기호를 구별할 수 있다. 2. 용접이음, 그루브의 형상을 지시하는 용접기본기호를 구별할 수 있다. 3. 가공 상태를 지시하는 용접보조기호의 의미를 구별할 수 있다.
		2. 도면 파악하기	1. 제작도면을 해독하여 도면에 표기된 용접자세, 용접이음, 그루브의 형상 등을 파악할 수 있다. 2. 제작도면에 표기된 용접에 필요한 기본 요구사항 등을 파악할 수 있다. 3. 제작도면을 해독하여 용접구조물 형상을 파악할 수 있다.
		3. 용접절차사양서 파악하기	1. 용접절차사양서(용접도면, 작업지시서)에서 용접 일반에 관한 특정 사항 등을 파악할 수 있다. 2. 용접절차사양서(용접도면, 작업지시서)에서 요구하는 이음의 형상을 파악할 수 있다. 3. 용접절차사양서(용접도면, 작업지시서)에서 요구하는 용접방법에 대하여 파악할 수 있다. 4. 용접절차사양서(용접도면, 작업지시서)에서 요구하는 용접조건을 파악할 수 있다. 5. 용접절차사양서(용접도면, 작업지시서)에서 요구하는 용접 후처리 방법에 대하여 파악할 수 있다.
	2. 피복아크용접 재료 준비	1. 모재 준비하기	1. 용접구조물의 사용성능에 맞는 모재를 선택할 수 있다. 2. 요구하는 용접강도 및 모재 두께에 알맞은 그루브형상을 가공할 수 있다. 3. 요구하는 이음형상으로 모재를 배치할 수 있다. 4. 작업에 사용할 모재를 청결하게 유지할 수 있다.
		2. 용접봉 준비하기	1. 용접절차사양서(용접도면, 작업지시서)에 따라 모재의 화학성분, 기계적성질에 적합한 용접봉을 선택할 수 있다. 2. 용접절차사양서(용접도면, 작업지시서)에 따라 모재의 두께, 이음 형상에 적합한 용접봉을 선택할 수 있다. 3. 용접절차사양서(용접도면, 작업지시서)에 따라 용접성, 작업성에 적합한 용접봉을 선택할 수 있다. 4. 용접봉 피복제의 종류에 따른 적정 건조온도와 시간을 관리할 수 있다.
		3. 용접치공구 준비하기	1. 용접치공구의 특성을 알고 다룰 수 있다. 2. 용접포지셔너의 특성을 알고 적용할 수 있다. 3. 용접구조물 형태에 따른 치공구 특성을 알고 배치할 수 있다. 4. 용접변형에 따른 역변형과 고정력을 치공구에 반영할 수 있다.
	3. 피복아크용접 작업안전보건 관리	1. 용접작업 안전수칙 파악하기	1. 산업안전보건법에 따라 용접작업의 안전수칙을 준수할 수 있다. 2. 산업안전보건법에 따라 안전보호구를 준비하고 착용할 수 있다. 3. 안전사고 행동 요령에 따라 사고 시 행동에 대비할 수 있다. 4. 용접장비의 안전수칙을 숙지하여 장비에 의한 사고에 대비할 수 있다.

출제기준

실기 과목명	주요항목	세부항목	세세항목
		2. 용접작업장 주변정리 상태점검하기	1. 용접작업장 주변에 화재예방을 위해 인화물질을 점검하고 소화용 장비를 준비할 수 있다. 2. 용접작업 시 추락 방지와 낙하물에 의한 사고를 예방하기 위하여 작업장 주변을 점검할 수 있다. 3. 용접작업장 청결을 위해 주변을 깨끗이 정리정돈할 수 있다. 4. 용접작업장의 환기를 위해 환기시설을 확인하고 설치, 조작할 수 있다.
		3. 용접 안전보호구 점검하기	1. 안전을 위하여 안전보호구 선택 시 유의사항을 파악할 수 있다. 2. 안전수칙에 규정된 보호구 구비조건을 알고 사용할 수 있다. 3. 안전보호구의 특징을 알고 이를 선택 착용할 수 있다.
		4. 안전 점검하기	1. 용접 작업 전 전원장치 및 부속설비 등의 상태를 점검할 수 있다. 2. 용접 작업 전 용접기 전원스위치(on, off) 상태를 점검할 수 있다. 3. 용접 작업 전 용접기 접지상태를 점검할 수 있다. 4. 용접 작업 전 전격방지기의 작동 여부를 확인할 수 있다. 5. 용접 작업 전 용접케이블의 절연여부를 점검하고 보수할 수 있다.
		5. 물질안전보건 자료 점검하기	1. 모재의 특징을 점검하고 적합한 조치를 할 수 있다. 2. 용접봉 심선의 특징을 점검하고 적합한 조치를 할 수 있다. 3. 피복제의 특징을 점검하고 적합한 조치를 할 수 있다.
	4. 수동·반자동 가스절단	1. 수동·반자동 절단기 조작 준비하기	1. 매뉴얼에 따라 절단기 이상 유무를 확인할 수 있다. 2. 제작사 작업안전절차에 따라 가스 및 전기 등 유틸리티 상태를 점검하고, 이상 유무를 확인할 수 있다. 3. 도면 확인 후, 절단 형상을 확인하고, 용접가능성 및 방법에 있어 작업자가 어려움이 없는지 확인할 수 있다. 4. 절단 작업지시서에 따라 재질(연강) 및 두께(t6, t9)에 맞는 절단공구를 선정할 수 있다.
		2. 수동·반자동 절단기 조작하기	1. 사용 매뉴얼을 숙지하여 절단기를 조작할 수 있다. 2. 작업 안전절차에 따라 절단작업을 수행할 수 있다. 3. 절단기 이상 발견 시, 제작사 절차에 따라 작업 수리를 의뢰할 수 있다. 4. 표준작업지도서에 의거 강판 두께에 따라 불꽃 세기를 조정하고, 육안으로 확인할 수 있다. 5. 표준작업지도서에 의거 강판 두께에 따라 예열시간, 절단속도를 확인·조정할 수 있다.
		3. 수동·반자동 가스절단 측정 및 검사하기	1. 절단기 부속품을 검사·측정하여 불량 시, 제작사 절차에 따라 교체·수리할 수 있다. 2. 결과물의 절단부위에 대한 작업표준 준수여부를 검사할 수 있다. 3. 제작사 절차에 따른 절단부위 검사항목을 측정하여 기록할 수 있다.
		4. 수동·반자동 절단기 유지·관리하기	1. 제작사 관리 기준에 의하여 일일점검, 정기점검 등을 수행할 수 있다. 2. 소모품 및 사용기한이 만료된 부속품을 교체할 수 있다. 3. 조작 및 동작상태 점검으로 이상 유무를 판단하여 적절한 조치를 취할 수 있다. 4. 사용매뉴얼을 숙지하여 분해, 조립 및 고장에 대하여 처리할 수 있다.
	5. 피복아크용접 장비준비	1. 용접장비 설치하기	1. 작업 전 용접기 설치장소의 이상 유무를 확인할 수 있다. 2. 용접기의 각부 명칭을 알고 조작할 수 있다. 3. 용접기의 부속장치를 조립할 수 있다. 4. 용접기에 전원 케이블과 접지 케이블을 연결할 수 있다. 5. 용접용 치공구를 정리정돈할 수 있다.
		2. 용접설비 점검하기	1. 아크를 발생시켜 용접기의 이상 유무를 확인할 수 있다. 2. 전격방지기의 용도를 알고 이상 유무를 확인할 수 있다. 3. 용접봉 건조기의 용도를 알고 이상 유무를 확인할 수 있다. 4. 환풍기의 용도를 알고 이상 유무를 확인할 수 있다. 5. 용접포지셔너의 용도를 알고 이상 유무를 확인할 수 있다. 6. 용접설비가 작업여건에 맞게 배치되었는지를 확인할 수 있다.

피복아크용접기능사 필기

출제기준

실기 과목명	주요항목	세부항목	세세항목
		3. 환기장치 설치하기	1. 환풍기의 종류를 알고 작업여건에 따라 선택할 수 있다. 2. 작업환경에 따라 환기방향을 선택하고 환기량을 조절할 수 있다. 3. 작업장의 환기시설을 조작하고 이상 유무를 확인할 수 있다. 4. 이동용 환풍기를 설치할 때 이상 유무를 확인할 수 있다.
	6. 피복아크용접 가용접작업	1. 모재치수 확인하기	1. 도면에 따라 용접조건에 맞는 모재의 재질을 확인할 수 있다. 2. 도면에 따라 용접조건에 맞는 모재의 치수를 확인할 수 있다. 3. 도면에 따라 길이 및 각도 측정용 공구 등을 사용하여 치수를 측정할 수 있다.
		2. 용접부 이음형상 확인하기	1. 도면에 따라 이음형상이 조립되어 있는지 확인할 수 있다. 2. 이음형상에 따라 치공구를 배치할 수 있다. 3. 조립부의 치수가 도면과 일치하는 지 확인할 수 있다.
		3. 용접부 가용접하기	1. 도면에 따라 용접구조물 조립을 위한 순서를 파악할 수 있다. 2. 도면에 따라 용접구조물의 이음 형상에 적합한 가용접 위치 및 길이를 파악할 수 있다. 3. 도면에 따라 용접구조물의 응력 집중부를 피하여 가용접 작업을 수행할 수 있다. 4. 도면에 따라 용접구조물이 변형되지 않도록 가용접 작업을 수행할 수 있다.
	7. 피복아크용접 비드쌓기	1. 용접조건 설정하기	1. 용접절차사양서(용접도면, 작업지시서)에 따라 피복아크용접을 실시할 모재의 특성, 두께, 이음의 형상을 파악할 수 있다. 2. 용접절차사양서(용접도면, 작업지시서)에 따라 용접전류를 설정할 수 있다. 3. 용접절차사양서(용접도면, 작업지시서)에 따라 적합한 용접기의 작업 기준을 설정할 수 있다. 4. 용접절차사양서(용접도면, 작업지시서)에 따라 용접작업표준을 설정할 수 있다.
		2. 직선비드 용접하기	1. 용접절차사양서(용접도면, 작업지시서)에 따라 용접기의 종류를 선정하고 용접조건을 설정할 수 있다. 2. 용접절차사양서(용접도면, 작업지시서)에 따라 직선비드 용접을 수행할 수 있다. 3. 용접절차사양서(용접도면, 작업지시서)에 따라 용접 전후 처리를 할 수 있다.
		3. 위빙 용접하기	1. 용접절차사양서(용접도면, 작업지시서)에 따라 용접기의 종류를 선정하고 용접조건을 설정할 수 있다. 2. 용접절차사양서(용접도면, 작업지시서)에 따라 위빙 용접작업을 수행할 수 있다. 3. 용접절차사양서(용접도면, 작업지시서)에 따라 용접 전후 처리를 할 수 있다.
	8. 피복아크용접 맞대기용접	1. 용접부 온도관리하기	1. 용접부 형상과 모재의 종류에 따른 예열 기구를 이해하고 적용할 수 있다. 2. 용접절차사양서에 규정된 예열 온도를 준수하여 용접부를 예열할 수 있다. 3. 다층용접인 경우에는 용접절차사양서에 규정된 층간 온도를 준수하여 용접작업을 할 수 있다.
		2. 아래보기 자세 용접하기	1. 용접절차사양서(용접도면, 작업지시서)에 따라 용접기의 종류를 선정하고 용접조건을 설정할 수 있다. 2. 용접절차사양서(용접도면, 작업지시서)에 따라 아래보기 자세 용접작업을 수행할 수 있다. 3. 용접절차사양서(용접도면, 작업지시서)에 따라 용접 전후 처리를 할 수 있다.
		3. 수직 자세 용접하기	1. 용접절차사양서(용접도면, 작업지시서)에 따라 용접기의 종류를 선정하고 용접조건을 설정할 수 있다.

실 기 과목명	주요항목	세부항목	세세항목
			2. 용접절차사양서(용접도면, 작업지시서)에 따라 수직 자세 용접작업을 수행할 수 있다. 3. 용접절차사양서(용접도면, 작업지시서)에 따라 용접 전후 처리를 할 수 있다.
		4. 수평 자세 용접하기	1. 용접절차사양서(용접도면, 작업지시서)에 따라 용접기의 종류를 선정하고 용접조건을 설정할 수 있다. 2. 용접절차사양서(용접도면, 작업지시서)에 따라 수평 자세 용접작업을 수행할 수 있다. 3. 용접절차사양서(용접도면, 작업지시서)에 따라 용접 전후 처리를 할 수 있다.
		5. 위보기 자세 용접하기	1. 용접절차사양서(용접도면, 작업지시서)에 따라 용접기의 종류를 선정하고 용접조건을 설정할 수 있다. 2. 용접절차사양서(용접도면, 작업지시서)에 따라 위보기 자세 용접작업을 수행할 수 있다. 3. 용접절차사양서(용접도면, 작업지시서)에 따라 용접 전후 처리를 할 수 있다.
	9. 피복아크용접 필릿용접	1. T형 필릿 용접하기	1. 용접절차사양서(용접도면, 작업지시서)에 따라 용접기의 종류를 선정하고 용접조건을 설정할 수 있다. 2. 용접절차사양서(용접도면, 작업지시서)에 따라 T형 필릿 용접작업을 수행할 수 있다. 3. 용접절차사양서(용접도면, 작업지시서)에 따라 용접 전후 처리를 할 수 있다.
		2. 모서리 용접하기	1. 용접절차사양서(용접도면, 작업지시서)에 따라 용접기의 종류를 선정하고 용접조건을 설정할 수 있다. 2. 용접절차사양서(용접도면, 작업지시서)에 따라 용접 전후 처리를 할 수 있다. 3. 용접절차사양서(용접도면, 작업지시서)에 따라 모서리 용접작업을 수행할 수 있다.
	10. 피복아크 용접부 검사	1. 용접 전 검사하기	1. 모재의 재질 및 용접조건을 확인할 수 있다. 2. 용접이음과 그루브의 형상 상태를 확인할 수 있다. 3. 용접부 모재의 청결 상태를 확인할 수 있다. 4. 용접구조물의 가용접 상태를 확인할 수 있다.
		2. 용접 중 검사하기	1. 용접부의 변형 상태를 확인할 수 있다. 2. 용접부의 외관 결함여부를 확인할 수 있다. 3. 용접부 용착 상태를 확인할 수 있다.
		3. 용접 후 검사하기	1. 용접부 외관검사를 할 수 있다. 2. 용접부 잔류응력, 내부응력을 확인할 수 있다. 3. 용접부 비파괴 검사를 실시할 수 있다.
	11. 피복아크용접 작업 후 정리정돈	1. 전원차단하기	1. 용접기 본체의 전원스위치를 차단할 수 있다. 2. 용접설비 기기의 전원을 차단할 수 있다. 3. 배기환기시설의 전원을 차단할 수 있다. 4. 용접작업장에 공급되는 전체 전원을 차단할 수 있다.
		2. 용접작업장 정리정돈하기	1. 용접케이블을 안전하게 정리정돈할 수 있다. 2. 용접작업 시 사용한 전기기기를 안전하게 정리정돈할 수 있다. 3. 용접작업 후 잔여 재료를 구분하여 정리정돈할 수 있다. 4. 용접용 치공구를 정리정돈할 수 있다. 5. 용접작업 시 사용한 안전보호구를 종류별로 정리정돈할 수 있다. 6. 용접작업장의 작업안전을 위해서 항상 청결하게 정리정돈할 수 있다.
		3. 용접작업 후 안전점검하기	1. 용접작업 후 용접기 전원스위치(on, off) 상태를 점검할 수 있다. 2. 용접작업 후 용접케이블의 손상여부를 점검하고 보수할 수 있다. 3. 용접작업 후 화재의 위험요소 잔존여부를 확인할 수 있다. 4. 용접작업 후 안전점검을 시행하고 안전일지를 작성할 수 있다.

피복아크용접기능사 필기

차 례

핵심 요점정리

제 1 장　용접공학 ·· 15
제 2 장　용접구조설계 ·· 63

　　　　편하게 보세요 ·· 74

용접기능사 기출문제

2020년도
2020년 2월 CBT 시행 ················ 93
2020년 4월 CBT 시행 ················ 109
2020년 7월 CBT 시행 ················ 126
2020년 10월 CBT 시행 ··············· 143

2021년도
2021년 2월 CBT 시행 ················ 161
2021년 4월 CBT 시행 ················ 176
2021년 6월 CBT 시행 ················ 192
2021년 10월 CBT 시행 ··············· 207

CONTENTS

2022년도

2022년 1월 CBT 시행	225
2022년 3월 CBT 시행	241
2022년 7월 CBT 시행	257
2022년 10월 CBT 시행	272

2023년도
[피복아크용접기능사 기출문제]

2023년 1월 CBT 시행	291
2023년 4월 CBT 시행	307
2023년 6월 CBT 시행	322
2023년 9월 CBT 시행	338

2024년도
[피복아크용접기능사 기출문제]

2024년 1월 CBT 시행	357
2024년 4월 CBT 시행	373
2024년 6월 CBT 시행	388
2024년 9월 CBT 시행	404

2025년도
[피복아크용접기능사 기출문제]

2025년 1월 CBT 시행	423
2025년 4월 CBT 시행	440
2025년 6월 CBT 시행	456
2025년 9월 CBT 시행	472

피복아크용접기능사 필기

핵심 요점정리

제 1 장 용접공학

1. 용접의 특징

① 장점
- ㉠ 이음효율이 높다.
- ㉡ 중량이 가벼워진다.
- ㉢ 재료의 두께에 제한이 없다.
- ㉣ 이종재료도 접합 가능
- ㉤ 보수와 수리가 용이
- ㉥ 작업공정이 단축되며 경제적이다.
- ㉦ 제품의 성능과 수명이 향상된다.
- ㉧ 용접의 자동화가 용이하며 복잡한 구조
- ㉨ 수밀 및 기밀성이 좋다.

② 단점
- ㉠ 취성이 생길 우려가 있다.
- ㉡ 용접사의 기량에 따라 품질 좌우
- ㉢ 변형 및 수축 잔류응력이 발생
- ㉣ 품질검사가 곤란

2. 용접기의 특성

① 수하 특성 : 부하전류가 증가하면 단자전압이 낮아지는 특성
② 정전압 특성 : 부하전류가 변하여도 단자전압은 거의 변화하지 않는 특성
③ 정전류 특성 : 부하전압이 변하여도 단자전류는 거의 변화하지 않는 특성
④ 상승 특성 : 전류의 증가에 따라서 전압이 약간 높아지는 특성

3. 용접기의 효율, 역률, 허용사용률 공식

① 효율(%) = $\dfrac{\text{아크전력(kw)}}{\text{소비전력(kw)}} \times 100$

② 역률(%) = $\dfrac{\text{소비전력(kw)}}{\text{전원입력(kw)}} \times 100$

- 아크전력 = 아크전압 × 정격 2차 전류
- 전원입력 = 무부하전압 × 정격 2차 전류

- 소비전력 = 아크전력 + 내부손실

③ 허용사용률 = $\dfrac{(정격\ 2차\ 전류)^2}{(실제\ 용접전류)^2} \times 정격사용률$

④ 사용률 = $\dfrac{아크시간}{아크시간 + 휴식시간} \times 100$

4. 피복제의 역할

① 탈산정련작용 ② 합금원소 첨가
③ 전기절연작용 ④ 스패터의 발생을 적게 한다.
⑤ 슬래그 제거가 쉽다. ⑥ 아크 안정
⑦ 용착효율을 높인다. ⑧ 공기로 인한 산화, 질화 방지
⑨ 용착금속의 냉각속도를 느리게 하여 급랭 방지

5. 연강용 피복아크 용접봉의 특징

① E 4301(일미나이트계) : TiO_2, FeO를 약 30% 이상 함유한 용접봉으로, 광석, 사철 등을 주성분으로 한 것으로 기계적 성질이 우수하고 용접성 우수
② E 4303(라임티탄계) : 산하티탄을 약 30% 이상 함유한 용접봉으로, 비드의 외관이 아름답고 언더컷이 발생되지 않는다.
③ E 4311(고셀룰로오스계) : 셀룰로오스를 20~30% 정도 포함한 용접봉으로, 좁은 홈의 용접 보관 시 습기가 흡수되기 쉬우므로 건조 필요
④ E 4313(고산화티탄계) : 비드 표면이 고우며 작업성이 우수. 고온크랙을 일으키기 쉬운 결점이 있다.
⑤ E 4316(저수소계) : 석회석, 형석을 주성분으로 한 것으로 기계적 성질, 내균열성이 우수. 용착금속 중에 수소 함유량이 다른 피복봉에 비해 $\dfrac{1}{10}$ 정도로 매우 낮음.
- 용접봉 건조 시 300~350℃에서 1~2시간 건조
⑥ E 4324(철분산화티탄계)
⑦ E 4326(철분저수소계)
⑧ E 4327(철분산화철계)
⑨ E 4340(특수계)

6. 퓨즈 용량 = $\dfrac{전력(KVA)}{전압(V)}$

7. 아크 쏠림(자기불림)

직류에서 나타나는 현상으로 용접중에 아크가 용접봉 방향에서 한쪽으로 쏠리는 현상
[아크 쏠림 방지 대책]
① 용접부가 긴 경우 후퇴법을 사용할 것.
② 짧은 아크를 사용할 것.
③ 직류 용접을 하지 말고 교류 용접을 사용할 것.
④ 접지점을 용접부보다 멀리 할 것.
⑤ 접지점을 2개 연결할 것.

8. 교류 아크 용접기의 종류와 특징

① 가동 철심형
  ㉠ 현재 가장 많이 사용
  ㉡ 미세한 전류 조정이 가능
  ㉢ 가동 철심으로 누설자속을 가감하여 전류 조정
② 가포화 리액터형
  ㉠ 원격제어가 되고 가변저항의 변화로 용접전류를 조정
  ㉡ 조작이 간단
③ 가동 코일형
  ㉠ 가격이 비싸다.
  ㉡ 1차, 2차 코일 중의 하나를 이동하여 누설자속을 변화하여 전류 조정
④ 탭 전환용
  ㉠ 주로 소형에 사용
  ㉡ 미세전류 조정이 어렵다.

9. 용접 입열

$$H = \frac{60EI}{V}$$

여기서, H(J/cm)　　E(V) : 아크전압
　　　　I(A) : 아크전류　V(cm/min) : 용접속도

10. 피복 배합제의 종류

① 탈산제 *(바실러크망알)*
  ㉠ 페로망간(Fe-Mn)　　㉡ 페로티탄(Fe-Ti)
  ㉢ 페로바나듐(Fe-V)　　㉣ 페로크롬(Fe-Cr)
  ㉤ 페로실리콘(Fe-Si)　　㉥ Al
  ㉦ Mg

② 아크 안정제 (산석규자적)
  ㉠ 석회석(CaCO$_3$) ㉡ 규산칼륨(K$_2$SiO$_3$)
  ㉢ 규산나트륨(Na$_2$SiO$_3$) ㉣ 산화티탄(TiO$_2$)
  ㉤ 적철광 ㉥ 자철광

③ 합금첨가제 (바실크망산구)
  ㉠ 페로망간 ㉡ 페로실리콘 ㉢ 페로크롬
  ㉣ 산화니켈 ㉤ 페로바나듐 ㉥ 산화몰리브덴
  ㉦ 구리

④ 가스발생제 (석탄톱녹)
  ㉠ 석회석 ㉡ 탄산바륨 ㉢ 톱밥 ㉣ 녹말
  ㉤ 셀룰로오스

⑤ 슬래그 생성제 (이산형석일알장규)
  ㉠ 이산화망간 ㉡ 산화철 ㉢ 산화티탄 ㉣ 형석
  ㉤ 석회석 ㉥ 알루미나 ㉦ 규사 ㉧ 장석

⑥ 고착제 (해당아카큐)
  ㉠ 해초 ㉡ 당밀 ㉢ 아교 ㉣ 카세인
  ㉤ 규산칼륨

11. 교류 아크 용접기의 부속장치

① 전격방지장치 : 무부하전압이 85~95V로 비교적 높은 교류 아크 용접기는 감전재해의 위험이 있기 때문에 무부하전압을 20~30V 이하로 유지하여 용접사 보호
② 핫 스타트 장치 : 아크 발생을 쉽게 하고 비드 모양을 개선하고 아크가 발생하는 초기에 용접봉과 모재가 냉각되어 있어 입열이 부족하여 아크가 불안정하기 때문에 아크 초기만 용접전류를 특별히 크게 하기 위해
③ 고주파 발생장치 : 전류가 순간적으로 변할 때마다 아크가 불안정하기 때문에 교류 아크 용접에 고주파를 병용시키면 아크가 안정되므로 작은 전류로 얇은 판이나 비철금속을 용접 시 사용

12. 용접봉 홀더

① A형 : 손잡이 부분을 포함한 전체가 절연된 것
② B형 : 손잡이 부분만 절연된 것

13. 용착현상

① 스프레이형
  ㉠ 일미나이트계 피복 아크 용접봉

ⓒ 미세한 용적이 스프레이와 같이 날려 보내어 옮겨가서 용착
② 글로불러형
ㄱ) 서브머지드 용접과 같이 대전류 사용 시
ㄴ) 일명 핀치효과라고도 하며 비교적 큰 용적이 단락되지 않고 옮겨가는 이행형식
③ 단락형
ㄱ) 저수소계
ㄴ) 표면장력의 작용으로 모재로 옮겨가서 용착

14. 용접의 종류

① 융접
ㄱ) 아크 용접 : 보호아크 ― 서브머지드 아크 용접(TIG, MIG)
　(서스탄)　　　　　　├ 스터드 용접
　　　　　　　　　　　└ 탄산가스 아크 용접

ㄴ) 가스 용접 ┬ 산소-아세틸렌
　(산공산)　　├ 공기-아세틸렌
　　　　　　　└ 산소-수소

ㄷ) 특수 용접 ┬ 일렉트로 슬래그 용접
　(일테전)　　├ 테르밋 용접
　　　　　　　└ 전자빔 용접

② 압접 (유단초가마냉저)
ㄱ) 단접　　　ㄴ) 유도 가열 용접　　ㄷ) 초음파 용접
ㄹ) 마찰 용접　ㅁ) 가압 테르밋 용접　ㅂ) 냉간압접
ㅅ) 저항 용접 ┬ 겹치기 용접 - 점 용접, 심 용접, 프로젝션 용접
　　　　　　　└ 맞대기 용접 - 업셋 맞대기 용접, 방전 충격 용접, 플래시 맞대기 용접

15. 차광유리

① 납땜작업 (NO.2~4번 사용)

NO.2	연납땜
NO.3~NO.4	경납땜

② 가스 용접 (NO.4~6번 사용)

NO.4~NO.5	두께 3.2mm 이하
NO.5~NO.6	두께 3.2~12.7mm
NO.6~NO.8	두께 12.7mm 이상

③ 피복 아크 용접 (NO.10~12번 사용)

NO.10	용접전류 100~200A 용접봉 지름 2.6~3.2
NO.11	용접전류 150~200A 용접봉 지름 3.2~4.0
NO.10~NO.11	100A 이상 300A 미만의 아크 용접 및 절단용

16. 연강용 피복 아크 용접봉의 기호

E 43 △ □

① E : 전기 용접봉
② 43 : 용착금속의 최소 인장강도
③ △ : 용접 자세 – 0 : 규정치 않음　　　1 : 전 자세
　　　　　　　　　　2 : 아래보기, 수평 필릿　3 : 아래보기
　　　　　　　　　　4 : 전 자세
④ □ : 피복제의 종류

17. 가스 용접의 장·단점

① 장점
　㉠ 박판 용접에 적당하다.　　　㉡ 가열 조절이 비교적 자유롭다.
　㉢ 응용범위가 넓다.　　　　　㉣ 전원 설비가 필요 없다.
　㉤ 아크 용접에 비해 유해광선의 발생이 적다.
　㉥ 열량 조절이 자유롭다.　　　㉦ 전기 용접에 비해 싸다.
② 단점
　㉠ 폭발 및 화재의 위험이 크다.　㉡ 가열시간이 오래 걸린다.
　㉢ 용접 후의 변형이 심하게 된다.　㉣ 아크에 비해 불꽃온도가 낮다.
　㉤ 열의 집중성이 나빠 효율적인 용접이 어렵다.
　㉥ 금속이 산화, 탄화될 우려가 있다.

18. 수소가스의 성질

① 고온, 고압에서 수소취성(탈탄작용)이 일어난다.($Fe_3C + 2H_2 \rightarrow CH_4 + 3Fe$)
② 가연성 가스이며 연소범위는 공기중 4~75%, 산소중에서는 4~95%
③ 폭명기를 생성한다.
④ 무색, 무미, 무취이며 인체에 해가 없다.
⑤ 수소는 산소와 화합되기 쉽고 연소 시 2,000℃ 이상의 온도가 되면 물이 생성.

⑥ 확산속도가 빨라 실내에서 빨리 퍼진다.
⑦ 비중은 0.0695이며 0℃ 1기압 하에서 1l의 무게는 0.0899g이다.
⑧ 수중에서 절단작업 시 사용

19. 카바이드 취급 시 주의사항

① 인화성 물질을 가까이 두어서는 안 된다.
② 카바이드 운반 시 충격, 마찰, 타격 등을 주지 말 것.
③ 아세틸렌 발생기 주변에 물이나 습기가 없어야 한다.
④ 카바이드 통에서 카바이드를 들어낼 때 목재 공구 또는 모넬메탈을 사용한다.
⑤ 카바이드 통 개봉 시는 충격을 주지 말고 가위를 사용한다.

20. 산소(oxygen)

① 공기중에 약 21% 함유
② 1l의 중량은 0℃ 1기압에서 1,429g이다.
③ 가연성 물질과 혼합 시 점화 시 폭발적으로 연소한다.
④ 무색, 무미, 무취의 기체로 비중이 1.105로서 공기보다 약간 무겁다.
⑤ 액체산소는 연한 청색을 띠고 있다.
⑥ 모든 원소와 화합 시 산화물을 만든다.(단, 금, 백금, 수은 제외)
⑦ 유지류, 용제 등이 부착되면 산화폭발의 위험이 있다.
⑧ 액체가 기화되면 800배 체적의 기체가 된다.
⑨ 금속에 산화작용이 강하다.

21. 산소 취급 시 주의사항

① 압력계는 금유라는 표시가 있는 산소 전용 압력계 사용
② 산소가스 용기나 계기류는 윤활유, 그리스 등이 부착되지 않도록 한다.
③ 산소가스 용기는 가연성 가스 용기와 구분하여 저장한다.
④ 액화산소를 이·충전 시 불연재료를 상면에 깐 뒤 행한다.
⑤ 용기 밸브를 열 때는 천천히 열도록 한다.
⑥ 산소 용기 공업용 도색은 녹색(의료용은 백색)
⑦ 산소압축기 윤활유는 물이나 10% 이하의 묽은 글리세린수
⑧ 용기 재질은 Mn강, Cr강, 18-8 스테인리스강
⑨ 최고 충전압력은 150kg/cm^2
⑩ 산소 용기는 화기로부터 5m 이상 유지
⑪ 산소 누설 시험에는 비눗물 사용

22. 산소-아세틸렌 불꽃

① **탄화불꽃** : ㉠ 아세틸렌 과잉 불꽃   ㉡ 스테인리스, 모넬메탈, 스텔라이트
                ㉢ 아세틸렌 페더가 있는 불꽃
② **산화불꽃** : ㉠ 산소 과잉 불꽃   ㉡ 구리, 황동 용접에 사용
③ **중성불꽃** : ㉠ 표준불꽃이라고 한다.
                ㉡ 산소와 아세틸렌의 비는 1 : 1이다.

23. 프로판 가스의 성질

① 증발잠열이 크다.(101.8kcal/kg)
② 쉽게 기화하며 발열량이 높다.
③ 연소 시 필요산소량은 1 : 5이다.
   $C_3H_8 + 5O_2 \rightarrow 3CO_2 + 4H_2O$
   $C_2H_2 + 2.5O_2 \rightarrow 2CO_2 + H_2O$
④ 비중은 0.52이다.
⑤ 공기보다 무겁다.($\frac{58g}{29g} = 1.52$배)
⑥ 연소한계(폭발한계)가 좁다.
⑦ 연소 시 다량의 공기가 필요하다.
⑧ 쉽게 기화하여 발열량이 높다.
⑨ 물에 녹지 않는다.
⑩ 기화하면 체적이 250배 정도 늘어난다.
⑪ 용해성이 있다.(천연고무를 녹이므로 합성고무 사용)
⑫ 발화온도가 높다.(460~520℃)

24. 가스의 발열량과 온도

가스의 종류	발열량(kcal/m³)	최고 불꽃온도
부 탄	26,691	2,926℃
프로판	20,780	2,820℃
아세틸렌	12,690	3,430℃
메 탄	8,080	2,700℃
일산화탄소	2,865	2,820℃
수 소	2,420	2,900℃

∴ 발열량이 가장 큰 것 : 부탄, 불꽃온도가 가장 높은 것 : 아세틸렌

25. 팁의 능력

① 프랑스식 : 1시간 동안 표준불꽃으로 용접하는 경우 아세틸렌 소비량을 리터로 나타냄.

    [예] 팁 100 : 1시간의 표준불꽃으로 용접 시 아세틸렌 소비량이 $100l$이다.

② 독일식 : 팁이 용접하는 판 두께

    [예] 2번의 팁 : 2mm 두께의 연강판

26. 아세틸렌 가스

① 여러 가지 액체에 잘 용해된다.(석유 2배, 벤젠 4배, 알코올 6배, 아세톤 25배)
② 비중은 0.906이며, 15℃ $1kg/cm^2$에서의 아세틸렌 $1l$의 무게는 1.176g이다.
③ 액체 아세틸렌보다 고체 아세틸렌이 안전하다.
④ 무색의 기체로 약간 에테르 향기가 있고 불순물로 인하여 특이한 냄새가 난다. (H_2S, PH_3, NH_3, SiH_4)
⑤ 융점이 -81℃, 비점이 -84℃로 비슷하고 고체 아세틸렌은 용해하지 않고 승화한다.
⑥ 흡열화합물이므로 압축하면 분해 폭발의 위험이 있다.

$$C_2H_2 \rightarrow 2C + H_2 + 54.2kcal$$

⑦ Cu, Ag, Hg 등의 금속과 화합 시 폭발성 물질인 아세틸리드 생성

$$C_2H_2 + 2Cu \rightarrow Cu_2C_2 + H_2$$
$$C_2H_2 + 2Ag \rightarrow Ag_2C_2 + H_2$$
$$C_2H_2 + 2Hg \rightarrow Hg_2C_2 + H_2$$

⑧ 온도가 406~408℃에서 자연발화, 505~515℃에서 폭발
⑨ 15℃에서 2기압 이상 시 압축하면 분해 폭발 위험, 1.5기압 이상으로 압축하면 충격이나 가열에 의해 분해 폭발 위험

27. 산소 용기의 각인

① V : 용기 내용적(l)   ② W : 용기 중량(kg)   ③ TP : 내압시험압력
④ FP : 최고 충전압력   ⑤ AP : 기밀시험압력

28. 아세틸렌 가스 발생기

① 투입식 발생기   ② 주수식 발생기   ③ 침지식 발생기

29. 아세틸렌 용기

① 습식 아세틸렌 발생기 표면온도는 70℃ 이하
② 아세틸렌은 충전 중에는 온도에 불구하고 $25kg/cm^2$ 이상 올리지 말 것.

③ 역화방지기, 역류방지밸브 설치.
④ 청정제 : 에퓨렌, 리카솔, 카타리솔
⑤ 용제 : 아세톤 DMF
⑥ 15℃ 1kg/cm² 에서 아세톤 1l 에 25l 의 아세틸렌 가스가 용해된다.
⑦ 15℃ 15kg/cm² 에서 아세톤 1l 에 아세틸렌 가스 375l 가 용해된다.
　　　　$15 \times 25 = 375l$
⑧ 용해 아세틸렌의 양＝905(A－B)
　　　　　　　　여기서, A : 충전된 용기 무게　　B : 빈병의 무게
⑨ 아세톤을 흡수시킨 다공질물(석회, 석면, 규조토, 목탄, 탄산마그네슘, 산화철, 다공성 플라스틱)을 넣고 흡수압축시킨다.

30. 역류, 역화의 원인

① 아세틸렌 공급가스가 부족 시
② 토치의 성능 불량 시
③ 팁 과열 시
④ 팁에 석회가루, 먼지, 기타 잡물이 막혔을 때
⑤ 토치의 체결나사가 풀렸을 때

31. 용기 도색 (공업용)

<u>청</u><u>탄</u><u>산</u> <u>산</u><u>록</u>에서 <u>황</u><u>아</u><u>체</u> 안주삼아 <u>수</u><u>주</u>잔 높이들고 <u>백</u><u>암</u><u>산</u> 바라보니
　①　　②　　　③　　　　　　④　　　　　　⑤
<u>염</u><u>소</u>는 <u>갈</u><u>색</u>으로 보이고 <u>쥐</u>들은 <u>기</u><u>타</u>를 치더라.
　⑥　　　　　　　　　⑦

① 탄산가스 : 청색　　② 산소 : 녹색　　③ 아세틸렌 : 황색
④ 수소 : 주황　　　　⑤ 암모니아 : 백색　⑥ 염소 : 갈색
⑦ 기타 : 쥐색(회색)

32. 가스 용접봉

① 종류 : GA46, GA43, GA35, GB32 등 7종으로 구성
② GA46 : 용착금속의 최소 인장강도가 46kg/mm² 이상
③ NSR : 용접한 그대로의 응력을 제거하지 않을 경우

33. 용제

금 속	용 제
연 강	사용하지 않는다.
반 연 강	중탄산나트륨+탄산나트륨 (반중탄)
주 철	붕사 15%+중탄산나트륨 70%+탄산나트륨 15% (주중봉탄)
구리합금	붕사 75%+염화리튬 25% (구봉염)
알루미늄	염화칼륨 45%+염화나트륨 30%+염화리튬 15% 플루오르화칼륨 7%+황산칼륨 3% (칼나리플황)

34. 절단 조건

① 슬래그의 이탈이 양호할 것.
② 절단면의 표면의 각이 예리할 것.
③ 드래그의 홈이 작고 노치 등이 없을 것.
④ 드래그가 가능한 한 작은 것

35. 드래그(drag) : 입구점과 출구점 간의 수평거리

① 표준 드래그 길이는 보통판 두께의 $\frac{1}{5}$ 정도

② 드래그 = $\frac{\text{드래그 길이}}{\text{판 두께}}$

36. 특수 절단

① 수중절단 : 물에 잠겨 있는 침몰선의 해체나 교량의 교각 개조, 댐, 항만, 방파제 등의 공사에 사용되며, 수중작업 시 예열가스의 양은 공기 중에서 4~8배, 절단산소의 압력은 1.5~2배이다.
② 분말절단 : 스테인리스강, 비철금속, 주철 등은 가스 절단이 용이하지 않으므로 철분 또는 연속적으로 절단용 산소에 혼합 공급함으로써 그 산화열 또는 용제의 화학작용을 이용하여 절단한다.

37. 아크 에어 가우징

① 원리 : 탄소아크절단장치에다 압축공기($5~7kg/cm^2$)를 병용하여서 아크열로 용융시킨 부분을 압축공기로 불어 날려서 홈을 파내는 작업
② 장점
  ㉠ 용접결함부의 발견이 쉽다.
  ㉡ 작업능률이 2~3배 높다.

ⓒ 용융금속을 순간적으로 불어내어 모재에 악영향을 주지 않음.
ⓔ 응용범위가 넓고 경비가 저렴
ⓜ 조작 방법이 간단

38. 스카핑

강괴, 강편, 슬래그, 주름, 탈탄층, 표면균열 등의 표면결함을 불꽃가공에 의해 제거하는 방법으로 얕은 홈 가공 시 사용

39. 가스 가우징

용접부분의 뒷면을 따내든지 H형, U형의 용접 홈을 가공하기 위해서 깊은 홈을 파내는 가공법
① 사용가스의 압력 : 산소의 경우 $3\sim7kg/cm^2$, 아세틸렌의 경우 $0.2\sim0.3kg/cm^2$
② 팁 작업의 각도 : $30\sim45°$

40. 미그 와이어 송급장치

① 풀(pull)　　② 푸시(push)　　③ 푸시-풀

41. 번백 시간

크레이터 처리 기능에 의해 낮아진 전류가 서서히 줄어들면서 아크가 끊어지는 기능 (용접부 녹음 방치)

42. 스타트 시간

아크가 발생되는 순간 용접전류와 전압을 크게 하여 아크 발생과 모재 융합을 돕는 제어

43. 탄산가스 솔리드 와이어 혼합가스법

① CO_2-O_2법　　② CO_2-Ar법　　③ CO_2-Ar-O_2법

44. 탄산가스 플럭스 와이어 CO_2법

① 아크스 아크법　　② 퓨즈 아크법
③ NCG 아크법　　④ 유니언 아크법

45. 불활성 가스 텅스텐 아크 용접 (TIG 용접)

① 원리 : 모재와 텅스텐 전극 사이에 용접전원과 아크를 쉽게 발생시키기 위한 고주파 발생장치가 접속되어 있으며 모재 표면과 텅스텐 전극 선단과의 사이에서 접촉하지 않아도 아크가 발생시켜 용접하는 방법

② 장점
  ㉠ 거의 모든 금속을 용접할 수 있으므로 응용범위가 넓다.
  ㉡ 다른 용접의 용착부에 비해 연성, 강도, 내식성 기밀성이 우수하다.
  ㉢ 모든 용접자세가 가능하며 특히 박판 용접에서 능률이 좋다.
  ㉣ 박판(얇은판)에는 용가재(용접봉)를 사용하지 않아도 양호한 용접부가 얻어진다.
  ㉤ 불활성 가스 분위기 속에서는 저전압이라도 아크는 매우 안정되어 열의 집중효과가 양호하다.
  ㉥ 용제를 사용하지 않으므로 슬래그 제거가 불필요하다.
  ㉦ 산화, 질화 등을 방지할 수 있어 우수한 이음, 깨끗하고 아름다운 비드를 얻을 수 있다.

③ 단점
  ㉠ 불활성 가스와 용접기의 가격이 비싸다.
  ㉡ 운영비와 설치비가 많이 소요된다.
  ㉢ 후판 용접에서는 능률이 떨어진다.
  ㉣ 바람의 영향을 크게 받으므로 방풍대책이 필요하다.

> ✪ **불활성(不活性) 가스**
> 화학 주기율표 0족(18족)에 속하는 He, Ne, Ar을 말한다. 즉 이들은 화학결합을 할 수 없다.
> • 종류 : TIG 용접
> • 용극 : 비용극식, 비소모식
> • 상품명 : 아르곤 아크, 헬륨(헬리) 아크, 헬리 웰드

46. 일렉트로 슬래그 용접

① 원리 : 용융 슬래그와 용융금속이 용접부로부터 유출되지 않게 모재의 양측에 수랭식 동판을 대어주고 용융 슬래그 속에서 전극 와이어를 연속적으로 공급하여 주로 용융 슬래그의 저항열에 의하여 와이어와 모재를 용융시키면서 단층 수직 상진 용접을 하는 방법

② 장점
  ㉠ 아크가 눈에 보이지 않고 아크 불꽃이 없다.
  ㉡ 최소한의 변형과 최단시간의 용접법이다.
  ㉢ 한번에 장비를 설치하여 후판을 단일층으로 한번에 용접할 수 있다.
  ㉣ 압력용기, 조선 및 대형 주물의 후판 용접 등에 바람직한 용접이다.

ⓜ 용접시간을 단축할 수 있어 용접능률과 용접품질이 우수하다.
　　　ⓗ 용접 홈의 가공준비가 간단하고 각(角) 변형이 적다.
　　　ⓢ 대형 물체의 용접에 있어서는 아래보기 자세 서브머지드 용접에 비하여 용접시간, 홈의 가공비, 용접봉비, 준비시간 등을 $\frac{1}{3} \sim \frac{1}{5}$ 정도로 감소시킬 수 있다.
　　　ⓞ 전극 와이어의 지름은 보통 2.5~3.2mm를 주로 사용한다.
　③ 단점
　　　㉠ 박판 용접에는 적용할 수 없다.
　　　㉡ 장비가 비싸다.
　　　㉢ 장비 설치가 복잡하며, 냉각장치가 필요하다.
　　　㉣ 용접시간에 비하여 용접 준비시간이 더 길다.
　　　㉤ 용접 진행 시 용접부를 직접 관찰할 수 없다.
　　　㉥ 높은 입열로 기계적 성질이 저하될 수 있다.

47. 서브머지드 아크 용접

① 원리 : 자동 금속 아크 용접법으로 모재의 이음표면에 미세한 입상의 용제를 공급하고, 용제 속에 연속적으로 전극 와이어를 송급하여 모재 및 전극 와이어를 용융시켜 용접부를 대기로부터 보호하면서 용접하는 방법으로 일명 잠호 용접이라고 한다. 상품명으로는 링컨 용접, 유니언 멜트 용접이라고 불린다.

② 장점
　　㉠ 콘택트 팁에서 통전되므로 와이어 중에 저항열이 적게 발생되어 고전류 사용이 가능하다.
　　㉡ 용융속도 및 용착속도가 빠르다.
　　㉢ 용입이 깊다.
　　㉣ 작업능률이 수동에 비하여 판 두께 12mm에서 2~3배, 25mm에서 5~6배, 50mm에서 8~12배 정도가 높다.
　　㉤ 개선각을 적게 하여 용접 패스(pass)수를 줄일 수 있다.
　　㉥ 기계적 성질이 우수하다.
　　㉦ 유해광선이나 퓸(fume) 등이 적게 발생되어 작업환경이 깨끗하다.
　　㉧ 비드 외관이 매우 아름답다.

③ 단점
　　㉠ 장비의 가격이 고가이다.
　　㉡ 용접 적용 자세에 제약을 받는다.
　　㉢ 용접 재료에 제약을 받는다.
　　㉣ 개선 홈의 정밀을 요한다.(패킹재 미사용 시 루트 간격 0.8mm 이하)

⑩ 용접 진행상태의 양·부를 육안식별이 불가능하다.
⑭ 용접선이 짧거나 복잡한 경우 수동에 비하여 비능률적이다.

48. 일렉트로 가스 아크 용접

① 원리 : 이산화탄소(CO_2) 가스를 보호가스로 사용하여 CO_2 가스 분위기 속에서 아크를 발생시키고 그 아크열로 모재를 용융시켜 접합한다. 이 용접법은 수랭식 동판을 사용하고 있으므로 이산화탄소 엔크로즈 아크 용접이라고도 한다.

② 특징
  ㉠ 수동용접에 비하여 약 4~5배의 용융속도를 가지며, 용착금속량은 10배 이상 된다.
  ㉡ 판 두께가 두꺼울수록 경제적이다.
  ㉢ 판 두께에 관계없이 단층으로 상진 용접한다.
  ㉣ 용접장치가 간단하며, 취급이 쉽고 고도의 숙련을 요하지 않는다.
  ㉤ 용접속도는 자동으로 조절된다.
  ㉥ 용접 홈의 기계가공이 필요하다.
  ㉦ 가스 절단 그대로 용접할 수도 있다.
  ㉧ 이동용 냉각동판에 급수장치가 필요하다.
  ㉨ 용접작업 시 바람의 영향을 많이 받는다.
  ㉩ 수직상태에서 횡 경사 60~90° 용접이 가능하며, 수평면에 45~90° 경사 용접이 가능하다.

49. 스터드(stud) 용접

① 원리 : 볼트나 환봉 핀을 피스톤형의 홀더에 끼우고 모재와 볼트 사이에 순간적으로 아크(플래시)를 발생시켜 용접하는 방법
② 특징
  ㉠ 대체로 급열, 급랭을 받기 때문에 저탄소강에 좋음.
  ㉡ 용제를 채워 탈산 및 아크를 안정화함.
  ㉢ 스터드 주변에 페룰(ferrule, 가이드)을 사용함.
  ㉣ 페룰은 아크를 보호하고 아크 집중력을 높인다.

50. 플라스마 아크 용접

① 원리 : 아크 열로 가스를 가열하여 플라스마 상으로 토치의 노즐에서 분출되는 고속의 플라스마젯을 이용한 용접법이다.

> ◎ 플라스마
> 기체를 수천 도의 높은 온도로 가열하면 그 속의 가스 원자가 원자핵과 전자로 분리되며, 양(+), 음(−)의 이온상태를 말함.
>
> ◎ 열적 핀치 효과
> 아크 단면은 수축하고 전류밀도는 증가하여 아크 전압이 높아지므로 대단히 높은 온도의 아크 플라스마가 얻어지는 성질.

② 장점
  ㉠ 전류밀도가 크므로 용입이 깊고, 비드 폭이 좁으며 용접속도가 빠르다.
  ㉡ 용접부의 기계적, 금속학적 성질이 좋으며 변형도 적다.
  ㉢ 각종 재료의 용접이 가능하다.
  ㉣ 1층으로 용접할 수 있으므로 능률적이다.
  ㉤ 수동용접도 쉽게 할 수 있다.
  ㉥ 토치 조작에 숙련을 요하지 않는다.

③ 단점
  ㉠ 무부하 전압이 높다.
  ㉡ 설비비가 많이 든다.
  ㉢ 용접속도가 크므로 가스의 보호가 불충분하다.

51. 불활성 가스 금속 아크 용접 (MIG 용접)

① 원리 : 연속적으로 공급되는 용가재(금속)와 모재 사이에서 발생되는 아크열을 이용하여 용접하는 방식으로 용극식, 소모식 불활성 가스 금속 아크 용접이라고 한다.

② 장점
  ㉠ 각종 금속용접에 다양하게 적용할 수 있어 응용범위가 넓다.
  ㉡ CO_2 용접에 비해 스패터 발생이 적다.
  ㉢ TIG 용접에 비해 전류밀도가 높으므로 용융속도가 빠르다.
  ㉣ 후판 용접에 적합하다.
  ㉤ 수동 피복 아크 용접에 비해 용착효율이 높아 고능률적이다.
  ㉥ 전 자세 용접이 가능
  ㉦ 모든 금속의 용접이 가능

③ 단점
  ㉠ 보호가스의 가격이 비싸서 연강용접에는 다소 부적당하다.
  ㉡ 박판 용접(3mm 이하)에는 적용이 곤란하다.
  ㉢ 바람의 영향을 크게 받으므로 방풍대책이 필요하다.

- ○ 종류 : MIG 용접
- ○ 용극 : 용극식, 소모식
- ○ 상품명 : 에어 코매틱(air comatic), 시그마(sigma), 필러 아크(filler arc), 아르곤 아웃(argon aut)

52. 탄산가스 아크 용접 (CO_2 용접)

① 원리 : 불활성 가스 대신에 탄산가스(CO_2)를 이용한 용극식 용접 방법이고, 가시 아크이므로 아크 및 용융지의 상태를 보면서 용접하는 방법

② 장점
  ㉠ 전류밀도가 높다.
  ㉡ 용입이 깊고 용접속도가 빠르게 할 수 있다.
  ㉢ 용착금속의 기계적 성질 및 금속학적 성질이 우수하다.
  ㉣ 박판 용접(0.8mm까지)은 단락이행 용접법에 의해 가능하며, 전 자세 용접도 가능하다.
  ㉤ 가시(可視) 아크이므로 시공이 편리하다.
  ㉥ 용제를 사용하지 않아 슬래그 혼입이 없고 용접 후의 처리가 간단하다.
  ㉦ 아크시간(용접 작업시간)을 길게 할 수 있다.

③ 단점
  ㉠ 바람의 영향을 크게 받으므로 2m/sec 이상이면 방풍장치가 필요하다.
  ㉡ 적용 재질이 철(Fe) 계통으로 한정되어 있다.
  ㉢ 비드 외관은 피복 아크 용접이나 서브머지드 아크 용접에 비해 약간 거칠다.

53. 납땜의 종류

① 연납땜 : 450℃ 이하인 용가재 사용
② 경납땜 : 450℃ 이상인 용가재 사용 (은납, 황동납)

54. 용제

① 연납땜 : 염산, 염화아연, 염화암모니아, 인산 (인염아암)
② 경납땜 : 붕사, 붕산, 염화나트륨, 염화리튬, 산화 제1구리, 빙정석 (붕붕나리산빙)

55. 연납땜의 종류

① 주석-납 (Pb 60%-Sn 40%)
  ㉠ 연납의 대표적임.   ㉡ 주석이 100%일 때 가장 유효
② 카드뮴-아연납 : 저융점 납땜

56. 납땜법의 종류 (노유땞인저가)

① 노내납땜   ② 유도가열납땜   ③ 인두납땜
④ 가스납땜   ⑤ 저항납땜   ⑥ 담금납땜

57. 납땜의 구비조건

① 모재와 친화력이 있고 접합이 튼튼해야 한다.
② 유동성이 좋아서 틈이 잘 메워질 수 있어야 한다.
③ 표면장력이 적어 모재 표면에 잘 퍼져야 한다.
④ 모재보다 용융점이 낮아야 한다.

58. 저항용접의 3요소

① 통전시간   ② 통전전류   ③ 가압력

59. 저항용접의 종류

① 겹치기 용접 : ㉠ 점 용접   ㉡ 심 용접
   (점시프)   ㉢ 프로젝션 용접
② 맞대기 용접 : ㉠ 퍼커션 용접   ㉡ 포일 심 용접
              ㉢ 버트 심 용접   ㉣ 플래시 용접

60. 저항용접

용접부에 대전류를 직접 흐르게 하여 전기 저항열을 이용하여 국부적으로 가열시킨 후 압력을 가해 접합

① H(발열량)$= 0.24I^2RT$

여기서, I(A) : 전류, $R(\Omega)$: 저항, t(sec) : 통전시간

② 장점
   ㉠ 용접부가 깨끗하다.   ㉡ 산화 및 변질 부분이 적다.
   ㉢ 용접사의 숙련을 요하지 않는다.   ㉣ 가압효과로 조직이 치밀
   ㉤ 용접시간이 짧고 대량생산 적합
   ㉥ 열손실이 적고 용접부에 집중열을 가할 수 있다.

③ 단점
   ㉠ 적당한 비파괴검사가 어렵다.   ㉡ 다른 금속간 용접이 곤란
   ㉢ 설비 복잡, 가격이 비싸다.

61. 자분탐상검사 분류

① 축통전법   ② 직각통전법   ③ 관통법   ④ 극간법   ⑤ 코일법

62. 초음파 검사 종류

① 투과법   ② 공진법   ③ 펄스 반사법

63. 기계적 시험

① 충격시험(샤르피식, 아이조드식) : V형, U형의 노치를 만들어 충격적인 하중을 주어서 시험편을 파괴시키는 시험
② 피로시험 : 작은 힘을 수없이 반복하여 작용하면 파괴를 일으키는 방법
③ 굽힘시험 : 용접부의 연성결함을 조사하기 위하여 사용하는 시험법
④ 인장시험 : 인장강도, 항복점, 단면수축률, 연신율 등을 측정

㉠ 단면수축률 $= \dfrac{A - A_o}{A} \times 100$ ㉡ 변형률 $= \dfrac{l - l_o}{l_o} \times 100$

64. 경도 시험

① 쇼어 경도 : 소형의 추를 일정 높이에서 낙하시켜 튀어 오르는 높이에 의하여 경도를 측정

$$HS = \dfrac{10{,}000}{65} \times \dfrac{h}{h_o}$$

여기서, h_o : 낙하 물체의 높이(25cm)
h : 낙하 물체의 튀어 오른 높이

② 비커스 경도 : 꼭지각이 136°인 다이아몬드 4각추의 입자를 1~120kgf의 하중으로 시험편에 압입한 후 생긴 오목자국의 대각선을 측정

$$Hv = \dfrac{1.8544P}{D^2}$$

③ 브리넬 경도 : 특수강구를 일정한 하중(500, 750, 1,000, 3,000kgf)으로 시험편의 표면적을 압입한 후 이때 생긴 오목자국의 표면적을 측정하여 나타낸 값

$$HB = \dfrac{P}{\pi D t}$$

④ 로크웰 경도 : 지름 $\dfrac{1}{16}''$인 강구(B 스케일), 꼭지각이 120°인 원뿔형(C 스케일)의 다이아몬드 압입자를 사용하여 기본하중 10kgf를 주면서 경로계의 지시계를 0점에 맞춘 다음 B스케일일 때 100kgf의 하중을 가하고 C스케일일 때 150kgf의 하중을 가한 다음 하중을 제거하면 오목자국의 깊이가 지시계에 나타나서 경도 표시

65. 결함의 보수

① 언더컷의 보수 : 지름이 작은 용접봉을 이용하여 보수한다.
② 오버랩의 보수 : 일부분을 깎아내고 재용접한다.
③ 슬래그의 보수 : 깎아내고 재용접한다.
④ 균열의 보수 : 정지구멍을 뚫어 균열부분에 홈을 판 후 재용접한다.

66. 용접용 기구

① 포지셔너 : 용접물을 용접하기 쉬운 상태로 놓기 위한 지그
② 스트롱백 : 용접제품의 치수를 정확하게 하기 위하여 변형을 억제하는 용접 고정구

67. 용접 지그

① 아래보기 자세로 용접할 수 있다.　② 용접부의 신뢰성을 높인다.
③ 동일 제품을 다량 생산할 수 있다.　④ 제품의 정도가 균일하다.
⑤ 작업을 쉽게 할 수 있다.　⑥ 공정수를 절약하므로 능률이 좋다.

68. 용접 준비

① 조립 순서는 수축이 큰 맞대기 이음을 먼저 용접하고 다음에 필릿 용접을 한다.
② 큰 구조물에서는 구조물의 중앙에서 끝으로 향하여 용접 실시
③ 대칭으로 용접을 실시
④ 가용접 시는 본용접 때보다 지름이 약간 가는 용접봉 사용
⑤ 본용접사와 동등한 기량을 갖는 용접사가 가접 시행
⑥ 응력이 집중될 우려가 있는 곳은 피한다.

69. 저온균열의 유형

① 라멜라티어 균열 : T이음, 모서리 이음 등에서 강의 내부에 평행하게 층상으로 발생되는 균열
② 마이크로피셔 균열 : 용착금속의 다수의 현미경적 균열이 저온에서 발생하며 용착금속의 굽힘 연성이 현저하게 감소
③ 루트 균열 : 맞대기 용접의 가접, 첫층용접의 루트 근방의 열영향부에 발생하는 균열
④ 힐 균열 : 필릿 시 루트부분에 발생하는 저온균열이며 모재의 수축, 팽창에 의한 뒤틀림이 주요 원인
⑤ 토 균열 : 맞대기 이음, 필릿 이음 등의 경우에 비드 표면과 모재의 경계부에 발생

70. 고온균열의 유형

① **유황 균열(설퍼 크랙)** : 강 중의 황이 층상으로 존재하는 유황밴드가 심한 모재를 서브머지드 아크 용접 시 나타나는 균열
② **라미네이션 균열** : 모재의 결함에 기인되는 것으로 모재 내에 기포가 압연되어 발생하는 유황밴드와 같이 층상으로 편재해 강재의 내부적 노취 형성

71. 용접부의 결함 *(오용내슬언선은균)*

① **구조상 결함** : 오버랩, 용입 불량, 내부 기공, 슬래그 혼입, 언더컷, 은점, 균열, 선상조직
② **치수상 결함** : 치수 불량, 변형, 형상 불량 *(변치형)*

72. 가열하는 방법 *(박형후가소외)*

① 박판에 대한 점 수축법
② 형재에 대한 직선가열 수축법
③ 가열 후 해머로 두드리는 방법
④ 후판에 대하여는 가열 후 압력을 걸고 수냉하는 방법
⑤ 소성변형시켜서 교정하는 방법
⑥ 외력을 이용한 소성변형법
⑦ 가열할 때 발생하는 열응력 이용한 소성변형법

73. 용접 후 처리 *(노국기저피)*

① **피닝법** : 해머로써 용접부를 연속적으로 때려 용접 표면에 소성변형을 주는 방법
② **기계적 응력 완화법** : 잔류응력이 있는 제품에 하중을 주어 용접부에 약간의 소성변형을 일으킨 다음, 하중을 제거하는 방법
③ **저온 응력 완화법** : 용접선 양측을 가스 불꽃에 의하여 너비 약 150mm를 150~200℃ 정도의 비교적 낮은 온도로 가열한 다음 곧 수냉하는 방법
④ **국부풀림법** : 제품이 커서 노 내에 넣을 수 없을 때 또는 설비, 용량 등으로 노내풀림을 바라지 못할 경우에 용접부 근처만을 풀림하는 방법
⑤ **노내풀림법** : 제품 전체를 가열로 안에 넣고 적당한 온도에서 일정 시간 유지한 다음 노 내에서 서냉하는 방법

74. 이음 종류

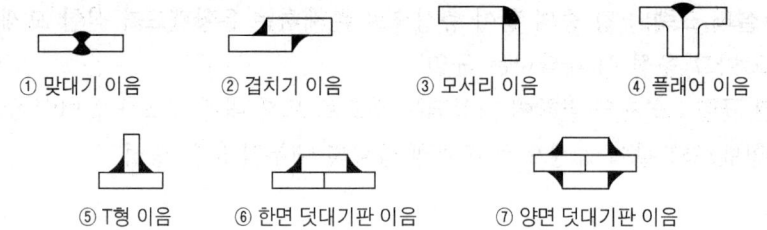

① 맞대기 이음 ② 겹치기 이음 ③ 모서리 이음 ④ 플래어 이음
⑤ T형 이음 ⑥ 한면 덧대기판 이음 ⑦ 양면 덧대기판 이음

75. 용접부 시험의 종류

① 비파괴 시험 : 방사선투과법, 초음파검사법, 침투검사법, 음향검사법, 외관검사법, 누설검사법, 형광검사법
② 파괴 시험 : 피로시험, 굽힘시험, 인장시험, 경도시험, 충격시험, 낙하시험, 내압시험

76. 용접부의 결함

① 기공 및 피트의 원인 (이용아과수)
  ㉠ 수소, 산소, 일산화탄소가 너무 많을 때
  ㉡ 과대전류 사용 시
  ㉢ 이음부에 기름, 페인트, 녹 등이 부착해 있을 경우
  ㉣ 용접봉 또는 용접부에 습기가 많을 경우
  ㉤ 아크길이 및 운봉법이 부적당 시
  ㉥ 용접부가 급랭 시
② 언더컷의 원인 (전부용아)
  ㉠ 용접속도가 너무 빠를 때   ㉡ 전류가 너무 높을 때
  ㉢ 부적당한 용접봉 사용 시   ㉣ 아크길이가 길 때
③ 오버랩의 원인
  ㉠ 용접속도가 너무 느릴 때   ㉡ 전류가 너무 낮을 때
  ㉢ 용접봉 유지각도 불량, 부적합한 용접봉 사용 시 용접봉 운봉속도 불량
④ 균열의 원인 (이황고용아냉)
  ㉠ 황이 많은 용접봉 사용 시   ㉡ 고탄소강 사용 시
  ㉢ 용접속도가 너무 빠를 때   ㉣ 냉각속도가 너무 빠를 때
  ㉤ 아크 분위기에 수소가 많을 때   ㉥ 이음각도가 너무 좁을 때
⑤ 슬래그 섞임의 원인 (전운봉슬)
  ㉠ 운봉속도가 너무 느릴 때   ㉡ 전류가 너무 낮을 때
  ㉢ 봉의 각도 부적당 시   ㉣ 슬래그가 용융지보다 앞설 때

77. 합금

① 일렉트론 : Al + Zn + Mg (알아마)
② 도우메탈 : Al + Mg (알마)
③ 하이드로날륨 : Al + Mg (알마)   • 선박용 부품, 조리용 기구, 화학용 부품
④ 알드레이 : Al + Mg + Si (알마소)
⑤ 두랄루민 : Al + Cu + Mg + Mn (알구마망)
⑥ Y합금 : Al + Cu + Mg + Ni (알구마니)   • 실린더 헤드, 피스톤 등에 사용
⑦ 로엑스 : Al + Cu + Mg + Ni + Si (알구마니소)
⑧ 실루민 : Al + Si (알소)
⑨ 라우탈 : Al + Cu + Si (알구소)
⑩ 켈밋 : Cu + Pb(30~40%)   • 베어링에 사용
⑪ 양은 : 7 : 3 황동 + Ni(10~20%)
⑫ 델타메탈 : 6 : 4 황동 + Fe(1~2%)   • 모조금, 판 및 선에 사용
⑬ 에드미럴티 : 7 : 3 황동 + Sn(1~2%) • 탈아연 부식 억제, 내수성 및 내해수성 증대
⑭ 네이벌 : 6 : 4 황동 + Sn(1~2%)
⑮ 먼츠메탈 : Cu(60%) + Zn(40%)   • 열교환기, 열간단조품, 탄피 등에 사용
⑯ 톰백 : Cu(80%) + Zn(20%)   • 화폐, 메탈 등에 사용
⑰ 레드브레스 : Cu(85%) + Zn(15%)
⑱ 모넬메탈 : Ni(65~70%) + Fe(1~3%)
⑲ 인코넬 : Ni(70~80%) + Cr(12~14%)
⑳ 콘스탄탄 : 구리(55%) + 니켈(45%)
㉑ 플래티나이트 : Ni(40~50%) + Fe   • 진공관이나 전구의 도입선으로 사용
㉒ 코로손합금 : Cu + Ni + Fe   • 전화선, 통신선에 사용

78. 특수 원소의 영향

① Mo : ㉠ 뜨임취성 방지
② Mn : ㉠ 적열취성 방지   ㉡ 황의 해를 제거
       ㉢ 고온에서 결정립 성장 억제
③ Ni : ㉠ 인성 증가   ㉡ 저온충격저항 증가   ㉢ 질화 촉진
④ Cr : ㉠ 내식성, 내마모성 증가   ㉡ 흑연화 안정   ㉢ 탄화물 안정
⑤ Si : ㉠ 탈산   ㉡ 전자기적 특성 개선
⑥ Ti : ㉠ 결정입자의 미세화   ㉡ 탄성물 생성 용이

79. 주철 용접이 어렵고 곤란한 이유

① 모재 전체를 500~600℃의 고온에서 예열, 후열 할 수 있는 설비가 필요
② 일산화탄소 가스가 발생하여 용착금속에 기공이 생기기 쉽다.
③ 수축이 많아 균열이 생기기 쉽다.
④ 연강에 비하여 여리다.
⑤ 주철의 급랭에 의한 백선화로 기계 가공이 곤란
⑥ 장시간 가열로 조직이 조대화된 경우 기름, 흙, 모래 등이 있는 경우 용착불량하거나 모재와의 친화력이 나쁘다.

80. 주철의 성장

고온에서 장시간 유지 또는 가열, 냉각을 반복하면 주철의 부피가 팽창하여 균열이 발생하는 현상
① 불균일한 가열로 인한 팽창
② 페라이트 조직 중의 규소의 산화
③ Fe_3C의 흑연화에 의한 성장
④ A_1변태에 따른 체적의 변화에 기인하는 미세한 균열의 발생

81. 탄소공구강의 구비 조건

① 내마모성이 클 것. ② 상온 및 고온 경도가 클 것.
③ 가격이 저렴할 것. ④ 가공 및 열처리성이 양호할 것.
⑤ 강인성 및 내충격성이 우수할 것.

82. 탄소강에서 생기는 취성

① 상온취성 : 원인은 P(인)이며 충격, 피로 등에 대하여 깨지는 성질
② 청열취성 : 원인은 P(인)이며 강이 200~300℃로 가열하면 강도가 최대로 되고 연신율, 단면수축률 등은 줄어들게 되어 메지는 것
③ 적열취성 : 원인은 S(황)이며 고온 900℃ 이상에서 물체가 빨갛게 되어 메지는 것
④ 저온취성 : 천이 온도에 도달하면 급격히 감소하여 -70℃ 부근에서 충격치가 0에 도달

83. 자기변태

원자배열은 변화가 없고 자성만 변하는 것
① 자기변태 금속 : Ni(358℃), Fe(775℃), Co(1160℃)

84. 금속의 공통적 성질

① 상온에서 고체이다.(단, 수은은 제외)
② 열과 전기의 양도체이다.
③ 비중이 크고 금속적 광택을 갖는다.
④ 이온화하면 양이온(+)이 된다.
⑤ 소성변형이 있어 가공하기 쉽다.

85. 금속의 비중

비중이 5 이하 경금속, 비중이 5 이상 중금속

① 마그네슘 : 1.74 (마일칠사)   ② 알루미늄 : 2.7 (알이칠)
③ 티탄 : 4.5 (티사오)   ④ 바나듐 : 6.16 (바육일구)
⑤ 크롬 : 7.19 (크칠일구)   ⑥ 망간 : 7.43 (망칠사삼)
⑦ 철 : 7.87 (철칠팔칠)   ⑧ 니켈 : 8.9 (니팔구)
⑨ 구리 : 8.96 (구팔구육)   ⑩ 납 : 11.36
⑪ 텅스텐 : 19.1 (텅일구)   ⑫ 백금 : 21.45 (백이일사오)

86. 전기전도율

Ag > Cu > Au > Al > Mg > Zn > Ni > Fe > Pb
은   구   금   알   마   아   니   철   납

87. 강의 조직

① 공석강 : 펄라이트 (공펄)
② 공정주철 : 레데뷰라이트 (공레)
③ 아공석강 : 페라이트 + 펄라이트 (아페펄)
④ 과공석강 : 펄라이트 + 시멘타이트 (과펄시)
⑤ 과공정주철 : 레데뷰라이트 + 시멘타이트 (주시레)

88. 주철의 보수용접 작업

① 비녀장법 : 균열부 수리 및 가늘고 긴 용접을 할 때 용접선에 직각이 되게 지름 6~10mm 정도의 ㄷ자형의 강봉을 박고 용접
② 버터링법 : 처음에는 모재와 잘 융합되는 용접봉으로 적당한 두께까지 용착시키고 난 후 다른 용접봉으로 용접
③ 로킹법 : 스터드 볼트 대신 용접부 바닥에 홈을 파고 이 부분을 걸쳐 힘을 받도록 하는 방법

89. 주철 용접 시 주의사항

① 균열의 보수는 양 끝에 정지구멍을 뚫는다.
② 용접봉은 가는 용접봉을 사용한다.
③ 피닝 작업을 하여 변형을 줄이는 것이 좋다.
④ 비드 배치는 짧게 하여 여러 번 조작으로 완료한다.
⑤ 보수용접 시 본바닥이 나타날 때까지 잘 깎아낸 후 용접한다.
⑥ 용접전류는 필요 이상 높이지 말 것. 용입은 지나치게 깊게 하지 않는다.

90. 오스테나이트계 스테인리스강

① 비자성체이며, 18-8 스테인리스강이 대표적이다.
② 염산, 황산, 염소가스 등에 약하고 결정입계 부식 발생
③ 입계부식이 발생하는 것을 예민화라 하며, 용접 후 내식성 감소
④ 선팽창계수가 강의 1.5배이다.
⑤ 내식성, 내충격성, 기계가공성 우수
⑥ 보통강에 비해 전기전도도가 $\frac{1}{4}$ 정도

91. 각 조직의 경도 순서 (마트솔퍼오페)

마텐자이트 > 트루스타이트 > 소르바이트 > 펄라이트 > 오스테나이트 > 페라이트

92. 오스테나이트계 스테인리스강 용접 시 냉각되면서 고온균열이 발생하는 원인 (구모아크)

① 구속력이 가해진 상태에서 용접할 때
② 모재가 오염되었을 때
③ 아크 길이가 너무 길 때
④ 크레이터 처리를 하지 않았을 때

93. 금속원자의 단위결정 격자의 종류

① 체심입방격자(원자수 2개)
  V, Mo, W, Cr, K, Na, Ba, Ta, α-Fe, δ-Fe (바몰렁크칼나바탈)
② 면심입방격자(원자수 4개)
  Ag, Cu, Au, Al, Pb, Ni, Pt, Ce, Ca, r-Fe (은구금알납니백세)
③ 조밀육방격자(원자수 4개) : Ti, Mg, Zn, Co, Zr, Be (티마아크지베)

✪ [참고] Zr(지르코늄), Be(베릴륨)

94. 합금원소의 영향

① 탄소 ㉠ 인장강도, 경도, 항복점 증가
　　　　㉡ 연신율, 비중, 열전도도, 충격값 감소
② 황　　㉠ 적열취성 원인　　　　㉡ 용접성 저하, 인성, 충격치 저하
③ 인　　㉠ 상온취성, 청열취성 원인　㉡ 인장강도 증가, 연신율 감소
④ 수소　㉠ 헤어 크랙 및 은점의 원인
⑤ 망간　㉠ 황의 해를 제거　　　㉡ 결정립의 성장 방해
　　　　㉢ 탈산제　　　　　　　㉣ 연성 감소
⑥ 규소　㉠ 유동성 증가　　　　　㉡ 결정립 조대화
　　　　㉢ 가공성 및 용접성 저하　㉣ 연신율
　　　　㉤ 충격값 감소

95. 열처리

① **담금질** : 강을 A_3 변태 및 A_1 선 이상 30~50℃로 가열한 후 물 또는 기름으로 급랭하는 방법으로 경도 및 강도 증가
② **뜨임** : 담금질된 강을 A_1 변태점 이하의 일정 온도로 가열하는 작업. 인성 증가
③ **풀림** : 재질의 연화를 목적으로 일정 시간 가열 후 노 내에서 서냉, 내부응력 및 잔류응력 제거
④ **불림** : 강을 표준상태로 하기 위하여 가공조직의 균일화, 결정립의 미세화, 기계적 성질의 향상을 목적으로 실시
⑤ **심랭 처리(서브제로 처리)** : 담금질된 강의 경도를 증가시키고 시효변형을 방지하기 위한 목적으로 0℃ 이하의 온도에서 처리
⑥ **질량효과** : 재료의 내·외부에 열처리 효과의 차이가 나는 현상

96. 알루미늄의 성질

① 비중 2.7, 용융점 650℃, 변태점이 없고 열 및 전기의 양도체이다.
② 무기산염류에 침식된다. 특히 염산중에서는 빠르게 침식된다.
③ 전·연성이 풍부하여 400~500℃에서 연신율이 최대이다.
④ 알루미늄의 전기전도도는 구리의 약 65%이다.
⑤ 알루미늄은 광석 보크사이트로부터 제련한다.

97. 표면경화법

① **금속침투법** : 내식, 내산, 내마멸을 목적으로 금속을 침투시키는 열처리
　㉠ Al : 칼로라이징　　　㉡ Cr : 크로마이징
　㉢ Zn : 세라다이징　　　㉣ Si : 실리코나이징

ⓑ B : 브로나이징
② **질화법** : 강 표면에 질소를 침투시켜 경화하는 방법으로 가스질화법, 연질화법, 액체질화법 등이 있다.
③ **침탄법**
  ㉠ 가스침탄법 : 메탄가스와 같은 탄화수소가스를 사용하여 침탄하는 방법
  ㉡ 액체침탄법 : 시안화나트륨(NaCN), 시안화칼리(KCN)를 주성분으로 한 염을 사용하여 침탄온도 750~950℃에서 30~60분 침탄시키는 방법
  ㉢ 고체침탄법 : 고체침탄제를 사용하여 강 표면에 침탄탄소를 확산 침투시켜 표면을 경화시키는 방법

98. 구리의 성질

① 황산, 염산에 용해되며 해수, 탄소가스, 습기에 녹이 생긴다.
② 건조한 공기 중에는 산화하지 않는다.
③ 전기와 열의 양도체이다.
④ 비중은 8.96, 용융점은 1,083℃이다.
⑤ 전기전도율은 은 다음으로 우수
⑥ 전연성이 좋아 가공 용이

99. 황동 및 청동

① **황동** : 구리 + 아연
② **청동** : 구리 + 주석
③ **경년변화** : 상온 가공한 황동 스프링이 사용할 때 시간의 경과와 더불어 스프링 여러 성질이 악화되는 현상
④ **저융점합금** : 융점이 낮고 녹기 쉬운 것을 말하며 주석(Sn) 232℃보다 낮은 융점을 가진 합금

100. 도면의 크기

용지	세로	가로
A0	841	1189
A1	594	841
A2	420	594
A3	297	420
A4	210	297

✪ [참고] 210×1.414=297   594×1.414=841
         297×1.414=420   841×1.414=1189
         420×1.414=594

101. 도면의 분류

① 용도에 따른 분류 *(제주승계설)*
  ㉠ 제작도(공정도, 상세도, 시공도) ㉡ 주문도 ㉢ 승인도 ㉣ 계획도 ㉤ 설명도
② 내용에 따른 분류 *(장기초부배)*
  ㉠ 부품도 ㉡ 조립도 ㉢ 기초도 ㉣ 배치도 ㉤ 장치도

102. KS 규격

① KSA : 기본   ② KSB : 기계   ③ KSC : 전기
④ KSD : 금속   ⑤ KSE : 광산   ⑥ KSF : 토건
⑦ KSG : 식료   ⑧ KSH : 일용   ⑨ KSV : 조선 등

103. 표제란 및 부품란에 기입할 사항

① 표제란에 기입할 사항 *(소작투척도)*
  ㉠ 도면 번호   ㉡ 도면 명칭   ㉢ 작성 년. 월. 일
  ㉣ 척도   ㉤ 투상법   ㉥ 소속 단체명
  ㉦ 책임자 서명
② 부품란에 기입할 사항 *(재수무품)*
  ㉠ 재질   ㉡ 수량   ㉢ 무게
  ㉣ 품명   ㉤ 품번

104. 척도의 종류

① 현척 : 도형을 실물과 같게 제도 (1 : 1)
② 축척 : 도형을 실물보다 작게 제도 (1 : 2, 1 : 5 …)
③ 배척 : 도형을 실물보다 크게 제도 (2 : 1, 5 : 1 …)
④ N.S(Non Scale) : 비례척이 아님.

105. 용도에 따른 선의 종류

명 칭	선의 용도	선의 종류
파단선	대상물의 일부를 파단한 경계	가는실선
해칭선	도형의 한정된 특정부분을 다른 부분과 구별	
치수선	치수 기입하기 위해	
치수보조선	치수 기입하기 위해 도형으로부터 끌어내는 선	
기준선	위치결정의 근거가 된다는 것을 명시	가는일점쇄선
절단선	절단위치를 대응하는 그림에 표시	

명 칭	선의 용도	선의 종류
중심선	도면의 중심을 표시	
피치선	되풀이하는 도형의 피치를 취하는 기호	
외형선	대상물이 보이는 부분의 모양을 표시	굵은실선
특수지정선	특수한 가공을 하는 부분	굵은일점쇄선
가상선	가공 전·후 표시, 인접부분 참고 표시, 공구위치 참고 표시	가는이점쇄선

✪ [참고] 파해치 : 가는실선
　　　　중절기피 : 가는일점쇄선

106. 정투상도

① 제1각법 : 눈 → 물체 → 투상　　② 제3각법 : 눈 → 투상 → 물체

✪ 제1각법

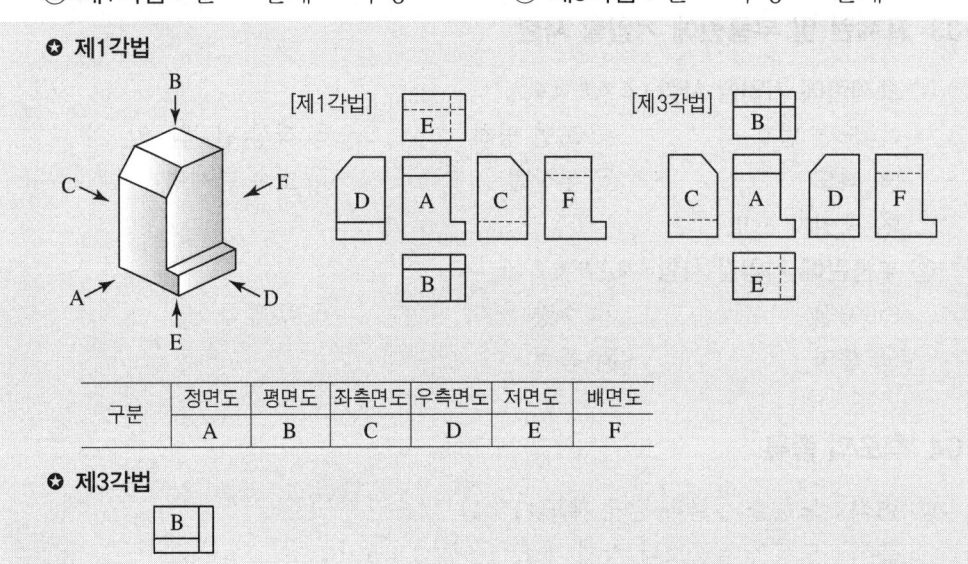

구분	정면도	평면도	좌측면도	우측면도	저면도	배면도
	A	B	C	D	E	F

✪ 제3각법

107. 보조기호

① 평면 : ──　　　　　　　　② 볼록형 : ⌒
③ 오목형 : ⌣　　　　　　　　④ 끝단부를 매끄럽게 함 : ⌣
⑤ 영구적인 덮개판을 사용 : M　⑥ 제거 가능한 덮개판을 사용 : MR

108. 비파괴시험 기호

① 방사선투과검사(Radiographic Testing) : RT
② 자분탐상검사(Magnetic Particle Testing) : MT
③ 침투탐상검사(Penetrant Testing) : PT
④ 초음파탐상검사(Ultrasonic Testing) : UT
⑤ 와류탐상검사(Eddy Current Testing) : ET
⑥ 누설검사(Leak Testing) : LT
⑦ 육안시험(View Testing) : VT

109. 투상도

① 등각투상도 : 서로 120°를 이루는 3개의 기본축에 정면, 평면, 측면을 하나의 투상면 위에서 동시에 볼 수 있도록 나타낸 입체도
② 보조투상도 : 경사면부가 있는 대상물에서 그 경사면의 실험을 나타낼 필요가 있는 경우에 그리는 투상도
③ 국부투상도 : 대상물의 구멍, 홈 등과 같이 한 부분의 모양을 도시한다.
④ 부분투상도 : 필요한 부분만을 투상하여 도시한다.

110. 중심마크

도면을 마이크로필름에 촬영하거나 복사할 때에 편의를 위하여 윤곽선 중앙으로부터 용지의 가장자리에 이르는 굵기 0.5mm의 수직으로 그은 선

111. 단면도

① 회전단면도 : 핸들, 벨트풀리, 바퀴의 암, 후크의 절단한 단면모양을 90° 회전시킨다.
② 부분단면도 : 일부분을 잘라내고 필요한 내부 모양을 그리기 위한 방법
③ 전(온)단면도 : 대칭형 물체의 $\frac{1}{2}$을 잘라낸다.
④ 반(한쪽)단면도 : 대칭형 물체의 $\frac{1}{4}$을 잘라낸다.
⑤ 전개도
  ㉠ 입체의 표면을 하나의 평면 위에 놓은 도형
  ㉡ 상관선은 상관체에서 입체가 만난 경계선을 말한다.
  ㉢ 용도 : 자동차 부품상자, 책꽂이, 덕트 등

112. 일반적인 판금전개도를 그릴 때 전개방법

① 삼각형 전개법   ② 평행선 전개법   ③ 방사선 전개법

113. 치수의 표시 방법

① 지름 : ϕ
② 반지름 : R
③ 구의 지름 : Sϕ
④ 구의 반지름 : SR
⑤ 정사각형변 : □
⑥ 판의 두께 : t
⑦ 45° 모따기 : C
⑧ 원호의 길이 : ⌒
⑨ 이론적으로 정확한 치수 : 123
⑩ 참고 치수 : ( )

114. 스케치

동일 부품의 제작 시, 파손된 부품을 교체하고자 할 때, 개선된 부품으로 고안하고자 할 때 모눈종이 또는 제도용지에 척도 상관없이 프리핸드(free hand)로 그리는 것

[방법]
① 프리핸드법 : 모눈종이 이용
② 프린트법 : 광명단 등을 발라 스케치 용지에 찍는 법
③ 본뜨기법 : 구리선, 납선 이용
④ 사진촬영법

115. 용접이음의 종류

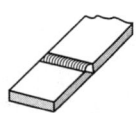   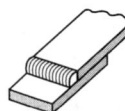   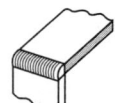

① 맞대기 이음   ② 겹치기 이음   ③ 모서리 이음

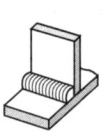      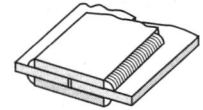

④ T 이음   ⑤ 끝단 이음   ⑥ 양면 덮개판 이음

116. 용접부 시험의 종류

① 파괴시험 : 인장시험, 굽힘시험, 경도시험, 충격시험, 피로시험, 화학적 시험, 야금학적 시험, 낙하시험, 내압시험
② 비파괴시험 : 외관검사, 누설검사, 침투시험, 방사선투과시험, 음향검사, 형광시험

117. 용접기의 극성

① 직류 정극성 (DCSP)
　㉠ 모재(+) 70%, 용접봉(-) 30%　　㉡ 용입이 깊다.
　㉢ 후판 용접 가능　　　　　　　　㉣ 비드 폭이 좁다.
　㉤ 용접봉의 녹음이 느리다.

② 직류 역극성 (DCRP)
　㉠ 용접봉(+) 70%, 모재(-) 30%　　㉡ 용입이 얕다.
　㉢ 박판 용접 가능　　　　　　　　㉣ 비드 폭이 넓다.
　㉤ 용접봉의 녹음이 빠르다.

118. 피상입력 = 1차측 전압 × 1차측 전류

119. 산소 용기의 각인

① 용기 내용적(V)　　　　② 용기 중량(W)
③ 내압시험압력(TP)　　　④ 최고 충전압력(FP)
⑤ 제조번호

120. 금속의 용융점

① 텅스텐 : 3,410℃ (텅삼사일공)　　② 백금 : 1,769℃ (백일칠육구)
③ 철 : 1,539℃ (철일오삼구)　　　　④ 코발트 : 1,495℃ (코일사구오)
⑤ 니켈 : 1,453℃ (니일사오삼)　　　⑥ 납 : 327.4℃ (납삼이칠)
⑦ 비스무트 : 271℃ (비이칠일)　　　⑧ 주석 : 232℃ (주이삼이)

121. 철과 탄소강

① 저탄소강 : 탄소량 0.3% 이하 (연강)
② 중탄소강 : 탄소량 0.3~0.5% (반경강)
③ 고탄소강 : 탄소량 0.5~2.0% (경강)

122. 자기 변태 금속

① Fe(768℃)　　② Ni(358℃)　　③ Co(1,160℃)

123. 초음파 검사 종류

① 투과법　　② 공진법　　③ 펄스 반사법

124. 교류 아크 용접기와 비교한 직류 아크 용접기의 특징

비 교	직 류	교 류
아크 안정	안 정	불안정
극성 변화	가 능	불가능
무부하전압	40~60V	70~80V
구 조	복 잡	간 단
고 장	많 다	적 다
역 률	우 수	떨어짐
가 격	고 가	저 가
판 이용	박 판	후 판

125. 굽힘 시험

용접부의 연성 결함을 조사하기 위하여 사용되는 시험법

126. 경도 시험

① 브리넬 경도 : 특수 강구를 일정한 하중(500, 750, 1000, 3000kg)으로 시험편의 표면적을 압입한 후 이때 생긴 오목자국의 표면적을 측정

$$HB = \frac{P}{\pi D t}$$

여기서, D(mm) : 강구의 지름
t(mm) : 눌린 부분의 깊이
d(mm) : 눌린 부분의 지름
P(kg) : 하중

② 로크웰 경도 : B스케일과 C스케일을 이용하여 측정

③ 비커스 경도 : 꼭지각이 136°인 다이아몬드 4각추의 입자를 1~120kgf의 하중으로 시험편에 압입한 후 생긴 오목자국의 대각선을 측정

$$HV = \frac{1.8544P}{D^2}$$

④ 쇼어 경도 : 소형의 추를 일정 높이에서 낙하시켜 튀어 오르는 높이에 의하여 경도 측정

$$HS = \frac{10000}{65} \times \frac{h}{h_o}$$

여기서, h_o : 낙하물체의 높이
h : 낙하물체의 튀어 오른 높이

127. 주철의 성장

① 흡수된 가스의 팽창에 따른 부피 증가
② 불균일한 가열로 인한 팽창
③ 페라이트 조직 중의 규소의 산화
④ A_1변태에 따른 체적의 변화에 기인되는 미세한 균열의 발생
⑤ Fe_3C의 흑연화에 의한 성장

128. 특수 원소의 영향

① Ni(니켈) : 인성 증가, 저온충격 저항 증가, 주철의 흑연화 촉진
② Cr(크롬) : 내식성, 내마모성 향상, 흑연화를 안정, 탄화물 안정
③ Mo(몰리브덴) : 뜨임취성 방지
④ Mn(망간) : 적열취성 방지
⑤ Ti(티탄) : 결정입자의 미세화

129. 충격 시험

V형, U형의 노치를 만들어 충격적인 하중을 주어서 시험편을 파괴시키는 시험(샤르피식, 아이조드식)

130. 용접부의 시험에서 수소 시험

응고 직후부터 일정 시간 사이에 발생하는 수소의 양

131. 용착법

① 스킵법 : 이음전 길이에 대해서 뛰어 넘어서 용접하는 방법
② 대칭법 : 이음의 수축에 따른 변형이 서로 대칭이 되게 할 경우에 사용된다.
③ 후진법 : 용접진행 방향과 용착 방향이 서로 반대가 되는 방법
④ 전진법 : 용접진행 방향과 용착 방향이 서로 동일한 방법
⑤ 캐스케이드법 : 한 부분에 대해 몇 층을 용접하다가 다음 부분으로 연속시켜 용접
⑥ 빌드업법 : 다층 용접에서 각 층마다 전체의 길이를 용접하면서 쌓아 올리는 용접 방법

132. 용접 용어

① 용착 : 용접봉이 용융지에 녹아들어가는 것
② 용입 : 모재가 녹은 깊이

③ 용융지 : 모재 일부가 녹은 쇳물 부분
④ 은점 : 용착금속의 파단면에 나타나는 은백색을 한 고기눈 모양의 결함부
⑤ 스패터 : 아크 용접이나 가스 용접 시 비산하는 슬래그
⑥ 노치취성 : 홈이 없을 때는 연성을 나타내는 재료라도 홈이 있으면 파괴되는 것
⑦ 용제 : 용접 시 산화물, 기타 해로운 물질을 용융금속에서 제거
⑧ 용가제 : 용착부를 만들기 위하여 녹여서 첨가하는 것

133. 용접봉의 지름 $= \dfrac{t}{2} + 1$

134. 특수청동

① 연청동 : 주석청동 중에 납을 3~26% 첨가한 것으로 베어링, 패킹 재료 등에 널리 사용
② 인청동 : 탈산제인 P를 첨가하여 내마멸성 냉간가공으로 인장강도 탄성한계 증가하여 스프링제, 베어링 밸브, 시트에 사용
③ 베어링용 청동 : (Cu)구리 + (Sn)주석(10~14%). 차축, 베어링 등의 마모가 심한 곳 사용
④ 납청동 : Pb은 구리와 합금을 만들지 않고 윤활작용을 하므로 베어링용으로 적합

135. 계통도

물, 기름, 가스 등의 배관의 접속과 유동상태를 나타내는 도면의 명칭

136. 오스테나이트계 스테인리스강 용접 시 주의사항

① 예열을 하지 말아야 한다.
② 층간온도가 320℃ 이상을 넘어서는 안 된다.
③ 짧은 아크 길이를 유지한다.
④ 아크를 중단하기 전에 크레이터 처리를 한다.
⑤ 용접봉은 모재와 동일한 재료를 쓰며, 가는 용접봉으로 사용한다.
⑥ 낮은 전류 값으로 용접하여 용접 입열을 억제한다.

137. 플라스마 아크 절단

10,000~30,000℃의 높은 열에너지를 열원으로 아르곤과 수소, 질소와 수소, 공기 등을 작동가스로 사용하여 경금속, 주철, 구리합금 등의 금속재료와 콘크리트 내화물 등의 비금속재료 절단

138. 용접부의 파괴시험

① 현미경 조작시험　② 인장시험　③ 굽힘시험
④ 경도시험　　　　⑤ 충격시험　⑥ 피로시험
⑦ 화학적 시험　　　⑧ 낙하시험　⑨ 내압시험

139. 하드페이싱

소재의 표면에 스텔라이트나 경금속을 융착시켜 표면을 경화시키는 방법

140. 용접할 부위에 황의 분포 여부를 알아보기 위해 설퍼 프린트 시 시약

H_2SO_4(황산)

141. 납

① 열팽창계수가 높다.　　② 케이블의 피복
③ 활자합금용　　　　　　④ 방사선 물질의 보호재

142. 주철의 성장을 방지하는 방법

① 탄소 및 규소의 양을 적게 한다.
② 편상흑연을 구상흑연화한다.
③ 흑연의 미세화로서 조직을 치밀하게 한다.

143. 황동에서 탈아연 부식의 방지책

① 아연 30% 이하의 α황동을 사용한다.
② 0.1~0.5%의 안티몬(Sb)을 첨가한다.
③ 1% 정도의 주석을 첨가한다.

144. 후진법의 특징

① 용접변형이 적다.　　② 홈의 각도가 적다.
③ 용접속도가 빠르다.　④ 두꺼운 판의 용접에 적합하다.
⑤ 열 이용률이 좋다.

145. 마찰용접의 장점

① 치수의 정밀도가 높고, 재료가 절약된다.
② 이종금속의 접합이 가능하다.
③ 용접작업시간이 짧아 작업능률이 높다.

146.

6 O 5 (100)

① 화살표 쪽 스폿 용접 ② 스폿부의 지름 6mm
③ 용접부의 개수 5개   ④ 스폿 용접 할 간격 100mm

147. TIG 용접의 전극봉에서 전극의 조건

① 전기저항률이 낮은 금속   ② 전자 방출이 잘 되는 금속
③ 고융융점의 금속   ④ 열 전도성이 좋은 금속

148. 용접법

① 납땜 : 모재를 용융하지 않고 모재보다 낮은 용융점을 가진 금속의 첨가제를 용융시켜 접합
② 심 용접 : 기밀, 수밀을 필요로 하는 탱크의 용접이나 배관용 탄소강관의 관이음 용접

149. 예열의 목적

① 용접금속 및 열영향부의 연성 또는 인성을 향상
② 용접부의 수축변형 및 잔류응력을 경감
③ 금속중의 수소를 방출시켜 균열을 방지
④ 용접의 작업성 개선
⑤ 열영향부의 균열을 방지
⑥ 용접부의 냉각속도를 느리게 하여 결함 방지

150. 아크 길이

① 양호한 용접을 하려고 가능한 한 짧은 아크를 사용하여야 한다.
② 아크 길이가 너무 길면 아크가 불안전하고 용입 불량의 원인이 된다.
③ 아크 전압은 아크 길이에 비례한다.

151. 미하나이트 주철

펄라이트 바탕에 흑연이 미세하고 고르게 분포되어 있으며 내마멸성이 요구되는 피스톤링 등 자동차 부품에 많이 사용

152. 하중방향에 따른 필릿 용접 이음의 구분

① 전면 필릿 용접   ② 측면 필릿 용접   ③ 경사 필릿 용접

153. 논가스 아크 용접의 장점

① 용접장치가 간단하여 운반이 편리하다.
② 바람이 있는 옥외에서도 작업이 가능하다.
③ 피복 가스 용접봉의 저수소계와 같이 수소의 발생이 적다.
④ 용접 비드가 아름답고 슬래그의 박리성이 좋다.
⑤ 전원으로 직류 또는 교류를 모두 사용할 수 있으며 전 자세 용접이 가능하다.
⑥ 보호가스나 용제를 필요로 하지 않는다.
⑦ 일반 피복 아크 용접보다 용착속도가 약 4배 빠름.

154. 화학적 시험

① 화학시험
② 부식시험 : 습부식, 건부식, 응력부식시험
③ 수소시험 : 응고 직후부터 일정 시간 사이에 발생하는 수소의 양

155. TIG 용접 토치

① T형 토치　　② 직선형 토치　　③ 플렉시블형 토치

156. 아크 길이가 길 때 나타나는 현상

① 비드의 외관이 불량해진다.
② 스패터의 발생이 많다.
③ 용착금속의 재질이 불량해진다.

157. 점 용접의 종류

① 직렬식 점 용접　② 인터랙 점 용접　③ 맥동 점 용접

158. 서브머지드 아크 용접에서 다전극 방식에 의한 분류

① 탠덤식　　② 횡 직렬식　　③ 횡 병렬식

159. 용착법

① 전진법 : ────▶
② 후퇴법 : $5 \rightarrow 4 \rightarrow 3 \rightarrow 2 \rightarrow 1$
③ 대칭법 : $4 \leftarrow 2 \leftrightarrow 1 \rightarrow 3$
④ 스킵법(비석법) : $1 \rightarrow 4 \rightarrow 3 \rightarrow 5 \rightarrow 2$

160. 스터드 용접에서 페룰의 역할

① 용착부의 오염을 방지한다.
② 용융금속의 유출을 막아준다.
③ 용융금속의 산화를 방지한다.

161. 방사선 투과시험 필름 판독

① 제1종 결함 : 기공 및 이와 유사한 둥근 결함
② 제2종 결함 : 가는 슬래그 및 이와 유사한 결함
③ 제3종 결함 : 터짐 및 이와 유사한 결함
④ 제4종 결함 : 텅스텐 혼입

162. 노내풀림 및 국부풀림의 유지온도와 시간

① 일반구조용 압연강재, 보일러용 압연강재 : 625 ± 25℃, 판두께 25mm에 대해 1h
② 고온, 고압배관용 강관 : 725 ± 25, 판두께 25mm에 대해 2h

163. 조직도

① 시멘타이트 조직 : Fe와 C의 화합물
② 마우러의 조직도 : 탄소와 규소량에 따른 주철의 조직관계 표시

164. 기계적 시험

① 굽힘시험 : 용접부의 연성결함을 조사하기 위하여 사용하는 시험법
② 충격시험(샤르피식, 아이조드식) : V형, U형의 노치를 만들어 충격적인 하중을 주어서 시험편을 파괴시키는 방법
③ 피로시험 : 작은 힘을 수없이 반복하여 작용하면 파괴를 일으키는 방법
④ 인장시험 : 인장강도, 경도, 단면수축률, 연신율 등을 측정

165. 역류, 역화의 원인

① 토치를 부주의하게 취급하였을 때
② 팁 구멍이 막혔을 때
③ 팁이 과열되었을 때
④ 토치 성능이 불량할 때
⑤ 토치의 체결나사가 풀렸을 때
⑥ 아세틸렌 공급가스가 부족 시
⑦ 아세틸렌의 압력 과소 시
⑧ 팁에 먼지 기타 잡물이 막혔을 때

166. 홈의 형상

① H형 : X형 홈과 같이 양면용접이 가능한 경우에 용착금속의 양과 패스수를 줄일 목적으로 사용되며 모재가 두꺼울수록 유리한 홈의 형상
② I형 : 맞대기 용접에서 가장 얇은 박판에 사용
③ V형 : 맞대기 용접에서 한쪽 방향의 완전한 용입을 얻고자 할 때
④ X형 : 이음홈 형상 중에서 동일한 판두께에 대하여 가장 변형이 적게 설계된 것

167. 산소 아크 절단

① 중공의 피복 용접봉과 모재 사이에 아크를 발생시키고 중심에서 산소를 분출시키며 절단
② 절단속도가 빨라 철강 구조물 해체, 수중 해체 작업에 이용
③ 가스 절단에 비해 절단면이 거칠다.
④ 직류 정극성이나 교류를 사용

168. 점 용접의 종류

① 인터랙 용접　　② 직렬식 점 용접　　③ 맥동 점 용접

169. 플라스틱 용접 방법

① 열풍 용접　　② 고주파 용접

170. 로봇 용접 시 특징

① 생산성 향상　　　　　　② 단순작업에서 벗어날 수 있다.
③ 제품의 정밀도가 향상된다.　④ 용접 결과가 일정하다.

171. 스패터가 발생하는 원인

① 아크 블로 홀이 너무 클 때　　② 아크길이가 너무 길 때
③ 건조되지 않은 용접봉 사용 시　④ 전류가 너무 높을 때

172. 테르밋 용접

① 금속산화물이 알루미늄에 의하여 산소를 빼앗기는 반응에 의해 생성되는 열을 이용하여 금속을 접합
② 산화철 분말과 알루미늄 분말을 (1 : 3)의 중량비로 혼합한 테르밋제에 과산화바륨

과 마그네슘 분말을 혼합한 점화촉진제를 넣어 연소시켜 용접. 주로 철도 레일, 차축, 선박 프레임의 용접에 사용
③ 특징 : ㉠ 전력이 불필요하다.
㉡ 작업장소의 이동이 용이
㉢ 용접작업이 단순하고 용접결과의 재현성이 높다.
㉣ 용접하는 시간이 비교적 짧다.
㉤ 용접작업 후 변형이 적다.

173. 보통 주철의 인장강도

12~20kg/mm^2(98~196MPa)

174. 티탄계 합금

① 물리적으로 융점(1670℃)과 전기저항이 높다.
② 항공기, 로켓, 가스 터빈 등에 주로 사용
③ 고온산화가 거의 없다.
④ 스테인리스강보다 내식성이 좋다.
⑤ 열팽창계수와 열전도율이 적다.
⑥ 기계적으로는 고온에서 비강도와 크리프 강도가 높다.

175. 역류 및 역화

① **역화** : 팁 끝이 모재에 닿는 순간 순간적으로 팁 끝이 막혀 팁 속에서 폭발음이 나면서 불꽃이 꺼졌다가 다시 나타나는 현상
② **인화** : 팁 끝이 순간적으로 막히게 되면 가스 분출이 나빠지고 혼합실까지 불꽃이 들어가는 현상
③ **역류** : 토치 내부의 청소상태가 불량하면 토치 내부의 기관의 막힘이 일어나 고압의 산소가 밖으로 나가지 못하게 되므로 산소보다 낮은 아세틸렌을 밀어내면서 아세틸렌 호스 쪽으로 거꾸로 흐르는 현상

176. 반자동 용접에서 용접전류와 전압을 높일 때 측정

① 아크전압이 지나치게 높아지면 기포가 발생한다.
② 용접전류가 높아지면 와이어의 용융속도가 빨라진다.
③ 아크전압이 높아지면 비드가 넓어진다.
④ 용접전류가 높아지면 용착률과 용입이 감소한다.

177. 이산화탄소 아크 용접의 저전류(약 200A 미만)에서 팁과 모재와의 거리

① 10~15mm 규격이 Aw300인 교류 아크 용접기의 정격 2차 전류 : 60~330A
② TIG 용접에서 직류 정극성으로 용접 시 전극선단의 각도 : 30~50°
③ TIG 용접에서 텅스텐 전극봉은 가스 노즐의 끝에서부터 3~6mm 돌출

178. 납

① 방사선 물질의 보호제
② 케이블의 피복, 활자, 합금용
③ 열팽창계수가 높다.

179. 토륨 텅스텐 전극봉

① 주로 강, 스테인리스강, 동합금 용접에 사용
② 아크 발생이 용이하다.
③ 직류 정극성에는 좋으나 교류에는 좋지 않음.
④ 전자방사 능력이 현저하게 뛰어나다.
⑤ 전극의 소모가 적다.
⑥ 불순물 부착이 적다.

> ✪ 레이저 용접
> 파장이 같은 빛을 렌즈로 집광하면 매우 작은 점으로 집광이 가능하고 높은 에너지로 접속하면 높은 열을 얻어 용접

180. CO_2 농도에 따른 인체 영향

2%	불쾌감이 있다.
4%	두통, 현기증, 귀울림, 눈의 자극, 혈압 상승
8%	호흡 곤란
9%	구토, 감정 둔화
10%	시력 장애, 1분 이내 의식 상실, 장기간 노출 시 사망
20%	중추신경 마비, 단시간 내 사망
30%	인체치사량

181. 용접의 정의

① 서브머지드 아크 용접 : 용제와 와이어가 분리되어 공급되고 아크가 용제 속에서 일어나며 잠호 용접이라고도 함. 용접봉을 용제 속에 넣고 아크를 일으켜 용접
② 일렉트로 슬래그 용접 : 아크열이 아닌 와이어와 용융슬래그 사이에 통전된 전류의

저항열을 이용하여 용접

③ 스터드 용접 : 볼트나 환봉 등을 피스톤형 홀더에 끼우고 모재와 환봉 사이에서 순간적으로 아크를 발생시켜 용접

182. 아크 용접봉의 채색

① G_B35 : 자색　② G_A43 : 청색　③ G_A46 : 적색　④ G_A35 : 황색
⑤ G_B46 : 백색　⑥ G_B43 : 흑색　⑦ G_A32 : 녹색

183. 티그 절단

텅스텐 전극과 모재 사이에 아크를 발생시켜 모재를 용융하여 절단하는 방법으로 알루미늄, 마그네슘, 구리 및 구리합금, 스테인리스강 등의 금속재료 절단

184. 탄소강 용접 시 탄소량에 따른 예열온도

① 탄소량이 0.2% 이하는 예열온도가 90℃ 이하
② 탄소량이 0.2~0.3% 이하는 예열온도가 90~150℃
③ 탄소량이 0.3~0.45% 이하는 예열온도가 150~260℃
④ 탄소량이 0.45~0.80% 이하는 예열온도가 260~430℃

185. 마그네슘

① 조밀육방격자이다.
② 구상흑연주철의 첨가제로 사용
③ 비강도가 알루미늄 합금보다 우수하다.
④ 비중은 1.74이다.

186. 서브머지드 아크 용접에서 다전극 방식에 의한 분류

① 횡 병렬식　② 탠덤식　③ 횡 직렬식

187. 야금학적 접합법

① 융접　　② 압접　　③ 납땜

188. 용접기 특성

① 수동 아크 용접기가 갖추어야 할 용접기 특성 : 수하 특성, 정전류 특성, 저융점합금은 주석보다 낮은 융점의 합금이다.
② 용접 시 층간온도를 반드시 지켜야 할 용접 재료 : 고탄소강

189. 합금주강

① 크롬주강　② 망간주강　③ 니켈주강

190. TIG 용접의 전극봉에서 전극의 조건

① 전기저항률이 낮은 금속　② 열전도성이 좋은 금속
③ 전자 방출이 잘 되는 금속　④ 고용융점의 금속

191. 자연발화 방지법

① 공기와의 접촉면을 적게 할 것.　② 저장실의 온도를 낮출 것.
③ 열의 축적이 없도록 할 것.　④ 공기의 유통이 잘 되게 할 것.

192. 용접 전 예열하는 목적

① 용접금속 및 열영향부의 연성 또는 인성을 향상
② 용접부의 수축변형 및 잔류응력을 경감
③ 금속중의 수소를 방출시켜 균열을 방지

193. 방사선 전개법

$$Q = 360 \times \frac{r}{l}$$

194. 아크 길이가 길 때 발생하는 현상

① 언더컷이 생긴다.　② 스패터의 발생이 많다.
③ 비드의 외관이 불량해진다.　④ 용착금속의 재질이 불량해진다.

195. 티그 용접 토치

① T형 토치　② 직선형 토치　③ 플렉시블형 토치

196. 번백 시간과 예비가스 유출시간

① 예비가스 유출시간 : 미그 용접 제어장치의 기능으로 아크가 처음 발생되기 전 보호가스를 흐르게 하여 아크를 안정되게 하고 결함 발생 방지
② 번백 시간 : 불활성 가스 금속아크용접(MIG)의 제어장치로서 크레이터 처리 기능에 의해 낮아진 전류가 서서히 줄어들면서 아크가 끊어지는 기능으로 이면용접부 위가 녹아내리는 것을 방지

197. 안전색채

① 적색 : 방화 금지, 정지, 고도의 위험
② 녹색 : 진행 유도, 안전, 구급, 위생, 비상구
③ 청색 : 주의, 수리 중
④ 백색 : 정리정돈, 통로
⑤ 황적색 : 위험, 항공의 보안시설
⑥ 노랑 : 전도, 추락, 충돌
⑦ 파란색 : 지시 및 사실의 고지

198. 논가스 아크 용접의 장점

① 피복 가스 용접봉의 저수소계와 같이 수소의 발생이 적다.
② 바람이 있는 옥외에서도 작업이 가능
③ 용접장치가 간단하여 운반이 편리
④ 용접 비드가 아름답고 슬래그의 박리성이 좋다.
⑤ 전원으로 직류 또는 교류를 모두 사용할 수 있고, 전 자세 용접이 가능
⑥ 일반 피복 아크 용접보다 4배 빠르므로 용착비용이 50~75% 정도 절감된다.

199. 비파괴검사법의 특징

① **침투검사(PT)** : 철, 비철금속, 비자성체 어느 재료에도 사용이 가능하며 표면에 나타난 미소한 균열, 작은 구멍, 슬래그 등을 검출
 [장점] ㉠ 표면에 나타난 미소결함 검출
  ㉡ 전원이 없는 곳에서도 검출 가능
  ㉢ 비자성체 등 재료에 별 영향을 받지 않는다.
  ㉣ 국부적 시험이 가능
  ㉤ 철, 비철, 플라스틱, 세라믹 등의 거의 모든 제품에 사용
 [단점] ㉠ 내부결함 검출 불가능
  ㉡ 현상과 건조가 있어 결과가 빨리 나타나지 않는다.
② **방사선 투과검사(RT)** : 대상물에 X선이나 γ선을 투과하여 필름에 나타나는 현상으로 결함을 판별하는 비파괴검사법
 [장점] ㉠ 필름에 의해 내부의 결함, 모양, 크기 등을 관찰할 수 있다.
  ㉡ 결과의 기록이 가능하다.
 [단점] ㉠ 장치가 크므로 가격이 비싸다.
  ㉡ 취급상 신체의 방호가 필요하다.
  ㉢ 두께가 두꺼운 개소에는 검출이 곤란하다.

ⓔ 선에 평행한 크랙은 찾기 힘들다.
③ 초음파 검사(UT) : $0.5~15\mu$의 초음파를 피검사물의 내부에 침투시켜 반사파를 이용하여 내부의 결함과 불균일층의 존재 여부를 검사
[장점] ㉠ 균열을 검출하기 쉽다.
㉡ 고압장치의 판두께 측정
㉢ 검사비용이 싸고 결과가 신속
[단점] ㉠ 결함의 형태가 부적당하다.
㉡ 결과의 보존성이 없다.

200. 와전류 탐상검사의 장점

① 표면부 결함의 탐상강도가 우수하며 고온에서의 검사 및 얇고 가는 소재와 구멍의 내부 등을 검사
② 결함의 지시가 모니터에 전기적 신호로 나타나므로 기록 보존과 재생이 용이하다.
③ 결함의 크기 두께 및 재질의 변화 등을 동시에 검사할 수 있다.

201. 연강의 안전율

① 정하중 : 3
② 동하중(단진응력) : 5
③ 동하중(교번응력) : 8
④ 충격하중 : 12

202. 응급처치 구명 4단계

① 기도 유지   ② 지혈   ③ 상처 보호   ④ 쇼크 방지

203. 해칭

단면임을 나타내기 위하여 단면부분의 주된 중심선에 대해 45° 경사지게 나타내는 선

204. 도시 기호

① G : 연삭
② C : 치핑
③ M : 절삭
④ F : 용접부의 다듬질 방법을 특별히 지정하지 않는 경우

205. 차광번호

용접봉 지름이 1.0~1.6mm, 용접전류 30~45A : 차광번호 7번

206. 마우러 조직도

탄소와 규소량에 따른 주철의 조직관계를 표시

207. 납땜법의 종류

① 가스납땜　② 인두납땜　③ 담금납땜
④ 저항납땜　⑤ 노내납땜　⑥ 유도가열납땜

208. 너깃

용접 중 접합면의 일부가 녹아 바둑알 모양의 단면으로 용접이 되는 것

제 2 장 용접구조설계

1. 이음효율 $= \dfrac{\text{용접시험편의 인장강도}}{\text{모재의 인장강도}} \times 100$

2. 허용응력 $= \dfrac{p}{tl}$

여기서, $p(\text{kgf})$: 인장력, $t(\text{mm})$: 두께, $l(\text{mm})$: 폭

3. 일반적인 용접 순서 결정 시 주의사항

① 리벳과 용접을 병용하는 경우에는 용접이음을 먼저 하여 용접 열에 의한 리벳의 풀림을 피한다.
② 수축이 큰 맞대기 이음을 용접하고 다음에 필릿 용접을 함.
③ 동일 평면 내에 이음이 많을 경우 수축은 가능한 자유단으로 보낸다.
④ 중심선에 대해 대칭을 벗어나면 수축이 발생하여 변형된다.
⑤ 용접이 불가능한 곳이 없도록 한다.
⑥ 큰 구조물은 구조물의 중앙에서 끝으로 향하여 용접한다.

4. 오스테나이트계 스테인리스강의 용접 시 주의사항

① 용접봉은 모재와 같은 것을 사용하며 될수록 가는 것을 사용한다.
② 용접 후 급랭하여 입계부식을 방지한다.
③ 크레이터 처리를 한다.
④ 짧은 아크 길이를 유지한다.
⑤ 층간온도가 320℃ 이상 넘어서는 안 된다.
⑥ 예열을 하지 않는다.

5. 직류 정극성 및 역극성

① 직류 역극성 : 용입이 얕고 비드 폭이 넓다.
② 직류 정극성 : 용입이 깊고 비드 폭이 좁다.

6. 수축량에 미치는 용접 시공 조건

① 용접봉이 클수록 수축량이 작아진다.
② 루트 간격이 클수록 수축이 크다.
③ 구속도가 클수록 수축이 작다.
④ 위빙을 하는 쪽이 수축이 작다.

7. 피닝(peening)법

용접부를 구면상의 특수한 해머로 비드를 두드려 용접금속부의 용접에 의한 수축변형을 감소시키고 잔류응력을 완화하는 방법

8. 가접 시 주의해야 할 사항

① 본용접자와 동등한 기량을 갖는 용접자가 가용접을 시행한다.
② 본용접과 같은 온도에서 예열을 한다.
③ 개선홈 내의 가접부는 백치핑으로 완전히 제거한다.
④ 응력이 집중하는 곳은 피한다.
⑤ 전류는 본용접보다 높게 하며 용접봉의 지름은 가는 것을 사용하며 본용접이 용이하게 하며 너무 짧게 하지 않는다.
⑥ 시·종단에 엔드 탭을 설치하기도 한다.
⑦ 홈 안에 가접을 피하고 불가피한 경우 본용접 전에 갈아낸다.

> ✪ 가접 : 본용접을 실시하기 전에 좌·우의 홈부분을 잠정적으로 고정하기 위한 짧은 용접

9. 자분탐상법의 특징

① 시험편의 크기, 형상 등에 구애를 받지 않는다.
② 내부결함의 검사 불가능
③ 작업이 신속 간단하다.
④ 정밀한 전처리가 요구되지 않는다.
⑤ 비자성체에는 적용 불가능

> ✪ 종류 : ① 통전법   ② 관통법   ③ 극간법   ④ 코일법

10. 목두께 = 다리길이 × cos45°

11. 인장응력 = $\dfrac{P}{(h_1+h_2)l}$

12. 은점

용착금속의 인장 또는 굽힘시험했을 경우 파단면에 생기며 은백색 파면을 갖는 결함

13. 엔드 탭

용접부의 시작점과 끝점에 충분한 용입을 얻기 위해 사용

14. 롤러에 거는 법

용접 후 처리에서 외력만으로 소성변형을 일으켜 변형을 교정하는 방법

15. 변형방지법

① 도열법(냉각법) : 용접부 주위에 물을 적신 석면, 동판을 대어 열을 흡수시키는 방법
② 억제법 : 모재를 가접 또는 구속지그를 사용하여 변형 억제
③ 용착법 : 대칭법, 스킵법, 후퇴법
④ 역변형법 : 용접 전에 변형의 크기 및 방향을 예측하여 미리 반대로 예측하는 방법

16. I형 맞대기 용접이음

판 두께가 3mm 정도의 박판 용접에 많이 이용

17. 비드 만들기 순서

① 직직법 : ──────▶
② 후진법 : 5 → 4 → 3 → 2 → 1
③ 스킵법(비석법) : 1 → 4 → 2 → 5 → 3
④ 교호법 : 1 → 4 → 3 → 5 → 2
⑤ 대칭법 : 4 ← 2 ↔ 1 → 3

18. KS 규격에서 피복제 계통

① E4301 : 일미나이트계
② E4303 : 라임티탄계
③ E4311 : 고셀룰로오스계
④ E4313 : 고산화티탄계
⑤ E4316 : 저수소계
⑥ E4324 : 철분산화티탄계
⑦ E4326 : 철분저수소계
⑧ E4327 : 철분산화철계
⑨ E4340 : 특수계

19. 용접이음의 설계 시 주의사항

① 가능한 한 아래보기 용접을 많이 하도록 한다.
② 용접선은 될 수 있는 한 교차하지 않도록 한다.
③ 용접작업에 지장을 주지 않도록 공간을 둔다.
④ 용접이음을 한쪽으로 집중되게 접근하여 설계하지 않도록 한다.

20. 용접봉 선택의 기준

① 용접 자세   ② 모재의 재질   ③ 제품의 형상

21. 일반적인 용접 변형 교정 방법의 종류

① 피닝법
② 롤러에 거는법
③ 절단하여 정형 후 재용접하는 방법
④ 박판에 대한 점수축법
⑤ 형재에 대한 직선 수축법
⑥ 가열 후 해머링하는 방법
⑦ 후판에 대해 가열 후 압력을 가하고 수냉하는 방법

22. 덧붙이

계산 또는 필릿 용접의 치수 이상으로 표면 위에 용착된 금속

23. 변형률 $(\varepsilon) = \dfrac{\text{나중길이} - \text{처음길이}}{\text{처음길이}} \times 100$

24. 기계적 응력 완화법

잔류응력이 존재하는 용접구조물에 어떤 하중을 걸어 용접부를 약간 소성변형시킨 다음 하중을 제거하면 잔류응력이 감소하는 현상

25. 회전변형 (비틀림변형)

주로 열원이동에 있어 용융지 부근 모재의 용접선 방향에의 열팽창에 기인하여 생기는 용접변형

26. 용접작업 시 지그 사용 시 얻어지는 효과

① 용접조립작업을 단순화 또는 자동화를 할 수 있게 하여 작업능률이 향상된다.
② 대량생산의 경우 용접조립작업을 단순화시킨다.

③ 제품의 마무리 정밀도를 향상시킨다.
④ 용접변형을 억제하고 적당한 역변형을 주어 정밀도를 높인다.

27. 노치인성

강이 저온, 충격하중 또는 노치의 응력집중 등에 대하여 견디는 성질

28. 플레어 용접

두 부재 사이의 휜 부분을 용접하는 것으로 용접부 형상이 V형, X형, K형 등이 있다.

29. 일반적인 용접 순서를 결정하는 유의사항

① 수축이 큰 맞대기이음을 먼저 용접하고 수축이 작은 이음을 나중에 용접
② 용접구조물이 중립축에 대하여 용접수축력의 모멘트의 합이 0이 된다.
③ 용접 불가능한 곳이 없도록 한다.
④ 큰 구조물은 구조물 중앙에서 끝으로 향하여 용접
⑤ 리벳과 같이 쓸 때는 용접을 먼저 한다.

30. 피트의 원인

① 용착금속의 냉각속도가 빠를 때
② 습기, 녹, 페인트가 있을 때
③ 모재에 탄소, 망간, 황 등의 함유량이 많을 때

31. 레이저 용접장치의 기본형

① 반도체형   ② 가스방전형   ③ 고체금속형

32. 가열방법의 종류와 특징

① 선상가열법 : 맞대기 용접 및 필릿 용접 이음 시 각 변형을 고정할 때 이음하는 이면 담금질 방법으로 주로 가로굽힘변형에 이용
② 격자형 가열법 : 큰 변형 교정에 사용되나 표면이 타서 상하기 쉽기 때문에 주의를 요한다.
③ 고리형 가열 : 마무리가 우수한 방법으로 효과적인 가열방법
④ 점형 가열 : 수축력이 큰 6mm 이하의 박판 교정에 사용

33. 기공의 원인

① 용접속도가 너무 빠를 때
② 수소 또는 일산화탄소의 과잉
③ 아크 길이, 전류 조작의 부적당
④ 기름, 페인트 등이 모재에 묻어 있을 때
⑤ 용접부의 급속한 응고
⑥ 모재 가운데 황 함유량 과대

34. 환산용접길이 = 계수 × 용접길이

35. 토 균열

맞대기나 필릿 용접부의 비드 표면과 모재와의 경계부에 발생하는 용접 균열

36. 펄스 반사법

초음파탐상법 중 가장 많이 사용되는 검사법

37. 용접이음의 강도 계산

① 굽힘모멘트   ② 비틀림모멘트   ③ 수직력

38. 효율과 역률

① 역률 = $\dfrac{\text{소비전력(kw)}}{\text{전원입력(KVA)}} \times 100$

② 효율 = $\dfrac{\text{아크출력}}{\text{소비전력(kw)}} \times 100$

③ 전원입력 = 무부하전압 × 정격 2차 전류
④ 소비전력 = 아크 출력(아크 전압 × 정격 2차 전류) + 내부 손실

39. 캐스케이드법

다층 용접 시 한 부분의 몇 층을 용접하다가 이것을 다음 부분의 층으로 연속시켜 전체가 단계를 이루도록 용착시켜 나가는 방법

40. 각종 금속의 예열

① 열전도가 좋은 구리합금, 알루미늄합금은 예열이 필요하다.
② 고급 내열 합금에서도 용접 균열 방지를 위해 예열을 한다.
③ 고장력강, 저합금강, 주철의 경우 용접홈을 50~350℃로 예열한다.

④ 연강을 0℃ 이하에 용접할 경우 이음의 폭 100mm 정도를 40~75℃ 정도로 예열한다.

41. 잔류응력의 측정법

① 정량적 방법 : 드릴링법, 분할법, 절취법
② 정성적 방법 : 부식법, 바니시법, 자기적 방법

42. 용접 시 발생하는 잔류응력의 영향

① 부식 ② 취성 파괴 ③ 좌굴 변형

43. 전진법

아크 용접에서 한쪽 끝에서 다른 쪽 끝을 향해 연속적으로 진행하는 용접방법으로서 용접이음이 짧은 경우나 변형과 잔류응력이 그다지 문제가 되지 않을 때 이용되는 용착법

44. 용접봉의 소요량 계산

$$\frac{용착금속의 중량}{용접봉의 사용중량} \times 100$$

45. 용접결함 중 구조상 결함

① 오버랩 ② 용입 불량 ③ 내부 기공
④ 슬래그 혼입 ⑤ 언더컷

46. 용접 변형방지법 중 냉각법

① 석면포 사용법 ② 수냉동판 사용법 ③ 살수법

47. 저항용접의 3대 요소

① 가압력 ② 용접전류의 세기 ③ 시간

48. 저온 응력 완화법

용접선의 양측을 일정 속도로 이동하는 가스불꽃에 따라 너비 약 150mm를 150~200℃로 가열한 후 바로 수냉하는 응력 제거법

49. 각변형(가로방향의 굽힘변형) 방지 대책

① 판 두께가 얇을수록 첫 패스 측의 개선깊이를 크게 한다.
② 역변형의 시공법을 사용한다.
③ 용접속도가 빠른 용접법을 사용한다.

50. 로크웰 경도 : B스케일과 C스케일 두 가지가 있는 경도 시험법

51. 용융속도 : 단위시간당 소비되는 용접봉의 길이 또는 중량

52. 용접의 내부 결함 : ① 기공   ② 슬래그 혼입   ③ 선상조직

53. 이음의 정의

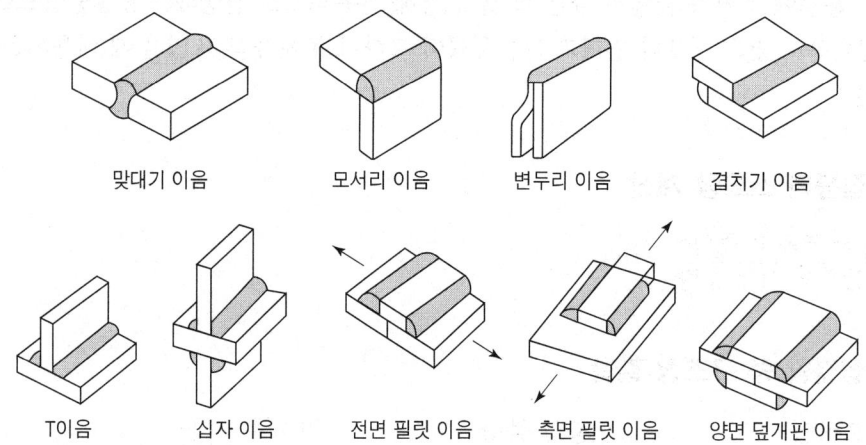

맞대기 이음   모서리 이음   변두리 이음   겹치기 이음

T이음   십자 이음   전면 필릿 이음   측면 필릿 이음   양면 덮개판 이음

54. 레이저 용접의 특징

① 좁고 깊은 용접부를 얻을 수 있다.
② 고속용접과 용접 공정의 융통성을 부여할 수 있다.
③ 접합하여야 할 부품의 조건에 따라서 한 방향 용접으로 접합이 가능
④ 정밀용접도 가능하다.
⑤ 헬륨, 질소, 아르곤으로 냉각하여 레이저 효율을 높일 수 있다.
⑥ 에너지 밀도가 크고 고융점을 가진 금속에 이용된다.
⑦ 불량도체 및 접근하기 곤란한 물체도 용접이 가능
⑧ 용접장치는 고체금속형, 반도체형, 가스방전형이 있다.

55. 비파괴검사법 중 자기검사 적용 불가능

오스테나이트계 스테인리스강

56. 각변형(횡굴곡)

필릿 용접 이음의 수축변형에서 모재가 용접손에 각을 이루는 경우

57. 선상조직

용착부의 파단면이 나타나며 아주 미세한 기둥 모양 결정이 서리 모양으로 나란히 있고 그 사이에 현미경적인 비금속개재물과 기공이 있는 것

58. 용접의 장·단점

① 장점
  - ㉠ 중량 경감, 재료 및 시간이 절약
  - ㉡ 이종재료의 접합이 가능
  - ㉢ 작업공정 단축
  - ㉣ 이음효율 향상
  - ㉤ 보수, 수리 용이
  - ㉥ 형상의 자유화 추구

② 단점
  - ㉠ 잔류응력 및 변형에 민감
  - ㉡ 품질검사 곤란
  - ㉢ 유해광선 및 가스폭발 위험이 있다.

59. 일반구조용 압연강재의 노내 및 국부풀림의 유지온도와 시간

① 유지온도 : 725 ± 25℃

② 시간 : 판 두께 25mm에 대해 유지시간 1시간

60. 자기검사(MT)법의 종류

① 코일법   ② 관통법   ③ 극간법
④ 직각통전법   ⑤ 축통전법

61. 굽힘응력 = $\dfrac{6M}{t^2 l}$

여기서, t(mm) : 두께, l(mm) : 길이, M(kgf.cm) : 굽힘모멘트

62. 맞대기 용접에서 변형이 가장 적은 홈의 형상

X형 홈

63. 잔류응력 경감법

① 피닝법　　② 기계적 응력 완화법　　③ 저온 응력 완화법
④ 노내풀림법　　⑤ 국부풀림법

64. 굽힘시험

① 표면굽힘시험　　② 측면굽힘시험　　③ 이면굽힘시험

65. 다층 용접에 따른 분류

① 덧살 올림법(빌드업법) : 열 영향이 크고 슬래그 섞임의 우려가 있다. 한랭 시, 구속이 클 때 후판에서 첫 층에 균열 발생 우려가 있다. 하지만 가장 일반적인 방법이다.

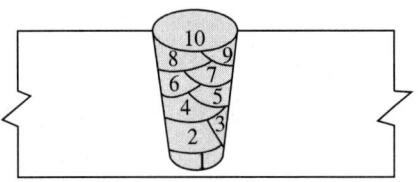

빌드업법

② 캐스케이드법 : 한 부분의 몇 층을 용접하다가 이것을 다음 부분의 층으로 연속시켜 용접하는 방법으로 후진법과 같이 사용하며, 용접 결함 발생이 적으나 잘 사용되지 않는다.

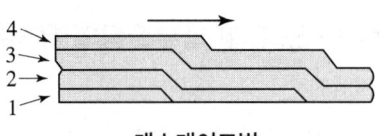

캐스케이드법

③ 전진 블록법 : 한 개의 용접봉으로 살을 붙일 만한 길이로 구분해서 홈을 한 부분에 여러 층으로 완전히 쌓아 올린 다음, 다음 부분으로 진행하는 방법으로, 첫 층에 균열 발생 우려가 있는 곳에 사용된다.

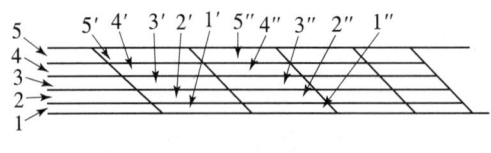

전진 블록법

66. 수소시험 (파괴시험)

① 진공가열법　　② 확산성 수소량 측정법
③ 45℃ 글리세린 치환법　　④ 수은에 의한 방법

67. 박판에 대한 점수축법

용접작업 시 발생한 변형을 교정할 때 가열하여 열응력을 이용하고 소성변형을 일으키는 방법

68. 역변형법

용착금속 및 모재의 수축에 대하여 용접 전에 반대방향으로 굽혀 놓고 용접작업하는 법

69. 전진법

용접길이가 짧아서 변형 및 잔류응력이 그다지 문제가 되지 않을 때 이용되며 수축과 잔류응력이 용접의 시작부분보다 끝부분에 더 크게 되는 것

70. 비파괴시험

① RT : 방사선검사　　　　② MT : 자분검사
③ UT : 초음파검사　　　　④ PT : 침투검사

71. 맞대기 이음에서 초층의 용입 불충분 등의 결함 방지 및 제거를 위해 사용되는 방법

① 백 가우징　　② 뒷받침(back plate)　　③ 밑면 따내기(back chipping)

72. 아크 열효율

용접입열 몇 %가 모재에 흡수되는가 하는 비율

73. 용접구조물에서 잔류응력의 영향

① 용접구조물에서 취성파괴의 원인이 된다.
② 용접구조물에서 응력부식의 원인이 된다.
③ 구속하여 용접하면 잔류응력이 증가한다.
④ 기계부품에서는 사용중에 변형이 생긴다.

74. 저온취성 파괴에 미치는 요인

① 예리한 노치　　② 온도의 저하　　③ 인장 잔류응력

75. 용접부의 기공 검사 : X선 시험

 **편하게 보세요** ★★★★

1. **용접부 고온균열 원인**
   모재에 유황성분 과다 함유

2. **탈인반응**
   용융 슬래그 중에 FeO와 CaO이 존재하는 경우에 용융강의 반응이 일어남.

3. **탄소공구강의 구비조건**
   ① 내마모성이 클 것.   ② 가격이 저렴할 것.
   ③ 상온 및 고온강도가 클 것.   ④ 강인성 및 내충격성이 우수할 것.

4. **풀림**
   강의 연화 및 내부응력, 가공응력 제거

5. **망간**
   적열취성 방지(유황에 의한 해를 줄임.)

6. **먼츠 메탈**
   ① 6 : 4 황동(구리＋아연)을 먼츠 메탈이라고도 한다.
   ② 복수기용판, 열간단조품에 사용.
   ③ 볼트, 너트 등의 제조에 사용.

7. **선상조직**
   용접금속의 파면에 극히 미세한 주상정이 서리 모양으로 나타난 것으로 수소가 원인이다.

8. **레데뷰라이트**
   γ고용체와의 Fe_3C와의 공정주철

9. **금속원자의 단위결정격자의 종류**
   ① 체심입방격자(원자수 2개) : V, Mo, W, Cr, K, Na, Ba, Ta, $\alpha-Fe$, $\delta-Fe$
   (바몰텅크칼나바탈)
   ② 면심입방격자(원자수 4개) : Ag, Cu, Au, Al, Pb, Ni, Pt, Ce, Ca, $\gamma-Fe$
   (은구금알납니백세칼)
   ③ 조밀육방격자(원자수 4개) : Ti, Mg, Zn, Co, Zr, Be (티마아코지베)

10. **자기변태**
    원자배열은 변화가 없고 자성만 변하는 것으로 순철의 자기변태온도는 768℃이다.
    자기변태금속 : Fe, Ni, CO

11. **잔류응력을 제거하는 방법**
    ① 저온 응력 완화법 : 용접선 양측을 가스 불꽃에 의해 너비 약 150mm를 150~200℃ 정도의 비교적 낮은 온도로 가열한 다음 곧 수냉하는 방법
    ② 기계적 응력 완화법 : 잔류응력이 있는 제품에 하중을 주어 용접부에 약간의 소성변형을 일으킨 다음 하중을 제거
    ③ 피닝법 : 특수한 구면상의 선단을 해머로 용접부를 연속적으로 타격해 줌으로써 용접 표면에 소성변형을 생기게 하는 것
    ④ 노내풀림법 : 응력제거 열처리법에서 가장 널리 이용. 제품 전체를 가열로 안에 넣고 적당한 온도에서 일정 시간 유지한 다음 노 내에서 서냉
    ⑤ 국부풀림법 : 제품이 커서 노 내에 넣을 수 없을 때 또는 설비, 용량 등으로 노내풀림을 바라지 못할 경우

12. **피복제의 역할**
    ① 용착금속의 탈산정련작용   ② 용착금속을 보호
    ③ 용착금속의 급랭 방지   ④ 아크의 안정
    ⑤ 용적을 미세화하여 용착효율 상승   ⑥ 합금원소 첨가
    ⑦ 산화, 질화 방지
    [냉각속도에 영향을 미치는 용접 조건]
    ① 용접속도   ② 용접전류   ③ 아크전압

13. **고온균열의 영향** : S(황)
    [알루미늄의 성질]
    ① 염산, 인산, 황산, 질산에 약하다.
    ② 산화피막의 보호작용으로 내식성이 좋다.
    ③ 전기 및 열의 전도율이 좋다.
    ④ 비중이 가벼워 경금속에 속한다.

14. **덧붙이**
    계산 또는 필릿 용접의 치수 이상으로 표면 위에 용착된 금속

15. **용접작업**
    ① 캐스케이드법 : 다층 용접 시 한 부분의 몇 층을 용접하다가 이것을 다음 부분의 층으로 연속시켜 전체가 단계를 이루도록 용착시켜 나가는 방법
    ② 빌드업법 : 용접전 길이에 대해서 각 층을 연속하여 용접하는 방법
    ③ 블록법 : 짧은 용접길이로 표면까지 용착하는 방법
    ④ 전진법 : 용접길이가 짧아서 변형 및 잔류응력이 그다지 문제가 되지 않을 때 이용

16. **퓨즈 용량** $= \dfrac{22 \times 1{,}000}{220} = 100A$

17. 초음파탐상법 중 가장 많이 사용되는 검사법 : 펄스 반사법

18. 용접이음의 강도 계산
① 굽힘모멘트   ② 비틀림모멘트   ③ 수직력

19. Fe－C 평형상태도에서 γ철의 결정구조 : 면심입방격자

20. 주철 용접 시 주의사항
① 용접봉은 가급적 지름이 작은 것을 사용한다.
② 용접부를 필요 이상 크게 하지 않는다.
③ 비드 배치는 짧게 해서 여러 번의 조작으로 완료한다.
④ 용접전류는 필요 이상 높이지 말고 지나치게 용입을 깊게 하지 않는다.

21. 금속의 일반적인 특징
① 모든 금속은 고체이나, 수은만은 액체이다.
② 소성변형이 있어 가공하기 쉽다.
③ 열과 전기의 좋은 양도체이다.
④ 전성 및 연성이 풍부하다.
⑤ 금속적 광택을 가지고 있다.
⑥ 이온화하면 양이온(＋)이 된다.

22. 고장력 강의 용접 시 일반적인 주의사항
① 아크 길이는 짧게 유지한다.
② 위빙 폭을 크게 하지 말아야 한다.
③ 용접 개시 전 이음부 내부를 청소한다.
④ 용접봉은 저수소계를 사용한다.

23. 연강을 0℃ 이하에서 용접할 경우 예열하는 요령
용접이음의 양쪽 폭 100mm 정도를 40~70℃로 예열한다.

24. 용접부 보조기호
① 평면 : ─   ② 볼록형 : ⌒
③ 오목형 : ∪   ④ 끝단부를 매끄럽게 함 : ⌣
⑤ 영구적인 덮개판 사용 : ｜M｜   ⑥ 제거 가능한 덮개판 사용 : ｜MR｜

25. 용접부 기호
① 뒷면 용접 공정이 없는 경우 : \/   ② 가장자리 용접 : ｜｜｜
③ 서피싱 이음 : ═   ④ 서피싱 : ⌒

26. **물체의 모양을 가장 잘 나타낼 수 있는 투상면** : 정면도

27. **용접 기호**
    ① C : 슬롯부의 폭   ② l : 용접부의 길이   ③ n : 용접부 개수

28. **도면의 크기**

용지	가로(mm)	세로(mm)
A0	1,189	841
A1	841	594
A2	594	420
A3	420	297
A4	297	210

29. **규소가 탄소강에 미치는 일반적 영향**
    ① 인장강도, 탄성한도, 경도를 상승시킨다.
    ② 연신율과 충격값을 감소시킨다.
    ③ 결정립을 조대화시키고 가공성을 해친다.
    ④ 용접성을 저하시킨다.

30. **적열취성 원인** : 황
    상온취성 원인(청열취성) : 인

31. **특수 원소의 영향**
    ① Ni : 인성 증가, 저온충격저항 증가   ② Cr : 내식성, 내마모성 향상
    ③ Mn : 적열취성 방지, 고온강도   ④ Mo : 뜨임취성 방지
    ⑤ Al, W : 결정입자 조절   ⑥ Si : 전자기적 특성 개선, 탈산
    ⑦ Ti : 내식성 향상

32. **AET (Acoustic Emission Test)**
    재료의 내부에서 파괴가 발생하여 새로운 파단면적이 발생하는 순간에 방출하는 음향파

33. **보조투상도** : 경사면부가 있는 대상물에서 그 경사면의 실험을 나타낼 필요가 있는 경우에 그리는 투상도
    부분투상도 : 필요한 부분만을 투상하여 도시한다.
    국부투상도 : 대상물의 구멍, 홈 등과 같이 한 부분의 모양을 도시한다.
    등각투상도 : 서로 120°를 이루는 3개의 기본축에 정면, 평면, 측면을 하나의 투상면 위에서 동시에 볼 수 있도록 나타낸 입체도

34. 일반적인 도면을 보관하는 방법
① 복사도를 접을 때는 A4 크기로 접는다.
② 마이크로필름은 영구보존의 정확성을 기한다.
③ 트레이싱도는 접어서는 안 되므로 펼친 그대로 수평, 수직 또는 말아서 원통으로 보관한다.

35. 경금속 : 비중이 4.5 이하인 것
① 마그네슘 : 1.7　　　　　② 알루미늄 : 2.7
③ 티탄 : 4.5　　　　　　　④ 백금 : 21.45

36. 열처리 목적
① 수소량 감소　　② 균열 방지　　③ 급랭 방지

37. 열처리
① 뜨임 : 담금질된 강을 A1변태점 이하의 일정 온도로 가열하여 인성을 증가시킨다.
② 불림 : 강을 표준상태로 하기 위하여 가공조직의 균일화, 결정립의 미세화, 기계적 성질의 향상을 목적
③ 풀림 : 재질의 연화를 목적으로 일정 시간 가열 후 노 내에서 서냉
④ 담금질 : 강을 A3변태 및 A1선 이상 30~50℃로 가열한 후 물 또는 기름으로 급랭하는 방법

38. 변형시효균열
내열합금 용접 후 냉각중이나 열처리 등에서 발생하는 용접구속 균열

39. 맞대기 이음 용접기호
① K형　　② V형　　③ U형　　④ Y형　　⑤ I형

40. 필릿 용접부의 목두께는 6mm다.

41. 편석
용착금속이 응고할 때 불순물이 한 곳으로 모이는 현상

42. 열전도율
Ag > Cu > Au > Al > Mg > Ni > Fe > Pb *(은구금알마니철납)*

43. 저온균열 : 300℃ 이하
   고온균열 : 500℃ 이상

44. 표면경화법
① 가스침탄법
　　㉠ 침탄부분을 기밀의 가열로 속에 넣고 적당한 침탄가스를 보내면서 900~950℃

에서 침탄하는 방법
  ㄴ 메탄가스와 같은 탄화수소가스를 사용하여 침탄하는 방법. 침탄가스는 Ni를 촉매로 하여 변성로에서 변성
② 액체침탄법 : 시안화나트륨(NaCN), 시안화칼리(KCN)를 주성분으로 한 열을 사용하여 침탄온도 750~950℃에서 30~60분 침탄시키는 방법
③ 고체침탄법 : 고체침탄제를 사용하여 강 표면에 침탄탄소를 확산 침투시켜 표면 경화
④ 질화법 : 강 표면에 질소를 침투시켜 경화하는 방법

45. 탄소강에서 탄소함유량이 증가 시
① 강도, 경도 증가, 취성 증가
② 연성, 전성 감소, 연신율 감소

46. 체심입방격자 원자수 : 2개
면심입방격자 원자수 : 4개

47. 가는파선
대상물의 보이지 않은 부분의 모양을 표시하는 데 쓰이는 선

48. 판금제관의 전개방식
① 방사선법   ② 삼각형법   ③ 평행선법
도면에서 비례척이 아님을 표시 : NS(Not to Scale)

49. KS규격에서 도면을 철하는 부분의 경우 A3용지의 가장자리에서부터의 최소 간격
25mm

50. 재결정온도
① Pb(납) : −3℃
② Sn(주석) : 상온(20℃)
③ Al(알루미늄) : 150℃
④ Au(금) : 200℃
⑤ Cu(구리) : 150~240℃
⑥ Fe(철) : 350~450℃

51. 보조기호

용접부 표면의 형상	기 호
평면	─
블록형	⌒
오목형	⌣
끝단부를 매끄럽게 함	⌣⌋
영구적인 덮개판을 사용	M
제거 가능한 덮개판을 사용	MR

52. 가는실선으로 사용하는 것
① 치수 기입하기 위해 도형으로부터 끌어내는 데 쓰인다.
② 기수 기입하기 위해
③ 대상물의 일부를 파단한 경계 표시
④ 도형의 한정된 특정부분을 다른 부분과 구별

53. 가상선(가는이점쇄선)
① 인접부분 참고 표시
② 공구위치 참고 표시
③ 가공 전·후 표시
④ 이동하는 부분의 이동위치 표시

54. 외형선(굵은실선) : 대상물이 보이는 부분의 모양 표시
절단선(가는일점쇄선) : 절단위치를 대응하는 그림에 표시
해칭선(가는실선) : 도형의 한정된 특정부분을 다른 부분과 구별
파단선(가는실선) : 대상물의 일부를 파단한 경계 표시

55. 등각투상도
① 물체의 3개의 세 모서리는 각각 120°
② 물체의 정면, 평면, 측면을 하나의 투상도에서 볼 수 있도록 그린 도법
③ 용도 : 기계의 조립분해를 설명하는 장비 지침서 제품의 디자인도

56. 금속의 조직 중 경도가 가장 높은 것 : 시멘타이트

57. 부분단면도 : 일부분을 잘라내고 필요한 내부 모양을 그리기 위한 방법
회전단면도 : 핸들, 벨트 풀리, 바퀴의 암, 후크의 절단한 단면모양을 90° 회전시킨다.
전개도 : ① 입체의 표면을 하나의 평면 위에 놓은 도형
② 상관선은 상관체에서 입체가 만난 경계선을 말한다.
③ 용도 : 자동차부품, 상자, 책꽂이, 덕트 등

> ✪ 상관선 : 두 물체가 만나는 경계의 선

58. 치수의 표시방법
① 지름 : ϕ
② 반지름 : R
③ 구의 지름 : Sϕ
④ 구의 반지름 : SR
⑤ 정사각형의 변 : □
⑥ 판의 두께 : t
⑦ 45° 모따기 : C
⑧ 원호의 길이 : ⌒
⑨ 이론적으로 정확한 치수 : 123
⑩ 참고치수 : ( )

59. 기계구조용 탄소강관(SM)
① SM12C ② SM15C ③ SM17C ④ SM20C
⑤ SM22C ⑥ SM25C ⑦ SM28C 등

60. 중심마크
도면을 마이크로필름에 촬영하거나 복사할 때에 편의를 위하여 윤곽선 중앙으로부터 용지의 가장자리에 이르는 굵기 0.5mm의 수직선으로 그은 선

61. 일반적인 판금전개도를 그릴 때 전개방법
① 평행선 전개법   ② 삼각형 전개법   ③ 방사선 전개법

62. 수소의 근원
① 플럭스에 흡수된 수분   ② 대기중의 수분   ③ 고착제가 포함한 수분
잔류응력 제거(용접 후 처리)

63. 주상정의 발달을 억제하는 방법
① 용접 직후에 롤러 가공을 적용하는 방법
② 용접중에 공기 충격을 적용하는 방법
③ 용접중에 초음파 진동을 적용하는 방법

64. 금속침투법 종류
① 아연(Zn) : 세라다이징   ② 알루미늄(Al) : 칼로라이징
③ 규소(Si) : 실리코나이징   ④ 크롬(Cr) : 크로마이징

65. 어닐링
내부응력의 제거 또는 열처리 가공 등으로 인하여 경화된 재료의 연화 및 균일화를 위해 강재를 적당한 온도로 가열하여 일정 시간 유지 후 노 안에서 서냉하는 열처리

66. 전위 : 불완전한 것 또는 결함이 있을 때 외력이 작용하면 불완전한 곳 및 결함이 있는 곳에서부터 이동이 생기는 현상
슬립 : 금속결정형이 원자 간격이 가장 작은 방향으로 층상 이동하는 현상
쌍정(트윈) : 변형 전과 변형 후의 위치가 어떤 면을 경계로 대칭되는 현상

67. 덴드라이트
금속의 결정구조에서 결정의 성장 중 수지상 결정(나뭇가지 모양 결정)

68. 연납의 성분 : 주석 + 납

69. 크리프 현상
금속에 고온으로(350℃ 이상) 장시간 동안 일정한 인장하중을 가하면 시간의 경과와 더불어 변형이 증대하는 현상

70. 오스테나이트계 스테인리스강 용접 시 고온균열 발생 원인
① 크레이터 처리를 하지 않았을 때
② 아크 길이가 너무 길 때
③ 모재가 오염되었을 때

71. 편정형
2성분계의 평형상태도에서 액체, 기체 어느 상태에서도 일부분밖에 녹지 않는 형

72. 강의 표면경화 열처리 방법
① 고주파경화법 ② 화염경화법 ③ 시안화법
④ 질화법 ⑤ 금속침탄법 ⑥ 침탄법(액체, 가스, 고체)

73. 용융슬래그의 염기도를 나타내는 식
$$염기도 = \frac{\Sigma 염기성\ 성분}{\Sigma 산성\ 성분}$$

74. 어닐링
용접부를 어떤 온도 이상으로 가열하면 재질이 연화되어 연성이 증가하고 내부응력을 제거하며 정상적인 재료의 성질로 회복되는 열처리법

75. 스테인리스강 중에서 용접성 가장 우수한 강 : 오스테나이트계 스테인리스강

76. 저용융점 합금이란 주석보다 용융점이 낮은 것

77. 자기변태
원자배열은 변화가 없고 자성만 변하는 것
[자기변태온도]
① Ni : 358℃ ② Fe : 768℃ ③ Co : 1,160℃

78. 용융금속의 결정을 미세화시키는 방법
① 합금원소를 첨가하는 방법
② 초음파 진동에 의한 방법
③ 자기교반에 의한 방법

79. 용접부 비파괴 시험 기호
① 방사선투과검사 : RT(Radiographic Testing)
② 자분탐상검사 : MT(Magnetic Particle Testing)
③ 침투탐상검사 : PT(Penetrant Testing)
④ 초음파탐상검사 : UT(Ultrasonic Testing)
⑤ 와류탐상검사 : ET(Eddy Current Testing)
⑥ 누설검사 : LT(Leak Testing)
⑦ 육안검사 : VT(View Testing)

80. 가상선은 가는이점쇄선 사용
① 가공 전 또는 가공 후의 모양을 표시하는 선
② 이동하는 부분의 이동위치를 표시하는 선

③ 공구, 지그 등의 위치를 참고로 표시하는 선
④ 도시된 물체의 앞면을 표시하는 선
해칭을 하는 경우 : 절단 단면부분을 나타내고자 할 때
∴ 회주철(GC : Gray Cast)

81. **레데뷰라이트**
    철·탄소계 합금의 응고 시 1,130℃에서 4.3%의 공정

82. **금속 중에서 비중이 가장 가벼운 것** : 리듐(0.53)
    금속 중에서 비중이 가장 무거운 것 : 이리듐(22.5)

83. **강괴의 종류**
    ① 킬드강(용접성이 가장 좋음)   ② 림드강   ③ 세미킬드강
    백심가단주철의 인장강도 : 34kg/mm^2 이상
    선상조직 : 용접금속의 파면에 매우 미세한 주상정이 서릿발 모양으로 병립하는 것으로서 주원인은 수소이다.

84. **슬래그 생성제**
    용융점이 낮은 가벼운 슬래그를 만들어 용융금속의 표면을 덮어서 산화나 질화를 방지하고 용착금속의 냉각속도를 느리게 한다.
    종류 : ① 이산화망간   ② 산화철   ③ 산화티탄
    　　　④ 형석　　　　⑤ 탄산나트륨　⑥ 일미나이트
    　　　⑦ 석회석　　　⑧ 규산칼륨

85. **공정반응(eutectic)**
    A와 B 금속을 합금하여 이 두 금속보다 자율성을 갖는 합금을 만드는 반응

86. **탄소당량**
    금속의 용접성을 나타낸 것으로 이 값이 크면 용접성이 저하된다.

87. **임계냉각 온도범위**
    가열변태점과 냉각변태점의 온도범위

88. **아공석강** : 탄소가 0.77% 이하로 페라이트+펄라이트
    공석강 : 탄소가 0.77% 이하로 펄라이트로 이루어짐.
    과공석강 : 탄소가 0.77% 이상으로 펄라이트+시멘타이트

89. **고온크랙의 발생 원소** : 유황, 규소, 니켈
    저온크랙의 발생 원소 : 수소

90. **구리 및 동합금의 일반적인 MIG 용접 조건**
    ① 후판 용접에 쓰인다.

② 전극은 직류 정극성을 쓴다.
③ 심선은 탈산된 것을 쓴다.
④ 아르곤은 99.8% 이상의 순도 높은 것을 쓴다.

91. 금속간 화합물
2종 이상의 금속원자가 간단한 원자비로 결합되어 본래의 물질과는 전혀 다른 결정격자를 형성하는 것

[스패터의 발생 원인]
① 아크 길이가 너무 길 때
② 전류가 높을 때
③ 습기가 있는 용접봉 사용 시

92. 연납의 주성분 : 주석+납(Sn+Pb)

93. 변형시효
상온에서 가공한 금속이 그 후의 시효에 의해 경화되는 현상이며 질소가 원인

94. 은점(fish eye)
① 발생 원인은 수소이다.
② 용접결함의 일종
③ 속이 비고 둘레에 취화부가 있는 원형의 결함이다.

95. TIG 용접으로 알루미늄을 직류역극성으로 용접 시 표면의 산화피막을 제거하는 방법
용접중 청정작용에 의해 피막을 제거

96. 마텐자이트 조직
① 마텐자이트는 확산에 의해 생기는 변태가 아니다.
② 마텐자이트의 생성경향은 합금 원소량과 관계가 있다.
③ 마텐자이트는 모재의 탄소함량이 높을수록 생성되기 쉽다.
④ 마텐자이트는 용접열 사이클의 냉각속도가 클수록 생성되기 쉽다.

97. 변형시효
질소가 그 원인이며 상온에서 가공한 금속이 그 후의 시효에 의해 경화하는 현상

98. 탈황 및 탈인 반응에 의한 내용
① 탈황반응은 염기도가 클수록 진행이 쉽다.
② 탈황률은 산화철률에 비례한다.
③ 탈인율은 용융슬래그가 산성일수록 크다.

99. 용접부의 응력부식균열을 최소화할 수 있는 방법
① 인장강도가 낮은 모재를 선정한다.
② 응력 제거 열처리를 한다.

③ 오스테나이트계 스테인리스강의 경우 페라이트 조직과 공존하는 조직을 가지면 효과가 있다.

100. 오스테나이트계 스테인리스강의 용접부에 발생하는 부식결함을 방지하기 위하여 첨가하는 화학성분
① Ti(티탄) ② Ta(탈륨) ③ Nb(네오데븀)

101. 예열에 관한 내용
① 연강으로 기온이 0℃ 이하에서는 용접할 경우 이음의 양쪽 폭 100mm 정도를 40~75℃로 가열한다.
② 연강으로 두께 25mm 이상인 경우 50~350℃로 예열한다.
③ 고장력강, 저합금강은 50~350℃로 예열한다.
④ 냉각속도를 느리게 하여 모재의 취성을 방지한다.
⑤ 용착금속의 수소 성분이 나갈 수 있는 여유를 주어 비드 및 균열 방지

102. 철·탄화철계 공석조직 : 펄라이트

103. 오스테나이트 상태에서 냉각속도가 가장 빠를 때 나타나는 조직
마텐자이트(강을 A3변태 및 A1선 이상 30~50℃로 가열 후 수랭 또는 유랭으로 급랭)

104. 합금과 성분
① 청동 : $Cu+Sn$ ② 황동 : $Cu+Zn$
③ 스테인리스강 : $C+Fe+Ni+Cr$ ④ 탄소강 : C, Mn, S, P, Si(5대 원소)

105. 아세틸렌의 용제
① 아세톤(25배) ② DMF(디메틸포름아미드)

106. 오스테나이트계 스테인리스강
① 용접 후 급랭하여 입계부식 방지
② 크레이터 처리를 한다.
③ 예열을 하지 않는다.
④ 층간온도가 320℃ 이상을 넘어서는 안 된다.
⑤ 짧은 아크길이 유지하고, 용접봉은 가는 것을 사용.

107. 결정
물질을 구성하고 있는 원자가 규칙적으로 배열을 이루고 있는 것

108. 천이온도
재료가 연성파괴에서 취성파괴로 변하는 온도 범위

109. 용접부의 풀림처리 효과 : 잔류응력의 감소

110. 공적강의 항온변태 중 723℃ 이상의 조직 : 오스테나이트

111. 용접부에 수소가 미치는 영향
① 은점 발생   ② 언더비드크랙 발생   ③ 저온균열 원인

112. 스테인리스강은 900~1,100℃의 고온에서 급랭할 때의 현미경 조직에 따른 3종류
① 오스테나이트계 스테인리스강(18-8 스테인리스강)
  ㉠ 용접성이 SUS 중 가장 우수   ㉡ 비자성체
② 페라이트계(Cr 130%)
  ㉠ 용접은 가능하나 자성체이다.   ㉡ 강인성 및 내식성이 있다.
③ 마텐자이트계
  ㉠ 용접성 불량   ㉡ Cr18보다 강도가 좋다.

113. 알루미늄의 물리적 성질
① 황산, 인산, 묽은질산, 염산에는 침식된다.
② Al_2O_3가 생겨 내식성이 좋다.
③ 비중이 가벼워 경금속에 속한다.
④ 전기 및 열의 전도율이 좋다.

114. 저온균열
300℃ 이하에서 발생하고 수축응력이나 열변형에 의한 응력집중 등의 원인으로 인하여 발생하며 수소가 원인이다.
① 구속도가 커지면 균열발생률은 커진다.
② 탄소당량이 큰 모재는 균열발생 위험성이 커진다.
③ 수소의 혼입이 많아지면 균열발생률이 커진다.

115. 금속재료를 냉간가공 시 강도 및 경도 및 증가 원인
① 내부응력   ② 전위   ③ 쌍정

★ 냉간가공 : 재결정온도 이하에서 가공하는 것

116. 스테인리스강은 900~1,100℃의 고온에서 급랭 시 현미경 조직에 따른 3종류
① 오스테나이트계 스테인리스강   ② 페라이트계 스테인리스강
③ 마텐자이트계 스테인리스강

117. 일반구조용 강의 탄소 함유량 : 0.3% 정도

118. 편정반응
성분계의 평형 상태도에서 액체, 고체 어느 상태에서도 일부분밖에 녹지 않는 반응

119. **용융금속의 결정을 미세화시키는 방법**
     ① 합금원소를 첨가하는 방법   ② 초음파 진동에 의한 방법
     ③ 자기교반에 의한 방법

120. **탄소당량**
     금속의 용접성을 나타낸 것으로 이 값이 크면 용접성이 저하된다.

121. **스테인리스강 중 입계부식 현상이 특히 많이 생기는 강은 18-8 스테인리스강**

122. **강용접이음부의 피로강도를 증가시키는 대책**
     ① 용접부를 적당히 열처리한다.
     ② 맞대기 용접 시 비드 접촉각을 작게 한다.
     ③ 용접 토(toe)부를 연마하여 평활하게 한다.

123. **용접금속이 주상조직을 나타내는 경우**
     ① 기계적 성질이 떨어진다.   ② 충격치가 낮다.
     ③ 방향성을 나타낸다.   ④ 보통단층용접의 경우 나타난다.

124. **피복 아크 용접 시 아크열온도** : 5,000℃

125. **냉각속도 : 단위 시간당 온도변화**
     ① 철강 용접 : 500~800℃   ② 탄소강, 저합금강 : 300℃
     ③ 18-8 스테인리스강 : 540℃, 700℃

126. **고온 측정용 열전대** : 콘스탄탄(Cu : 55%, Ni : 45%)

127. **림드강**
     연강봉 피복아크 용접봉의 심선은 용융금속의 이행을 촉진시키기 위하여 규소의 양을 적게 한 강

128. **숏피닝의 목적**
     소재 표면에 강이나 주철로 된 작은 입자들을 고속으로 분사시켜 가공경화에 의해 표면의 경도를 높이는 경화법

129. **고셀룰로오스계(E4311)**
     ① 강력한 스프레이형 아크를 발생하며 아연도금 철판의 용접에 가장 효과 있음.
     ② 셀룰로오스를 20~30% 정도 포함한 용접봉으로 좁은 홈의 용접, 수직상진, 수직하진 및 위보기 용접에서 우수한 용접
     ③ 피복제에 다량의 유기물이 함유되어 보관 시 습기가 흡수되기 쉬우므로 기공 발생

130. **금속결정의 결함**
     ① 기공 및 공공(vacancy)   ② 결정입계(grain boundary)

③ 전위(dislocation)

131. 용접 비드 부근이 부식하기 가장 쉬운 이유
잔류응력의 증가로 변질부가 되므로

132. 청열취성
저탄소강을 저온에서 인장시험을 하면 200~300℃의 온도범위에서 인장강도는 매우 증가하고 또한 연성의 저하를 나타내는 경우

133. 선상조직
필릿 용접 파면에 나타나는 서리조직으로 그 원인은 수소이다.

134. 주철의 보수 용접 시 사용하는 방법
① 버터링법 : 처음에 모재와 잘 융합하는 용접봉을 사용하여 적당한 두께까지 융착시키고 난 후 다른 용접봉으로 용접하는 방법
② 스터드법 : 용접경계부 바로 밑부분의 모재까지 갈라지는 결점을 보강하기 위하여 스터드 볼트를 사용하여 조이는 방법
③ 비녀장법 : 균열의 수리 및 가늘고 긴 용접을 할 때 용접선에 직각이 되게 6~10mm 정도의 ㄷ자형 강봉을 박고 용접
④ 로킹법 : 용접부 바닥면에 둥근 홈을 파고 이 부분에 걸쳐 힘을 받도록 하는 방법

135. 알루미늄과 알루미늄합금의 용접성이 불량한 이유
산화알루미늄의 용융온도가(2,050℃, 비중 4), 알루미늄의 용융온도보다(660℃, 2.7) 높기 때문에

136. 탄소량 증가 시 미치는 영향
① 용접성이 떨어진다.   ② 연성, 전성 감소
③ 인성 감소   ④ 인장강도, 경도 증가

137. 용접 분위기 중에서 발생하는 수소의 원인
① 대기중의 수분   ② 고착제 포함한 수분
③ 플럭스에 흡착된 수분

138. 힐(heel) 균열
필릿 용접 이음부의 루트 부분에 생기는 저온균열로 모재의 열팽창 및 수축에 의한 비틀림의 주 원인

139. 냉각법 중 가장 천천히 냉각시키는 방법 : 노냉
[크롬(Cr)]
① 인장강도, 경도 증가   ② 내식성, 내열성 커지게 함.
③ 자경성과 탄화물을 쉽게 만듦. ④ 내마멸성을 커지게 함.

140. 아세틸렌 용제
① 아세톤   ② DMF(디메틸포름아미드)

141. 금속이 열전도도나 전기전도도가 높은 이유
자유전자의 이동이 있기 때문에

142. 노치취성 : 용접이음의 안전성에 가장 큰 영향을 미침.

143. 연강용 피복아크용접봉의 심선재료 : 저탄소강

144. 금속 현미경에 의한 시편의 조직검사 검사순서
시료 채취 → 연마 → 부식 → 검사 → 세척

145. 주철의 탄소량 : 2.1~6.67

146. 고속도강
① W(18) : Cr(4) : V(1)   ② 예열 800~900℃
③ 표준형 고속도강으로 일명 H.S.S   ④ 600℃ 정도 경도 유지

147. 금속조직의 경도
① 시멘타이트 : 1,050~1,200   ② 오스테나이트 : 100~200
③ 펄라이트 : 240   ④ 페라이트 : 70~100

148. 고장력강이나 극후강판의 용접에서 후열을 하는 목적
저온균열 방지

149. 금속간화합물
① 2종 이상의 금속원소가 단순한 원자비로 결합되어 본래의 성질과 전혀 다른 별개의 물질이 형성되며 그 원자도 규칙적으로 결정 격자점을 갖는 것
② 친화력이 큰 성분금속이 화학적으로 결합되면 각 성분금속과는 성질이 현저하게 다른 독립된 화합물을 만드는 것(Fe_3C, Cu_3Sn, Cu_4Sn, Mg_2Si, $MgZn_2$)

150. 니켈구리계 합금의 종류
① 콘스탄탄 : 구리(50~60%) + Ni(40~50%)
② 모넬메탈 : 구리(30~35%) + Ni(65~70%)
③ 큐프로니켈 : 구리(70%) + Ni(30%)

151. 공정조직
2개 성분 금속이 용해된 상태에서는 균일한 용액으로 되나 응고 후에는 성분 금속이 각각 결정이 되어 분리되며 2개 성분 금속이 고용체를 만들지 않고 기계적으로 혼합된 조직

152. 수소 : 헤어크랙과 은점의 원인

153. 수지상정
금속이 응고할 때 핵에서 성장하는 결정이 나뭇가지와 같은 모양을 하는 것

154. TTT 곡선(Time Temperature Transformation) : 항온변태곡선

155. 저면도(하면도) : 물체의 아래쪽에서 바라본 모양

156. 보조투상도
경사면 부가 있는 물체에서 그 경사면의 실제 모양을 전체 또는 일부분으로 표시하는 투상도

피복아크용접기능사

필기

용접기능사 기출문제

2020

2020년 2월 CBT 시행

문제 01 서브머지드 아크 용접에서 누설방지 비드를 배치하는 이유로 맞는 것은?

① 용접 공정수를 줄이기 위하여
② 크랙을 방지하기 위하여
③ 용접변형을 방지하기 위하여
④ 용락을 방지하기 위하여

해설 서브머지드 아크 용접에서 누설방지 비드를 배치하는 이유 : 용락을 방지하기 위하여

문제 02 CO_2 가스 아크 용접의 특징을 설명한 것으로 틀린 것은?

① 전류밀도가 높아 용입이 깊고 용접속도를 빠르게 할 수 있다.
② 박판(0.8mm)용접은 단락이행 용접법에 의해 가능하며, 전자세 용접도 가능하다.
③ 적용 재질은 거의 모든 재질이 가능하며, 이종(異種) 재질의 용접이 가능하다.
④ 가시 아크이므로 용융지의 상태를 보면서 용접할 수 있어 용접진행의 양(良)·부(不) 판단이 가능하다.

해설 CO_2 가스 아크 용접의 특징
① 가시 아크이므로 용융지의 상태를 보면서 용접할 수 있어 용접진행의 양·부 판단이 가능하다.
② 박판(0.8mm)용접은 단락이행 용접법에 의해 가능하며, 전자세 용접도 가능
③ 전류밀도가 높아 용입이 깊고 용접속도를 빠르게 할 수 있다.
④ 용착금속의 기계적 성질 및 금속학적 성질이 우수하다.
⑤ 용제를 사용하지 않아 슬래그 용입이 없고 용접 후의 처리가 간단하다.
⑥ 적용재질이 철 계통으로 한정되어 있다.
⑦ 종류로는 NCG법, 유니온아크법, 아크스아크법 등이 있다.

문제 03 안전·보건표지의 색채, 색도기준 및 용도에서 비상구 및 피난소, 사람 또는 차량의 통행표지에 사용되는 색채는?

① 빨간색
② 노란색
③ 녹색
④ 흰색

해설 안전색채
① **녹색** : 안전, 보건, 진행유도, 비상구, 구급
② **적색** : 정지, 고도의 위험, 방화금지
③ **황적색** : 위험, 항공의 보안시설
④ **보라** : 방사능
⑤ **노랑** : 전도, 추락, 충돌

해답 01. ④ 02. ③ 03. ③

문제 04
접합하고자 하는 모재에 구멍을 뚫고 그 구멍으로부터 용접하여 다른 한쪽 모재와 접합하는 용접방법은?

① 필릿용접　　　　　② 플러그용접
③ 초음파용접　　　　④ 고주파용접

해설 **플러그용접** : 접합하고자 하는 모재에 구멍을 뚫고 그 구멍으로부터 용접하여 다른 한쪽 모재와 접합하는 방법

문제 05
가스용접 작업 시 주의사항으로 틀린 것은?

① 반드시 보호안경을 착용한다.
② 산소호스와 아세틸렌호스는 색깔 구분 없이 사용한다.
③ 불필요한 긴 호스를 사용하지 말아야 한다.
④ 용기 가까운 곳에서는 인화물질의 사용을 금한다.

해설 **가스용접 작업 시 주의사항**
① 산소호스는 녹색, 아세틸렌호스는 적색으로 구분하여 사용한다.
② 용기 가까운 곳에서는 인화물질의 사용을 금지
③ 불필요한 긴 호스를 사용하지 말아야 한다.
④ 반드시 보호안경을 착용한다.

문제 06
용접부의 시험법 중 기계적 시험법이 아닌 것은?

① 굽힘 시험　　　　　② 경도 시험
③ 인장 시험　　　　　④ 부식 시험

해설 **기계적 시험법**
① 인장시험 : 인장강도, 경도, 연신율, 단면수축율 등을 측정
② 피로시험 : 작은 힘을 수없이 반복하여 작용하면 파괴를 일으키는 방법
③ 충격시험(샤르피식, 아이조드식) : V형, U형의 노치를 만들어 충격적인 하중을 주어서 시험편을 파괴시키는 방법
④ 굽힘시험 : 용접부의 연성결함 조사하기 위하여 사용하는 시험법

문제 07
용접조건이 같은 경우에 박판과 후판의 열 영향에 대한 설명으로 올바른 것은?

① 박판 쪽 열영향부의 폭이 넓어진다.
② 후판 쪽 열영향부의 폭이 넓어진다.
③ 박판, 후판 똑같이 열영향부의 폭은 넓어진다.
④ 박판, 후판 똑같이 열영향부의 폭은 좁아진다.

해설 ① 박판쪽 열영향부의 폭이 넓어진다.
② 후판쪽 열영향부의 폭이 좁아진다.

해답

04. ②　05. ②　06. ④　07. ①

문제 08 구리가 주성분이며 소량의 은, 인을 포함하여 전기 및 열전도도가 뛰어나므로 구리나 구리합금의 납땜에 적합한 것은?

① 양은납   ② 인동납
③ 금납   ④ 내열납

해설 인동납 : 구리가 주성분이며 소량의 은, 인을 포함하여 전기 및 열전도도가 뛰어나므로 구리나 구리합금의 납땜에 적합

문제 09 TIG 용접에서 가스노즐의 크기는 가스분출 구멍의 크기로 정해진다. 보통 몇 mm의 크기가 주로 사용되는가?

① 1~3   ② 4~13
③ 14~20   ④ 21~27

해설 TIG 용접에서 가스노즐의 크기는 가스분출 구멍의 크기로 정해지는데 보통 4~13mm의 크기

문제 10 피복금속 아크 용접에서 가접을 할 때 본 용접보다 지름이 약간 가는 용접봉을 사용하게 되는 이유로 가장 적합한 것은?

① 용접봉의 소비량을 줄이기 위하여   ② 가접 모양을 좋게 하기 위하여
③ 변형량을 줄이기 위하여   ④ 충분한 용입이 되게 하기 위하여

해설 가접시 지름 약간 가는 용접봉을 사용하는 이유 : 충분한 용입이 되게 하기 위해

문제 11 TIG 용접에서 모재가 (-)이고 전극이 (+)인 극성은?

① 정극성   ② 역극성
③ 반극성   ④ 양극성

해설 용접기 극성
① 직류정극성(DCSP)
  ㉠ 모재(+) 70%, 용접봉(-) 30%   ㉡ 용입이 깊다.
  ㉢ 후판용접이 가능   ㉣ 비드폭이 좁다.
  ㉤ 용접봉의 녹음이 느리다.
② 직류역극성(DCRP)
  ㉠ 용접봉(+) 70%, 모재(-) 30%   ㉡ 용입이 얕다.
  ㉢ 박판용접이 가능   ㉣ 비드폭이 넓다.
  ㉤ 용접봉의 녹음이 빠르다.

해답 08. ② 09. ② 10. ④ 11. ②

문제 12 다음 중 확산연소를 올바르게 설명한 것은?

① 수소, 메탄, 프로판 등과 같은 가연성가스가 버너 등에서 공기 중으로 유출해서 연소하는 경우이다.
② 알콜, 에테르 등 인화성 액체의 연소에서처럼 액체의 증발에 의해서 생긴 증기가 착화하여 화염을 발화하는 경우이다.
③ 목재, 석탄, 종이 등의 고체 가연물 또는 지방유와 같이 고비점(高沸點)의 액체가연물이 연소하는 경우이다.
④ 화학처럼 그 물질 자체의 분자 속에 산소를 함유하고 있어 연소 시 공기 중의 산소를 필요로 하지 않고 물질자체의 산소를 소비해서 연소하는 경우이다.

해설 확산연소 : 수소, 메탄, 프로판 등과 같은 가연성가스가 버너 등에서 공기 중으로 유출해서 연소하는 경우

참고 ② 증발연소 ③ 분해연소 ④ 자기연소

문제 13 원판상의 롤러 전극 사이에 용접할 2장의 판을 두고 가압통전해 전극을 회전시키면서 연속적으로 용접하는 것은?

① 퍼커션 용접   ② 프로젝션 용접
③ 심 용접   ④ 업셋 용접

해설 심용접 : 원판상의 롤러 전극 사이에 용접할 2장의 판을 두고 가압통전해 전극을 회전시키면서 연속적으로 용접

문제 14 용접의 변 끝을 따라 모재가 파여지고 용착 금속이 채워지지 않고 홈으로 남아있는 부분을 무엇이라고 하는가?

① 언더컷   ② 피트
③ 슬래그   ④ 오버랩

해설 언더컷 : 용접의 변 끝을 따라 모재가 파여지고 용착 금속이 채워지지 않고 홈으로 남아있는 부분

문제 15 피복아크 용접 결함의 종류에 따른 원인과 대책이 바르게 묶인 것은?

① 기공 : 용착부가 급냉되었을 때 – 예열 및 후열을 한다.
② 슬래그 섞임 : 운봉속도가 빠를 때 – 운봉에 주의한다.
③ 용입 불량 : 용접전류가 높을 때 – 전류가 약하게 한다.
④ 언더컷 : 용접전류가 낮을 때 – 전류를 높게 한다.

해답 12. ① 13. ③ 14. ① 15. ①

해설 원인과 대책
① 기공 : 용착부가 급냉 시 - 예열 및 후열을 한다.
② 슬래그 섞임 : 운봉속도가 느릴 때 - 운봉에 주의한다.
③ 용입 불량 : 용접전류가 낮을 때 - 전류를 세게 한다.
④ 언더컷 : 용접전류가 높을 때 - 전류를 낮게 한다.

문제 16 용접작업용 충전가스인 아르곤(Ar)용기를 나타내는 색깔은?
① 황색
② 녹색
③ 회색
④ 흰색

해설 용기도색
청탄산 산녹에서 황아체 안주삼아 수주잔 높이 들고 백암산 바라보니 염소는
　①　②　　　　③　　　　④　　　　⑤　　　　⑥
갈색으로 보이고 쥐들은 기타를 치더라.
　⑦
① 탄산가스 : 청색　② 산소 : 녹색　③ 아세틸렌 : 황색
④ 수소 : 주황　⑤ 암모니아 : 백색　⑥ 염소 : 갈색
⑦ 기타 : 쥐색(회색)

문제 17 플라스마 아크 용접에서 매우 적은 양의 수소(H_2)를 혼입하여도 용접부가 약화될 위험성이 있는 재질은?
① 티탄
② 연강
③ 니켈합금
④ 알루미늄

해설 플라즈마 아크 용접에서 매우 적은 양의 수소를 혼입하여도 용접부가 약화될 위험성이 있는 재질 : 티탄

문제 18 CO_2 가스 아크 용접용 토치구조에 소거하지 않는 것은?
① 스프링 라이너
② 가스 디퓨즈
③ 가스 캡
④ 노즐

해설 CO_2 가스 아크 용접용 토치구조
① 노즐　② 가스 디퓨즈　③ 스프링 라이너

문제 19 다음 중 테르밋제의 점화제가 아닌 것은?
① 과산화바륨
② 망간
③ 알루미늄
④ 마그네슘

해설 테르밋제의 점화제
① 알루미늄　② 마그네슘　③ 과산화바륨

해답 16. ③　17. ①　18. ③　19. ②

문제 20 피복아크 용접기를 사용할 때 지켜야 할 사항으로 틀린 것은?

① 정격 이상으로 사용하면 과열되어 소손이 생긴다.
② 탭 전환은 반드시 아크를 중지시킨 후에 시행한다.
③ 1차측 탭은 2차측 무부하전압을 높이거나 용접전류를 올리는데 사용한다.
④ 2차측 단자의 한쪽과 용접기 케이스는 반드시 접지를 확실히 해야 한다.

문제 21 침투 탐상법의 장점으로 틀린 것은?

① 국부적 시험이 가능하다.
② 미세한 균열도 탐상이 가능하다.
③ 주변환경 특히 온도에 둔감해 제약을 받지 않는다.
④ 철, 비철, 플라스틱, 세라믹 등 거의 모든 제품에 적용이 용이하다.

해설 **침투 탐상법**
① 국부적 시험이 가능하다.
② 미세한 균열도 탐상 가능
③ 철, 비철, 플라스틱, 세라믹 등 거의 모든 제품에 적용
④ 전원이 없는 곳에서도 검출 가능
⑤ 비자성체 등 재료에 별영향을 받지 않는다.

문제 22 맞대기 용접에서 판 두께가 대략 6mm 이하의 경우에 사용되는 홈의 형상은?

① I형 ② X형
③ U형 ④ H형

해설 **홈의 형상**
① I형 : 맞대기 용접에서 가장 얇은 박판에 사용(판두께 6mm 이하)
② V형 : 맞대기 용접에서 한쪽방향의 완전한 용입을 얻고자 할 때
③ X형 : 이음 홈 형상 중에서 동일한 판 두께에 대하여 가장 변형이 적게 설계된 것
④ H형 : X형 홈과 같이 양면용접이 가능한 경우에 용착 금속의 양과 패스 수를 줄일 목적으로 사용되며 모재가 두꺼울수록 유리한 홈의 형상

문제 23 아크가 용접봉 방향에서 한쪽으로 쏠리는 현상인 아크쏠림에 대한 방지대책으로 맞는 것은?

① 직류용접기를 사용한다.
② 접지점을 용접부에서 가까이 한다.
③ 용접봉 끝을 아크쏠림 반대방향으로 기울인다.
④ 아크 길이를 길게 한다.

해답

20. ③ 21. ③ 22. ① 23. ③

해설 아크 쏠림 방지책
① 교류용접기를 사용한다. ② 접지점을 용접기에서 멀리한다.
③ 아크 길이를 짧게 한다. ④ 용접봉 끝을 아크쏠림 반대방향으로 한다.

문제 24 연강용 피복 아크 용접봉 심선의 화학성분 중 강의 성질을 좋게 하고, 균열이 생기는 것을 방지하는 것은?
① 탄소   ② 망간
③ 인   ④ 황

해설 특수원소의 영향
① 망간
  ㉠ 적열취성방지(균열방지)   ㉡ 황의 해를 제거
  ㉢ 고온에서 결정립 성장억제   ㉣ 흑연화를 방해하여 백주철화 촉진
② 붕소 : 담금질성을 개선
③ 몰리브덴 : 뜨임취성 방지
④ 크롬
  ㉠ 담금질효과 증대   ㉡ 내식성, 내마모성 향상
  ㉢ 흑연화 안정   ㉣ 탄화물 안정
⑤ 니켈
  ㉠ 질화촉진   ㉡ 인성증가
  ㉢ 저온충격저항 증가   ㉣ 주철의 흑연화 촉진
⑥ 티탄
  ㉠ 결정입자의 미세화   ㉡ 탄화물 생성용이
⑦ 인
  ㉠ 상온취성, 청열취성(200~300℃)   ㉡ 재강시 편석을 일으키기 쉽다.
⑧ 황 : 적열취성 원인(800~900℃)
⑨ 규소
  ㉠ 강의 고온가공성을 좋게 한다.   ㉡ 결정립의 조대화
  ㉢ 용융금속의 유동성 좋게 한다.   ㉣ 충격저항감소, 연신율 감소

문제 25 피복 아크 용접에 관한 설명 중 틀린 것은?
① 피복 아크 용접은 가스용접보다 두꺼운 판의 용접에 사용한다.
② 피복 아크 용접에서 교류보다 직류의 아크가 안정되어 있다.
③ 직류 전류에서 60~75%가 음극에서 열이 발생한다.
④ 피복 아크 용접이 가스 용접보다 온도가 높다.

해설 피복 아크 용접
① 피복 아크 용접이 가스 용접보다 온도가 높다.
② 피복 아크 용접에서 교류보다 직류 아크가 안정되어 있다.
③ 피복 아크 용접은 가스용접보다 두꺼운 판의 용접에 적합

해답 24. ② 25. ③

문제 26 기계적 이음과 비교한 용접 이음의 장점으로 틀린 것은?

① 기밀성이 우수하다.　② 재료의 변형이 없다.
③ 이음 효율이 높다.　④ 재료두께의 제한이 없다.

해설 용접이음의 장점
① 기밀, 수밀, 유밀성이 좋다.　② 재료의 두께에 제한이 없다.
③ 이음효율이 높다.　④ 중량이 가벼워진다.
⑤ 작업공정이 단축되며 경제적이다.　⑥ 제품의 성능과 수명향상
⑦ 이종재료도 접합가능

문제 27 가스절단 시 산소 대 프로판 가스의 혼합비로 적당한 것은?

① 2.0 : 1　② 4.5 : 1
③ 3.0 : 1　④ 3.5 : 1

해설 가스절단 시 산소 대 프로판 가스의 혼합비
4.5 : 1

문제 28 가스용접 작업에서 후진법에 비교한 전진법의 특징 설명으로 맞는 것은?

① 용접 변형이 작다.　② 용접 속도가 빠르다.
③ 산화의 정도가 심하다.　④ 용착 금속의 조직이 미세하다.

해설 전진법의 특징
① 용접 변형이 크다.　② 용접속도가 느리다.
③ 산화정도가 심하다.　④ 용착금속의 조직이 조대하다.
⑤ 박판용접에 적합

문제 29 아세틸렌(C_2H_2)의 성질로 맞지 않는 것은?

① 매우 불안전한 기체이므로 공기 중에서 폭발위험성이 매우 크다.
② 비중이 1.906으로 공기보다 무겁다.
③ 순수한 것은 무색, 무취의 기체이다.
④ 구리, 은, 수은과 접촉하면 폭발성 화합물을 만든다.

해설 아세틸렌의 성질
① 구리, 은, 수은 등과 접촉하면 폭발성 화합물을 만든다.
② 순수한 것은 무색, 무취의 기체이다.
③ 비중이 0.906으로 공기보다 가볍다.
④ 매우 불안전한 기체이므로 공기 중에서 폭발위험성이 매우 크다.
⑤ 여러 가지 액체에 잘 용해한다.(석유 2배, 벤젠 4배, 알콜 6배, 아세톤 25배 용해)

26. ②　27. ②　28. ③　29. ②

⑥ 흡열 화합물이므로 압축하면 분해폭발의 위험이 있다.
⑦ 액체 아세틸렌보다 고체 아세틸렌이 안전하다.
⑧ 온도가 406~408에서 자연발화 505~515℃에서 폭발
⑨ 융점이 -81℃, 비점이 -84℃ 비슷하고 고체 아세틸렌은 융해하지 않고 승화한다.

문제 30
A는 병 전체 무게(빈병의 무게+아세틸렌가스의 무게)이고, B는 빈병의 무게이며, 또한 15℃ 1기압에서의 아세틸렌가스 용적을 905리터라고 할 때, 용해 아세틸렌가스의 양 C(리터)를 계산하는 식은?

① $C=905(B-A)$
② $C=905+(B-A)$
③ $C=905(A-B)$
④ $C=905+(A-B)$

해설 용해 아세틸렌가스의 양 $=905(A-B)$

문제 31
아크용접기의 구비조건에 대한 설명으로 틀린 것은?

① 구조 및 취급이 간단해야 한다.
② 전류조정이 용이하고 일정하게 전류가 흘러야 한다.
③ 아크 발생 및 유지가 용이하고 아크가 안정되어야 한다.
④ 사용 중에 온도 상승이 커야 한다.

해설 아크용접기의 구비조건
① 사용 중에 온도 상승이 적어야 한다.
② 아크 발생 및 유지가 용이하고 아크가 안정되어야 한다.
③ 전류조정이 용이하고 일정하게 전류가 흘러야 한다.
④ 구조 및 취급이 간단해야 한다.

문제 32
피복 아크 용접봉에서 피복제의 주된 역할이 아닌 것은?

① 용융금속의 용적을 미세화하여 용착효율을 높인다.
② 용착금속의 응고와 냉각속도를 빠르게 한다.
③ 스패터의 발생을 적게 하고 전기 절연작용을 한다.
④ 용착금속에 적당한 합금원소를 첨가한다.

해설 피복제의 주된 역할
① 스패터 발생을 적게 한다.   ② 전기절연작용
③ 용착금속의 효율을 높인다.   ④ 탈산정련작용
⑤ 슬래그제거가 쉽다.   ⑥ 아크안정
⑦ 공기로 인한 산화, 질화 방지   ⑧ 합금원소 첨가

30. ③ 31. ④ 32. ②

문제 33 U형, H형의 용접 홈을 가공하기 위하여 슬로우 다이버전트로 설계된 팁을 사용하여 깊은 홈을 파내는 가공법은?

① 치핑　　　　　　　　　　② 슬랙절단
③ 가스가우징　　　　　　　④ 아크에어가우징

해설 ① **가스가우징** : H형, U형의 용접 홈을 가공하기 위하여 슬로우 다이버전트로 설계된 팁을 사용하여 깊은 홈을 파내는 가공법
② **스카핑** : 강편, 슬래그, 탈탄층, 표면균열 등의 표면결함을 불꽃가공에 의해 제거하는 방법으로 얕은 홈가공시 사용
③ **아크에어가우징** : 탄소아크 절단장치에다 압축공기($5{\sim}7kg/cm^2$)를 병용하여서 아크열로 용융시킨 부분을 압축공기로 불어 날려서 홈을 파내는 작업

문제 34 재료의 접합방법은 기계적 접합과 야금적 접합으로 분류하는데 야금적 접합에 속하지 않는 것은?

① 리벳　　　　　　　　　　② 용접
③ 압접　　　　　　　　　　④ 납땜

해설 **야금적 접합**
① 융접　② 압접　③ 납땜

문제 35 표준 불꽃에서 프랑스식 가스용접 토치의 용량은?

① 1시간에 소비하는 아세틸렌가스의 양
② 1분에 소비하는 아세틸렌가스의 양
③ 1시간에 소비하는 산소가스의 양
④ 1분에 소비하는 산소가스의 양

해설 **프랑스식 가스용접 토치의 용량** : 1시간에 소비하는 아세틸렌가스의 양

문제 36 가스용접에서 모재의 두께가 8mm 일 경우 적당한 가스 용접봉의 지름(mm)은? (단, 계산식으로 구한다.)

① 2.0　　　　　　　　　　② 3.0
③ 4.0　　　　　　　　　　④ 5.0

해설 $D = \dfrac{t}{2} + 1 = \dfrac{8}{2} + 1 = 5mm$

해답 33. ③　34. ①　35. ①　36. ④

문제 37 산소-아세틸렌의 불꽃에서 속불꽃과 겉불꽃 사이에 백색의 제3의 불꽃 즉 아세틸렌 페더라고도 하는 불꽃의 가장 올바른 명칭은?

① 탄화 불꽃
② 중성 불꽃
③ 산화 불꽃
④ 백색 불꽃

해설 산소-아세틸렌 불꽃
① 탄화불꽃
㉠ 아세틸렌 과잉불꽃
㉡ 아세틸렌 페더가 있는 불꽃
㉢ 매연을 내면서 적황색으로 탐
㉣ 스테인리스, 모넬메탈
② 중성불꽃
㉠ 표준불꽃이라 함.
㉡ 산소와 아세틸렌의 혼합비율이 1 : 1인 불꽃으로 일반 연강재나 주철용접에 쓰임.
③ 산화불꽃
㉠ 산소과잉불꽃
㉡ 구리, 황동용접에 사용

문제 38 가스 절단 작업시의 표준 드래그 길이는 일반적으로 모재 두께의 몇 % 정도 인가?

① 5
② 10
③ 20
④ 25

해설 표준드래그의 길이 = 판두께 $\times \dfrac{1}{5}$ ∴ 20%

문제 39 1차측 입력이 24kVA인 용접기의 전원이 200V일 때, 가장 적합한 퓨즈의 용량은?

① 100A
② 120A
③ 150A
④ 240A

해설 퓨즈용량 = $\dfrac{24 \times 1000}{200} = 120A$

문제 40 고탄소강의 탄소 함유량으로 가장 적당한 것은?

① 0.35~0.45%C
② 0.25~0.35%C
③ 0.45~1.7%C
④ 1.7~2.5%C

해답 37. ① 38. ③ 39. ② 40. ③

문제 41 열팽창 계수가 높으며 케이블의 피복, 활자 합금용, 방사선 물질의 보호재로 사용되는 것은?

① 금
② 크롬
③ 구리
④ 납

해설 납
① 방사선 물질의 보호재
② 열팽창계수가 높다.
③ 케이블의 피복, 활자합금용

문제 42 Al-Mg 합금으로 내해수성, 내식성, 연신율이 우수하여 선박용 부품, 조리용기구, 화학용 부품에 사용되는 Al 합금은?

① Y합금
② 두랄루민
③ 라우탈
④ 하이드로날륨

해설 합금
① 하이드로날륨 : Al+Mg
② 두랄루민 : Al+Cu+Mg+Mn
③ Y합금 : Al+Cu+Mg+Ni
④ 라우탈 : Al+Cu+Si
⑤ 실루민 : Al+Si
⑥ 로엑스 : Al+Cu+Mg+Ni+Si
⑦ 일렉트론 : Al+Zn+Mg

문제 43 금속의 변태에서 자기변태(magnetic transformation)에 대한 설명으로 틀린 것은?

① 철의 자기변태점은 910℃ 이다.
② 격자의 배열변화는 없고 자성변화만을 가져오는 변태이다.
③ 자기변태가 일어나는 온도를 자기변태점이라 하고 이온도를 퀴리점이라 한다.
④ 강자성 금속을 가열하면 어느 온도에서 자성의 성질이 급감한다.

해설 자기변태
① 철의 자기변태점은 768℃ 이다.
② 격자의 배열변화는 없고 자성변화만을 가져오는 변태
③ 자기변태가 일어나는 온도를 자기변태점이라 하고 이온도를 퀴리점이라 한다.
④ 강자성 금속을 가열하면 어느 온도에서 자성의 성질이 급감한다.

문제 44 가단주철(malleable cast iron)의 종류가 아닌 것은?

① 백심가단 주철
② 흑심가단 주철
③ 레데뷰라이트가단 주철
④ 펄라이트가단 주철

41. ④ 42. ④ 43. ① 44. ③

해설 가단주철의 종류
① 백심가단주철 ② 흑심가단주철 ③ 펄라이트가단주철

문제 45
온도의 상승에도 강도를 잃지 않는 재료로서 복잡한 모양의 성형가공도 용이하므로 항공기, 미사일 등의 기계부품으로 사용되어지는 PH형 스테인리스강은?
① 페라이트계 스테인리스강
② 마텐자이트계 스테인리스강
③ 오스테나이트계 스테인리스강
④ 석출 경화형 스테인리스강

해설 석출경화형 스테인리스강 : 온도의 상승에도 강도를 잃지 않는 재료로서 복잡한 모양의 성형가공도 용이하므로 항공기, 미사일 등의 기계부품으로 사용

문제 46
오스테나이트계 스테인리스강의 입계부식 방지방법이 아닌 것은?
① 탄소량을 감소시켜 Cr_4C 탄화물의 발생을 저지시킨다.
② Ti, Nb 등의 안정화 원소를 첨가한다.
③ 고온으로 가열한 후 Cr 탄화물을 오스테나이트조직 중에 용체화하여 급냉시킨다.
④ 풀림 처리와 같은 열처리를 한다.

해설 오스테나이트계 스테인리스강 입계부식 방지법
① 고온으로 가열한 후 Cr 탄화물을 오스테나이트조직 중에 용체화하여 급냉 시킴
② Ti, Nb 등의 안정화 원소를 첨가한다.
③ 탄소량을 감소시켜 Cr_4C 탄화물의 발생을 저지시킨다.

문제 47
연강재 표면에 스텔라이트(Stellite)나 경합금을 용착시켜 표면경화 시키는 방법은?
① 브레이징(brazing)
② 숏 피닝(shot peening)
③ 하드 페이싱(hard facing)
④ 질화법(nitriding)

해설 하드 페이싱 : 연강재 표면에 스텔라이트나 경합금을 용착시켜 표면경화 시키는 방법

문제 48
온도 변화에 따라 열팽창계수, 탄성계수 등이 변하지 않는 불변강의 종류가 아닌 것은?
① 인바(invar)
② 텅갈로이(tungalloy)
③ 엘린바(elinvar)
④ 플라티나이트(platinite)

해설 온도 변화에 따라 열팽창계수, 탄성계수 등이 변하지 않는 불변강
① 인바 ② 엘린바 ③ 플라티나이트

45. ④ 46. ④ 47. ③ 48. ②

문제 49 아연을 약 40% 첨가한 황동으로 고온가공 하여 상온에서 완성하며, 열교환기, 열간 단조품, 탄피 등에 사용되고 탈 아연 부식을 일으키기 쉬운 것은?

① 알브락
② 니켈황동
③ 문쯔메탈
④ 애드미럴티황동

해설 합금
① 문쯔메탈
  ㉠ 구리(60%)+아연(40%) ㉡ 열교환기, 열간단조품, 탄피 등에 사용
② 톰백
  ㉠ 구리(80%)+아연(20%) ㉡ 화폐, 메달 등에 사용
③ 켈밋
  ㉠ Cu+Pb(30~40%) ㉡ 베어링에 사용
④ 네이벌 : 6 : 4 황동+Sn(1~2%)
⑤ 델타메탈 : 6 : 4 황동+Fe(1~2%)

문제 50 스프링강을 830~860℃에서 담금질하고 450~570℃에서 뜨임처리 하였다. 이 때 얻어지는 조직은?

① 마텐자이트
② 트루스타이트
③ 소르바이트
④ 시멘타이트

해설 소르바이트 : 스프링강을 830~860℃에서 담금질하고 450~570℃에서 뜨임처리 시 얻어지는 조직

문제 51 다음 그림의 치수 기입에 대한 설명으로 틀린 것은?

① 기준 치수는 100 이다.
② 공차는 0.1 이다.
③ 최대 허용치수는 100.2 이다.
④ 최소 허용치수는 99.9 이다.

$100^{+0.2}_{-0.1}$

해설 100.2−99.9=0.3(공차)

문제 52 그림과 같은 입체도에서 화살표 방향 투상도로 적합한 것은?

①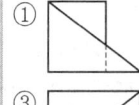
②
③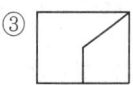
④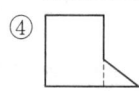

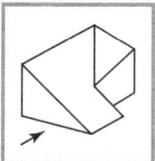

해답 49. ③ 50. ③ 51. ② 52. ①

문제 53 그림과 같은 용접기호를 바르게 해독한 것은?

① U형 맞대기용접, 화살표쪽 용접
② V형 맞대기용접, 화살표쪽 용접
③ U형 맞대기용접, 화살표 반대쪽 용접
④ V형 맞대기용접, 화살표 반대쪽 용접

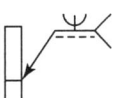

문제 54 다음 배관도 중 "P"가 의미하는 것은?

① 온도계
② 압력계
③ 유량계
④ 핀구멍

해설 배관도시
① 압력계 : Ⓟ   ② 온도계 : Ⓣ   ③ 유량계 : Ⓕ

문제 55 대상물의 보이지 않는 부분의 모양을 표시할 때에 사용하는 선의 종류는?

① 가는 파선   ② 가는 2점 쇄선
③ 가는 실선   ④ 가는 1점 쇄선

해설 가는 파선 : 대상물의 보이지 않는 부분의 모양을 표시할 때 사용

문제 56 도면에서 반드시 표제란에 기입해야 하는 항목이 아닌 것은?

① 도명   ② 척도
③ 투상법   ④ 재질

해설 표제란에 기입할 사항 (소작도 투척)
① 도면번호   ② 도면명칭   ③ 작성 년 월 일
④ 척도   ⑤ 투상법   ⑥ 소속단체명
⑦ 책임자 성명

참고 부품란에 기입할 사항 (재수무품)
① 재질 ② 수량 ③ 무게 ④ 품명 ⑤ 품번

53. ① 54. ② 55. ① 56. ④

문제 57

그림과 같이 제 3각법으로 정투상한 각뿔의 전개도 형상으로 적합한 것은?

①    ②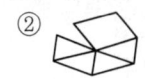

③    ④

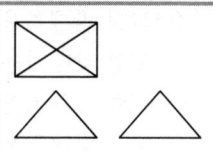

문제 58

그림과 같은 원추를 전개하였을 경우 전개면의 꼭지각이 180°가 되려면 ϕD의 치수는 얼마가 되어야 하는가?

① ϕ100
② ϕ120
③ ϕ150
④ ϕ200

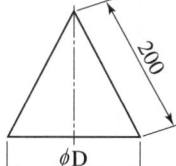

해설 $Q = 360 \times \dfrac{r}{l}$

$r = \dfrac{Q \times l}{360} = \dfrac{180 \times 200}{360} = 100\,\text{mm} \times 2 = 200\,\text{mm}$

문제 59

단면도에서 단면한 부분에 등간격의 경사된 선을 사용하지 아니하고 연필 혹은 색연필로 외형선 안쪽을 색칠한 것을 무엇이라 하는가?

① 해칭   ② 스케치
③ 코킹   ④ 스머징

해설 스머징 : 단면도에서 단면한 부분에 등간격의 경사된 선을 사용하지 아니하고 연필 혹은 색연필로 외형선 안쪽을 색칠한 것

문제 60

그림과 같은 정투상도에 해당하는 입체도는? (단, 화살표 방향이 정면이다.)

①    ②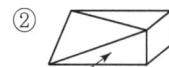

③ 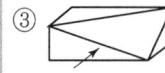   ④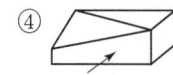

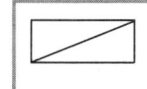
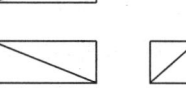

해답 57. ① 58. ④ 59. ④ 60. ③

2020년 4월 CBT 시행

문제 01 CO_2 용접결함 중 기공의 방지대책에 관한 설명으로 틀린 것은?

① 오염, 녹, 페인트 등을 제거한다.
② 산소의 압력을 높인다.
③ 순도가 높은 CO_2가스를 사용한다.
④ 노즐에 부착되어 있는 스패터를 제거한 후 용접한다.

해설 CO_2 용접결함 중 기공의 방지대책
① 산소의 압력을 낮춘다.
② 오염, 녹, 페인트 등을 제거한다.
③ 순도가 높은 CO_2가스를 사용한다.
④ 노즐에 부착되어 있는 스패터를 제거한 후 용접한다.

문제 02 변형교정 방법 중 외력만으로 소성변형을 일으키게 하여 변형을 교정하는 방법은?

① 박판에 대한 점 수축법
② 형재에 대한 직선 수축법
③ 가열 후 해머링 하는 방법
④ 롤러에 거는 방법

해설 가열하는 방법
① 롤러에 거는 방법 : 외력만으로 소성변형을 일으키게 하여 변형을 교정하는 방법
② 박판에 대한 점 수축법 : 열응력을 이용 소성변형을 일으켜 변형을 교정
③ 형재에 대한 직선가열 수축법 : 가열하여 발생하는 열응력으로 소성변형을 일으키게 하여 변형교정

문제 03 다음 중 침투 탐상 검사의 장점이 아닌 것은?

① 시험방법이 간단하다.
② 제품의 크기, 형상 등에 크게 구애를 받지 않는다.
③ 검사원의 경험과 지식에 따라 크게 좌우된다.
④ 미세한 균열도 탐상이 가능하다.

해설 침투 탐상 검사의 장점
① 미세한 균열도 탐상이 가능하다.
② 제품의 크기, 형상 등에 크게 구애를 받지 않는다.
③ 시험방법이 간단하다.
④ 전원이 없는 곳에서도 검출 가능
⑤ 국부적시험이 가능
⑥ 철, 비철, 플라스틱, 세라믹 등의 거의 모든 제품에 사용
⑦ 비자성체 등 재료에 별 영향을 받지 않는다.

01. ② 02. ④ 03. ③

문제 04 연강용 피복금속 아크 용접봉의 작업성 중 직접 작업성이 아닌 것은?
① 아크 상태
② 용접봉 용융상태
③ 부착 슬래그의 박리성
④ 스패터

해설 연강용 피복아크 용접봉의 직접 작업성
① 스패터 ② 아크 상태 ③ 용접봉 용융상태

문제 05 아크 용접의 재해라 볼 수 없는 것은?
① 아크 광선에 의한 전안염
② 스패터 비산으로 인한 화상
③ 역화로 인한 화재
④ 전격에 의한 감전

해설 아크용접의 재해
① 전격에 의한 감전
② 스패터 비산으로 인한 화상
③ 아크 광선에 의한 전안염

문제 06 형틀 굽힘(굴곡)시험을 할 때 시험편을 보통 몇 도까지 굽히는가?
① 120°
② 180°
③ 240°
④ 300°

해설 형틀 굽힘 시험 시 시험편은 보통 180°까지 굽힘

문제 07 TIG용접으로 스테인리스강을 용접하려고 한다. 가장 적합 전원극성으로 맞는 것은?
① 교류전원
② 직류역극성
③ 직류정극성
④ 고주파 교류전원

해설 TIG용접기극성 : 직류정극성

문제 08 피복 아크 용접에서 용접의 단위길이 1cm 당 발생하는 전기적 열에너지 H (J/cm)를 구하는 식은? (단, E : 아크전압[V], I : 아크전류[A], V : 용접속도[cm/min]이다.)
① $H = \dfrac{V}{60EI}$
② $H = \dfrac{60V}{EI}$
③ $H = \dfrac{60E}{VI}$
④ $H = \dfrac{60EI}{V}$

04. ③ 05. ③ 06. ② 07. ③ 08. ④

해설 전기적 열에너지(J/cm) = $\dfrac{60EI}{V}$

문제 09 CO₂ 가스 아크 용접에서 용접전류를 높게 할 때의 사항을 열거한 것 중 옳은 것은?

① 용착율과 용입이 감소한다.
② 와이어의 녹아내림이 빨라진다.
③ 용접입열이 작아진다.
④ 와이어의 송급 속도가 늦어진다.

해설 CO₂ 가스 아크 용접에서 용접전류를 높게 할 때 사항
① 와이어의 녹아내림이 빨라진다.
② 용접입열이 커진다.
③ 용착율과 용입이 증가한다.
④ 와이어의 송급 속도가 빨라진다.

문제 10 용접용 로봇 설치장소에 관한 설명으로 틀린 것은?

① 로봇 팔을 최소로 줄인 경로장소를 선택한다.
② 로봇 움직임이 충분히 보이는 장소를 선택한다.
③ 로봇 케이블 등이 사람 발에 걸리지 않도록 설치한다.
④ 로봇 팔이 제어판넬, 조작판넬 등에 닿지 않는 장소를 선택한다.

해설 용접용 로봇 설치장소에 관한 사항
① 로봇 팔이 제어판넬, 조작판넬 등에 닿지 않는 장소를 선택한다.
② 로봇 케이블 등이 사람 발에 걸리지 않도록 설치한다.
③ 로봇 움직임이 충분히 보이는 장소를 선택한다.
④ 로봇 팔을 최대로 한 경로장소를 선택한다.

문제 11 TIG용접에서 직류 정극성으로 용접할 때 전극 선단의 각도가 가장 적합한 것은?

① 5~10°
② 10~20°
③ 30~50°
④ 60~70°

해설 TIG용접에서 직류정극성으로 용접시 전극선단의 각도 : 30~50°

문제 12 각 층마다 전체길이를 용접하면서 쌓아 올리는 방법으로서 이종 금속 등에 의하여 새로운 기계적 성질을 얻고자 할 때 이용되는 것은?

① 맞대기 용접
② 필릿 용접
③ 플러그 용접
④ 덧살 올림 용접

해답 09. ② 10. ① 11. ③ 12. ④

[해설] 융착법
① 덧살올림용접(빌드업법) : 다층용접에서 각 층마다 전체의 길이를 용접하면서 쌓아 올리는 용접 방법
② 케스케이드법 : 한 부분에 대해 몇 층을 용접하다가 다음 부분으로 연속시켜 용접
③ 스킵법 : 이음 전 길이에 대해서 뛰어 넘어서 용접하는 방법
④ 전진블록법 : 한 개의 용접봉을 살을 붙일만한 길이로 구분하여 홈을 한 부분씩 여러 층으로 쌓아올린 다음 다른 부분으로 진행하는 융착법

문제 13 이산화탄소 가스 아크 용접에서 CO_2 가스가 인체에 미치는 영향 중 위험한 상태가 되는 CO_2(체적 %)량은?

① 0.1 이상 ② 3 이상
③ 8 이상 ④ 15 이상

[해설] CO_2 농도에 따른 인체 영향
① 2% : 불쾌감이 있다.
② 4% : 두통, 현기증, 귀울림, 눈의 자극, 혈압상승
③ 8% : 호흡곤란
④ 9% : 구토, 감정둔화
⑤ 10% : 시력장애, 1분 이내 의식상실, 장기간 노출 시 사망
⑥ 20% : 중추신경마비, 단시간 내 사망
⑦ 30% : 인체 치사량

문제 14 납땜의 가열방법에서 가열원으로 사용하는 것이 아닌 것은?

① 가스 ② 저항열
③ 고주파전류 ④ 감마선

[해설] 납땜의 가열방법에서 가열원
① 저항열 ② 고주파전류 ③ 가스

문제 15 다음 중 불연성 물질이 아닌 가스는?

① 일산화탄소(CO) ② 이산화탄소(CO_2)
③ 질소(N_2) ④ 네온(Ne)

[해설] 불연성 물질
① N_2(질소) ② CO_2(이산화탄소)
③ He(헬륨) ④ Ne(네온)
⑤ Ar(아르곤) ⑥ Kr(크립톤)
⑦ Xe(크세논) ⑧ Rn(라돈)

13. ④ 14. ④ 15. ①

문제 16. 전기 저항용접에 속하지 않는 것은?
① 테르밋 용접　② 점용접
③ 프로젝션 용접　④ 심 용접

해설 전기 저항용접
① 점용접　② 시임용접　③ 프로젝션 용접

문제 17. 연강의 인장시험에서 하중 100N, 시험편의 최초 단면적이 20mm² 일 때 응력은 몇 N/mm² 인가?
① 5　② 10
③ 15　④ 20

해설 응력 $= \dfrac{P}{A} = \dfrac{100\text{N}}{20\text{mm}^2} = 5\text{N/mm}^2$

문제 18. 탄산가스를 이용한 용극식 용접에서 용강 중에 산화철(FeO)을 감소시켜 기포를 방지하기 위해 와이어에 첨가하는 원소는?
① C, Na　② Si, Mn
③ Ng, Ca　④ S, P

해설 탄산가스를 이용한 용극식 용접에서 용강 중에 산화철을 감소시켜 기포를 방지하기 위해 와이어에 첨가하는 것 : 규소(Si), 망간(Mn)

문제 19. 불활성가스 금속 아크 용접에서 가스 공급계통의 확인 순서로 가장 적합한 것은?
① 용기→감압밸브→유량계→제어장치→용접토치
② 용기→유량계→감압밸브→제어장치→용접토치
③ 감압밸브→용기→유량계→제어장치→용접토치
④ 용기→제어장치→감압밸브→유량계→용접토치

해설 가스 공급계통 : 용기→감압밸브→유량계→제어장치→용접토치

문제 20. 다음 중 특히 두꺼운 판을 맞대기 용접에 의해 충분한 용입을 얻으려고 할 때 가장 적합한 홈의 형상은?
① H형　② V형
③ K형　④ I형

16. ①　17. ①　18. ②　19. ①　20. ①

해설 **홈의 형상**
① H형 : 두꺼운 판의 맞대기 용접에 의한 충분한 용입을 얻으려 할 때
② I형 : 맞대기 용접에서 가장 얇은 박판에 사용
③ V형 : 맞대기 용접에서 한쪽 방향의 완전한 용입을 얻고자 할 때
④ X형 : 이음홈 형상 중에서 판두께에 의하여 가장 변형이 적게 설계된 것

문제 21 서브머지드 아크 용접기로 스테인리스강 용접, 덧살 붙임 용접, 조선의 대판계(大板繼)용접할 때 사용하는 용접용 용제(flux)는?
① 용융형 용제
② 혼성형 용제
③ 소결형 용제
④ 혼합형 용제

해설 **소결형 용제** : 서브머지드 아크 용접기로 스테인리스강 용접, 덧살 붙임 용접, 조선의 대판계 용접시 사용

문제 22 레일 및 선박의 프레임 등 비교적 큰 단면을 가진 주조나 단조품의 맞대기 용접과 보수용접에 용이한 용접은?
① 테르밋 용접
② MIG 용접
③ TIG 용접
④ 브레이징

해설 **테르밋 용접** : 레일 및 선박의 프레임 등 비교적 큰 단면을 가진 주조나 단조품의 맞대기 용접과 보수용접에 용이

문제 23 용접에 의한 이음을 리벳이음과 비교했을 때, 용접이음의 장점이 아닌 것은?
① 이음구조가 간단하다.
② 판 두께에 제한을 거의 받지 않는다.
③ 용접 모재의 재질에 대한 영향이 작다.
④ 기밀성과 수밀성을 얻을 수 있다.

해설 **용접 이음의 장점**
① 수밀 및 기밀성이 좋다.
② 이음효율이 높다.
③ 제품의 성능과 수명이 향상된다.
④ 중량이 가벼워진다.
⑤ 재료의 두께에 제한이 없다.
⑥ 이종재료도 접합가능
⑦ 보수와 수리용이
⑧ 작업공정이 단축되며 경제적이다.

해답
21. ③ 22. ① 23. ③

문제 24
피복 배합제의 성분 중 탈산제로 사용되지 않는 것은?

① 규소철
② 망간철
③ 알루미늄
④ 유황

해설 피복 배합제의 종류
① 탈산제(바실티크망알)
  ㉠ 페로바나듐(Fe-V)   ㉡ 페로실리콘(Fe-Si)   ㉢ 페로티탄(Fe-Ti)
  ㉣ 페로크롬(Fe-Cr)   ㉤ 페로망간(Fe-Mn)   ㉥ 알루미늄
② 아크안정제(산석규자적)
  ㉠ 산화티탄   ㉡ 석회석   ㉢ 규산나트륨   ㉣ 규산칼륨
  ㉤ 자철광   ㉥ 적철광
③ 슬래그생성제(이산형석일알장규)
  ㉠ 이산화망간   ㉡ 산화티탄   ㉢ 산화철   ㉣ 형석
  ㉤ 석회석   ㉥ 일미나이트 ㉦ 알루미나 ㉧ 장석
  ㉨ 규사
④ 가스발생제(석탄녹톱)
  ㉠ 석회석   ㉡ 탄산바륨   ㉢ 녹말   ㉣ 톱밥
⑤ 고착제(해당아카규)
  ㉠ 해초   ㉡ 당밀   ㉢ 아교   ㉣ 카세인
  ㉤ 규산칼륨

문제 25
아크에어 가우징에 대한 설명으로 틀린 것은?

① 가스가우징에 비해 2~3배 작업능률이 좋다.
② 용접 현장에서 결함부제거, 용접 홈의 준비 및 가공 등에 이용된다.
③ 탄소강 등 철제품에만 사용한다.
④ 탄소 아크 절단에 압축공기를 같이 사용하는 방법이다.

해설 아크에어 가우징
① 탄소 아크 절단에 압축공기(6~7kg/cm²)를 같이 사용하는 방법
② 모재에 악영향을 주지 않는다.
③ 응용범위가 넓고 경비가 저렴
④ 작업능률이 2~3배 높다.
⑤ 용접 결함부의 발견이 쉽다.

문제 26
가스용접에서 산소용기 취급에 대한 설명이 잘못된 것은?

① 산소용기 밸브, 조정기 등은 기름천으로 잘 닦는다.
② 산소용기 운반 시에는 충격을 주어서는 안 된다.
③ 산소 밸브의 개폐는 천천히 해야 한다.
④ 가스 누설의 장점은 비눗물로 한다.

24. ④ 25. ③ 26. ①

해설 **가스용기의 취급**
① 산소용기 밸브, 조정기 등은 기름으로 닦으며 발화의 위험이 있다.
② 가스 누설의 점검은 비눗물로 한다.
③ 산소 밸브의 개폐는 천천히 한다.
④ 산소용기 운반 시는 충격을 주어서는 안 된다.
⑤ 직사광선을 피하고 40℃이하에서 보관한다.

문제 27 가스용접봉을 선택하는 공식으로 맞는 것은? (단, D : 용접봉지름[mm], T : 판두께[mm]이다.)

① $D = \dfrac{T}{2} + 1$ ② $D = \dfrac{T}{2} + 2$

③ $D = \dfrac{T}{2} - 2$ ④ $D = \dfrac{T}{2} - 1$

해설 $D = \dfrac{T}{2} + 1$

문제 28 교류 아크 용접기는 무부하 전압이 높아 전격의 위험이 있으므로 안전을 위하여 전격방지기를 설치한다. 이때 전격방지기의 2차 무부하 전압은 몇 V 범위로 유지하는 것이 적당한가?

① 80V~90V 이하 ② 60V~70V 이하
③ 40V~50V 이하 ④ 20V~30V 이하

해설
• **1차 무부하 전압** : 70~80V
• **2차 무부하 전압** : 20~30V

문제 29 가스 용접봉 선택의 조건에 들지 않는 것은?

① 모재와 같은 재질일 것
② 불순물이 포함되어 있지 않을 것
③ 용융 온도가 모재보다 낮을 것
④ 기계적 성질에 나쁜 영향을 주지 않을 것

해설 **가스용접봉 선택의 조건**
① 용융온도가 모재보다 높을 것
② 모재와 같은 재질일 것
③ 불순물이 포함되어 있지 않을 것
④ 기계적 성질에 나쁜 영향을 주지 않을 것

해답 27. ① 28. ④ 29. ③

문제 30
가스용접의 특징 설명으로 틀린 것은?

① 가열시 열량조절이 비교적 자유롭다.
② 피복금속 아크 용접에 비해 후판 용접에 적당하다.
③ 전원 설비가 없는 곳에서도 쉽게 설치할 수 있다.
④ 피복금속 아크 용접에 비해 유해광선의 발생이 적다.

해설 가스용접의 특징
① 가열시 열량 조절이 비교적 자유롭다.
② 박판 용접에 사용
③ 전원설비가 없는 곳에서도 쉽게 설치
④ 피복금속아크용접에 비해 유해광선의 발생이 적다.
⑤ 응용범위가 넓다.
⑥ 전기용접에 비해 싸다.
⑦ 폭발 및 화재의 위험이 크다.
⑧ 가열시간이 오래 걸린다.
⑨ 용접 후의 변형이 심하게 된다.
⑩ 아크에 비해 불꽃온도가 낮다.
⑪ 열의 집중성이 나빠 효율적인 용접이 어렵다.

문제 31
가스절단 시 예열불꽃이 강할 때 생기는 현상은?

① 절단면이 거칠어진다. ② 드래그가 증가한다.
③ 절단속도가 늦어진다. ④ 절단이 중단되기 쉽다.

해설 아크절단 시 예열불꽃이 강할 때 생기는 현상 : 절단면이 거칠어진다.

문제 32
아크 용접기의 사용률에서 아크시간과 휴식시간을 합한 전체시간은 몇 분을 기준으로 하는가?

① 60분 ② 30분
③ 10분 ④ 5분

문제 33
가스절단의 예열불꽃의 역할에 대한 설명으로 틀린 것은?

① 절단산소 운동량 유지
② 절단산소 순도 저하방지
③ 절단개시 발화점 온도가열
④ 절단재의 표면스케일 등의 박리성 저하

해답
30. ② 31. ① 32. ③ 33. ④

해설 가스절단의 예열불꽃의 역할
① 절단재의 표면 스케일 등의 박리성 증가
② 절단개시 발화점온도 가열
③ 절단산소 순도저하 방지
④ 절단산소 운동량 유지

문제 34 전류밀도가 클 때 가장 잘 나타나는 것으로 아크 전류가 일정할 때 아크 전압이 높아지면 용접봉의 용융 속도가 늦어지고, 아크 전압이 낮아지면 용융속도가 빨라지는 특성은?

① 부특성
② 절연 회복 특성
③ 전압 회복 특성
④ 아크길이 자기제어 특성

해설 아크길이 자기제어 특성 : 아크 전류가 일정할 때 아크 전압이 높아지면 용접봉의 용융 속도가 늦어지고, 아크 전압이 낮아지면 용융속도가 빨라지는 현상

문제 35 침몰선의 해체나 교량의 개조 시 사용되는 수중절단법에서 가장 많이 사용되는 연료가스는?

① 아세톤
② 에틸렌
③ 수소
④ 질소

해설 침몰선의 해체나 교량의 개조 시 사용되는 수중절단법에서 가장 많이 사용되는 연료가스 : **수소**

문제 36 산소에 대한 설명으로 틀린 것은?

① 무색, 무취, 무미이다.
② 물의 전기분해로도 제조한다.
③ 가연성 가스이다.
④ 액체 산소는 보통 연한 청색을 띤다.

해설 산소
① 조연성 가스이다.
② 물의 전기분해로도 제조($2H_2O \rightarrow 2H_2 + O_2$)
③ 액체산소는 보통 연한 청색을 띤다.
④ 무색, 무미, 무취이다.
⑤ 공기 중에 약 21%함 유
⑥ $1l$의 중량은 0℃ 1기압에서 1.429g이다.
⑦ 비중이 1.105로서 공기보다 약간 무겁다.
⑧ 가연성물질과 혼합시 점화시 폭발적으로 연소
⑨ 유지류, 용제 등이 부착하면 산화폭발의 위험이 있다.
⑩ 액체가 기화하면 800배 체적의 기체가 된다.

34. ④ 35. ③ 36. ③

문제 37 저수소계 용접봉의 건조온도에 대하여 올바르게 설명된 것은?

① 건조로 속의 온도가 100℃가열 되었을 때부터의 2~4시간정도 건조시킨다.
② 건조로 속의 온도가 200℃일 때 용접봉을 넣은 다음부터 30분 정도 건조시킨다.
③ 건조로 속에 들어있는 용접봉의 온도가 300~350℃에 도달한 시간부터 1~2시간정도 건조 시킨다.
④ 건조로 속에 들어있는 용접봉의 온도가 100~200℃에 도달한 시간부터 2~3시간정도 건조 시킨다.

해설 저수소계 용접봉의 건조온도 : 건조로 속에 들어있는 용접봉의 온도가 300~350℃에 도달한 시간부터 1~2시간정도 건조 시킨다.

문제 38 직류 아크 용접을 할 때 극성 선택에 고려되어야 할 사항으로 거리가 먼 것은?

① 용접봉 심선의 재질
② 피복제의 종류
③ 용접이음의 모양
④ 용접 지그

해설 직류 아크 용접을 할 때 극성 선택에 고려되어야 할 사항
① 용접이음의 모양 ② 용접봉 심선의 재질 ③ 피복제의 종류

문제 39 가스용접 작업에서 양호한 용접부를 얻기 위해 갖추어야 할 조건과 가장 거리가 먼 것은?

① 기름, 녹 등을 용접 전에 제거하여 결함을 방지한다.
② 모재의 표면이 균일하면 과열의 흔적은 있어도 된다.
③ 용착 금속의 용입 상태가 균일해야 한다.
④ 용접부에 첨가된 금속의 성질이 양호해야 한다.

해설 가스용접 작업 시 양호한 용접부를 얻기 위해 갖추어야 할 조건
① 모재의 표면이 균일하고 과열의 흔적이 없어야 한다.
② 용접부에 첨가된 금속의 성질이 양호해야 한다.
③ 용착 금속의 용입 상태가 균일해야 한다.
④ 기름, 녹 등을 용접 전에 제거하여 결함을 방지한다.

문제 40 고급주철의 바탕 조직으로 맞는 것은?

① 페라이트 조직
② 펄라이트 조직
③ 오스테나이트 조직
④ 공정 조직

해설 고급주철의 바탕 조직 : 펄라이트 조직

37. ③ 38. ④ 39. ② 40. ②

문제 41
탄소강에 니켈이나 크롬 등을 첨가하여 대기 중이나 수중 또는 산에 잘 견디는 내식성을 부여한 합금강으로 불수강이라고도 하는 것은?

① 고속도강
② 주강
③ 스테인리스강
④ 탄소공구강

해설 탄소강에 니켈이나 크롬 등을 첨가하여 대기 중이나 수중 또는 산에 잘 견디는 내식성을 부여한 합금강으로 불수강이라고도 하는 것 : **스테인리스강**

문제 42
금속의 공통적 특성에 대한 설명으로 틀린 것은?

① 소성변형이 있어 가공이 쉽다.
② 일반적으로 비중이 작다.
③ 금속특유의 광택을 갖는다.
④ 열과 전기의 양도체이다.

해설 금속의 공통적 특성
① 소성변형이 있어 가공이 쉽다.
② 일반적으로 비중이 크다.
③ 금속특유의 광택을 갖는다.
④ 열과 전기의 양도체이다.
⑤ 이온화하면 양이온(+)이 된다.
⑥ 상온에서 고체이다.(단, 수은은 제외)

문제 43
Cu-Ni-Si계 합금으로 강도와 전기 전도율이 좋아 주로 통신선, 전화선 등에 쓰이는 것은?

① 코로손(Corson) 합금
② 알드레이(Aldrey) 합금
③ 네이벌(Naval) 황동
④ 두랄루민(Duralumin) 합금

해설 합금
① 코로손합금 : 구리+니켈+규소 : 전화선이나 통신선에 사용
② 플래티나이트 : Ni(40~50%)+Fe : 진공관이나 전구의 도입선에 사용
③ 톰백 : Cu(80%)+Zn(20%) : 화폐, 메달 등에 사용
④ 문쯔메탈 : Cu(60%)+Zn(40%) : 열교환기, 열간 단조품, 탄피 등에 사용
⑤ 네이벌 : 6 : 4황동+Sn(1~2%) : 파이프, 선박용 기계
⑥ 델타메탈 : 6 : 4황동+Fe(1~2%) : 모조금, 판 및 선에 사용
⑦ 켈밋 : Cu+Pb(30~40%) : 베어링에 사용
⑧ Y합금 : Al+Cu+Mg+Ni : 실린더헤드, 피스톤 등에 사용
⑨ 두랄루민 : Al+Cu+Mg+Mn
⑩ 하이드로날륨 : Al+Mg : 선박용 부품, 화학용 부품, 조리용 기구

해답 41. ③ 42. ② 43. ①

문제 44
피복 아크 용접에서 용접성이 가장 우수한 용접재료로 적당한 것은?

① 주철
② 저탄소강
③ 고탄소강
④ 니켈강

해설 피복 아크 용접에서 용접성이 가장 우수한 용접재료 : 저탄소강

문제 45
다음 중 담금질과 가장 관계가 깊은 것은?

① 변태점
② 금속간 화합물
③ 연전대
④ 고용체

해설 담금질과 가장 관계가 깊은 것 : 변태점

문제 46
오스테나이트계 스테인리스강을 용접하여 사용 중에 용접부에서 녹이 발생하였다. 이를 방지하기 위한 방법이 아닌 것은?

① Ti, V, Nb 등이 첨가된 재료를 사용한다.
② 저탄소의 재료를 선택한다.
③ 용체화 처리 후 사용한다.
④ 크롬탄화물을 형성토록 시효처리 한다.

해설 방지법 ① 용체화 처리 후 사용한다.
② 저탄소의 재료를 선택한다.
③ Ti, V, Nb 등이 첨가된 재료를 사용한다.

문제 47
강의 표면에 질소를 침투시켜 경화시키는 표면경화법은?

① 침탄법
② 질화법
③ 고주파담금질
④ 방전경화법

해설 표면경화법
① 질화법 : 강표면에 질소를 침투시켜 경화하는 방법으로 가스질화법, 연질화법, 액체질화법 등이 있다.
② 금속침투법 : 내식, 내산, 내마멸을 목적으로 금속을 침투시키는 열처리
  ㉠ Cr : 크로마이징   ㉡ Al : 칼로라이징   ㉢ Zn : 세라다이징
  ㉣ Si : 실리코나이징   ㉤ B : 브로나이징
③ 침탄법
  ㉠ 액체침탄법 : 시안화나트륨, 시안화칼리(KCN)를 주성분으로 한 염을 사용하여 침탄온도 750~900℃에서 30~60분 침탄시키는 방법
  ㉡ 가스침탄법 : 메탄가스와 같은 탄화수소가스를 사용하여 침탄하는 방법
  ㉢ 고체침탄법 : 고체 침탄제를 사용하여 강 표면에 침탄 산소를 확산 침투시켜 표면을 경화시키는 방법

해답 44. ② 45. ① 46. ④ 47. ②

문제 48 색깔이 아름답고 연성이 크며, 금색에 가까워서 장식품에 많이 사용하는 황동은?

① 톰백 ② 문쯔메탈
③ 포금 ④ 청동

문제 49 주석청동 중에 Pb를 3.0~26% 정도를 첨가한 것으로 그 조직 중에 Pb가 거의 고용되지 않고 입계 점재하여 윤활성이 좋으므로 베어링, 패킹 재료 등에 사용되는 것은?

① 압연용 청동 ② 연 청동
③ 미술용 청동 ④ 베어링용 청동

해설 특수청동
① 연청동 : 주석청동 중에 납을 3~26% 첨가한 것으로 베어링, 패킹 재료 등에 널리 사용
② 인청동 : 탈산제인 P를 첨가하여 내마멸성 냉간가공으로 인장강도, 탄성한계 증가하여 스프링제, 베어링밸브, 시트에 사용
③ 베어링청동 : Cu+Sn(10~14%)차축, 베어링 등의 마모가 심한 곳 사용
④ 납청동 : Pb은 구리와 합금을 만들지 않고 윤활작용을 하므로 베어링용으로 적합

문제 50 합금강에 첨가하는 원소 중 고온강도 개선, 인성향상과 저온취성을 방지해 주는 원소는?

① Mo ② Al
③ Cu ④ Ti

해설 특수원소의 영향
① Mo(몰리브덴) : ㉠ 뜨임취성방지 ㉡ 고온강도개선 ㉢ 저온취성방지
② Mn(망간) : ㉠ 적열취성방지 ㉡ 황의 해를 제거
㉢ 흑연화를 방해하여 백주철화 촉진
㉣ 고온에서 결정립 성장억제
③ Cr(크롬) : ㉠ 내식성, 내마모성 향상 ㉡ 흑연화를 안정 ㉢ 탄화물 안정
④ Ni(니켈) : ㉠ 질화촉진 ㉡ 인성증가
㉢ 주철의 흑연화 촉진 ㉣ 저온충격저항 증가
⑤ Ti(티탄) : ㉠ 탄화물 생성용이 ㉡ 결정입자의 미세화
⑥ Si(규소) : ㉠ 강의 고온가공성을 좋게 한다.
㉡ 단접성 및 냉간 가공성 해침
㉢ 결정립 조대화
⑦ P(인) : ㉠ 상온취성원인 ㉡ 청열취성(200~300℃) 원인
㉢ 제강시 편석을 일으키기 쉽다.

48. ① 49. ② 50. ①

문제 51 그림과 같은 도면의 설명으로 가장 올바른 것은?

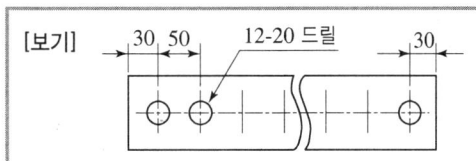

① 전체길이는 660mm 이다.
② 드릴 가공 구멍의 지름은 12mm 이다.
③ 드릴 가공 구멍의 수는 12개 이다.
④ 드릴 가공 구멍의 피치는 30mm 이다.

해설 도면의 설명
① 전체길이 : $(12 \times 50 - 2 \times 30) = 540$mm
② 드릴가공 구멍의 지름 20mm 이다.
③ 드릴가공 구멍의 추는 12개 이다.
④ 드릴가공 구멍의 피치는 50mm 이다.

문제 52 가공방법의 보조기호 중에서 연삭에 해당하는 것은?
① C ② G
③ F ④ M

문제 53 배관도에서 유체의 종류와 문자 기호를 나타내는 것 중 틀린 것은?
① 공기 : A ② 연료 가스 : G
③ 연료유 또는 냉동기유 : O ④ 증기 : W

해설 문자기호
① A(Air) : 공기 ② G(Gas) : 가스
③ O(Oil) : 연료유 또는 냉동기유 ④ S(Steam) : 증기

문제 54 보기 입체도의 정면도로 가장 적합한 투상은?

①  ②

③  ④

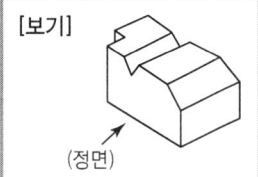
(정면)

51. ③ 52. ② 53. ④ 54. ③

문제 55 원호의 반지름이 커서 그 중심위치를 나타낼 필요가 있을 경우, 지면 등의 제약이 있을 때는 그 반지름의 치수선을 구부려서 표시할 수 있다. 이 때 치수선의 표시 방법으로 맞는 것은?
① 치수선에 화살표가 붙은 부분은 정확한 중심 위치를 향하도록 한다.
② 중심점에 연결된 치수선의 방향은 정확히 화살표로 향한다.
③ 치수선의 방향은 중심에 관계없이 보기 좋게 긋는다.
④ 중심점의 위치는 원호의 실제 중심위치에 있어야 한다.

문제 56 전개도법의 종류 중 주로 각기둥이나 원기둥의 전개에 가장 많이 이용되는 방법은?
① 삼각형을 이용한 전개도법 ② 방사선을 이용한 전개도법
③ 평행선을 이용한 전개도법 ④ 사각형을 이용한 전개도법

문제 57 보기와 같이 제3각법으로 정투상도를 작도할 때 누락된 평면도로 적합한 것은?

① 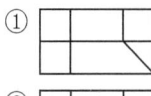 ②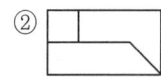

③ ④

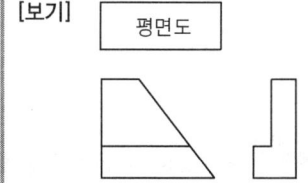

문제 58 그림은 투상법의 기호이다. 몇 각법을 나타내는 기호인가?
① 제1각법
② 제2각법
③ 제3각법
④ 제4각법

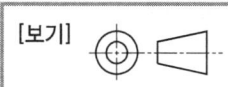

문제 59 치수선, 치수보조선, 지시선, 회전단면선으로 사용되는 선의 종류는?
① 가는 파선 ② 가는 1점 쇄선
③ 가는 실선 ④ 가는 2점 쇄선

해답 55. ① 56. ③ 57. ④ 58. ③ 59. ③

해설 용도에 따른 선의 종류
① 가는실선(파해치가)
  ㉠ 파단선   ㉡ 해칭선
  ㉢ 치수선   ㉣ 치수보조선
② 가는일점쇄선(중절기피일)
  ㉠ 중심선   ㉡ 절단선
  ㉢ 기준선   ㉣ 피치선
③ 굵은실선 : 외형선
④ 가는이점쇄선 : 가상선

문제 60 제 1각법에서 좌측면도는 정면도를 기준으로 어느 쪽에 배치되는가?
① 좌측   ② 우측
③ 위   ④ 아래

해설 제1각법과 제3각법

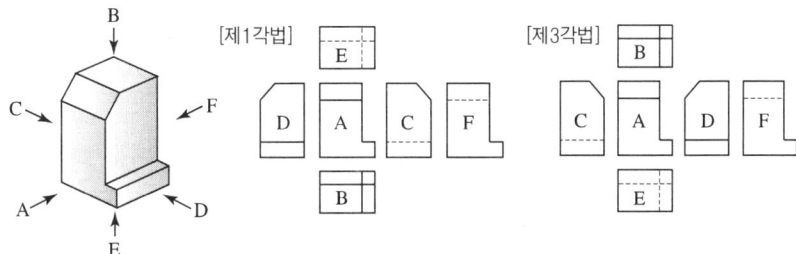

구분	정면도	평면도	좌측면도	우측면도	저면도	배면도
	A	B	C	D	E	F

60. ②

2020년 7월 CBT 시행

문제 01 용접구조물의 제작도면에 사용하는 보조기호 중 RT는 비파괴시험 중 무엇을 뜻하는가?

① 초음파탐상시험 ② 자기분말탐상시험
③ 침투탐상시험 ④ 방사선투과시험

해설 비파괴검사
① RT : 방사선투과시험 ② PT : 침투탐상시험
③ UT : 초음파탐상시험 ④ MT : 자분탐상시험
⑤ VT : 육안시험 ⑥ LT : 누설시험

문제 02 CO_2 가스 아크 용접의 보호가스 설비에서 히터장치가 필요한 가장 중요한 이유는?

① 액체가스가 기체로 변하면서 열을 흡수하기 때문에 조정기의 동결을 막기 위하여
② 기체가스를 냉각하여 아크를 안정하게 하기 위하여
③ 동절기의 용접 시 용접부의 결함방지와 안전을 위하여
④ 용접부의 다공성을 방지하기 위하여 가스를 예열하여 산화를 방지하기 위하여

해설 CO_2 가스 아크 용접의 보호가스 설비에서 히터장치가 필요한 가장 중요한 이유 액체가스가 기체로 변하면서 열을 흡수하기 때문에 조정기의 동결을 막기 위하여

문제 03 용접작업의 경비를 절감시키기 위한 유의사항 중 틀린 것은?

① 용접봉의 적절한 선정
② 용접사의 작업능률의 향상
③ 용접지그를 사용하여 위보기 자세의 시공
④ 고정구를 사용하여 능률향상

해설 용접작업의 경비를 절감시키기 위한 유의사항
① 용접지그를 사용하여 아래보기 자세의 시공
② 용접사의 작업능률의 향상
③ 용접봉의 적절한 선정
④ 고정구를 사용하여 능률향상

01. ④ 02. ① 03. ③

문제 04

용접 지그를 사용하여 용접했을 때 얻을 수 있는 장점이 아닌 것은?

① 구속력을 크게 하면 잔류 응력이나 균열을 막을 수 있다.
② 동일 제품을 대량 생산할 수 있다.
③ 제품의 정밀도와 신뢰성을 높일 수 있다.
④ 작업을 용이하게 하고 용접 능률을 높인다.

해설 용접지그 사용 시 얻을 수 있는 이점
① 동일 제품을 대량 생산할 수 있다.
② 제품의정도가 균일하다.
③ 공정수를 절약하므로 능률이 좋다.
④ 작업을 쉽게 할 수 있다.
⑤ 용접부의 신뢰성을 높인다.
⑥ 아래보기자세로 용접할 수 있다.

문제 05

피복 아크 용접용 기구 중 홀더(holder)에 관한 사항 중 옳지 않은 것은?

① 용접봉을 고정하고 용접전류를 용접케이블을 통하여 용접봉 쪽으로 전달하는 기구이다.
② 홀더 자신은 전기저항과 용접봉을 고정시키는 조(jaw)부분의 접촉저항에 의한 발열이 되지 않아야 한다.
③ 홀더가 400호이라면 정격 2차 전류가 400[A]임을 의미한다.
④ 손잡이 이외의 부분까지 절연체로 감싸서 전격의 위험을 줄이고 온도 상승에도 견딜 수 있는 일명 안전홀더 즉 B형을 선택하여 사용한다.

해설 안전홀더 A형을 선택하여 사용한다.

문제 06

용접 시 구조물을 고정시켜줄 지그의 선택기준으로 잘못된 것은?

① 물체의 고정과 탈부착이 복잡해야 한다.
② 변형을 막아줄 만큼 견고하게 잡아 줄 수 있어야 한다.
③ 용접 위치를 유리한 용접 자세로 쉽게 움직일 수 있어야 한다.
④ 물체를 튼튼하게 고정시켜줄 크기와 힘이 있어야 한다.

해설 지그의 선택 기준
① 물체의 고정과 탈부착이 간단해야 한다.
② 물체를 튼튼하게 고정시켜줄 크기와 힘이 있어야 한다.
③ 변형을 막아줄 만큼 견고하게 잡아 줄 수 있어야 한다.
④ 용접 위치를 유리한 용접 자세로 쉽게 움직일 수 있어야 한다.

해답 04. ① 05. ④ 06. ①

문제 07 CO_2 가스 아크 용접에서 솔리드 와이어에 비교한 복합와이어의 특징을 설명한 것으로 틀린 것은?

① 양호한 용착금속을 얻을 수 있다. ② 스패터가 많다.
③ 아크가 안정된다. ④ 비드 외관이 깨끗하며 아름답다.

해설 **복합와이어의 특징**
① 스패터가 적다.
② 아크가 안정된다.
③ 비드외관이 깨끗하며 아름답다.
④ 양호한 융착 금속을 얻을 수 있다.

문제 08 MIG용접에서 사용되는 와이어 송급 장치의 종류가 아닌 것은?

① 푸시방식(Push type) ② 풀방식(Pull type)
③ 펄스방식(Pulse type) ④ 푸시풀방식(Push-pull type)

해설 **MIG용접에서 사용되는 와이어 송급 장치의 종류**
① 푸시방식 ② 풀방식 ③ 푸시풀방식

문제 09 침투 탐상 검사법의 장점이 아닌 것은?

① 시험 방법이 간단하다.
② 고도의 숙련이 요구되지 않는다.
③ 검사체의 표면이 침투제와 반응하여 손상되는 제품도 탐상할 수 있다.
④ 제품의 크기, 형상 등에 크게 구애 받지 않는다.

해설 **침투 탐상법의 특징**
① 제품의 크기, 형상 등에 크게 구애 받지 않는다.
② 고도의 숙련이 요구되지 않는다.
③ 시험 방법이 간단하다.

문제 10 가스용접 토치의 취급상 주의사항으로 틀린 것은?

① 토치를 작업장 바닥이나 흙속에 방치하지 않는다.
② 팁을 바꿔 끼울 때는 반드시 양쪽밸브를 모두 열고 난 다음 행한다.
③ 토치를 망치 등 다른 용도로 사용해서는 안 된다.
④ 작업 중 발생하기 쉬운 역류, 역화, 인화에 항상 주의하여야 한다.

해설 팁 교환 시는 양쪽밸브 모두 닫고 행한다.

해답 07. ② 08. ③ 09. ③ 10. ②

문제 11 다음 중 발화성 물질이 아닌 것은?

① 카바이드　　　　　　　② 금속나트륨
③ 황린　　　　　　　　　④ 질산에텔

해설 발화성 물질
　① 금속나트륨　　② 금속칼륨
　③ 카바이드　　　④ 황린
　⑤ 알킬알루미늄　⑥ 인화석회
　⑦ 탄화칼슘　　　⑧ 알킬리튬

문제 12 철강계통의 레일, 차축 용접과 보수에 이용되는 테르밋 용접법의 특징 설명으로 틀린 것은?

① 용접작업이 단순하다.
② 용접용 기구가 간단하고 설비비가 싸다.
③ 용접시간이 길고 용접 후 변형이 크다.
④ 전력이 필요 없다.

해설 테르밋용접
　① 금속산화물이 알루미늄에 의하여 산소를 빼앗기는 반응에 의해 생성되는 열을 이용하여 금속을 접합
　② 산화철분말과 알루미늄분말(1 : 3)의 중량비로 혼합한 테르밋제에 과산화바륨과 마그네슘분말을 혼합한 점화 촉진제를 넣어 연소시켜 용접. 주로 철도레일, 차측, 선박프레임의 용접
　[특징] ① 전력이 불필요하다.
　　　　② 작업장소의 이동이 용이하다.
　　　　③ 용접 작업이 단순하고 용접 결과의 재현성이 높다.
　　　　④ 용접하는 시간이 비교적 짧다.
　　　　⑤ 용접작업 후 변형이 적다.

문제 13 철강에 주로 사용되는 부식액이 아닌 것은?

① 염산 1 : 물 1의 액　　　　② 염산 3.8 : 황산 1.2 : 물 5.0의 액
③ 수산 1 : 물 1.5의 액　　　④ 초산 1 : 물 3의 액

해설 철강에 주로 사용되는 부식액
　① 초산 1 : 물 3의 액
　② 염산 1 : 물 1의 액
　③ 염산 3.8 : 황산 1.2 : 물 5.0의 액

해답 11. ④　12. ③　13. ③

문제 14
용접의 결함과 원인을 각각 짝지은 것 중 틀린 것은?

① 언더컷 : 용접전류가 너무 높을 때
② 오버랩 : 용접전류가 너무 낮을 때
③ 용입불량 : 이음설계가 불량할 때
④ 기공 : 저수소계 용접봉을 사용했을 때

해설 기공의 원인
① 이음부에 기름, 페인트, 녹 등이 부착해 있을 때
② 용접부가 급랭시
③ 용접봉 또는 용접부에 습기가 많을 경우
④ 과대전류 사용시
⑤ 수소, 산소, 일산화탄소가 너무 많을 때

문제 15
연납의 대표적인 것으로 주석 40%, 납 60%의 합금으로 땜납으로서의 가치가 가장 큰 땜납은?

① 저융접 땜납
② 주석-납
③ 납-카드뮴납
④ 납-은납

문제 16
스터드 용접에서 페룰의 역할이 아닌 것은?

① 용융금속의 탈산방지
② 용융금속의 유출방지
③ 용착부의 오염방지
④ 용접사의 눈을 아크로부터 보호

해설 스터드 용접에서 페룰의 역할
① 용접사의 눈을 아크로부터 보호
② 용착부의 오염방지
③ 용융금속의 유출방지

문제 17
점용접의 3대 요소가 아닌 것은?

① 전극모양
② 통전시간
③ 가압력
④ 전류세기

해설 점용접의 3대 요소
① 가압력
② 통전시간
③ 통전전류(전류세기)

해답 14. ④ 15. ② 16. ① 17. ①

문제 18
TIG 용접에서 전극봉은 어느 한쪽의 끝부분에 식별용 색을 칠하여야 한다. 순 텅스텐 전극봉의 색은?

① 황색　　　　　　② 적색
③ 녹색　　　　　　④ 회색

해설 순 텅스텐 전극봉의 색 : 녹색

문제 19
용접부의 형상에 따른 필릿 용접의 종류가 아닌 것은?

① 연속 필릿　　　　② 단속 필릿
③ 경사 필릿　　　　④ 단속지그재그 필릿

해설 용접부의 형상에 따른 필릿 용접의 종류
　① 연속 필릿
　② 단속 필릿
　③ 단속지그재그 필릿

문제 20
서브머지드 아크 용접의 현장 조립용 간이 백킹법 중 철분 충진제의 사용목적으로 틀린 것은?

① 홈의 정밀도를 보충해 준다.
② 양호한 이면 비드를 형성시킨다.
③ 슬래그와 용융금속의 선행을 방지한다.
④ 아크를 안정시키고 용착량을 적게 한다.

해설 철분 충진제의 사용 목적
　① 슬래그와 용융금속의 선행을 방지한다.
　② 양호한 이면 비드를 형성시킨다.
　③ 홈의 정밀도를 보충해 준다.

문제 21
용접 자동화의 장점을 설명한 것으로 틀린 것은?

① 생산성 증가 및 품질을 향상시킨다.
② 용접조건에 따른 공정을 늘일 수 있다.
③ 일정한 전류 값을 유지할 수 있다.
④ 용접와이어의 손실을 줄일 수 있다.

해설 용접 자동화의 장점
　① 용접와이어의 손실을 줄일 수 있다.
　② 일정한 전류 값을 유지할 수 있다.
　③ 용접조건에 따른 공정을 줄일 수 있다.
　④ 생산성 증가 및 품질을 향상시킨다.

18. ③　19. ③　20. ④　21. ②

문제 22 스테인리스강을 TIG 용접 시 보호가스 유량에 관한 사항으로 옳은 것은?

① 용접 시 아크 보호능력을 최대한으로 하기 위하여 가능한 한 가스 유량을 크게 하는 것이 좋다.
② 낮은 유속에서도 우수한 보호 작용을 하고 박판용접에서 용락의 가능성이 적으며, 안정적인 아크를 얻을 수 있는 헬륨(He)을 사용하는 것이 좋다.
③ 가스 유량이 과다하게 유출되는 경우에는 가스 흐름에 난류현상이 생겨 아크가 불안정해지고 용접금속의 품질이 나빠진다.
④ 양호한 용접 품질을 얻기 위해 79.5% 정도의 순도를 가진 보호가스를 사용하면 된다.

해설 TIG 용접 시 보호가스 유량에 관한 사항 : 가스 유량이 과다하게 유출되는 경우에는 가스 흐름에 난류현상이 생겨 아크가 불안정해지고 용접금속의 품질이 나빠진다.

문제 23 다음 중 용접 전류를 결정하는 요소와 가장 관련이 적은 것은?

① 판(모재) 두께　② 용접봉의 지름
③ 아크 길이　④ 이음의 모양(형상)

해설 용접 전류를 결정하는 요소
① 이음의 모양　② 용접봉 지름　③ 판 두께

문제 24 연강용 가스 용접봉은 인이나 황 등의 유해성분이 극히 적은 저탄소강이 사용되는데, 연강용 가스용접봉에 함유 된 성분 중 규소(Si)가 미치는 영향은?

① 강의 강도를 증가시키나 연신율, 굽힘성 등이 감소된다.
② 기공은 막을 수 있으나 강도가 떨어진다.
③ 강에 취성을 주며 가연성을 잃게 한다.
④ 용접부의 저항력을 감소시키고 기공발생의 원인이 된다.

해설 규소(Si)
① 강의 고온 가공성을 좋게 한다.
② 충격저항감소 연신율 감소
③ 용융금속의 유동성을 좋게 한다.
④ 결정립 조대화

문제 25 피복 아크 용접봉 기구에 해당되지 않는 것은?

① 주행 대차　② 용접봉 홀더
③ 접지 클램프　④ 전극 케이블

해답 22. ③　23. ③　24. ②　25. ①

해설 피복아크 용접용 기구
① 접지 클램프   ② 용접봉 홀더
③ 전극케이블   ④ 접지케이블

문제 26 산소용기의 내용적이 33.7 리터인 용기에 120kgf/cm² 이 충전되어 있을 때, 대기압 환산용적은 몇 리터인가?
① 2803
② 4044
③ 40440
④ 28030

해설 대기압환산용적 $= P \times V = 120 \times 33.7 = 4044 l$

문제 27 무부하 전압이 높아 전격위험이 크고 코일의 감긴 수에 따라 전류를 조정하는 교류용접기의 종류로 맞는 것은?
① 탭전환형
② 가동코일형
③ 가동철심형
④ 가포화리액터형

해설 교류아크 용접기 종류와 특징
① 가동철심형 : ㉠ 광범위한 전류조정이 어렵다.
㉡ 가동철심으로 누설자속을 가감하여 전류조정
㉢ 미세한 전류조정이 가능
㉣ 현재 가장 많이 사용
② 탭전환용 : ㉠ 무부하 전압이 높아 전격의 위험이 크다.
㉡ 코일의 감긴 수에 따라 전류조정
㉢ 미세전류조정이 어렵다.
㉣ 주로 소형에 사용
③ 가포화리액터형 : ㉠ 원격제어가 되고 가변저항의 변화로 용접전류 조정
㉡ 조작이 간단
④ 가동코일형 : ㉠ 누설 리액턴스 값을 변화시킴.
㉡ 1차, 2차 코일 중의 하나를 이동하여 누설자속을 변화하여 전류 조정
㉢ 가격이 비싸다.

문제 28 다음 중 아크 절단의 종류에 속하지 않는 것은?
① 탄소아크 절단
② 플라스마 제트 절단
③ 스카핑
④ 아크에어 가우징

해설 아크절단 종류
① 아크에어 가우징
② 플라스마 제트절단
③ 탄소아크 절단

26. ② 27. ① 28. ③

문제 29 200V용 아크용접기의 1차 압력이 15kVA일 때, 퓨즈의 용량은 얼마[A]가 적당한가?

① 65[A] ② 75[A]
③ 90[A] ④ 100[A]

해설 퓨즈용량 = $\dfrac{15 \times 1000}{200} = 75A$

문제 30 아세틸렌가스가 산소와 반응하여 완전연소 할 때 생성되는 물질은?

① CO, H_2O ② CO_2, H_2O
③ CO, H_2 ④ CO_2, H_2

해설 완전연소 반응식
① $2C_2H_2 + 5O_2 \rightarrow 4CO_2 + 2H_2O$
② $C_3H_8 + 5O_2 \rightarrow 3CO_2 + 4H_2O$
∴ 탄산가스와 물이 생성됨

문제 31 가스용접에서 프로판 가스의 성질 중 틀린 것은?

① 연소할 때 필요한 산소의 양은 1 : 1 정도이다.
② 폭발한계가 좁아 다른 가스에 비해 안전도가 높고 관리가 쉽다.
③ 액화가 용이하여 용기에 충전이 쉽고 수송이 편리하다.
④ 상온에서 기체 상태이고 무색, 투명하며 약간의 냄새가 난다.

해설 프로판 가스의 성질
① 연소할 때 필요한 산소의 양은 1 : 4.5(5)이다.
② 공기보다 무겁다. $\left(\dfrac{58g}{29g} = 1.52\right)$
③ 액비중은 0.52로서 물보다 가볍다.
④ 연소한계가 좁다.
⑤ 발화온도가 높다. (460~520℃)
⑥ 용해성이 있다. (천연고무를 녹이므로 합성고무 사용)
⑦ 기화하면 체적이 250배정도 늘어난다.
⑧ 연소시 다량의 공기가 필요하다.
⑨ 상온에서 기체 상태이며 무색, 투명하며 약간의 냄새가 있다.
⑩ 액화가 용이하여 용기에 충전이 쉽고, 수송이 편리하다.

해답 29. ② 30. ② 31. ①

문제 32

가스절단에서 예열불꽃이 약할 때 나타나는 현상이 아닌 것은?

① 드래그가 증가한다.
② 절단이 중단되기 쉽다.
③ 절단속도가 늦어진다.
④ 슬래그 중의 철 성분의 박리가 어려워진다.

해설 가스절단 시 예열불꽃이 약할 때 나타나는 현상
① 절단속도가 늦어진다.
② 절단이 중단되기 쉽다.
③ 드래그가 증가한다.

문제 33

가스용접에서 전진법과 비교한 후진법의 설명으로 맞는 것은?

① 열이용률이 나쁘다.
② 용접속도가 느리다.
③ 용접변형이 크다.
④ 두꺼운 판의 용접에 적합하다.

해설 후진법의 특징
① 후판((두꺼운판) 용접에 적합하다.
② 비드표면이 깨끗하지 못하다.
③ 용접 변형이 적다.
④ 용접 속도가 빠르다.
⑤ 홈의 각도가 적다.
⑥ 열이용율이 좋다.

문제 34

피복제 중에 산화티탄을 약 35% 정도 포함하였고 슬래그의 박리성이 좋아 비드의 표면이 고우며 작업성이 우수한 특징을 지닌 연강용 피복 아크 용접봉은?

① E4301
② E4311
③ E4313
④ E4316

해설 연강용 피복아크 용접봉의 특징
① E4313(고산화티탄계) : 산화티탄을 약 35% 포함하였고 슬래그의 박리성이 좋아 비드의 표면이 고우며 작업성이 우수, 고온크랙을 일으키기 쉬움.
② E4316(저수소계) : 석회석, 형석을 주성분으로 한 것으로 기계적 성질, 내균열성이 우수하고, 용착금속 중에 수소함유량이 다른 피복봉에 비해 $\frac{1}{10}$ 정도로 매우 낮음. 용접봉은 300~350℃로 1~2시간 건조

문제 35

직류 아크 용접의 설명 중 올바른 것은?

① 용접봉을 양극, 모재를 음극에 연결하는 경우를 정극성이라고 한다.
② 역극성은 용입이 깊다.
③ 역극성은 두꺼운 판의 용접에 적합하다.
④ 정극성은 용접 비드의 폭이 좁다.

32. ④ 33. ④ 34. ③ 35. ④

해설 **용접기극성**
① 직류정극성(DCSP)
  ㉠ 모재(+) 70%, 용접봉(−) 30%   ㉡ 용입이 깊다.
  ㉢ 후판용접에 사용   ㉣ 용접봉의 녹음이 느리다.
  ㉤ 비드 폭이 좁다.
② 직류역극성(DCRP)
  ㉠ 용접봉(+) 70%, 모재(−) 30%   ㉡ 박판용접에 사용(주철, 비철금속)
  ㉢ 비드 폭이 넓다.   ㉣ 용접봉의 녹음이 빠르다.
  ㉤ 용입이 얕다.

문제 36 다음 중 용접의 장점에 대한 설명으로 옳은 것은?
① 기밀, 수밀, 유밀성이 좋지 않다.   ② 두께의 제한이 없다.
③ 작업이 비교적 복잡하다.   ④ 보수와 수리가 곤란하다.

해설 **용접의 장점**
① 수밀 및 기밀성이 좋다.   ② 용접의 자동화가 용이
③ 제품의 성능과 수명이 향상된다.   ④ 작업공정이 단축되며 경제적이다.
⑤ 보수와 수리가 용이   ⑥ 이종재료도 접합가능
⑦ 재료의 두께에 제한이 없다.   ⑧ 중량이 가벼워진다.
⑨ 이음효율이 높다.

문제 37 가스가공에서 강제 표면의 홈, 탈탄층 등의 결함을 제거하기 위해 얇게 그리고 타원형 모양으로 표면을 깎아내는 가공법은?
① 가스 가우징   ② 분말 절단
③ 산소창 절단   ④ 스카핑

해설
- **가스가우징** : 용접 부분의 뒷면을 따내든지, H형, U형의 용접 홈을 가공하기 위해서 깊은 홈을 파내는 가공법
- **스카핑** : 강재 표면의 홈, 탈탄층, 슬래그, 표면균열 등의 결함을 제거하기 위해 얇게 그리고 타원형 모양으로 표면을 깎아내는 가공법
- **산소창절단** : 두꺼운 판, 주강의 슬랙덩어리, 암석의 천공 등의 절단에 이용
- **분말절단** : 스테인리스강, 비철금속, 주철 등은 가스절단이 용이하지 않으므로 철분 또는 연속적으로 절단용 산소에 혼합 공급함으로서 그 산화열 또는 용제의 화학작용을 이용 절단

문제 38 고셀룰로오스계 용접봉에 대한 설명으로 틀린 것은?
① 비드표면이 거칠고 스패터가 많은 것이 결점이다.
② 피복제 중 셀룰로오스가 20~30% 정도 포함되어 있다.
③ 고셀룰로오스계는 E4311로 표시한다.
④ 슬래그 생성계에 비해 용접전류를 10~15% 높게 사용한다.

해답 36. ② 37. ④ 38. ④

> **해설** **고셀룰로오스계**
> ① 피복제 중 셀룰로오스가 20~30% 정도 포함
> ② 비드표면이 거칠고 스패터가 많은 것이 결점
> ③ 고셀룰로오스계는 E4311로 표시한다.
> ④ 보관시 습기가 흡수되기 쉬우므로 건조 필요
> ⑤ 좁은 홈의 용접에 사용

문제 39 직류 용접에서 아크쏠림(Arc blow)에 대한 설명으로 틀린 것은?
① 아크쏠림의 방지대책으로는 용접봉 끝을 아크쏠림 방향으로 기우린다.
② 자기불림(Magnetic blow)이라고도 한다.
③ 용접 전류에 의해 아크 주위에 발생하는 자장이 용접에 대해서 비대칭으로 나타나는 현상이다.
④ 용접봉에 아크가 한 쪽으로 쏠리는 현상이다.

> **해설** **아크쏠림방지책**
> ① 직류용접을 하지 말고 교류용접을 할 것
> ② 용접부가 긴 경우 후퇴법을 사용할 것
> ③ 짧은 아크를 사용할 것
> ④ 큰 가접부를 향하여 용접할 것
> ⑤ 접지점을 2개 연결할 것
> ⑥ 접지점을 용접부보다 멀리할 것

문제 40 구조용 부분품이나 제지용 롤러 등에 이용되며 열처리에 의하여 니켈-크롬주강에 비교될 수 있을 정도의 기계적 성질을 가지고 있는 저망간 주강의 조직은?
① 마텐자이트
② 펄라이트
③ 페라이트
④ 시멘타이트

문제 41 철강의 열처리에서 열처리 방식에 따른 종류가 아닌 것은?
① 계단 열처리
② 항온 열처리
③ 표면경화 열처리
④ 내부경화 열처리

> **해설** **철강의 열처리 방식**
> ① 항온 열처리
> ② 표면경화 열처리
> ③ 계단 열처리

39. ① 40. ② 41. ④

문제 42 다음 중 강도가 가장 높고 피로한도, 내열성, 내식성이 우수하여 베어링, 고급 스프링의 재료로 이용되는 것은?

① 쿠니얼 브론즈 ② 콜슨 합금
③ 베릴륨 청동 ④ 인청동

해설 **베릴륨 청동** ① 강도가 가장 높다.
② 피로한도, 내열성, 내식성이 우수
③ 베어링, 고급스프링의 재료로 사용

문제 43 탄소강의 용도에서 내마모성과 경도를 동시에 요구하는 경우 적당한 탄소 함유량은?

① 0.05~0.3%C ② 0.3~0.45%C
③ 0.45~0.65%C ④ 0.65~1.2%C

해설 탄소강의 용도에서 내마모성과 경도를 동시에 요구하는 경우 적당한 탄소 함유량 : 0.65~1.2%

문제 44 주철 중에 유황이 함유되어 있을 때 미치는 영향 중 틀린 것은?

① 유동성을 해치므로 주조를 곤란하게 하고 정밀한 주물을 만들기 어렵게 한다.
② 주조 시 수축율을 크게 하므로 기공을 만들기 쉽다.
③ 흑연의 생성을 방해하며, 고온취성을 일으킨다.
④ 주조응력을 작게 하고, 균열발생을 저지한다.

해설 **주철 중에 유황이 함유 시 미치는 영향**
① 흑연의 생성을 방해하며 고온취성을 일으킨다.
② 주조 시 수축율을 크게 하므로 기공을 만들기 쉽다.
③ 유동성을 해치므로 주조를 곤란하게 하고 정밀한 주물을 만들기 어렵다.

문제 45 일반적으로 성분 금속이 합금(Alloy)이 되면 나타나는 특징이 아닌 것은?

① 기계적 성질이 개선된다.
② 전기저항이 감소하고 열전도율이 높아진다.
③ 용융점이 낮아진다.
④ 내마멸성이 좋아진다.

해설 **금속이 합금이 되면 나타나는 특징**
① 전기저항이 증가하고 열전도율이 낮아진다.
② 기계적 성질이 개선된다.
③ 내마멸성이 좋아진다.
④ 용융점이 낮아진다.

42. ③ 43. ④ 44. ④ 45. ②

문제 46 알루미늄에 대한 설명으로 틀린 것은?

① 내식성과 가공성이 우수하다.
② 전기와 열의 전도도가 낮다.
③ 비중이 작아 가볍다.
④ 주조가 용이하다.

해설 알루미늄
① 주물 다이캐스팅, 전선 등에 쓰인다.
② 알루미늄합금의 인공시효온도는 160℃ 이다.
③ 비중이 2.7, 용융점 660℃ 변태점이 없고 열 및 전기의 양도체이다.
④ 가볍고 내식성 및 가공성이 좋다.
⑤ 알루미늄은 광석 보크사이트로부터 제련한다.
⑥ 알루미늄의 전기전도도는 구리의 65%이다.
⑦ 주조성이 용이하고 다른 금속과 잘 융합
⑧ 무기산염류에 침식된다. 특히 염산중에서는 빠르게 침식 된다.

문제 47 마그네슘 합금이 구조재료로서 갖는 특성에 해당하지 않은 것은?

① 비강도(강도/중량)가 작아서 항공우주용 재료로서 매우 유리하다.
② 기계가공성이 좋고 아름다운 절삭면이 얻어진다.
③ 소성가공성이 낮아서 상온변형은 곤란하다.
④ 주조시의 생산성이 좋다.

해설 마그네슘 합금
① Al+Zn+Mg(일렉트론)은 내연기관의 피스톤재료로 사용
② 실용화된 금속 중 가장 가볍다.
③ 비중이 1.74이다.
④ 조밀육방격자이며 용융점은 650℃이다.
⑤ Al에 비해 약 35% 가볍다.
⑥ 산이나 염류에는 침식된다.

문제 48 다음 중 화학적인 표면 경화법이 아닌 것은?

① 침탄법
② 화염경화법
③ 금속침투법
④ 질화법

해설 화학적인 표면 경화법
① 금속침투법
② 질화법
③ 침탄법

46. ② 47. ① 48. ②

문제 49

연강보다 열전도율은 작고 열팽창계수는 1.5배 정도이며 염산, 황산 등에 약하고 결정입계 부식이 발생하기 쉬운 스테인리스강은?

① 페라이트계 ② 시멘타이트계
③ 오스테나이트계 ④ 마텐자이트계

해설 오스테나이트계 스테인리스강
① 열팽창계수는 1.5배 ② 염산, 황산 등에 약하다.
③ 크롬 18%, 니켈이 8% ④ 결정입계 부식이 발생

문제 50

다음 가공법 중 소성가공이 아닌 것은?

① 선반가공 ② 압연가공
③ 단조가공 ④ 인발가공

해설 소성가공법
① 단조가공 ② 압연가공 ③ 인발가공

문제 51

다음 입체도의 화살표 방향의 투상도로 가장 적합한 것은?

① 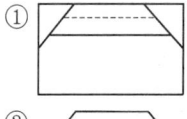 ②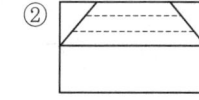
③ 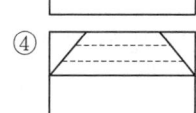 ④

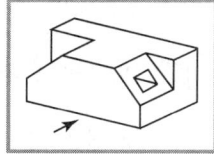

문제 52

SS400로 표시된 KS 재료기호의 400은 어떤 의미인가?

① 재질 번호 ② 재질 등급
③ 최저 인장강도 ④ 탄소 함유량

해설 SS400에서 400은 최저인장강도

문제 53

그림과 같은 외형도에 있어서 파단선을 경계로 필요로 하는 요소의 일부만을 단면으로 표시하는 단면도는?

① 온 단면도
② 부분 단면도
③ 한쪽 단면도
④ 회전 도시 단면도

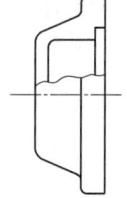

해답

49. ③ 50. ① 51. ④ 52. ③ 53. ②

문제 54 다음 그림에서 축 끝에 도시된 센터 구멍 기호가 뜻하는 것은?

① 센터 구멍이 남아 있어도 좋다.
② 센터 구멍이 남아 있어서는 안 된다.
③ 센터 구멍을 반드시 남겨둔다.
④ 센터 구멍의 크기에 관계없이 가공한다.

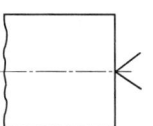

문제 55 그림과 같은 부등변 ㄱ 형강의 치수 표시로 가장 적합한 것은?

① $L\ A \times B \times t - K$
② $L\ B \times t \times A - K$
③ $L\ K - t \times A \times B$
④ $L\ K - A \times t \times B$

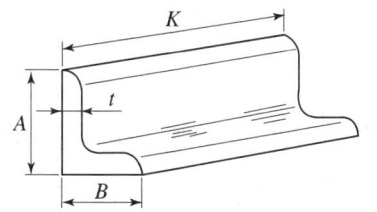

문제 56 제시된 물체를 도형 생략법을 적용해서 나타내려고 한다. 적용방법이 옳은 것은? (단, 물체에 뚫린 구멍의 크기는 같고 간격은 6mm로 일정하다.)

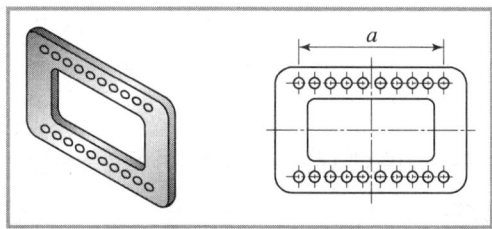

① 치수 a는 $10 \times 6 (= 60)$으로 기입할 수 있다.
② 대칭기호를 사용하여 도형을 $\frac{1}{2}$로 나타낼 수 있다.
③ 구멍은 반복 도형 생략법으로 나타낼 수 없다.
④ 구멍의 크기가 동일하더라도 각각의 치수를 모두 나타내어야 한다.

문제 57 전체 둘레 현장 용접의 보조기호로 맞는 것은?

① ○
② ⊙
③ ▕◣
④

해설 ① 현장용접 : ▕◣   ② 전둘레현장용접 :

54. ③ 55. ① 56. ② 57. ④

문제 58. 선의 종류와 명칭이 바르게 짝지어진 것은?

① 가는 실선 – 중심선
② 굵은 실선 – 외형선
③ 가는 파선 – 지시선
④ 굵은 1점 쇄선 – 수준면선

해설 용도에 따른 선의 종류
① 가는실선 : ㉠ 파단선 ㉡ 해칭선
             ㉢ 치수선   ㉣ 치수보조선
② 가는일점쇄선 : ㉠ 중심선 ㉡ 절단선
                 ㉢ 기준선 ㉣ 피치선
③ 굵은실선 : 일점쇄선
④ 가는이점쇄선 : 가상선

문제 59. 그림과 같은 입체의 화살표 방향 투상도로 가장 적합한 것은?

①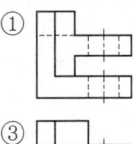
②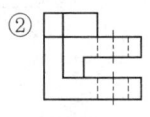
③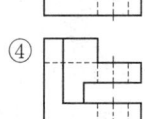
④

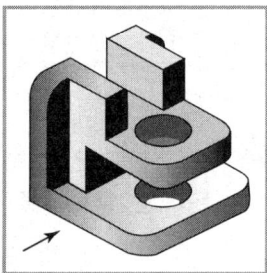

문제 60. 밸브 표시 기호에 대한 밸브 명칭이 틀린 것은?

① : 슬루스 밸브
② : 3방향 밸브
③ : 버터플라이 밸브
④ : 볼 밸브

해설 밸브 표시 기호
① 체크밸브
② 볼밸브
③ 안전밸브
④ 버터플라이밸브
⑤ 앵글밸브
⑥ 삼방향밸브

58. ② 59. ④ 60. ①

2020년 10월 CBT 시행

문제 01 다음 중 용접기를 설치해도 되는 장소로 가장 적합한 것은?

① 옥외의 비바람이 치는 장소
② 진동이나 충격을 받는 장소
③ 유해한 부식성 가스가 존재하는 장소
④ 주위온도가 10℃ 정도인 장소

해설 용접기 설치해도 되는 장소
① 주위온도가 10℃ 정도인 장소
② 진동, 충격을 받지 않는 장소
③ 부식성가스가 체류하지 않는 장소

문제 02 용접작업 시 주의사항을 설명한 것으로 틀린 것은?

① 화재를 진화하기 위하여 방화 설비를 설치할 것
② 용접 작업 부근에 점화원을 두지 않도록 할 것
③ 배관 및 기기에서 가스누출이 되지 않도록 할 것
④ 가연성 가스는 항상 옆으로 뉘어서 보관할 것

해설 가연성가스는 항상 세워서 보관한다.

문제 03 이산화탄소 가스 아크 용접의 결함에서 아크가 불안정할 때의 원인으로 가장 거리가 먼 것은?

① 팁이 마모되어 있다.
② 와이어 송급이 불안정하다.
③ 팁과 모재간 거리가 길다.
④ 이음 형상이 나쁘다.

해설 아크 불안정 원인
① 팁과 모재간 거리가 멀다.
② 와이어 송급이 불안정하다.
③ 팁이 마모되어 있다.

문제 04 다음 중 서브머지드 아크 용접을 다른 명칭으로 불리우는 것에 속하지 않는 것은?

① 잠호 용접
② 유니언 멜트 용접
③ 불가시(不可視) 아크 용접
④ 헬리 아크 용접

해답 01. ④ 02. ④ 03. ④ 04. ④

> **[해설]** **서브머지드 아크 용접의 다른 명칭**
> ① 잠호 용접　　　② 링컨 용접
> ③ 유니온멘트 용접　④ 불가시 아크용접

문제 05 다음 용접법 중 저항용접이 아닌 것은?
① 스폿용접　　　　　② 심용접
③ 프로젝션용접　　　④ 스터드용접

> **[해설]** **저항용접 종류**
> ① 겹치기 용접
> 　㉠ 점용접(스폿용접)　㉡ 시임 용접
> 　㉢ 프로젝션 용접
> ② 맞대기 용접
> 　㉠ 업셋 용접　　　㉡ 포일시임 용접
> 　㉢ 퍼커션 용접　　㉣ 방전충격 용접
> 　㉤ 플래시 용접

문제 06 TIG 용접의 단점에 해당되지 않는 것은?
① 불활성 가스와 TIG 용접기의 가격이 비싸 운영비와 설치비가 많이 소요된다.
② 바람의 영향으로 용접부 보호 작용에 방해가 되므로 방풍대책이 필요하다.
③ 후판 용접에서는 다른 아크 용접에 비해 능률이 떨어진다.
④ 모든 용접자세가 불가능하며 박판용접에 비효율적이다.

> **[해설]** **TIG용접의 단점**
> ① 텅스텐을 소모하지 않아 비용극식이다.
> ② 후판 용접에서는 다른 아크 용접에 비해 능률이 떨어진다.
> ③ 바람의 영향으로 용접부 보호 작용에 방해가 되므로 방풍대책이 필요
> ④ 불활성 가스와 TIG 용접기의 가격이 비싸 운영비와 설치비가 많이 소요됨
> ⑤ 바람의 영향을 많이 받으므로 방풍대책 필요
> ⑥ 모든 용접자세가 가능하고 박판용접에 적합

문제 07 물체와의 가벼운 충돌 또는 부딪침으로 인하여 생기는 손상으로 충격을 받은 부위가 부어오르고 통증이 발생되며 일반적으로 피부 표면에 창상이 없는 상처를 뜻하는 것은?
① 찰과상　　　　　② 타박상
③ 화상　　　　　　④ 출혈

해답　05. ④　06. ④　07. ②

문제 08
주물제품을 용접한 후 용접에 의한 잔류응력을 최소화하기 위한 조치 방법으로 틀린 것은?

① 주물을 단열재로 덮는다.
② 주물을 토치로 후열처리 한다.
③ 주물을 로(爐)에 옮긴다.
④ 주물을 급냉 시켜 조직을 완화시킨다.

해설 주물제품 용접후 잔류응력 방지법
① 주물을 서냉 시켜 조직을 완화시킨다.
② 주물을 로에 옮긴다.
③ 주물을 토치로 후열처리 한다.
④ 주물을 단열재로 덮는다.

문제 09
피복 아크 용접봉으로 강판의 판 두께에 따라 맞대기 용접의 적용하는 개선 홈 형식 중 가장 적합하지 않는 것은?

① I형 : 판 두께 6.0mm 정도 까지 적용
② V형 : 판 두께 6.0~20mm 정도 적용
③ ✓형 : 판 두께 50mm 까지 적용
④ X형 : 판 두께 10~40mm 정도 적용

해설 맞대기 용접의 적용하는 개선홈 형식
① I형 : 판 두께 6mm 정도까지 적용
② V형 : 판 두께 6~20mm 정도까지 적용
③ X형 : 판 두께 10~40mm 정도 적용

문제 10
용접이음부에 예열하는 목적을 설명한 것 중 맞지 않는 것은?

① 모재의 열 영향부와 용착금속의 연화를 방지하고, 경화를 증가시킨다.
② 수소의 방출을 용이하게 하여 저온균열을 방지한다.
③ 용접부의 기계적 성질을 향상시키고, 경화조직의 석출을 방지시킨다.
④ 온도분포가 완만하게 되어 열응력의 감소로 변형과 잔류응력의 발생을 적게 한다.

해설 용접이음부의 예열목적
① 온도분포가 완만하게 되어 열응력의 감소로 변형과 잔류응력의 발생을 적게 한다.
② 용접부의 기계적 성질을 향상시키고, 경화조직의 석출을 방지한다.
③ 수소의 방출을 용이하게 하여 저온균열을 방지한다.
④ 모재의 열 영향부와 용착금속의 연화를 방지하고, 경화를 감소시킴.

해답 08. ④ 09. ③ 10. ①

문제 11 용접부 검사방법에서 비드의 모양, 언더컷 및 오버랩, 표면균열 등을 검사하는 것은?

① 침투검사
② 누수검사
③ 외관검사
④ 형광검사

해설 **외관검사** : 비드의 모양, 언더컷, 오버랩, 표면균열 등을 검사

문제 12 TIG용접에서 아크발생이 용이하며 전극의 소모가 적어 직류 정극성에는 좋으나 교류에는 좋지 않은 것으로 주로 강, 스테인리스강, 동합금 용접에 사용되는 전극봉은?

① 토륨 텅스텐 전극봉
② 순 텅스텐 전극봉
③ 니켈 텅스텐 전극봉
④ 지르코늄 텅스텐 전극봉

해설 **토륨 텅스텐 전극봉** : TIG용접에서 아크발생이 용이하며 전극의 소모가 적어 직류 정극성에는 좋으나 교류에는 좋지 않은 것으로 주로 강, 스테인리스강, 동합금 용접에 사용

문제 13 MIG 용접 시 와이어 송급 방식의 종류가 아닌 것은?

① 풀 방식
② 푸시 방식
③ 푸시 풀 방식
④ 푸시 언더 방식

해설 **미그 용접 시 와이어 송급 방식**
① 푸시 방식   ② 풀 방식   ③ 푸시 풀 방식

문제 14 자동제어의 종류 중 미리 정해놓은 순서에 따라 제어의 각 단계를 차례로 행하는 제어는?

① 시퀀스 제어
② 피드백 제어
③ 동작 제어
④ 인터록 제어

해설
- **시퀀스 제어** : 미리 정해놓은 순서에 따라 제어의 각 단계를 차례로 행하는 제어
- **피드백 제어** : 출력측의 신호를 입력측으로 되돌려 정정동작을 행하는 제어
- **인터록 제어** : 구비 조건이 맞지 않을 때 그 조건이 충족될 때까지 다음단계를 정지시키는 것

해답   11. ③   12. ①   13. ④   14. ①

문제 15 두께가 다른 판을 맞대기 용접할 때 응력집중이 가장 적게 발생하는 것은?

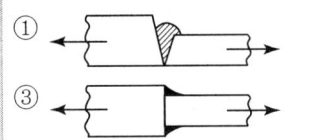
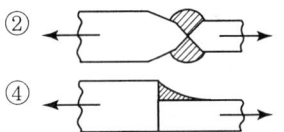

문제 16 모재의 열 변형이 거의 없으며, 이종 금속의 용접이 가능하고 정밀한 용접을 할 수 있으며, 비접촉식 방식으로 모재에 손상을 주지 않는 용접은?

① 레이저 용접 ② 테르밋 용접
③ 스터드 용접 ④ 플라스마 제트 아크 용접

해설
- **레이저 용접** : 모재의 열 변형이 거의 없으며, 이종 금속의 용접이 가능하고 정밀한 용접을 할 수 있으며, 비접촉식 방식으로 모재에 손상을 주지 않는 용접
- **스터드 용접** : 볼트나 환봉 등을 피스톤형 홀더에 끼우고 모재와 환봉 사이에서 순간적으로 아크 발생시켜 용접

문제 17 가스메탈아크용접(GMAW)에서 보호가스를 아르곤(Ar)가스와 CO_2 가스 또는 산소(O_2)를 소량 혼합하여 용접하는 방식을 무엇이라 하는가?

① MIG 용접 ② FCA 용접
③ TIG 용접 ④ MAG 용접

해설 **MAG용접** : 가스메탈아크용접(GMAW)에서 보호가스를 아르곤가스와 CO_2 가스 또는 산소를 소량 혼합하여 용접

문제 18 안전모의 일반구조에 대한 설명으로 틀린 것은?

① 안전모는 모체, 착장체 및 턱 끈을 가질 것
② 착장체의 구조는 착용자의 머리부위에 균등한 힘이 분배되도록 할 것
③ 안전모의 내부수직거리는 25mm 이상 50mm 미만일 것
④ 착장체의 머리고정대는 착용자의 머리부위에 고정하도록 조절할 수 없을 것

해설 **안전모의 일반구조**
① 착장체의 머리고정대는 착용자의 머리부위에 고정하도록 조절 가능
② 안전모의 내부수직거리는 25mm 이상 50mm 미만일 것
③ 착장체의 구조는 착용자의 머리부위에 균등한 힘이 분배되도록 할 것
④ 안전모는 모체, 착장체 및 턱 끈을 가질 것

15. ② 16. ① 17. ④ 18. ④

문제 19 초음파 탐상법에서 일반적으로 널리 사용되며 초음파의 펄스를 시험체의 한쪽 면으로부터 송신하여 그 결함에서 반사되는 반사파의 형태로 결함을 판정하는 방법은?

① 투과법
② 공진법
③ 침투법
④ 펄스반사법

해설 **펄스반사법** : 초음파 탐상법에서 널리 사용되며 초음파의 펄스를 시험체의 한쪽 면으로부터 송신하여 그 결함에서 반사되는 반사파의 형태로 결함을 판정

문제 20 두꺼운 판의 양쪽에 수냉동판을 대고 용융 슬래그 속에서 아크를 발생시킨 후 용융 슬래그의 전기 저항열을 이용하여 용접하는 방법은?

① 서브머지드 아크 용접
② 불활성가스 아크 용접
③ 일렉트로 슬래그 용접
④ 전자빔 용접

해설
- **일렉트로 슬래그 용접** : 두꺼운 판의 양쪽에 수냉동판을 대고 용융 슬래그 속에서 아크를 발생시킨 후 용융 슬래그의 전기 저항열을 이용하여 용접
- **서브머지드 아크 용접** : 용제와 와이어가 분리되어 공급되고 아크가 용제 속에서 일어나며 잠호용접 이라고도 함.

문제 21 이산화탄소 가스 아크 용접에 대한 설명으로 틀린 것은?

① 비용극식 용접방법이다.
② 가시 아크이므로 시공이 편리하다.
③ 전류밀도가 높아 용입이 깊다.
④ 용제를 사용하지 않아 슬래그 혼입이 없다.

해설 **이산화탄소 아크 용접 특징**
① 용극식 용접 방법이다.
② 가시아크이므로 시공이 편리하다.
③ 전류밀도가 높아 용입이 깊다.
④ 용제를 사용하지 않아 슬래그혼입이 없다.
⑤ 용입이 깊고 용접속도를 빠르게 할 수 있다.
⑥ 용착금속의 기계적 성질이 우수하다.

문제 22 아래 그림과 같이 용접 길이를 짧게 나누어 간격을 두면서 용접하는 방법은?

① 전진법
② 후진법
③ 대칭법
④ 스킵법

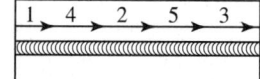

19. ④ 20. ③ 21. ① 22. ④

해설 융착법

① 스킵법(비석법): 1 → 4 → 2 → 5 → 3

② 대칭법: 4 ← 2 ↔ 1 → 3

③ 후퇴법: 5 → 4 → 3 → 2 → 1

④ 전진법: →

문제 23

산소-아세틸렌 가스절단에 비교한 산소-프로판 가스 절단의 특징을 설명한 것으로 옳지 않은 것은?

① 점화하기 쉽다.
② 절단면이 미세하여 깨끗하다.
③ 후판절단 시 속도가 빠르다.
④ 포갬 절단속도가 빠르다.

해설 산소-아세틸렌 가스절단에 비교한 산소-프로판 가스 절단의 특징
① 포갬 절단속도가 빠르다.
② 후판절단 시 속도가 빠르다.
③ 절단면이 미세하여 깨끗하다.

문제 24

연강용 가스 용접봉에서 "625±25℃에서 1시간 동안 응력을 제거했다"는 영문자 표시에 해당 되는 것은?

① NSR
② GB
③ SR
④ GA

해설 SR: 응력을 제거할 것(Stress Remove)
NSR: 응력을 제거하지 않은 것(Non Stress Remove)

문제 25

용접법 중 융접법에 소거하지 않는 것은?

① 스터드 용접
② 산소 아세틸렌 용접
③ 일렉트로 슬래그 용접
④ 초음파 용접

해설 융접법
① 아크 용접: ㉠ 서브머지드 아크용접 ㉡ 스터드 용접
　　　　　　 ㉢ 탄산가스아크 용접
② 가스 용접: ㉠ 산소-아세틸렌 용접 ㉡ 공기-아세틸렌 용접
　　　　　　 ㉢ 산소-수소 용접
③ 특수 용접: ㉠ 일렉트로 슬래그 용접 ㉡ 테르밋 용접
　　　　　　 ㉢ 전자빔 용접

해답 23. ① 24. ③ 25. ④

문제 26

용접의 장점 중 맞는 것은?

① 저온 취성이 생길 우려가 많다.
② 재질의 변형 및 잔류 응력이 존재한다.
③ 용접사의 기량에 따라 용접결과가 좌우된다.
④ 기밀, 수밀, 유밀성이 우수하다.

해설 용접의 장점
① 기밀, 수밀, 유밀성이 우수하다.
② 이음효율이 높다.
③ 중량이 가벼워진다.
④ 재료의 두께에 제한이 없다.
⑤ 이종재료로 접합 가능
⑥ 보수와 수리가 가능
⑦ 작업공정이 단축되며 경제적이다.
⑧ 제품의 성능과 수명이 향상된다.

문제 27

가스절단 시 양호한 절단면을 얻기 위한 조건이 아닌 것은?

① 드래그가 가능한 작을 것
② 절단면이 충분히 평활할 것
③ 슬래그의 이탈이 양호할 것
④ 드래그의 홈이 높고 노치가 있을 것

해설 가스절단 시 양호한 절단면을 얻기 위한 조건
① 드래그의 홈이 낮고 노치가 없을 것
② 슬래그의 이탈이 양호할 것
③ 절단면이 충분히 평활할 것
④ 드래그가 가능한 작을 것

문제 28

아크전류가 200A, 아크전압이 25V, 용접속도가 15cm/min인 경우 용접 길이 1cm당 발생하는 전기적 에너지는?

① 10000(J/cm)
② 15000(J/cm)
③ 20000(J/cm)
④ 25000(J/cm)

해설 $H = \dfrac{60EI}{V} = \dfrac{60 \times 200 \times 25}{15} = 20000 \text{J/cm}$

문제 29

가스용접 시 토치의 팁이 막혔을 때 조치 방법으로 가장 올바른 것은?

① 팁 클리너를 사용한다.
② 내화벽돌 위에 가볍게 문지른다.
③ 철판 위에 가볍게 문지른다.
④ 줄칼로 부착물을 제거한다.

해설 가스용접시 토치의 팁이 막혔을 때 조치방법 : 팁 클리너를 사용한다.

해답

26. ④ 27. ④ 28. ③ 29. ①

문제 30 직류 아크용접기의 종류가 아닌 것은?

① 엔진 구동형　　② 전동 발전형
③ 정류기형　　　④ 가동 철심형

해설 직류 아크용접기의 종류
　① 정류기형　② 전동발전형　③ 엔진구동형

문제 31 헬멧이나 핸드실드의 차광유리 앞에 보호유리를 끼우는 가장 타당한 이유는?

① 시력을 보호하기 위하여　　② 가시광선을 차단하기 위하여
③ 적외선을 차단하기 위하여　　④ 차광유리를 보호하기 위하여

해설 헬멧이나 핸드실드의 차광유리 앞에 보호유리를 끼우는 이유 : 차광유리를 보호하기 위해서

문제 32 가포화 리액터형 교류 아크 용접기의 설명으로 잘못된 것은?

① 미세한 전류조정이 가능하여 가장 많이 사용된다.
② 조작이 간단하고 원격제어가 된다.
③ 가변 저항의 변화로 용접전류를 조정한다.
④ 전기적 전류 조정으로 소음이 거의 없다.

해설 가포화 리액터형 교류 아크 용접기
　① 가변 저항의 변화로 용접전류를 조정한다.
　② 조작이 간단하고 원격제어가 된다.
　③ 전기적 전류 조정으로 소음이 거의 없다.

문제 33 아세틸렌가스의 성질에 대한 설명으로 틀린 것은?

① 15℃, 1kgf/cm^{2}에서의 아세틸렌 1L의 무게는 1.176g으로 산소보다 무겁다.
② 산소와 적당히 혼합하여 연소시키면 3000~3500℃의 높은 열을 낸다.
③ 아세틸렌가스는 산소와 혼합되면 폭발성이 증가된다.
④ 각종 액체에 잘 용해되며 아세톤에 25배가 용해된다.

해설 아세틸렌 가스의 성질
　① 15℃, 1kgf/cm^{2}에서의 아세틸렌 1L의 무게는 1.176g 이다.
　② 비중이 0.906으로서 산소보다 가볍다.
　③ 산소와 적당히 혼합하여 연소시키면 3000~3500℃의 높은 열을 낸다.
　④ 석유에는 2배, 벤젠에는 4배, 알콜에는 6배, 아세톤에는 25배 용해
　⑤ 액체 아세틸렌보다 고체 아세틸렌이 안전하다.
　⑥ 융점이 -81℃, 비점이 84℃ 비슷하고 고체 아세틸렌은 승화한다.
　⑦ 무색의 기체로 약간 에테르향이 있고 불순물로 인하여 특이한 냄새가 난다.

30. ④　31. ④　32. ①　33. ①

문제 34
텅스텐 아크 절단은 특수한 TIG 절단토치를 사용한 절단법이다. 주로 사용되는 작동 가스는?

① $Ar + C_2H_2$
② $Ar + H_2$
③ $Ar + O_2$
④ $Ar + CO_2$

해설 텅스텐 아크 절단 시 사용되는 가스 : $Ar + H_2$

문제 35
가스용접 시 용접부의 시공 상태에 대한 설명으로 틀린 것은?

① 용접부에는 노치 부분이 있어야 양호한 용접성을 얻을 수 있다.
② 용접부에는 기름, 먼지, 녹 등을 완전히 제거하여야 한다.
③ 용접부에는 청결을 유지해야 한다.
④ 용접부의 개선 면이 일직선으로 정교해야 한다.

해설 용접부에 노치 부분이 없어야 양호한 용접성을 얻을 수 있다.

문제 36
산소 아크 절단을 올바르게 설명한 것은?

① 아크 플라스마의 성질을 이용한 절단법
② 속이 빈 피복 용접봉과 모재 사이에 아크를 발생시켜 절단하는 방법
③ 강관을 사용하여 절단산소를 보내서 절단하는 방법
④ 금속 전극에 큰 전류를 흐르게 하여 절단하는 방법

해설 산소 아크 절단 : 속이 빈 피복 용접봉과 모재 사이에 아크를 발생시켜 절단하는 방법

문제 37
피복제 중에 석회석이나 형석을 주성분으로 한 피복제를 사용한 것으로서 용착 금속 중의 수소량이 다른 용접봉에 비해서 1/10 정도로 적은 용접봉은?

① E4301
② E4311
③ E4316
④ E4327

해설
① E4316(저수소계) : 석회석, 형석을 주성분으로 한 피복제를 사용한 것으로 용착금속 중의 수소량이 다른 용접봉에 비해 $\frac{1}{10}$ 정도로 적은 용접봉으로 내균열성이 좋으며, 300~350℃로 1~2시간 건조 후 사용
② E4301(일미나이트계) : 산화티탄, 산화철을 약 30%이상 함유한 광석, 사철 등을 주성분으로 기계적 성질이 우수하고, 용접성이 우수
③ E4311(고셀룰로오스계) : 비드표면이 거칠고 스패터가 많은 것이 결점이며 셀룰로오스를 20~30% 정도 포함한 용접봉으로 좁은 홈의 용접 보관시 습기가 흡수되기 쉬우므로 건조 필요

해답 34. ② 35. ① 36. ② 37. ③

문제 38
35℃에서 150kgf/cm² 으로 압축하여 내부용적 45.7리터의 산소 용기에 충전하였을 때, 용기속의 산소량은 몇 리터 인가?
① 6855
② 5250
③ 6105
④ 7005

해설 산소량 = P × V = 150 × 45.7 = 6855l

문제 39
산소-아세틸렌가스 불꽃의 종류 중 불꽃온도가 가장 높은 것은?
① 탄화 불꽃
② 중성 불꽃
③ 산화 불꽃
④ 아세틸렌 불꽃

해설 산소-아세틸렌가스 불꽃의 종류 중 불꽃온도가 가장 높은 것 : **산화불꽃**

문제 40
알루미늄 표면에 산화물계 피막을 만들어 부식을 방지하는 알루미늄 방식법에 속하지 않는 것은?
① 염산법
② 수산법
③ 황산법
④ 크롬산법

해설 알루미늄 방식법
① 황산법 ② 수산법 ③ 크롬산법

문제 41
침입형 고용체에 용해되는 원소가 아닌 것은?
① B(붕소)
② C(탄소)
③ N(질소)
④ F(불소)

해설 침입형 고용체에 용해되는 원소
① 탄소 ② 질소 ③ 붕소

문제 42
금속 표면에 알루미늄을 침투시켜 내식성을 증가시키는 것은?
① 칼로라이징
② 크로마이징
③ 세라다이징
④ 실리코라이징

해설 금속의 침투법
① Al(알루미늄) : 칼로라이징 ② Cr(크롬) : 크로마이징
③ Zn(아연) : 세라다이징 ④ Si(규소) : 실리코나이징
⑤ B(붕소) : 브로나이징

38. ① 39. ③ 40. ① 41. ④ 42. ①

문제 43 구상흑연주철의 조직에 따른 분류가 아닌 것은?

① 페라이트형 ② 펄라이트형
③ 시멘타이트형 ④ 트루스타이트형

해설 구상흑연주철의 조직에 따른 분류
① 펄라이트형 ② 페라이트형 ③ 시멘타이트형

문제 44 구리에 3~4% Ni, 약 1%의 Si가 함유된 합금으로 인장강도와 도전율이 높아 통신선, 전화선으로 사용되는 구리-니켈-규소 합금은?

① 콜슨(corson)합금 ② 켈밋(kelmit)합금
③ 포금(gunmetal) ④ CTG합금

해설 합금
① 콜슨합금 : 구리+니켈(3~4%)+규소(1%) : 전화선, 통신선에 사용
② 플래티나이트 : 니켈(40~50%)+철 : 진공관이나 전구의 도입선에 사용
③ 화이트메탈 : 구리+안티몬+주석
④ 모넬메탈 : 니켈(65~70%)+철(1~2%) : 카바이드 통 들어낼 때 사용
⑤ 톰백 : 구리(80%)+아연(20%) : 화폐, 메달 등에 사용
⑥ 문쯔메탈 : 구리(60%)+아연(40%) : 열교환기, 열간 단조품, 탄피 등에 사용
⑦ 델타메탈 : 6 : 4황동+철(1~2%) : 모조금, 판 및 선에 사용

문제 45 열전도율이 가장 큰 것부터 작은 것의 순으로 옳게 나열한 것은?

① Cu→Al→Ag→Au ② Ag→Cu→Au→Al
③ Cu→Ag→Al→Au ④ Ag→Cu→Al→Au

해설 열전도율이 큰 순서
은>구리>금>알루미늄>마그네슘>아연>니켈>철>납

문제 46 열처리 방법 중 강을 오스테나이트 조직의 영역으로 가열한 후 급냉 하는 것은?

① 풀림(annealing) ② 담금질(quenching)
③ 불림(normalizing) ④ 뜨임(tempering)

해설 열처리
① 담금질 : 강을 오스테나이트 조직의 영역으로 가열 후 급랭하는 것, 경도 및 강도 증가
② 뜨임 : 인성 증가
③ 풀림 : 가공응력 및 내부응력 제거
④ 불림 : 조직의 미세화 및 편석이나 잔류응력 제거

43. ④ 44. ① 45. ② 46. ②

문제 47 탄소강의 Fe – C계 평형상태도에서 탄소량이 0.86% 정도이며, γ고용체에서 α 고용체와 Fe_3C가 동시에 석출하여 펄라이트를 생성하는 점은?

① 공정점 ② 자기변태점
③ 포정점 ④ 공석점

해설 **공석점** : 탄소량이 0.86% 정도이며, γ고용체에서 α고용체와 Fe_3C가 동시에 석출하여 펄라이트를 석출하는 점

문제 48 합금강에서 영향을 끼치는 주요 합금 원소가 아닌 것은?

① 흑연 ② 니켈
③ 크롬 ④ 망간

해설 **합금강에 영향을 끼치는 주요 합금**
① 크롬 : 내식성, 내마모성 향상, 흑연화를 안정, 탄화물 안정
② 니켈 : 인성증가, 저온충격저항증가, 질화촉진, 주철의 흑연화 촉진
③ 망간 : 적열취성방지, 황의 해를 제거, 고온에서 결정립성장억제, 흑연화를 방해하여 백주철화 촉진
④ 몰리브덴 : 뜨임취성방지, 저온취성방지
⑤ 규소 : 강의 고온가공성을 좋게 한다. 용융금속의 유동성 증가
⑥ 티탄 : 결정입자의 미세화, 탄화물 생성용이

문제 49 스테인리스강 중에서 내식성이 가장 높고 비자성인 것은?

① 페라이트계 ② 시멘타이트계
③ 마텐자이트계 ④ 오스테나이트계

해설 **오스테나이트계 스테인리스강** : 비자성체이며 내식성이 가장 높다.

문제 50 주강의 성능별 분류 중 내식용 강은 어떤 원소를 첨가한 것인가?

① Cr, Ni ② Mn, V
③ P, S ④ W, Ti

해설 주강의 분류 중 내식용 강은 Cr, Ni을 첨가한 것

문제 51 판금 제품을 만드는데 필요한 도면으로 입체의 표면을 한 평면 위에 펼쳐서 그리는 도면은?

① 회전 평면도 ② 전개도
③ 보조 투상도 ④ 사투상도

47. ④ 48. ① 49. ④ 50. ① 51. ②

해설 입체 표면을 한 평면 위에 펼쳐서 그리는 도면 : 전개도

문제 52 다음 제3각 정투상도에 해당하는 입체도는?

① 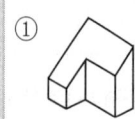 ②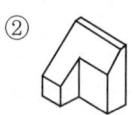

③ 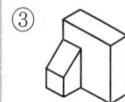 ④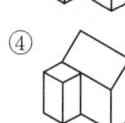

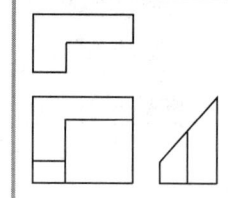

문제 53 그림의 투상도는 평면도와 정면도가 똑같이 나타나는 물체의 평면도와 정면도이다. 우측면도로 가장 적합한 것은?

①  ②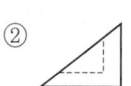

③  ④

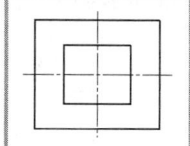

문제 54 도면에 SS330으로 표시된 기계재료의 의미로 가장 적합한 설명은?

① 합금 공구강으로, 최저인장강도는 330N/mm²
② 일반구조용 압연강재로, 최저인장강도는 330N/mm²
③ 열간압연 스테인리스 강관으로, 탄소 함유량은 0.33%
④ 압력배관용 탄소강재로, 탄소 함유량은 0.33%

해설 SS330 : 일반구조용 압연강재로, 최저인장강도는 330N/mm²

문제 55 배관 제도 시 유체의 종류에 따른 기호 표기가 틀린 것은?

① 공기 : A   ② 연료가스 : G
③ 온수 : H   ④ 증기 : W

해설 유체의 종류에 따른 기호
① A(Air) : 공기   ② G(Gas) : 가스
③ S(Steam) : 증기   ④ H(Heater) : 온수
⑤ O(Oil) : 기름   ⑥ T(Temperature) : 온도
⑦ P(Pressure) : 압력   ⑧ F(Flowmeter) : 유량

52. ① 53. ② 54. ② 55. ④

문제 56 도면에서 2종류 이상의 선이 같은 장소에 겹치게 될 경우에 다음 중 가장 우선되는 것은?
① 중심선
② 절단선
③ 외형선
④ 숨은선

해설 2종류 이상의 선이 같은 장소에 겹치게 될 경우 가장 우선되는 것 : **외형선**

문제 57 도면에서 도면번호, 도면명칭, 기업(소속단체)명, 책임자 서명 등의 내용이 기입되어 있는 곳은?
① 부품란
② 표제란
③ 도면의 구역
④ 중심 마크

해설 표제란기입
① 투상도 ② 척도 ③ 소속단체명
④ 작성 년 월 일 ⑤ 도명 ⑥ 도번
⑦ 책임자 서명

문제 58 리벳의 종류 중 호칭길이를 나타낼 때 머리부의 전체를 포함하여 표시하는 것은?
① 둥근머리 리벳
② 냄비머리 리벳
③ 얇은 납작머리 리벳
④ 접시머리 리벳

해설 접시머리 리벳 : 호칭길이를 나타낼 때 머리부의 전체를 포함하여 표시

문제 59 그림과 같은 용접 도시기호의 명칭은?
① 필릿 용접
② 플러그 용접
③ 스폿 용접
④ 프로젝션 용접

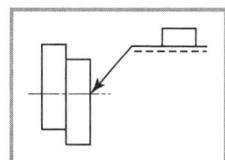

문제 60 제3각 정투상도에서 저면도의 배치 위치로 옳은 것은?
① 정면도의 아래쪽
② 정면도의 오른쪽
③ 정면도의 윗쪽
④ 정면도의 왼쪽

56. ③ 57. ② 58. ④ 59. ② 60. ①

피복아크용접기능사
필기

용접기능사 기출문제

2021

2021년 2월 CBT 시행

문제 01 가스용접시 안전사항으로 적당하지 않는 것은?

① 산소병은 60℃ 이하 온도에서 보관하고 직사광선을 피하여 보관한다.
② 호스는 길지 않게 하며 용접이 끝났을 때는 용기밸브를 잠근다.
③ 작업자 눈을 보호하기 위해 적당한 차광유리를 사용한다.
④ 호스 접속부는 호스밴드로 조이고 비눗물 등으로 누설여부를 검사한다.

해설 산소병은 40℃ 이하 온도에서 보관하고 직사광선을 피하여 보관

문제 02 맞대기 용접이음에서 모재의 인장강도는 450MPa이며, 용접 시험편의 인장강도가 470MPa일 때 이음효율은 약 몇 %인가?

① 104
② 96
③ 60
④ 69

해설 이음효율 $= \dfrac{470}{450} \times 100 = 104.4$

문제 03 서브머지드 아크 용접의 용융형 용제에서 입도에 대한 설명으로 틀린 것은?

① 용제의 입도는 발생가스의 방출상태에는 영향을 미치나, 용제의 용융성과 비드형상에는 영향을 미치지 않는다.
② 가는 입자일수록 높은 전류를 사용해야 한다.
③ 거친 입자의 용제에 높은 전류를 사용하면 비드가 거칠며 기공, 언더컷 등이 발생한다.
④ 가는 입자의 용제를 사용하면 비드 폭이 넓어지고 용입이 얕아진다.

해설 용제의 용융성과 비드형상에도 영향을 미친다.

문제 04 플라스마 아크 용접에 관한 설명 중 틀린 것은?

① 전류밀도가 크고 용접속도가 빠르다.
② 기계적 성질이 좋으며 변형이 적다.
③ 설비비가 적게 든다.
④ 1층으로 용접할 수 있으므로 능률적이다.

해답 01. ① 02. ① 03. ① 04. ③

해설 플라스마 아크 용접 특징
① 설비비가 많이 든다.
② 1층으로 용접할 수 있으므로 능률적이다.
③ 기계적 성질이 좋으며 변형이 적다.
④ 전류밀도가 크고 용접속도가 빠르다.

문제 05 서브머지드 아크 용접의 용제 중 흡습성이 높아 보통 사용전에 150~300℃에서 1시간 정도 재건조해서 사용하는 것은?
① 용제형
② 혼성형
③ 용융형
④ 소결형

해설 소결형 : 흡습성이 높아 보통 사용 전에 150~300℃에서 1시간 정도 재건조해서 사용

문제 06 CO_2가스 아크 용접에서 용제가 들어있는 와이어 CO_2법의 종류에 속하지 않는 것은?
① 솔리드 아크법
② 유니언 아크법
③ 퓨즈 아크법
④ 아코스 아크법

해설 와이어 CO_2법의 종류
① 아코스 아크법 ② 퓨즈 아크법 ③ NCG법 ④ 유니온 아크법

문제 07 가스 절단에 따른 변형을 최소화할 수 있는 방법이 아닌 것은?
① 적당한 지그를 사용하여 절단재의 이동을 구속한다.
② 절단에 의하여 변형되기 쉬운 부분을 최후까지 남겨놓고 냉각하면서 절단한다.
③ 여러 개의 토치를 이용하여 평행 절단한다.
④ 가스 절단 직후 절단물 전체를 650℃로 가열한 후 즉시 수냉한다.

해설 가열 후 서서히 서냉할 것

문제 08 MIG용접에 사용되는 보호가스로 적합하지 않은 것은?
① 순수 아르곤 가스
② 아르곤-산소 가스
③ 아르곤-헬륨 가스
④ 아르곤-수소 가스

해설 MIG용접에 사용되는 보호가스
① 아르곤-헬륨 가스 ② 순수 아르곤 가스 ③ 아르곤-산소 가스

해답 05. ④ 06. ① 07. ④ 08. ④

문제 09
아크용접작업에 의한 직접 재해에 해당되지 않는 것은?

① 감전 ② 화상
③ 전광성 안염 ④ 전도

해설 아크용접작업에 의한 직접 화재
① 감전 ② 화상 ③ 전광성 안염

문제 10
다음 중 응력제거 방법에 있어 노내 풀림법에 대한 설명으로 틀린 것은?

① 일반 구조용 압연강재의 노내 및 국부 풀림의 유지온도는 725±50℃이며 유지시간은 판 두께의 25mm에 대하여 5시간 정도이다.
② 잔류응력의 제거는 어떤 한계 내에서 유지온도가 높을수록, 또 유지시간이 길수록 효과가 크다.
③ 보통 연강에 대해서 제품을 노내에서 출입시키는 온도는 300℃를 넘어서는 안된다.
④ 응력제거 열처리법 중에서 가장 잘 이용되고 또 효과가 큰 것은 제품 전체를 가열로 안에 넣고 적당한 온도에서 얼마동안 유지한 다음 노내에서 서냉하는 것이다.

해설 일반 구조용 압연강재의 노내 및 국부 풀림의 유지온도는 725±50℃이며 유지시간은 판 두께의 25mm에 대하여 1시간이다.

문제 11
금속아크 용접시 지켜야 할 유의사항 중 적합하지 않은 것은?

① 작업시의 전류는 적정하게 조절하고 정리 정돈을 잘하도록 한다.
② 작업을 시작하기 전에는 메인스위치를 작동시킨 후에 용접기 스위치를 작동시킨다.
③ 작업이 끝나면 항상 메인스위치를 먼저 끈 후에 용접기스위치를 꺼야 한다.
④ 아크 발생시에는 항상 안전에 신경을 쓰도록 한다.

해설 작업이 끝나면 용접기 스위치를 끈 후 메인스위치를 끈다.

문제 12
가연물 중에서 착화온도가 가장 낮은 것은?

① 수소(H_2) ② 일산화탄소(CO)
③ 아세틸렌(C_2H_2) ④ 휘발유(gasoline)

해설 착화온도
① 수소 : 580~590℃ ② 일산화탄소 : 537℃
③ 아세틸렌 : 400~440℃ ④ 휘발유 : 300℃

해답 09. ④ 10. ① 11. ③ 12. ④

문제 13
피복아크용접에서 용접봉을 선택할 때 고려할 사항이 아닌 것은?

① 모재와 용접부의 기계적 성질
② 모재와 용접부의 물리적, 화학적 안정성
③ 경제성을 고려
④ 용접기의 종류와 예열 방법

해설 피복아크용접에서 용접봉 선택시 고려할 사항
① 경제성을 고려
② 모재와 용접부의 기계적 성질
③ 모재와 용접부의 물리적, 화학적 안정성

문제 14
미세한 알루미늄 분말과 산화철 분말을 혼합하여 과산화바륨과 알루미늄 등의 혼합분말로 된 점화제를 넣고 연소시켜 그 반응열로 용접하는 방법은?

① 테르밋 용접
② 전자 빔 용접
③ 불활성가스 아크 용접
④ 원자 수소 용접

해설 테르밋 용접
① 산화철 분말과 알루미늄 분말 (1 : 3)의 중량비로 혼합한 테르밋제에 과산화바륨과 마그네슘분말을 혼합한 점화촉진제를 넣어 연소시켜 용접.
② 주로 철도레일, 차축, 선박프레임의 용접에 사용.
③ 특징
  ㉠ 전력이 불필요하다.   ㉡ 작업장소의 이동이 용이
  ㉢ 용접 결과의 재현성이 높다.   ㉣ 용접하는 시간이 비교적 짧다.
  ㉤ 용접 작업 후 변형이 적다.

문제 15
일반적으로 MIG용접의 전류밀도는 아크용접의 몇 배 정도인가?

① 2~4배
② 4~6배
③ 6~8배
④ 9~11배

해설 일반적으로 MIG용접의 전류밀도는 아크용접의 6~8배

문제 16
용접부의 방사선 검사에서 γ선원으로 사용되지 않는 원소는?

① 이리듐 192
② 코발트 60
③ 세슘 134
④ 몰리브덴 30

해설 용접부의 방사선 검사에서 γ선원으로 사용되는 것
① 코발트 60 ② 세슘 134 ③ 이리듐 192

13. ④ 14. ① 15. ③ 16. ④

문제 17

다음 그림은 탄산가스 아크용접(CO_2 gas arc welding)에서 용접토치의 팁과 모재부분을 나타낸 것이다. d부분의 명칭을 바르게 설명한 것은?

① 팁과 모재간 거리
② 가스 노즐과 팁간 거리
③ 와이어 돌출 길이
④ 아크 길이

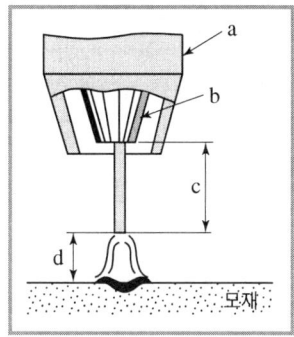

문제 18

모재의 홈 가공을 U형으로 했을 경우 엔드 탭(end-tap)은 어떤 조건으로 하는 것이 가장 좋은가?

① I형 홈 가공으로 한다.
② X형 홈 가공으로 한다.
③ U형 홈 가공으로 한다.
④ 홈 가공이 필요 없다.

해설 모재의 홈 가공을 U형이면 엔드 탭은 U형으로 한다.

문제 19

겹치기 저항용접에 있어서 접합부에 나타나는 용융 응고된 금속부분은?

① 마크(mark)
② 스포트(spot)
③ 포인트(point)
④ 너깃(nugget)

해설 너깃 : 겹치기 저항용접에서 용접중 접합면의 일부가 녹아 바둑알 모양의 단면으로 용접이 되는 것.

문제 20

초음파 탐상법에 속하지 않는 것은?

① 펄스반사법
② 투과법
③ 공진법
④ 관통법

해설 **초음파 탐상법의 종류**
① 투과법
② 공진법
③ 펄스반사법

17. ④ 18. ③ 19. ④ 20. ④

문제 21
납땜법에 관한 설명으로 틀린 것은?
① 비철 금속의 접합도 가능하다. ② 재료에 수축현상이 없다.
③ 땜납에는 연납과 경납이 있다. ④ 모재를 녹여서 용접한다.

해설 모재를 녹이지 않고 용접을 한다.

문제 22
용접균열을 방지하기 위한 일반적인 사항으로 맞지 않은 것은?
① 좋은 강재를 사용한다. ② 응력집중을 피한다.
③ 용접부에 노치를 만든다. ④ 용접시공을 잘한다.

해설 용접부에 노치를 만들면 안됨

문제 23
용접 입열과 관련된 설명으로 옳은 것은?
① 아크 전류가 커지면 용접 입열은 감소한다.
② 용접 입열이 커지면 모재가 녹지 않아 용접이 되지 않는다.
③ 용접 모재에 흡수되는 열량은 입열의 10%정도이다.
④ 용접속도가 빠르면 용접 입열은 감소한다.

해설 용접 입열
① 용접속도가 빠르면 용접 입열은 감소한다.
② 아크 전류가 커지면 용접 입열 증가한다.
③ 용접 입열이 커지면 모재가 잘 녹아 용접이 잘 된다.

문제 24
용접에 사용되는 가연성가스인 수소의 폭발범위는?
① 4~5% ② 4~15%
③ 4~35% ④ 4~75%

해설 폭발범위
① 수소 : 4~75%   ② 메탄 : 5~15%
③ 아세틸렌 : 2.5~81% ④ 프로판 : 2.1~9.5%
⑤ 부탄 : 1.8~8.4%

문제 25
산소병의 내용적이 40.7 리터인 용기에 압력이 100kgf/cm^{2}로 충전되어 있다면 프랑스식 팁 100번을 사용하여 표준불꽃으로 약 몇 시간까지 용접이 가능한가?
① 16시간 ② 22시간
③ 31시간 ④ 41시간

해답 21. ④ 22. ③ 23. ④ 24. ④ 25. ④

해설 사용시간 = $\frac{40.7 \times 100}{100}$ = 40.7시간

문제 26 가스절단에서 전후, 좌우 및 직선 절단을 자유롭게 할 수 있는 팁은?

① 이심형 ② 동심형
③ 곡선형 ④ 회전형

해설 동심형(프랑스식) : 가스절단에서 전후, 좌우 및 직선 절단을 자유롭게 할 수 있는 팁

문제 27 피복아크 용접봉의 피복제에 들어있는 탈산제에 모두 해당되는 것은?

① 페로실리콘, 산화니켈, 소맥분 ② 페로티탄, 크롬, 규사
③ 페로실리콘, 소맥분, 목재톱밥 ④ 알루미늄, 구리, 물유리

해설 탈산제 : ① Fe-V ② Fe-Si ③ Fe-Ti ④ Fe-Mn
⑤ Al ⑥ 소맥분 ⑦ 목재톱밥 ⑧ Mg

문제 28 다음 중 고압가스 용기의 색상이 틀린 것은?

① 산소-청색 ② 수소-주황색
③ 아르곤-회색 ④ 아세틸렌-황색

해설 용기도색
청탄산 산녹에서 황아체 안주삼아 수주잔 높이 들고 백암산 바라보니 염소는
 ①   ②   ③   ④   ⑤   ⑥
갈색으로 보이고 쥐들은 기타를 치더라.
                    ⑦
① 탄산가스 : 청색 ② 산소 : 녹색 ③ 아세틸렌 : 황색
④ 수소 : 주황 ⑤ 암모니아 : 백색 ⑥ 염소 : 갈색
⑦ 기타 : 쥐색(회색)

문제 29 주철 용접이 곤란하고 어려운 이유가 아닌 것은?

① 예열과 후열을 필요로 한다.
② 용접 후 급랭에 의한 수축, 균열이 생기기 쉽다.
③ 단시간 가열로 흑연이 조대화되어 용착이 양호하다.
④ 일산화탄소 가스 발생으로 용착금속에 기공이 생기기 쉽다.

해설 주철 용접이 곤란하고 어려운 이유는
① 예열과 후열을 필요로 한다.
② 단시간 가열로 흑연이 조대화되어 용착이 양호하다.
③ 일산화탄소 가스 발생으로 용착금속에 기공이 생기기쉽다.
④ 용접 후 급랭에 의한 수축, 균열이 생기기 쉽다.

해답 26. ② 27. ③ 28. ① 29. ③

문제 30 가동철심형 교류 아크용접기에 관한 설명으로 틀린 것은?
① 교류 아크용접기의 종류에서 현재 가장 많이 사용하고 있다.
② 용접 작업 중 가동철심의 진동으로 소음이 발생할 수 있다.
③ 가동철심을 움직여 누설자속을 변동시켜 전류를 조정한다.
④ 광범위한 전류조정이 쉬우나 미세한 전류 조정은 불가능하다.

해설 미세한 전류조정은 가능하나 광범위한 전류조정이 어렵다.

문제 31 가스용접 작업에서 보통작업을 할 때 압력조정기의 산소압력은 몇 kgf/cm² 이하이어야 하는가?
① 6~7   ② 3~4
③ 1~2   ④ 0.1~0.3

해설 가스용접 작업시 압력조정기의 산소압력 : 3~4kg/cm² 이하

문제 32 연강판의 두께가 4.4mm인 모재를 가스용접할 때 가장 적합한 가스 용접봉의 지름은 몇 mm인가?
① 1.0   ② 1.6
③ 2.0   ④ 3.2

해설 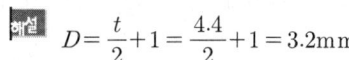 $D = \dfrac{t}{2} + 1 = \dfrac{4.4}{2} + 1 = 3.2\text{mm}$

문제 33 용접 중 전류를 측정할 때 후크메타(클램프메타)의 측정위치로 적합한 것은?
① 1차측 접지선   ② 피복 아크 용접봉
③ 1차측 케이블   ④ 2차측 케이블

해설 후크미터의 측정위치 : 2차측케이블

문제 34 가스용접에서 전진법과 후진법을 비교하여 설명한 것으로 맞는 내용은?
① 용착금속의 냉각속도는 후진법이 서냉된다.
② 용접변형은 후진법이 크다.
③ 산화의 전도가 심한 것은 후진법이다.
④ 용접속도는 후진법보다 전진법이 더 빠르다.

해답 30. ④ 31. ② 32. ④ 33. ④ 34. ①

해설 후진법의 특징
① 용착금속의 냉각은 서냉   ② 용착금속 조직이 미세한다.
③ 열이용율이 높다.   ④ 용접속도 빠르다.
⑤ 비드모양이 매끈하지 못하다.   ⑥ 용접 변형이 적다.
⑦ 판두께가 두껍다.

문제 35
피복아크 용접봉의 피복제가 연소 후 생성된 물질이 용접부를 어떻게 보호하는 가에 따라 분류한 것이 아닌 것은?

① 가스 발생식   ② 슬래그 생성식
③ 구조물 발생식   ④ 반가스 발생식

해설 보호하는가에 따른 분류
① 가스 발생식 ② 반가스 발생식 ③ 슬래그 생성식

문제 36
다음 자기 불림(magnetic blow)은 어느 용접에서 생기는가?

① 가스 용접   ② 교류 아크 용접
③ 일렉트로 슬래그 용접   ④ 직류 아크 용접

해설 자기불림은 직류 아크 용접에서 생긴다.

문제 37
아크에어 가우징에 사용되는 압축공기에 대한 설명으로 올바른 것은?

① 압축공기의 압력은 $2\sim3kgf/cm^2$ 정도가 좋다.
② 압축공기 분사는 항상 봉의 바로 앞에서 이루어져야 효과적이다.
③ 약간의 압력 변동에도 작업에 영향을 미치므로 주의한다.
④ 압축공기가 없을 경우 긴급시에는 용기에 압축된 질소나 아르곤 가스를 사용한다.

문제 38
다음 용접자세에 사용되는 기호 중 틀리게 나타낸 것은?

① F : 아래보기 자세   ② V : 수직 자세
③ H : 수평 자세   ④ O : 전 자세

해설 용접자세
① F : 아래보기자세 ② V : 수직자세
③ H : 수평자세 ④ OH(O) : 위보기자세

35. ③ 36. ④ 37. ④ 38. ④

문제 39
텅스텐 전극과 모재 사이에 아크를 발생시켜 알루미늄, 마그네슘, 구리 및 구리 합금, 스테인리스강 등의 절단에 사용되는 것은?

① TIG 절단　　　　② MIG 절단
③ 탄소 절단　　　　④ 산소 아크 절단

해설 **TIG 절단** : 텅스텐전극과 모재사이에 아크를 발생시켜 알루미늄, 마그네슘, 구리 및 구리합금, 스테인리스강 등에 사용
산소 아크 절단 : 중공의 피복용접봉과 모재사이에 아크를 발생시키고 중심에서 산소를 분출시키며 절단
탄소 아크 절단 : 탄소 또는 흑연전극과 모재사이에 아크를 일으켜 절단하는 방법

문제 40
철강의 종류는 Fe-C상태도의 무엇을 기준으로 하는가?

① 질소함유량　　　② 탄소함유량
③ 규소함유량　　　④ 크롬함유량

해설 철강의 종류는 Fe-C상태도의 탄소함유량의 기준으로 분류

문제 41
다음 중 알루미늄 합금이 아닌 것은?

① 라우탈(lautal)　　　② 실루민(silumin)
③ 두랄루민(duralumin)　④ 켈밋(kelmet)

해설 **알루미늄 합금**
① 라우탈 : Al+Cu+Si (알구소)
② 실루민 : Al+Si (알소)
③ 두랄루민 : Al+Cu+Mg+Mn (알구마망)
④ Y합금 : Al+Cu+Mg+Ni (알구마니)
⑤ 일렉트론 : Al+Zn+Mg (알아마)
⑥ 로엑스 : Al+Cu+Mg+Ni+Si (알구미니소)

문제 42
질화처리의 특성에 관한 설명으로 틀린 것은?

① 침탄에 비해 높은 표면 경도를 얻을 수 있다.
② 고온에서 처리되어 변형이 크고 처리시간이 짧다.
③ 내마모성이 커진다.
④ 내식성이 우수하고 피로 한도가 향상된다.

해설 **질화처리의 특성**
① 고온에서 처리되어 변형이 적고 처리시간이 짧다.
② 내마모성이 커진다.
③ 내식성이 우수하고 피로 한도가 향상된다.
④ 침탄에 비해 높은 표면 경도를 얻을 수 있다.

해답 39. ①　40. ②　41. ④　42. ②

문제 43
주철의 성장 원인이 아닌 것은?

① Fe_3C 흑연화에 의한 팽창
② 불균일한 가열로 생기는 균열에 의한 팽창
③ 흡수되는 가스의 팽창으로 인해 항복되어 생기는 팽창
④ 고용된 원소인 Mn의 산화에 의한 팽창

해설 **주철의 성장 원인** : 고온에서 장시간 유지 또는 가열 냉각을 반복하면 주철의 부피가 팽창하여 균열이 발생
① 불균일한 가열로 인한 팽창
② 페라이트 조직중의 규소의 산화
③ Fe_3C 흑연화에 의한 성장
④ A1변태에 따른 체적의 변화에 기인하는 미세한 균열발생

문제 44
Cr-Ni계 스테인리스강의 결함인 입계 부식의 방지책 중 틀린 것은?

① 탄소량이 적은 강을 사용한다.
② 300℃ 이하에서 가공한다.
③ Ti을 소량 첨가한다.
④ Nb을 소량 첨가한다.

해설 **Cr-Ni계 스테인리스강의 결함인 입계 부식 방지법**
① Ti(티탄)을 소량 첨가한다.
② Nb(네오테븀)을 소량 첨가한다.
③ 탄소량이 적은 강을 사용한다.

문제 45
구리의 물리적 성질에서 용융점은 약 몇 ℃정도인가?

① 660℃
② 1083℃
③ 1528℃
④ 3410℃

해설 **금속의 용융점**
① 텅스텐 : 3410℃ ② 몰리브덴 : 2025℃ ③ 백금 : 1769℃
④ 바나듐 : 1725℃ ⑤ 코발트 : 1495℃ ⑥ 니켈 : 1453℃
⑦ 구리 : 1083℃   ⑧ 금 : 1063℃   ⑨ 알루미늄 : 660℃
⑩ 마그네슘 : 650℃ ⑪ 납 : 327℃   ⑫ 비스무트 : 271℃
⑬ 망간 : 245℃   ⑭ 주석 : 232℃

문제 46
강을 동일한 조건에서 담금질할 경우 '질량효과(masseffect)가 적다'의 가장 적합한 의미는?

① 냉간처리가 잘된다.
② 담금질 효과가 적다.
③ 열처리 효과가 잘된다.
④ 경화능이 적다.

해설 **질량효과** : 재료의 내외부에 열처리 효과의 차이가 나는 현상

43. ④ 44. ② 45. ② 46. ③

문제 47 알루미늄 합금, 구리 합금 용접에서 예열온도로 가장 적합한 것은?

① 200~400℃   ② 100~200℃
③ 60~100℃   ④ 20~50℃

해설 알루미늄 합금, 구리 합금 용접에서 예열온도 200~400℃

문제 48 탄소강의 적열취성의 원인이 되는 원소는?

① S   ② CO_2
③ Si   ④ Mn

해설 **적열취성의 원인** : S
상온취성, 청열취성의 원인 : P

문제 49 주석(Sn)에 대한 설명 중 틀린 것은?

① 은백색의 연한 금속으로 용융점은 232℃ 정도이다.
② 독성이 없으므로 의약품, 식품 등의 튜브로 사용된다.
③ 고온에서 강도, 경도, 연신율이 증가된다.
④ 상온에서 연성이 풍부하다.

해설 **주석**
 ① 상온에서 연성이 풍부하다.
 ② 고온에서 강도, 경도, 연신율이 감소한다.
 ③ 은백색의 연한 금속으로 용융점은 232℃이다.
 ④ 독성이 없으므로 의약품, 식품 등의 튜브로 사용된다.

문제 50 구조용 탄소강 주물의 기호 중 연신율(%)이 가장 큰 것은?

① SC360   ② SC410
③ SC450   ④ SC480

해설 구조용 탄소강 주물의 기호 중 연신율이 가장 큰 것은 : SC360

문제 51 다음 재료 기호 중 용접구조용 압연 강재에 속하는 것은?

① SPPS380   ② SPCC
③ SCW450   ④ SM400C

해답

47. ① 48. ① 49. ③ 50. ① 51. ④

문제 52
그림은 제3각법으로 정투상한 정면도와 우측면도이다. 평면도로 가장 적합한 투상도는?

①
②
③
④

문제 53
나사의 표시가 "M42×3-6H"로 되어 있을 때 이 나사에 대한 설명으로 틀린 것은?

① 암나사 등급이 6H이다.   ② 호칭지름(바깥지름)은 42mm이다.
③ 피치는 3mm이다.   ④ 왼 나사이다.

해설 M42×3-6H
① 암나사이다.   ② 호칭지름은 42mm
③ 피치는 3mm이다.   ④ 암나사 등급이 6H이다.

문제 54
그림과 같이 구조물의 부재 등에서 절단할 곳의 전후를 끊어서 90° 회전하여 그 사이에 단면 형상을 표시하는 단면도는?

① 부분 단면도
② 한쪽 단면도
③ 회전 도시 단면도
④ 조합 단면도

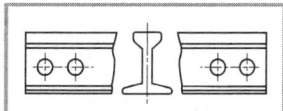

문제 55
관 끝의 표시 방법 중 용접식 캡을 나타내는 것은?

① ——✕   ② ——┤|
③ ——┒   ④ ——⌓

해설 ① 용접식캡 :
② 막힘플랜지 : ——┤|
③ 플러그 : ——┒

52. ③ 53. ④ 54. ③ 55. ④

문제 56 호의 길이 치수를 가장 적합하게 나타낸 것은?

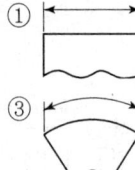 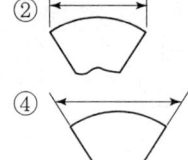

해설 ① 호의 길이 : 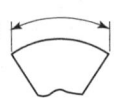   ② 현의 길이 :

문제 57 도면에서 2종류 이상의 선이 같은 장소에서 중복될 경우 선의 우선순위를 옳게 나열한 것은?

① 외형선 > 숨은선 > 절단선 > 중심선 > 치수 보조선
② 외형선 > 중심선 > 절단선 > 치수 보조선 > 숨은선
③ 외형선 > 절단선 > 치수 보조선 > 중심선 > 숨은선
④ 외형선 > 치수 보조선 > 절단선 > 숨은선 > 중심선

해설 2종류 이상의 선이 같은 장소에서 중복될 경우 선의 우선순위 외형선 > 숨은선 > 절단선 > 중심선 > 치수 보조선

문제 58 기계제도에서 도형의 생략에 관한 설명으로 틀린 것은?

① 도형이 대칭 형식인 경우에는 대칭 중심선의 한쪽 도형만을 그리고, 그 대칭 중심선의 양 끝 부분에 대칭그림기호를 그려서 대칭임을 나타낸다.
② 대칭 중심선의 한쪽 도형을 대칭 중심선을 조금 넘는 부분까지 그려서 나타낼 수도 있으며, 이 때 중심선 양 끝에 대칭그림기호를 반드시 나타내야 한다.
③ 같은 종류, 같은 모양의 것이 다수 줄지어 있는 경우에는 실형 대신 그림기호를 피치선과 중심선과의 교점에 기입하여 나타낼 수 있다.
④ 축, 막대, 관과 같은 동일 단면형의 부분은 지면을 생략하기 위하여 중간 부분을 파단선으로 잘라내서 그 긴요한 부분만을 가까이 하여 도시할 수 있다.

문제 59 그림과 같은 제3각법 정투상도에서 누락된 우측면도를 가장 적합하게 투상한 것은?

①    ②
③   ④

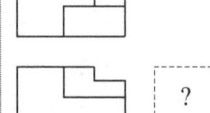

56. ③ 57. ① 58. ② 59. ①

문제 60 다음 중 필릿 용접의 기호로 옳은 것은?

① ▢   ② ◠
③ ◺   ④ ◯

해설
① 플러그 용접 : ▢
② 필릿용접 : ◺
③ 스폿용접 : ◯

60. ③

2021년 4월 CBT 시행

문제 01 다음 [그림]에서 루트 간격을 표시하는 것은?

① a
② b
③ c
④ d

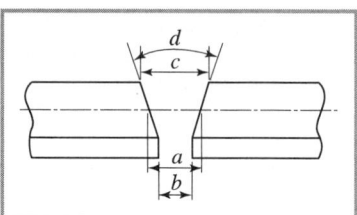

해설 a : 루트간격 b : 루트면 c : 베벨각 d : 홈각도

문제 02 구조물의 본용접 작업에 대하여 설명한 것 중 맞지 않는 것은?

① 위빙 폭은 심선 지름의 2~3배 정도가 적당하다.
② 용접 시단부의 기공 발생 방지 대책으로 핫 스타트(hot start) 장치를 설치한다.
③ 용접 작업 종단에 수축공을 방지하기 위하여 아크를 빨리 끊어 크레이터를 남게 한다.
④ 구조물의 끝 부분이나 모서리, 구석부분과 같이 응력이 집중되는 곳에서 용접봉을 갈아 끼우는 것을 피하여야 한다.

해설 크레이터를 남게 하면 안된다.

문제 03 용접부 시험 중 비파괴 시험방법이 아닌 것은?

① 초음파시험 ② 크리프시험
③ 침투시험   ④ 맴돌이 전류시험

해설 비파괴 시험방법
① RT : 방사선검사 ② MT : 자분검사(자기검사)
③ UT : 초음파검사 ④ LT : 누설검사
⑤ PT : 침투검사   ⑥ VT : 육안검사

해답 01. ① 02. ③ 03. ②

문제 04

CO_2가스 아크용접 시 작업장의 CO_2가스가 몇 %이상이면 인체에 위험한 상태가 되는가?

① 1%
② 4%
③ 10%
④ 15%

해설 CO_2농도에 따른 인체 영향
2% : 불쾌감이 있다.
4% : 두통, 현기증, 귀울림, 눈의자극, 혈압상승
8% : 호흡곤란
9% : 구토, 감정둔화
10% : 시력장애, 1분 이내 의식상실, 장기간 노출시 사망
20% : 중추신경마비, 단시간내 사망
30% : 인체치사량

문제 05

CO_2가스 아크 용접을 보호가스와 용극가스에 의해 분류했을 때 용극식의 솔리드 와이어 혼합 가스법에 속하는 것은?

① CO_2+C법
② CO_2+CO+Ar법
③ CO_2+CO+O_2법
④ CO_2+Ar법

해설 용극식 솔리드 와이어 혼합 가스법
① CO_2+Ar ② CO_2+CO+Ar ③ CO_2+O_2

문제 06

안전을 위하여 가죽 장갑을 사용할 수 있는 작업은?

① 드릴링 작업
② 선반 작업
③ 용접 작업
④ 밀링 작업

해설 안전을 위하여 가죽 장갑을 사용할 수 있는 작업은 : 용접작업

문제 07

용접부의 외관검사 시 관찰사항이 아닌 것은?

① 용입
② 오버랩
③ 언더컷
④ 경도

해설 용접부의 외관검사 시 관찰사항
① 용입 ② 오우버랩 ③ 언더컷 ④ 기공

04. ④ 05. ④ 06. ③ 07. ④

문제 08
일렉트로 가스 아크 용접에 주로 사용하는 실드 가스는?
① 아르곤 가스
② CO_2 가스
③ 프로판 가스
④ 헬륨 가스

해설 일렉트로 가스 아크 용접에 주로 사용하는 실드 가스는 : CO_2 가스

문제 09
용접균열의 분류에서 발생하는 위치에 따라서 분류한 것은?
① 용착금속 균열과 용접 열영향부 균열
② 고온 균열과 저온 균열
③ 매크로 균열과 마이크로 균열
④ 입계 균열과 입안 균열

해설 용접균열의 분류에서 발생하는 위치에 따라서 분류 : 용착금속 균열과 용접 열영향부 균열

문제 10
용접기의 보수 및 점검사항 중 잘못 설명한 것은?
① 습기나 먼지가 많은 장소는 용접기 설치를 피한다.
② 용접기 케이스와 2차측 단자의 두쪽 모두 접지를 피한다.
③ 가동부분 및 냉각팬을 점검하고 주유를 한다.
④ 용접케이블의 파손된 부분은 절연 테이프로 감아준다.

해설 용접기 케이스와 2차측 단자의 두 쪽 모두 접지를 한다.

문제 11
다음 중 오스테나이트계 스테인리스강을 용접하면 냉각하면서 고온균열이 발생할 수 있는 경우는?
① 아크길이가 너무 짧을 때
② 크레이터 처리를 하지 않았을 때
③ 모재 표면이 청정했을 때
④ 구속력이 없는 상태에서 용접할 때

해설 고온균열이 발생할 수 있는 경우
① 구속력이 가해진 상태에서 용접할 때
② 모재 표면이 오염이 되었을 때
③ 아크길이가 너무 길 때
④ 크레이터 처리를 하지 않았을 때

문제 12
플라즈마 아크 용접장치에서 아크 플라즈마의 냉각가스로 쓰이는 것은?
① 아르곤과 수소의 혼합가스
② 아르곤과 산소의 혼합가스
③ 아르곤과 메탄의 혼합가스
④ 아르곤과 프로판의 혼합가스

08. ② 09. ① 10. ② 11. ② 12. ①

해설 플라즈마 아크 용접장치에서 아크 플라즈마의 냉각가스로 쓰이는 것은 : 아르곤과 수소의 혼합가스

문제 13
충전가스 용기 중 암모니아가스 용기의 도색은?
① 회색 ② 청색
③ 녹색 ④ 백색

해설 **충전용기도색**(공업용)
<u>청</u>탄산 <u>산</u>녹에서 <u>황</u>아체 안주삼아 <u>수주</u>잔 높이 들고 <u>백암산</u> 바라보니 <u>염소</u>는
①   ②   ③   ④   ⑤   ⑥
<u>갈색</u>으로 보이고 <u>쥐</u>들은 <u>기타</u>를 치더라.
          ⑦
① 탄산가스 : 청색   ② 산소 : 녹색   ③ 아세틸렌 : 황색
④ 수소 : 주황   ⑤ 암모니아 : 백색   ⑥ 염소 : 갈색
⑦ 기타 : 쥐색(회색)

문제 14
대전류, 고속도 용접을 실시하므로 이음부의 청정(수분, 녹, 스케일 제거 등)에 특히 유의하여야 하는 용접은?
① 수동 피복 아크 용접   ② 반자동 이산화탄소 아크 용접
③ 서브머지드 아크 용접   ④ 가스 용접

해설 대전류, 고속도 용접을 실시하므로 이음부의 청정(수분, 녹, 스케일 제거 등)에 특히 유의하여야 하는 용접 : 서브머지드 아크용접

문제 15
이음형상에 따라 저항용접을 분류할 때 맞대기 용접에 속하는 것은?
① 업셋 용접   ② 스폿 용접
③ 심 용접   ④ 프로젝션 용접

해설 **저항용접**
① 겹치기 용접
  ㉠ 점 용접 : 맥동점용접, 인터랙점용접, 직렬식점용접
  ㉡ 시임 용접 : 기밀, 수밀을 필요로 하는 탱크의 용접이나 배관용탄소 강관의 용접에 적합
  ㉢ 프로젝션 용접 : 제품의 한쪽 또는 양쪽에 돌기를 만들어 이부분에 용접 전류를 집중시켜 용접
② 맞대기 용접
  ㉠ 포일시임 용접   ㉡ 퍼커션 용접
  ㉢ 업셋 용접   ㉣ 플래쉬 용접

해답 13. ④ 14. ③ 15. ①

문제 16 [그림]과 같이 길이가 긴 T형 필릿 용접을 할 경우에 일어나는 용접변형의 명칭은?

① 회전 변형
② 세로 굽힘 변형
③ 좌굴 변형
④ 가로 굽힘 변형

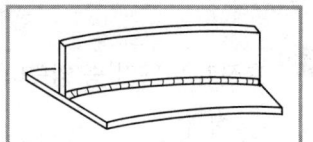

문제 17 MIG용접에서 와이어 송급방식이 아닌 것은?

① 푸시방식
② 풀방식
③ 푸시-풀방식
④ 포터블방식

해설 미그용접에서 와이어 송급방식
① 푸시방식 ② 풀방식 ③ 푸시-풀방식

문제 18 알루미늄을 TIG용접법으로 접합하고자 할 경우 필요한 전원과 극성으로 가장 적합한 것은?

① 직류 정극성
② 직류 역극성
③ 교류 저주파
④ 교류 고주파

해설 알루미늄을 TIG용접법으로 접합하고자 할 경우 필요한 전원과 극성 : 교류 고주파

문제 19 불활성가스 텅스텐 아크 용접에서 고주파 전류를 사용할 때의 이점이 아닌 것은?

① 전극을 모재에 접촉시키지 않아도 아크 발생이 용이하다.
② 전극을 모재에 접촉시키지 않으므로 아크가 불안정하여 아크가 끊어지기 쉽다.
③ 전극을 모재에 접촉시키지 않으므로 전극의 수명이 길다.
④ 일정한 지름의 전극에 대하여 광범위한 전류의 사용이 가능하다.

해설 불활성가스 텅스텐 아크 용접에서 고주파 전류를 사용할 때의 이점
① 전극을 모재에 접촉시키지 않으므로 전극의 수명이 길다.
② 일정한 지름의 전극에 대하여 광범위한 전류의 사용이 가능
③ 전극을 모재에 접촉시키지 않아도 아크 발생이 용이

해답   16. ② 17. ④ 18. ④ 19. ②

문제 20
다음 중 연소를 가장 바르게 설명한 것은?
① 물질이 열을 내며 탄화한다.
② 물질이 탄산가스와 반응한다.
③ 물질이 산소와 반응하여 환원한다.
④ 물질이 산소와 반응하여 열과 빛을 발생한다.

해설 **연소** : 공기 중의 가연성 물질이 산소와 반응하여 열과 빛을 발생하며 격렬히 타는 현상

문제 21
연납땜에 가장 많이 사용되는 용가재는?
① 주석 납
② 인동 납
③ 양은 납
④ 황동 납

해설 연납땜에 가장 많이 사용되는 용가재 : 주석납

문제 22
다음 용착법 중에서 비석법을 나타낸 것은?
① 5 4 3 2 1 →
② 2 3 4 1 5 →
③ 1 4 2 5 3 →
④ 3 4 5 1 2 →

해설 스킵법(비석법) : 1 4 2 5 3 →

문제 23
피복 아크 용접봉의 피복제에 합금제로 첨가되는 것은?
① 규산칼륨
② 페로망간
③ 이산화망간
④ 붕사

해설 **합금첨가제**(바크망실산구)
① 페로바나듐 ② 페로크롬 ③ 페로망간 ④ 페로실리콘
⑤ 산화니켈 ⑥ 산화몰리브덴 ⑦ 구리

문제 24
교류아크 용접기의 종류에 속하지 않는 것은?
① 가동 코일형
② 가동 철심형
③ 전동기 구동형
④ 탭 전환용

해설 **교류아크 용접기의 종류**
① 가동철심형 ㉠ 현재가장 많이 사용
㉡ 미세한 전류 조정가능

해답 20. ④ 21. ① 22. ③ 23. ② 24. ③

ⓒ 광범위한 전류조정이 어렵다.
ⓔ 가동 철심으로 누설자속을 가감하여 전류조정
② 가동코일형 ㉠ 누설 리액틴스값을 변화시킴
ⓒ 1차, 2차 코일중의 하나를 이동하여 누설자속을 변화하여 전류조정
③ 가포화리액터형 ㉠ 원격제어가 되어 가변저항의 변화로 용접전류 조정
④ 탭전환용 ㉠ 코일의 감기수에 따라 전류조정
ⓒ 무부하 전압이 높아 전격의 위험이 크다.
ⓒ 미세전류 조정이 어렵다.

문제 25

교류와 직류 아크 용접기를 비교해서 직류 아크 용접기의 특징이 아닌 것은?
① 구조가 복잡하다.   ② 아크의 안정성이 우수하다.
③ 비피복 용접봉 사용이 가능하다.   ④ 역률이 불량하다.

해설 교류아크 용접기와 비교한 직류아크 용접기의 특징

비 교	교 류	직 류
아크안정	불안정(아불)	안 정
극성변화	불가능(극불)	가 능
구 조	간 단(구간)	복 잡
고 장	적 다(고적)	많 다
역 률	떨어짐(역떨)	우 수
가 격	저 가(가저)	고 가
판이용	후 판(판후)	박 판

문제 26

다음 절단법 중에서 두꺼운 판, 주강의 슬랙덩어리, 암석의 천공 등의 절단에 이용되는 절단법은?
① 산소창 절단   ② 수중 절단
③ 분말 절단   ④ 포갬 절단

해설 ① **산소창 절단** : 두꺼운 판, 주강의 슬랙덩어리, 암석의 천공 등의 절단에 이용
② **산소아크 절단** : 중공의 피복 용접봉과 모재사이에 아크를 발생시키고 중심에서 산소를 분출시키며 절단
③ **수중 절단** : 물에 잠겨 있는 침몰선의 교량의 교각개조, 댐, 항만, 방파제등의 공사에 사용되며 수중작업시 예열가스의 양은 공기중에서 4~8배
④ **분말 절단** : 스테인레스강, 비철금속, 주철 등은 가스절단이 용이하지 않으므로 철분또는 연속적으로 절단용 산소에 혼합 공급함으로서 그산화열 또는 용제의 화학작용을 이용 절단

25. ④ 26. ①

문제 27
가스용접에서 탄화불꽃의 설명과 관련이 가장 적은 것은?

① 속불꽃과 겉불꽃 사이에 밝은 백색의 제 3불꽃이 있다.
② 산화작용이 일어나지 않는다.
③ 아세틸렌 과잉불꽃이다.
④ 표준불꽃이다.

해설 탄화불꽃
① 아세틸렌 과잉불꽃
② 산화작용이 일어나지 않는다.
③ 속불꽃과 겉불꽃 사이에 밝은백색의 겉불꽃이 있다.
④ 스텐레스, 모네메탈, 스텔라이트 용접

문제 28
전기용접봉 E4301은 어느 계인가?

① 저수소계
② 고산화티탄계
③ 일미나이트계
④ 라임티타니아계

해설 용접봉 종류
① E4301 : 일미나이트계
② E4303 : 라임티탄계
③ E4311 : 고셀룰로오스계
④ E4313 : 고산화티탄계
⑤ E4316 : 저수소계
⑥ E4324 : 철분산화티탄계
⑦ E4326 : 철분저수소계
⑧ E4327 : 철분산화철계
⑨ E4340 : 특수계

문제 29
가변압식 토치의 팁 번호 400번을 사용하여 표준불꽃으로 2시간 동안 용접할 때, 아세틸렌가스의 소비량은 몇 l인가?

① 400
② 800
③ 1600
④ 2400

해설 아세틸렌가스량 : $2 \times 400 = 800 l$

문제 30
다음 중 직류 정극성을 나타내는 기호는?

① DCSP
② DCCP
③ DCRP
④ DCOP

해설 DCSP : 직류정극성
DCRP : 직류역극성

27. ④ 28. ③ 29. ② 30. ①

문제 31
가스 절단에서 절단 속도에 영향을 미치는 요소가 아닌 것은?

① 예열 불꽃의 세기
② 팁과 모재의 간격
③ 역화방지기의 설치 유무
④ 모재의 재질과 두께

해설 가스 절단에서 절단 속도에 영향을 미치는 요소
① 모재의 재질과 두께 ② 팁과 모재의 간격 ③ 예열 불꽃의 세기

문제 32
피복 아크 용접기의 아크 발생 시간과 휴식시간 전체가 10분이고 아크 발생 시간이 3분일 때 이 용접기의 사용률(%)은?

① 10%
② 20%
③ 30%
④ 40%

해설 용접기사용률 $= \dfrac{\text{아크시간}}{\text{아크시간} + \text{휴식시간}} \times 100 = \dfrac{3}{10} \times 100 = 30\%$

문제 33
용접봉에서 모재로 용융금속이 옮겨가는 용적이행 상태가 아닌 것은?

① 단락형
② 스프레이형
③ 탭 전환형
④ 글로뷸러형

해설 용적이행 형태
① 글로블러형 ② 스프레이형 ③ 단락형

문제 34
가스의 혼합비(가연성가스 : 산소)가 최적의 상태일 때 가연성가스의 소모량이 10이면 산소의 소모량이 가장 적은 가스는?

① 메탄
② 프로판
③ 수소
④ 아세틸렌

해설 수소 : $H_2 + \dfrac{1}{2}O_2 \rightarrow H_2O(0.5)$

메탄 : $CH_4 + 2O_2 \rightarrow CO_2 + 2H_2O(2)$
아세틸렌 : $C_2H_2 + 2.5O_2 \rightarrow 2CO_2 + H_2O(2.5)$
프로판 : $C_3H_8 + 5O_2 \rightarrow 3CO_2 + 4H_2O(5)$

문제 35
산소용기의 표시로 용기 윗부분에 각인이 찍혀있다. 잘못 표시된 것은?

① 용기제작사 명칭 또는 기호
② 충전가스 명칭
③ 용기 중량
④ 최저 충전압력

해설 최고충전압력(FP)

해답 31. ③ 32. ③ 33. ③ 34. ③ 35. ④

문제 36 100A 이상 300A 미만의 피복금속 아크 용접시, 차광유리의 차광도 번호가 가장 적합한 것은?

① 4~5번 ② 8~9번
③ 10~12번 ④ 15~16번

해설 피복아크용접
① No.10 : 용접전류 100~200A, 용접봉지름 2.6~3.2
② No.11 : 용접전류 150~200A, 용접봉지름 3.2~4.0
③ No.10~No.11 : 100A 이상 300A 미만, 아크용접 및 절단용

문제 37 용접에서 직류 역극성의 설명 중 틀린 것은?

① 모재의 용입이 깊다.
② 봉의 녹음이 빠르다.
③ 비드 폭이 넓다.
④ 박판, 합금강, 비철금속의 용접에 사용한다.

해설 직류 역극성
① 모재의 용입이 얕다. ② 봉의 녹음이 빠르다.
③ 비드 폭이 넓다. ④ 박판용접에 사용
⑤ 모재 30%, 용접봉 70%

문제 38 가스 절단 작업시의 표준 드래그 길이는 일반적으로 모재 두께의 몇 %정도인가?

① 5 ② 10
③ 20 ④ 30

해설 드래그길이 = 판두께 × $\dfrac{1}{5}$ ∴ 20%

문제 39 두께가 6.0mm인 연강판을 가스용접하려고 할 때 가장 적합한 용접봉의 지름은 몇 mm인 연강판을 가스용접하려고 할 때 가장 적합한 용접봉의 지름은 몇 mm 인가?

① 1.6 ② 2.6
③ 4.0 ④ 5.0

36. ③ 37. ① 38. ③ 39. ③

문제 40 두랄루민(duralumin)의 합금 성분은?

① Al+Cu+Sn+Zn
② Al+Cu+Si+Mo
③ Al+Cu+Ni+Fe
④ Al+Cu+Mg+Mn

해설 **두랄루민** : Al+Cu+Mg+Mn (알구마망)
Y합금 : Al+Cu+Mg+Ni (알구마니)
로엑스 : Al+Cu+Mg+Ni+Si (알구마니소)
일렉트론 : Al+Zn+Mg (알아마)
실루민 : Al+Si (알소)
라우탈 : Al+Cu+Si (알구소)

문제 41 Mg(마그네슘)의 특성을 나타낸 것이다. 틀린 것은?

① Fe, Ni 및 Cu등의 함유에 의하여 내식성이 대단히 좋다.
② 비중이 1.74로 실용금속 중에서 매우 가볍다.
③ 알칼리에는 견디나 산이나 열에는 약하다.
④ 바닷물에 대단히 약하다.

해설 **마그네슘의 특성**
① 비중이 1.74이다.
② 상용화된 금속중에서 가장 가볍다.
③ 알칼리에는 견디나 산이나 열에는 약하다.
④ 바닷물에 대단히 약하다.
⑤ 용융점은 650℃이고 Al에 비해 약 35%가볍다.

문제 42 액체 침탄법에 사용되는 침탄제는?

① 탄산바륨
② 가성소다
③ 시안화나트륨
④ 탄산나트륨

해설 **액체 침탄법** : 시안화나트륨(NaCN), 시안화칼륨(KCN)를 주성분으로한 염을 사용하여 침탄온도 750~950℃에서 30~60분 침탄시키는 방법

문제 43 다이캐스팅 합금강 재료의 요구 조건에 해당되지 않는 것은?

① 유동성이 좋아야 한다.
② 열간 메짐성(취성)이 적어야 한다.
③ 금형에 대한 점착성이 좋아야 한다.
④ 응고수축에 대한 용탕 보급성이 좋아야 한다.

해답

40. ④ 41. ① 42. ③ 43. ④

해설 다이캐스팅 합금강 재료의 요구 조건
① 금형에 대한 점착성이 없어야 한다.
② 응고수축에 대한 용탕 보급성이 적정해야 한다.
③ 열간 메짐성이 적어야 한다.
④ 유동성이 좋아야 한다.

문제 44 다음 금속의 기계적 성질에 대한 설명 중 틀린 것은?

① 탄성 : 금속에 외력을 가해 변형되었다가 외력을 제했을 때 원래 상태로 돌아오는 성질
② 경도 : 금속표면이 외력에 저항하는 성질, 즉 물체의 기계적인 단단함의 정도를 나타내는 것
③ 취성 : 강도가 크면서 연성이 없는 것, 특 물체가 약간의 변형에도 견디지 못하고 파괴되는 성질
④ 피로 : 재료에 인장과 압축하중을 오랜 시간 동안 연속적으로 되풀이 하여도 파괴되지 않는 현상

해설 피로 : 재료에 인장과 압축하중을 오랜 시간 동안 연속적으로 되풀이하면 파괴되는 현상

문제 45 다음 주강에 대한 설명이다. 잘못된 것은?

① 용접에 의한 보수가 용이하다.
② 주철에 비해 기계적 성질이 우수하다.
③ 주철로서는 강도가 부족할 경우에 사용한다.
④ 주철에 비해 용융점이 낮고, 수축율이 크다.

해설 주철에 비해 용융점이 높고, 수축율이 낮다.

문제 46 페라이트계 스테인리스강의 특징이 아닌 것은?

① 표면 연마된 것은 공기나 물에 부식되지 않는다.
② 질산에는 침식되나 염산에는 침식되지 않는다.
③ 오스테나이트계에 비하여 내산성이 낮다.
④ 풀림상태 또는 표면이 거친 것은 부식되기 쉽다.

해설 염산에도 침식이 된다.

44. ④ 45. ③ 46. ②

문제 47 탄소강에 관한 설명으로 옳은 것은?

① 탄소가 많을수록 가공 변형은 어렵다.
② 탄소강의 내식성은 탄소가 증가할수록 증가한다.
③ 아공석강에서 탄소가 많을수록 인장강도가 감소한다.
④ 아공석강에서 탄소가 많을수록 경도가 감소한다.

해설 ① 탄소가 많을수록 가공 변형은 어렵다.
② 탄소강의 내식성은 탄소가 증가할수록 감소한다.
③ 아공석강에서 탄소가 많을수록 인장강도는 증가한다.
④ 아공석강에서 탄소가 많을수록 경도는 증가한다.

문제 48 주석청동 중에 납(Pb)을 3~26% 첨가한 것으로 베어링, 패킹재료 등에 널리 사용되는 것은?

① 인청동
② 연청동
③ 규소 청동
④ 베릴륨 청동

해설 **연청동** : 주석청동 중에 납(Pb)을 3~26% 첨가한 것으로 베어링, 패킹재료 등에 널리 사용
인청동 : 탈산제인 P를 첨가하여 내마열성 냉간 가공으로 인장강도, 탄성한계 증가하여 스프링제, 베어링밸브, 시트에 사용

문제 49 가볍고 강하며 내식성이 우수하나 600℃ 이상에서는 급격히 산화되어 TIG용접 시 용접토치에 특수(shieldgas)장치가 반드시 필요한 금속은?

① Al
② Ti
③ Mg
④ Cu

해설 **Ti(티탄)** : 가볍고 강하며 내식성이 우수하나 600℃ 이상에서는 급격히 산화되어 TIG용접시 용접토치에 특수장치가 반드시 필요한 금속

문제 50 강을 담금질할 때 다음 냉각액 중에서 냉각효과가 가장 빠른 것은?

① 기름
② 공기
③ 물
④ 소금물

해설 담금질시 냉각효과가 가장 좋은 것 : 소금물

47. ① 48. ② 49. ② 50. ④

문제 51

그림의 형강을 올바르게 나타낸 치수 표시법은? (단, 형강 길이는 K이다.)

① L75×50×5×K
② L75×50×5−K
③ L50×75−5−K
④ L50×75×5×K

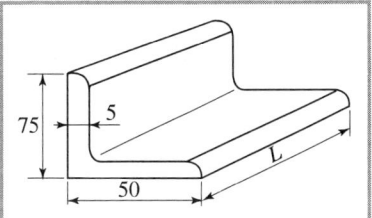

문제 52

그림과 같은 제3각 투상도에 가장 적합한 입체도는?

① 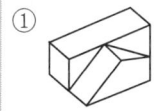   ②

③    ④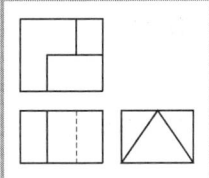

문제 53

다음 용접기호의 설명으로 옳은 것은?

① 플러그 용접을 의미한다.
② 용접부 지름은 20mm이다.
③ 용접부 간격은 10mm이다.
④ 용접부 수는 200개이다.

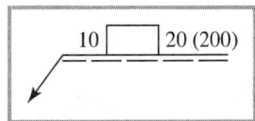

해설
① 플러그 용접이다.   ② 용접부 지름은 10mm이다.
③ 용접부 갯수는 20   ④ 용접 간격은 200mm

문제 54

배관 제도 밸브 도시기호에서 일반 밸브가 닫힌 상태를 도시한 것은?

①    ②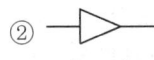
③    ④

해설 도시기호
① 일반밸브(게이트밸브) :
② 편심레듀사 :
③ 일반밸브 한쪽이 닫혀 있는 밸브 :

51. ② 52. ③ 53. ① 54. ④

④ 일반밸브 닫혀 있는 밸브 : ▶◀
⑤ 체크밸브 :
⑥ 안전밸브 :
⑦ 온도계 : Ⓣ ⑧ 압력계 : Ⓟ ⑨ 유량계 : Ⓕ

문제 55 KS 재료기호 SM10C에서 10C는 무엇을 뜻하는가?
① 제작방법 ② 종별 번호
③ 탄소함유량 ④ 최저인장강도

해설 10C : 탄소함유량

문제 56 판의 두께를 나타내는 치수 보조 기호는?
① C ② R
③ □ ④ t

해설 도시기호
① 45°모따기 : C ② 반지름 : R
③ 정사각형변 : □ ④ 판의두께 : t

문제 57 기계제도에 관한 일반사항의 설명으로 틀린 것은?
① 도형의 크기와 대상물의 크기와의 사이에는 올바른 비례관계를 보유하도록 그린다. 다만, 잘못 볼 염려가 없다고 생각되는 도면은, 도면의 일부 또는 전부에 대하여 이 비례 관계는 지키지 않아도 좋다.
② 선의 굵기 방향의 중심은 선의 이론상 그려야 할 위치 위에 있어야 한다.
③ 서로 근접하여 그리는 선의 선 간격(중심거리)은 원칙적으로 평행선의 경우, 선의 굵기의 3배 이상으로 하고, 선과 선의 간격은 0.7mm 이상으로 하는 것이 좋다.
④ 투명한 재료로 만들어지는 대상물 또는 부분은 투상도에서 전부 투명한 것(없는 것)으로 하여 나타낸다.

문제 58 다음 중 원기둥의 전개에 가장 적합한 전개도법은?
① 평행선 전개도법 ② 방사선 전개도법
③ 삼각형 전개도법 ④ 역삼각형 전개도법

55. ③ 56. ④ 57. ④ 58. ①

해설 원기둥의 전개에 가장 적합한 전개도법 : 평행선 전개도법

문제 59 다음 투상도 중 표현하는 각법이 다른 하나는?

문제 60 정투상법의 제1각법과 제3각법에서 배열위치가 정면도를 기준으로 동일한 위치에 놓이는 투상도는?

① 좌측면도   ② 평면도
③ 저면도   ④ 배면도

해설 **배면도** : 정투상법의 제1각법과 제3각법에서 배열위치가 정면도를 기준으로 동일한 위치에 놓이는 투상도

59. ③ 60. ④

2021년 6월 CBT 시행

문제 01 KS규격에서 화재안전, 금지표시의 의미를 나타내는 안전색은?

① 노랑 ② 초록
③ 빨강 ④ 파랑

해설 ① 화재안전, 금지, 고도의 위험 : 빨강
② 구급, 진행유도, 안전 : 녹색
③ 위험, 조심 : 황색

문제 02 경납땜 시 경납이 갖추어야할 조건으로 잘못 설명된 것은?

① 기계적, 물리적, 화학적 성질이 좋아야 한다.
② 접합이 튼튼하고 모재와 친화력이 있어야 한다.
③ 금, 은, 공예품들의 땜납에는 색조가 같아야 한다.
④ 용융온도가 모재보다 높고 유동성이 좋아야 한다.

해설 **경납이 갖추어야할 조건**
① 용융온도가 모재보다 낮고 유동성이 좋아야 한다.
② 금, 은, 공예품들의 땜납에는 색조가 같아야 한다.
③ 접합이 튼튼하고 모재와 친화력이 있어야 한다.
④ 기계적, 물리적, 화학적 성질이 좋아야 한다.

문제 03 솔리드 와이어 CO_2가스 아크 용접에서 CO_2가스에서 Ar가스를 혼합 시 특징에 대한 설명으로 틀린 것은?

① 아크가 안정된다. ② 후판 용접에 주로 사용된다.
③ 스패터가 감소한다. ④ 작업성과 용접 품질이 향상된다.

해설 CO_2가스에서 Ar가스 혼합 시 특징
① 박판 용접에 주로 사용된다.
② 작업성과 용접 품질이 향상된다.
③ 스패터가 감소한다.
④ 아크가 안정된다.

해답

01. ③ 02. ④ 03. ②

문제 04

용접을 로봇(robot)화 할 때 그 특징의 설명으로 틀린 것은?

① 비드의 높이, 비드 폭, 용입 등을 정확히 제어할 수 있다.
② 아크 길이를 일정하게 유지할 수 있다.
③ 용접봉의 손실을 줄일 수 있다.
④ 생산성이 저하된다.

해설 용접을 로봇화할 때 특징
① 생산성이 향상된다.
② 용접봉의 손실을 줄일 수 있다.
③ 아크 길이를 일정하게 유지할 수 있다.
④ 비드의 높이, 비드 폭, 용입 등을 정확히 제어할 수 있다.

문제 05

용착법에 대해 잘못 표현된 것은?

① 후진법 : 용접진행 방향과 용착 방향이 서로 반대가 되는 방법이다.
② 대칭법 : 이음의 수축에 따른 변형이 서로 대칭이 되게 할 경우에 사용된다.
③ 스킵법 : 이음 전 길이에 대해서 뛰어 넘어서 용접하는 방법이다.
④ 전진법 : 홈을 한 부분씩 여러 층으로 쌓아 올린 다음, 다른 부분으로 진행하는 방법이다.

해설 전진법 : 용접진행 방향과 용착 방향이 서로 같은 방향

문제 06

다음 [그림]에 해당하는 용접이음의 종류는?

① 겹치기 이음
② 맞대기 이음
③ 전면 필릿 이음
④ 모서리 이음

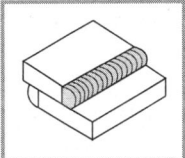

문제 07

이산화탄소 아크 용접시 이산화탄소의 농도가 몇 %가 되면 두통이나 뇌빈혈을 일으키는가?

① 3~4
② 15~16
③ 33~34
④ 55~56

해설 CO_2 농도에 따른 인체 영향
2% : 불쾌감이 있다.
4% : 두통, 현기증, 귀울림, 눈의 자극, 혈압상승
8% : 호흡곤란
9% : 구토, 감정둔환

04. ④ 05. ④ 06. ① 07. ①

10% : 시력장애, 1분 이내 의식상실, 장기간 노출시 사망
20% : 중추신경마비, 단시간내 사망
30% : 인체치사량

문제 08 기계적 시험법 중 동적시험방법에 해당하는 것은?
① 크리프 시험 ② 피로 시험
③ 굽힘 시험 ④ 인장 시험

해설 기계적 시험법 중 동적시험방법 : 피로시험

문제 09 용접 후 처리에서 잔류응력을 제거시켜 주는 방법이 아닌 것은?
① 저온응력 완화법 ② 노내 풀림법
③ 피닝법 ④ 역변형법

해설 잔류응력을 제거시켜 주는 방법
① 피닝법 ② 기계적응력 완화법 ③ 저온응력 완화법
④ 노내 풀림법 ⑤ 국부 풀림법

문제 10 용접부의 연성결함을 조사하기 위하여 사용되는 시험은?
① 브리넬 시험 ② 비커스 시험
③ 굽힘 시험 ④ 충격 시험

해설 굽힘 시험 : 용접부의 연성결함을 조사하기 위하여 사용되는 시험법

문제 11 아크 용접 작업 중 인체에 감전된 전류가 20~50[mA]일 때 인체에 미치는 영향으로 옳은 것은?
① 고통을 느끼고 가까운 근육이 저려서 움직이지 않는다.
② 고통을 느끼고 강한 근육 수축이 일어나며 호흡이 곤란하다.
③ 고통을 수반한 쇼크를 느낀다.
④ 순간적으로 사망할 위험이 있다.

해설 인체에 감전된 전류가 20~50[mA]일 때 인체에 미치는 영향 : 고통을 느끼고 강한 근육 수축이 일어나며 호흡이 곤란

문제 12 텅스텐 전극봉의 종류에 해당되지 않는 것은?
① 순 텅스텐 ② 1% 토륨 텅스텐
③ 지르코늄 텅스텐 ④ 3% 토륨 텅스텐

해답   08. ② 09. ④ 10. ③ 11. ② 12. ④

해설 텅스텐 전극봉의 종류
① 1~2% 토륨 텅스텐 ② 순 텅스텐 ③ 지르코늄 텅스텐

문제 13 용접 후 열처리를 하는 목적 중 맞지 않는 것은?
① 용접 후의 급냉 회피
② 응력제거 풀림 처리
③ 완전 풀림 처리
④ 담금질에 의한 경화

해설 용접 후 열처리를 하는 목적
① 완전 풀림 처리 ② 응력제거 풀림 처리 ③ 용접 후의 급냉 회피

문제 14 서브머지드 아크 용접에서 용융형 용제의 특징에 대한 설명으로 옳은 것은?
① 흡습성이 크다.
② 비드 외관이 거칠다.
③ 용제의 화학적 균일성이 양호하다.
④ 용접전류에 따라 입도의 크기는 같은 용제를 사용해야 한다.

해설 서브머지드 아크 용접에서 용융형 용제의 특징
① 용제의 화학적 균일성이 양호하다.
② 비드 외관이 부드럽다.
③ 흡습성이 적다.

문제 15 용접작업 시의 전격방지대책으로 잘못된 것은?
① 홀더나 용접봉은 절대로 맨손으로 취급하지 않는다.
② TIG용접시 텅스텐 전극봉을 교체할 때는 항상 전원 스위치를 차단하고 작업한다.
③ TIG용접시 수냉식 토치는 과열을 방지하기 위해 냉각수 탱크에 넣어 식힌 후 작업한다.
④ 용접하지 않을 때에는 TIG용접의 텅스텐 전극봉을 제거하거나 노즐 뒤쪽으로 밀어 넣는다.

해설 공냉식 토치 : 냉각수 탱크에 넣어 식힌 후 용접

문제 16 레이저 용접이 적용되는 분야 및 응용 범위에 속하지 않는 것은?
① 우주 통신, 로켓의 추적, 광학, 계측기 등에 응용
② 가는 선이나 작은 물체의 용접 및 박판의 용접에 적용
③ 다이아몬드의 구멍 뚫기, 절단 등에 응용
④ 용접 비드 표면의 기공 및 각종 불순물의 제거

13. ④ 14. ③ 15. ③ 16. ④

해설 레이저 용접이 적용되는 분야 및 응용 범위
① 다이아몬드의 구멍 뚫기, 절단 등에 이용
② 가는 선이나 작은 물체의 용접 및 박판의 용접에 사용
③ 우주 통신, 로켓의 추적, 광학, 계측기 등에 응용

문제 17 중탄소강의 용접에 대하여 설명한 것 중 맞지 않는 것은?

① 중탄소강을 용접할 경우에 탄소량이 증가함에 따라 800~900℃ 정도 예열을 할 필요가 있다.
② 탄소량이 0.4% 이상인 중탄소강은 후열처리를 고려하여야 한다.
③ 피복 아크 용접할 경우는 저수소계 용접봉을 선정하여 건조시켜 사용한다.
④ 서브머지드 아크 용접할 경우는 와이어와 플럭스 선정시 용접부 강도 수준을 충분히 고려하여야 한다.

해설 중탄소강의 용접에 대한 설명
① 피복 아크 용접할 경우는 저수소계 용접봉을 선정하여 건조시켜 사용한다.
② 서브머지드 아크 용접할 경우는 와이어와 플럭스 선정시 용접부 강도 수준을 충분히 고려하여야 한다.
③ 탄소량이 0.4% 이상인 중탄소강은 후열처리를 고려하여야 한다.

문제 18 불활성가스 금속 아크 용접에 관한 설명으로 틀린 것은?

① 바람의 영향을 받지 않으므로 방풍대책이 필요 없다.
② 피복아크용접에 비해 용착효율이 높아 고능률적이다.
③ TIG용접에 비해 전류밀도가 높아 용융속도가 빠르다.
④ CO_2용접에 비해 스패터 발생이 적어 비교적 아름답고 깨끗한 비드를 얻을 수 있다.

해설 불활성가스 금속 아크 용접
① 바람의 영향을 받으므로 방풍대책이 필요하다.
② CO_2용접에 비해 스패터 발생이 적어 비교적 아름답고 깨끗한 비드를 얻을 수 있다.
③ TIG용접에 비해 전류밀도가 높아 용융속도가 빠르다.
④ 피복아크용접에 비해 용착효율이 높아 고능률적이다.

문제 19 용접제품을 조립하다가 V홈 맞대기 이음 홈의 간격이 5mm정도 벌어졌을 때 홈의 보수 및 용접방법으로 가장 적합한 것은?

① 그대로 용접한다.
② 뒷판을 대고 용접한다.
③ 덧살올림 용접 후 가공하여 규정 간격을 맞춘다.
④ 치수에 맞는 재료로 교환하여 루트 간격을 맞춘다.

해답

17. ① 18. ① 19. ③

해설 V형 맞대기 이음 홈의 간격이 5mm정도 벌어졌을 때 홈의 보수 및 용접방법 : 뒷판을 대고 용접한다.

문제 20

가스용접에서 사용되는 아세틸렌가스의 성질을 설명한 것 중 맞는 것은?

① 비중은 1.105이다.
② 15℃, 1kgf/cm² 의 아세틸렌 1L의 무게는 1.176g이다.
③ 각종 액체에 잘 용해되며, 물에는 6배 용해된다.
④ 순수한 아세틸렌가스는 악취가 난다.

해설 **아세틸렌가스의 성질**
① 순수한 아세틸렌은 악취가 나지 않는다.
② 물에는 동배, 석유에는 2배, 벤젠에는 4배, 알콜에는 6배, 아세톤에는 25배 용해
③ 공기의 비중은 0.91
④ 15℃, 1kgf/cm² 의 아세틸렌 1l의 무게는 1.176g이다.

문제 21

아크열이 아닌 와이어와 용융슬래그 사이에 통전된 전류의 저항열을 이용하여 용접하는 방법은?

① 전자빔 용접
② 테르밋 용접
③ 서브머지드 아크 용접
④ 일렉트로 슬래그 용접

해설 **일렉트로 슬래그 용접** : 아크열이 아닌 와이어와 용융슬래그 사이에 통전된 전류의 저항열을 이용하여 용접
서브머지드 아크 용접 : 용제와 와이어가 분리되어 공급되고 아크가 용제속에서 일어나며 잠호용접이라고도 함
테르밋 용접 : 산화철분말과 알루미늄분말(1 : 3)의 중량비로 혼합한 테르밋제에 과산화바륨과 마그네슘 분말을 혼합한 점화촉진제를 넣어 연소시켜 용접주로 철도 레일, 차축, 선박 프레임의 용접

문제 22

용접결함의 종류 중 치수상의 결함에 속하는 것은?

① 선상조직
② 변형
③ 기공
④ 슬래그 잠입

해설 **치수상의 결함**
① 변형
② 치수불량
③ 형상불량

해답 20. ② 21. ④ 22. ②

문제 23
플라즈마 절단에 대한 설명으로 틀린 것은?
① 플라즈마(plasma)는 고체, 액체, 기체 이외의 제4의 물리상태라고도 한다.
② 아크 플라즈마의 온도는 약 5000℃의 열원을 가진다.
③ 비이행형 아크절단은 텅스텐 전극과 수냉 노즐과의 사이에서 아크플라즈마을 발생시키는 것이다.
④ 이행형 아크절단은 텅스텐 전극과 모재 사이에서 아크 플라즈마를 발생시키는 것이다.

해설 아크 플라즈마의 온도 약 10000℃의 열원을 가진다.

문제 24
2개의 모재에 압력을 가해 접촉시킨 다음 접촉면에 압력을 주면서 상대운동을 시켜 접촉면에서 발생하는 열을 이용하는 용접법은?
① 가스압접　　　　　　　　② 냉간압접
③ 마찰용접　　　　　　　　④ 열간압접

해설 마찰용접 : 2개의 모재에 압력을 가해 접촉시킨 다음 접촉면에 압력을 주면서 상대운동을 시켜 접촉면에서 발생하는 열을 이용하는 용접법

문제 25
다음 중 용접법의 분류에 속하지 않는 것은?
① 융접　　　　　　　　② 압접
③ 납땜　　　　　　　　④ 리벳팅

해설 용접법의 분류
　① 융접　② 압접　③ 납땜

문제 26
용접전류 150A, 전압이 30V일 때 아크출력은 몇 kW인가?
① 4.2kW　　　　　　　② 4.5kW
③ 4.8kW　　　　　　　④ 5.8kW

해설 아크출력 = 전압 × 전류 = 30V × 150A = 4500VA
1kW = 1000VA이므로　　∴ 4.5kW

문제 27
피복 배합제 원료에 대한 역할이 올바르게 연결된 것은?
① 페로실리콘 : 아크안정제　　② 페로망간 : 탈산제
③ 페로티탄 : 고착제　　　　　④ 알루미늄 : 가스발생제

해답　23. ②　24. ③　25. ④　26. ②　27. ②

해설 아크안정제(산석규자격탄)
① 산화티탄 ② 석회석 ③ 규산칼륨 ④ 규산나트륨 ⑤ 자철광
⑥ 적철광 ⑦ 탄산나트륨

탈산제(바실티크망알)
① 페로바나듐 ② 페로실리콘 ③ 페로티탄 ④ 페로크롬 ⑤ 페로망간
⑥ 알루미늄

고착제(해당아카규)
① 해초 ② 당밀 ③ 아교 ④ 카세인 ⑤ 규산칼륨

가스발생제(석탄톱녹셀)
① 석회석 ② 탄산바륨 ③ 톱밥 ④ 녹말 ⑤ 셀룰로오스

문제 28
스테인레스강, 알루미늄 등과 같은 비철합금을 절단할 수 없는 것은?
① 플라즈마 절단
② 가스 가우징
③ TIG 절단
④ MIG 절단

해설 스테인레스강, 알루미늄 등 비철합금을 절단
① TIG 절단 ② MIG 절단 ③ 플라즈마 절단

문제 29
가스용접에서 알루미늄을 용접하고자 할 때 일반적으로 어떤 용접봉을 사용하는가?
① Al에 소량의 P를 첨가한 용접봉
② Al에 소량의 S를 첨가한 용접봉
③ Al에 소량의 C를 첨가한 용접봉
④ Al에 소량의 Fe를 첨가한 용접봉

해설 가스용접시 알루미늄을 용접하고자 할 때 : Al에 소량의 P(인)을 첨가한 용접봉

문제 30
다음 중 아크 에어 가우징 장치가 아닌 것은?
① 수냉장치
② 전원(용접기)
③ 가우징 토치
④ 압축공기(컴프레서)

해설 아크 에어 가우징 장치
① 압축공기(콤프레샤) ② 용접기(전원) ③ 가우징 토치

문제 31
용해 아세틸렌을 충전했을 때 용기의 전체 무게가 27kgf이고 사용 후 빈 용기의 무게가 24kgf이었다면 순수 아세틸렌가스의 양은?
① 2715l
② 2025l
③ 1125l
④ 648l

해설 아세틸렌가스의 양 = 905(A−B) = 905(27−24) = 2715l

28. ② 29. ① 30. ① 31. ①

문제 32
교류아크 용접기와 비교했을 때 직류아크 용접기의 특징을 옳게 설명한 것은?
① 아크의 안정성이 우수하다.
② 구조가 간단하다.
③ 극성 변화가 불가능하다.
④ 전격의 위험이 많다.

해설 교류아크 용접기와 비교했을 때 직류아크 용접기의 특징

비 교	직 류	교 류
아크안정	안 정	불안정
극성변화	가 능	불가능
무부하전압	40~60V	70~80V
구 조	복 잡	간 단
고 장	많 다	적 다
역 률	우 수	떨어짐
가 격	고 가	저 가
판이용	박 판	후 판

문제 33
피복아크 용접봉에서 피복제의 역할로 옳은 것은?
① 재료의 급랭을 도와준다.
② 산화성 분위기로 용착금속을 보호한다.
③ 슬래그 제거를 어렵게 한다.
④ 아크를 안정시킨다.

해설 피복제의 역할
① 아크를 안정시킨다.
② 슬래그 제거를 쉽게 한다.
③ 용착금속의 냉각속도를 느리게 한다.
④ 공기중 산화, 질화 방지
⑤ 스패터 발생방지
⑥ 탈산정련 작용
⑦ 전기절연 작용
⑧ 합금원소 첨가

문제 34
아세틸렌의 성질에 대한 설명으로 틀린 것은?
① 산소와 적당히 혼합하여 연소하면 고온을 얻는다.
② 공기보다 가볍다.
③ 아세톤에 25배로 용해된다.
④ 탄화수소에서 가장 완전한 가스이다.

해설 불완전한 가스이다.

해답 32. ① 33. ④ 34. ④

문제 35 여러 사람이 공동으로 용접작업을 할 때 다른 사람에게 유해광선의 해(害)를 끼치지 않게 하기 위해서 설치해야 하는 것은?

① 차광막　　　　　　② 경계통로
③ 환기장치　　　　　④ 집진장치

해설 **차광막** : 여러 사람이 공동으로 용접작업을 할 때 다른 사람에게 유해광선의 해를 끼치지 않게 하기 위해서 설치

문제 36 가스 용접에 사용되는 연료가스의 일반적 성질 중 틀린 것은?

① 불꽃의 온도가 높아야 한다.
② 연소속도가 늦어야 한다.
③ 발열량이 커야 한다.
④ 용융금속과 화학반응을 일으키지 말아야 한다.

해설 가스 용접에 사용되는 연료가스의 일반적 성질
① 연소속도가 빨라야 한다.
② 용융금속과 화학반응을 일으키지 말아야 한다.
③ 발열량이 커야 한다.
④ 불꽃의 온도가 높아야 한다.

문제 37 가스용접의 아래보기 자세에서 왼손에는 용접봉, 오른손에는 토치을 잡고 작업할 때 전진법을 설명한 것은?

① 오른쪽에서 왼쪽으로 용접한다.　② 왼쪽에서 오른쪽으로 용접한다.
③ 아래에서 위로 용접한다.　　　　④ 위에서 아래로 용접한다.

문제 38 강재의 절단부분을 타나낸 그림이다. ①,②,③,④의 명칭이 틀린 것은?

① ① : 판두께
② ② : 드래그(drag)
③ ③ : 드래그 라인(drag line)
④ ④ : 피치(pitch)

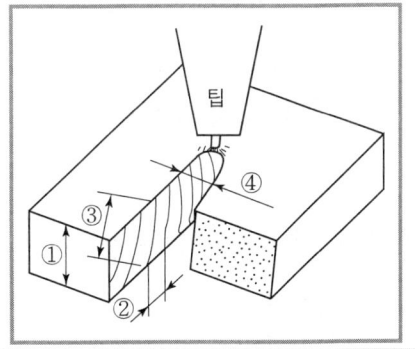

해설 ① 판두께　② 드래그　③ 드래그 라인　④ 드래그 간격

35. ①　36. ②　37. ①　38. ④

문제 39

교류아크 용접기에서 가변저항을 이용하여 전류의 원격조정이 가능한 용접기는?

① 가포화 리액터형
② 가동 코일형
③ 탭 전환형
④ 가동 철심형

해설 교류아크 용접기의 특징
① 가포화리액터형 : 원격제어가 되고 가변저항의 변화로 용접 전류 조정
② 가동 코일형
　㉠ 누설 리액턴스값을 변화시킴
　㉡ 1차, 2차 코일 중의 하나를 이동하여 누설자속을 변화하여 전류조정
③ 탭 전환용
　㉠ 코일의 감긴수에 따라 전류 조정
　㉡ 무부하 전압이 높아 전격위험이 크다.
　㉢ 미세전류 조정이 어렵다.
④ 가동 철심형
　㉠ 현재 가장 많이 사용
　㉡ 미세한 전류조정이 가능
　㉢ 가동 철심으로 누설자속을 가감하여 전류조정
　㉣ 광범위한 전류조절이 어렵다.

문제 40

알루미늄과 그 합금에 대한 설명 중 틀린 것은?

① 비중 2.7, 용융점 약 660℃이다.
② 알루미늄 주물은 무게가 가벼워 자동차 산업에 많이 사용된다.
③ 염산이나 황산 등의 무기산에도 잘 부식되지 않는다.
④ 대기 중에서 내식성이 강하고 전기와 열의 좋은 전도체이다.

해설 염산이나 황산 등의 무기산에 부식이 된다.

문제 41

주강에서 탄소량이 많아질수록 일어나는 성질이 아닌 것은?

① 강도가 증가한다.
② 연성이 감소한다.
③ 충격값이 증가한다.
④ 용접성이 떨어진다.

해설 탄소량 증가시
① 경도 및 강도 증가 ② 연성 감소 ③ 충격값 감소 ④ 용접성 떨어짐

문제 42

순철의 자기 변태점은?

① A_1
② A_2
③ A_3
④ A_4

해설 순철의 자기 변태점 : A_2

39. ① 40. ③ 41. ③ 42. ②

문제 43
크로만실(chromansil)이라고도 하며 고온단조, 용접, 열처리가 용이하여 철도용, 단조용 크랭크축, 차축 및 각종 자동차 부품 등에 널리 사용되는 구조용 강은?

① Ni-Cr강
② Ni-Cr-Mo강
③ Mn-Cr강
④ Cr-Mn-Si강

해설 Cr-Mn-Si강 : 크로만실(chromansil)이라고도 하며 고온단조, 용접, 열처리가 용이하여 철도용, 단조용 크랭크축, 차축 및 각종 자동차 부품 등에 널리 사용되는 구조용 강

문제 44
오스테나이트계 스테인리스강의 표준성분에서 크롬과 니켈의 함유량은?

① 10%크롬, 10%니켈
② 18%크롬, 8%니켈
③ 10%크롬, 8%니켈
④ 8%크롬, 18%니켈

해설 오스테나이트계 스테인리스강의 표준성분 : 크롬18%, 니켈8%

문제 45
6 : 4황동의 내식성을 개량하기 위하여 1% 전·후의 주석을 첨가한 것은?

① 콜슨 합금
② 네이벌 황동
③ 청동
④ 인청동

해설 합금
① 네이벌 : 6 : 4황동+주석(1~2%), 파이프, 선박용기계
② 문쯔메탈 : Cu(60%)+Zn(40%), 열교환기, 탄피 등에 사용
③ 톰백 : Cu(80%)+Zn(20%), 화폐, 메달 등에 사용
④ 에드미럴티 : 7 : 3황동+철(1~2%), 탈아연부식억제, 내수성 및 내해수성증대
⑤ 델타메탈 : 6 : 4황동+철(1~2%), 모조금, 판 및 선에 사용
⑥ 켈밋 : Cu+Pb(30~40%), 베어링에 사용
⑦ 모넬메탈 : Ni(65~70%)+Fe(1~3%)
⑧ 인코넬 : Ni(70~80%)+Cr(12~14%)
⑨ 콘스탄탄 : 구리(55%)+니켈45%
⑩ 플래티나이트 : Ni(40~50%)+Fe

문제 46
강의 재질을 연하고 균일하게 하기 위한 목적으로 아래 [그림]의 열처리 곡선과 같이 행하는 열처리는?

① 불림(normalizing)
② 담금질(quenching)
③ 풀림(annealing)
④ 뜨임(tempering)

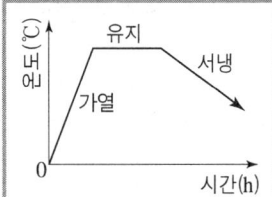

해답 43. ④ 44. ② 45. ② 46. ③

문제 47 WC, TiC, TaC등의 금속탄화물을 Co로 소결한 것으로서 탄화물 소결공구라고 하며, 일반적으로 칠드 주철, 경질유리 등도 쉽게 절삭할 수 있는 공구강은?

① 세라믹
② 고속도강
③ 초경합금
④ 주조경질합금

해설 초경합금 : WC, TiC, TaC등의 금속탄화물을 Co로 소결한 것으로서 탄화물 소결 공구라고 하며, 일반적으로 칠드 주철, 경질유리 등도 쉽게 절삭할 수 있는 공구강

문제 48 주철조직 중 γ고용체와 Fe_3C의 기계적 혼합으로 생긴 공정주철로 A_1변태점 이상에서 안정적으로 존재하는 것은?

① 페라이트(ferrite)
② 펄라이트(pearlite)
③ 시멘타이트(cementite)
④ 레데브라이트(ledeburite)

해설 레데브라이트 : 주철조직 중 γ고용체와 Fe_3C의 기계적 혼합으로 생긴 공정주철로 A_1변태점 이상에서 안정적으로 존재

문제 49 소재의 표면에 강이나 주철로 된 작은 입자를 고속으로 분사시켜 표면 경도를 높이는 것은?

① 숏 피닝
② 하드 페이싱
③ 화염 경화법
④ 고주파 경화법

해설 숏 피닝 : 소재의 표면에 강이나 주철로 된 작은 입자를 고속으로 분사시켜 표면 경도를 높이는 것

문제 50 일반적으로 구리가 강에 비해 우수한 점이 아닌 것은?

① 화학적 저항력이 적어 부식이 용이
② 전기 및 열의 전도성이 양호
③ 전연성이 풍부하고 가공이 용이
④ 아름다운 광택과 귀금속 성질이 우수

해설 일반적으로 구리가 강에 비해 우수한 점
① 전기 및 열의 전도성이 양호
② 전연성이 풍부하고 가공이 용이
③ 아름다운 광택과 귀금속 성질이 우수
④ 부식성이 적다.

해답 47. ③ 48. ④ 49. ① 50. ①

문제 51
그림에서 "□15"에 대한 설명으로 맞는 것은?

① 단면적이 15인 직사각형
② 한 변의 길이가 15인 정사각형
③ ϕ15인 원통에 평면이 있음
④ 이론적으로 정확한 치수가 15인 평면

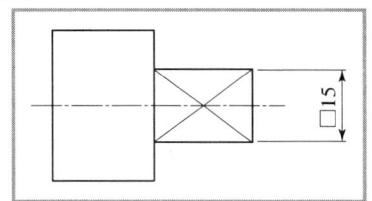

문제 52
그림과 같은 물체를 한쪽 단면도로 나타낼 때 가장 옳은 것은?

① 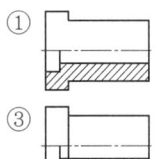 ②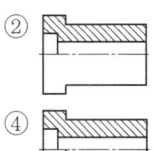

③ ④

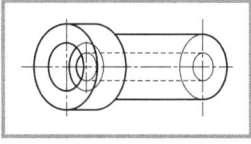

문제 53
그림과 같은 용접 기호에서 "z3"의 설명으로 옳은 것은?

① 필릿 용접부의 목 길이가 3mm이다.
② 필릿 용접부의 목 두께가 3mm이다.
③ 용접을 위쪽으로 3군데 하라는 표시이다.
④ 용접을 3mm간격으로 하라는 표시이다.

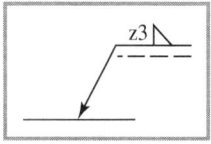

문제 54
그림과 같이 가공 전 또는 가공 후의 모양을 표시하는데 사용하는 선의 명칭은?

① 숨은선
② 파단선
③ 가상선
④ 절단선

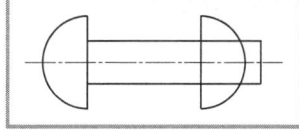

해설 **가상선** : ① 가공 전 또는 가공 후의 모양을 표시
② 인접부분 참고표시
③ 공구위치 참고표시

문제 55
판금작업 시 강판재료를 절단하기 위하여 가장 필요한 도면은?

① 조립도   ② 전개도
③ 배관도   ④ 공정도

해설 **전개도** : 판금작업 시 강판재료를 절단하기 위하여 필요한 도면

해답

51. ② 52. ④ 53. ① 54. ③ 55. ②

2021년도 시행

문제 56 지지장치를 의미하는 배관 도시 기호가 그림과 같이 나타낼 때 이 지지장치의 형식은?

① 고정식
② 가이드식
③ 슬라이드식
④ 일반식

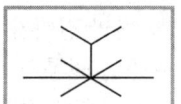

문제 57 도면의 척도 값 중 실제 형상을 확대하여 그리는 것은?

① 2 : 1
② 1 : $\sqrt{2}$
③ 1 : 1
④ 1 : 2

해설 실제 형상을 확대하여 그리는 것 : 2 : 1
실제 형상을 축소하여 그리는 것 : 1 : 2

문제 58 그림과 같은 제3각법에 의한 정투상도의 입체도로 가장 적합한 것은?

① 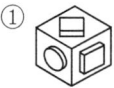   ②

③    ④

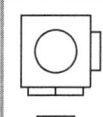
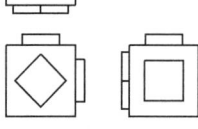

문제 59 기계구조용 탄소 강관의 KS재료 기호는?

① SPC
② SPS
③ SWP
④ STKM

해설 STKM : 기계구조용 탄소 강관

문제 60 그림과 같은 입체를 화살표 방향을 정면으로 하여 제3각법으로 배면도를 투상하고자 할 때 가장 적합한 것은?

① 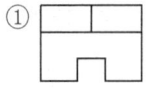   ②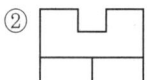

③    ④

해답

56. ① 57. ① 58. ③ 59. ④ 60. ③

2021년 10월 CBT 시행

문제 01 다음 중 가스 용접에 있어 납땜의 용제가 갖추어야 할 조건으로 옳은 것은?

① 청정한 금속면의 산화가 잘 이루어질 것
② 전기 저항 납땜에 사용되는 것은 부도체일 것
③ 용제의 유효온도 범위와 납땜의 온도가 일치할 것
④ 땜납이 표면 장력과 차이를 만들고, 모재와의 친화력이 낮을 것

해설 납땜의 용제가 갖추어야 할 조건
① 용제의 유효온도 범위와 납땜의 온도가 일치할 것
② 청정한 금속면의 산화가 되지 않을 것
③ 모재와의 친화력이 클 것
④ 전기 저항 납땜에 사용되는 것은 전도체일 것

문제 02 다음 중 MIG용접의 용적 이행 형태에 대한 설명으로 옳은 것은?

① 용적 이행에는 단락 이행, 스프레이 이행, 입상 이행이 있으며, 가장 많이 사용되는 것은 입상 이행이다.
② 스프레이 이행은 저전압, 저전류에서 아르곤 가스를 사용하는 경합금 용접에서 주로 나타난다.
③ 입상 이행은 와이어보다 큰 용적으로 용융되어 이행하며 주로 CO_2가스를 사용할 때 나타난다.
④ 직류 정극성일 때 스패터가 적고, 용입이 깊게 되며 용적 이행이 안정한 스프레이 이행이 된다.

해설 미그용접의 용적 이행 형태 : 입상 이행을 와이어보다 큰 용적으로 용융되어 이행하며 주로 CO_2가스를 사용시 나타난다.

문제 03 다음 중 CO_2가스 아크 용접에서 일반적으로 다공성의 원인이 되는 가스가 아닌 것은?

① 산소(O_2)
② 수소(H_2)
③ 질소(N_2)
④ 일산화탄소(CO)

해설 CO_2가스 아크 용접에서 일반적으로 다공성의 원인이 되는 가스 : 산소(O_2)

01. ③ 02. ③ 03. ①

문제 04 다음 중 CO_2가스 아크 용접 결함에 있어 기공 발생의 원인으로 볼 수 없는 것은?
① 팁이 마모되어 있다.
② 용접 부위가 지저분하다.
③ CO_2가스 유량이 부족하다.
④ 노즐과 모재간의 거리가 너무 길다.

해설 CO_2가스 아크 용접 결함에 있어 기공 발생원인
① 노즐과 모재간의 거리가 너무 멀다.
② CO_2가스 유량이 부족하다.
③ 용접 부위가 지저분하다.

문제 05 다음 중 연소의 3요소를 올바르게 나열한 것은?
① 가연물, 산소, 공기
② 가연물, 빛, 탄산가스
③ 가연물, 산소, 정촉매
④ 가연물, 산소, 점화원

해설 연소의 3요소 (가산점)
① 가연물 ② 산소 ③ 점화원

문제 06 다음 중 용접 비용을 계산하는데 있어 비용 절감 요소로 틀린 것은?
① 대기 시간 최대화
② 효과적인 재료 사용 계획
③ 합리적이고 경제적인 설계
④ 가공 불량에 의한 용접의 손실 최소화

해설 용접비용 절감 요소
① 효과적인 재료 사용 계획
② 합리적이고 경제적인 설계
③ 가공 불량에 의한 용접의 손실 최소화

문제 07 TIG용접 토치는 공랭식과 수냉식으로 분류되는데 가볍고 취급이 용이한 공랭식 토치의 경우 일반적으로 몇 A정도까지 사용하는가?
① 200
② 380
③ 450
④ 650

해설 공랭식 토치의 경우 일반적으로 200A정도까지 사용

문제 08 다음 중 용접 작업에 있어 가용접시 주의해야 할 사항으로 옳은 것은?
① 본용접보다 높은 온도로 예열을 한다.
② 개선 홈 내의 가접부는 백치핑으로 완전히 제거한다.
③ 가접의 위치는 주로 부품의 끝 모서리에 한다.
④ 용접봉은 본용접 작업시에 사용하는 것보다 두꺼운 것을 사용한다.

04. ① 05. ④ 06. ① 07. ① 08. ②

문제 09 다음 중 일렉트로 슬래그 용접 이음의 종류로 볼 수 없는 것은?

① 모서리 이음　　② 필릿 이음
③ T 이음　　　　④ X 이음

해설 일렉트로 슬래그 용접 이음의 종류
① 모서리 이음　② 필릿 이음　③ T 이음

문제 10 다음 중 용접용 보안면의 일반구조에 관한 설명으로 틀린 것은?

① 복사열에 노출될 수 있는 금속부분은 단열처리 해야 한다.
② 착용자와 접촉하는 보안면의 모든 부분에는 피부 자극을 유발하지 않는 재질을 사용해야 한다.
③ 용접용 보안면의 내부 표면은 유광 처리하고, 보안면 내부로는 일정량 이상의 빛이 들어오도록 해야 한다.
④ 보안면에는 돌출 부분, 날카로운 모서리 혹은 사용도중 불편하거나 상해를 줄 수 있는 결함이 없어야 한다.

해설 보안면 내부로 어떠한 빛도 들어오면 안된다.

문제 11 다음 중 서브머지드 아크 용접에 사용되는 용제(flux)에 관한 설명으로 틀린 것은?

① 소결형 용제는 용융형 용제에 비하여 용제의 소모량이 적다.
② 용융형 용제는 거친 입자의 것일수록 높은 전류에 사용해야 한다.
③ 소결형 용제는 페로 실리콘, 페로 망간 등에 의해 강력한 탈산 작용이 된다.
④ 용제는 용접부를 대기로부터 보호하면서 아크를 안정시키고, 야금 반응에 의하여 용착금속의 재질을 개선하기 위해 사용한다.

해설 서브머지드 아크 용접에 사용되는 용제
① 소결형 용제는 용융형 용제에 비하여 용제의 소모량이 적다.
② 소결형 용제는 페로 실리콘, 페로 망간 등에 의해 강력한 탈산 작용이 된다.
③ 용제는 용접부를 대기로부터 보호하면서 아크를 안정시키고, 야금 반응에 의하여 용착금속의 재질을 개선하기 위해 사용

문제 12 다음 중 가스용접 작업에 관한 안전사항으로 틀린 것은?

① 아세틸렌병 주변에서 흡연하지 않는다.
② 호스의 누설 시험시에는 비눗물을 사용한다.
③ 산소 및 아세틸렌병 등 빈병은 섞어서 보관한다.
④ 용접시 토치의 끝을 긁어서 오물을 털지 않는다.

해답　09. ④　10. ③　11. ②　12. ③

해설 가연성가스와(아세틸렌) 조연성가스(산소)는 각각 보관한다.

문제 13 다음 중 전기 저항 용접에 있어 맥동 점 용접(pulsation welding)에 관한 설명으로 옳은 것은?

① 1개의 전류 회로에 2개 이상의 용접점을 만드는 용접법이다.
② 전극을 2개 이상으로 하여 2점 이상의 용접을 하는 용접법이다.
③ 점용접의 기본적인 방법으로 1쌍의 전극으로 1점의 용접부를 만드는 용접법이다.
④ 모재 두께가 다른 경우 전극의 과열을 피하기 위하여 사이클 단위를 몇 번이고 전류를 단속하여 용접하는 것이다.

해설 **맥동 점 용접** : 모재 두께가 다른 경우 전극의 과열을 피하기 위하여 사이클 단위를 몇 번이고 전류를 단속하여 용접하는 것

문제 14 다음 중 제품별 노내 및 국부풀림의 유지 온도와 시간이 올바르게 연결된 것은?

① 탄소강 주강품 : 625±25℃, 판두께 25mm에 대하여 1시간
② 기계구조용 연강재 : 725±25℃, 판두께 25mm에 대하여 1시간
③ 보일러용 압연강재 : 625±25℃, 판두께 25mm에 대하여 4시간
④ 용접구조용 연강재 : 725±25℃, 판두께 25mm에 대하여 2시간

해설 **탄소강 주강품** : 625±5℃, 판두께 25mm에 대하여 1시간
일반구조용 압연강재 : 625±5℃, 판두께 25mm에 대하여 1시간
배관용 탄소강관 : 725±25℃, 판두께 25mm에 대하여 2시간
고압배관용 탄소강관 : 725±25℃, 판두께 25mm에 대하여 2시간
보일러 및 열교환기용 탄소강관 : 725±25℃, 판두께 25mm에 대하여 2시간

문제 15 TIG용접에서 교류전원을 사용시 모재가 (-)극이 될 때 모재 표면의 수분, 산화물 등의 불순물로 인하여 전자방출 및 전류의 흐름이 어렵고, 텅스텐 전극이 (-)극이 되는 경우에 전자가 다량으로 방출되는 등 2차 전류가 불평형하게 되는데 이러한 현상을 무엇이라 하는가?

① 전극의 소손작용　　　　　　② 전극의 전압상승작용
③ 전극의 청정작용　　　　　　④ 전극의 정류작용

해설 **전극의 정류작용** : TIG용접에서 교류전원을 사용시 모재가 (-)극이 될 때 모재 표면의 수분, 산화물 등의 불순물로 인하여 전자방출 및 전류의 흐름이 어렵고, 텅스텐 전극이 (-)극이 되는 경우에 전자가 다량으로 방출되는 등 2차 전류가 불평형하게 되는데 현상

13. ④　14. ①　15. ④

문제 16
다음 ( )안에 가장 적합한 내용은?

> 일렉트로 슬래그 용접은 용융 용접의 일종으로서 와이어와 용융 슬래그 사이에 ( )을 이용하여 용접하는 특수한 용접 방법이다.

① 전자 빔열
② 통전된 전류의 저항열
③ 가스열
④ 통전된 전류의 아크열

해설 일렉트로 슬래그 용접은 용융 용접의 일종으로서 와이어와 용융 슬래그 사이에 **통전된 전류의 저항열**을 이용하여 용접하는 특수한 용접 방법.

문제 17
다음 중 가스절단 작업시 주의사항으로 틀린 것은?

① 가스 절단에 알맞은 보호구를 착용한다.
② 절단진행 중에 시선은 절단면을 떠나서는 안 된다.
③ 호스는 흐트러지지 않도록 정해진 꼬임 상태로 작업한다.
④ 가스 호스가 용융금속이나 산화물의 비산으로 인해 손상되지 않도록 한다.

해설 호스는 흐트러지지 않도록 하고 꼬이지 않도록 작업한다.

문제 18
다음 중 CO_2아크 용접 시 박판의 아크 전압(V_o)산출 공식으로 가장 적당한 것은? (단, I는 용접전류 값을 의미한다.)

① $V_o = 0.07 \times I + 20 \pm 5.0$
② $V_o = 0.05 \times I + 11.5 \pm 3.0$
③ $V_o = 0.06 \times I + 40 \pm 6.0$
④ $V_o = 0.04 \times I + 15.5 \pm 1.5$

해설 CO_2아크 용접 시 박판의 아크 전압 산출 공식
$V_o = 0.04 \times I + 15.5 \pm 1.5$

문제 19
다음 중 방사선 투과 검사에 대한 설명으로 틀린 것은?

① 내부결함 검출에 용이하다.
② 검사결과를 필름에 영구적으로 기록할 수 있다.
③ 라미네이션 및 미세한 표면 균열도 검출된다.
④ 방사선 투과 검사에 필요한 기구로는 투과도계, 계조계, 증감지 등이 있다.

해설 방사선 투과 검사
① 내부결함 검출이 용이하다.
② 검사결과를 필름에 영구적으로 기록할 수 있다.
③ 방사선 투과 검사에 필요한 기구로는 투과도계, 계조계, 증감지 등이 있다
④ 장치가 크므로 가격이 비싸다.
⑤ 취급상 신체의 방호가 필요하다.

16. ② 17. ③ 18. ④ 19. ③

⑥ 두께가 두꺼운 개소에는 검출이 곤란하다.
⑦ 선에 평행한 크랙은 찾기 힘들다.

문제 20 다음 중 용접 결함에 있어 치수상 결함에 해당하는 것은?
① 오버랩 ② 기공
③ 언더컷 ④ 변형

해설 **치수상 결함** : 변형, 치수불량, 형상불량

문제 21 볼트나 환봉 등을 강판이나 형강에 직접 용접하는 방법으로 볼트나 환봉을 홀더에 끼우고 모재와 볼트사이에 순간적으로 아크를 발생시켜 용접하는 것은?
① 피복 아크 용접 ② 스터드 용접
③ 테르밋 용접 ④ 전자 빔 용접

해설 **스터드 용접** : 볼트나 환봉 등을 피스톤형 홀더에 끼우고 모재와 환봉사이에서 순간적으로 아크를 발생시켜 용접.
테르밋 용접 : 금속산화물이 알루미늄에 의하여 산소를 빼앗기는 반응에 의하여 생성되는 열을 이용하여 금속을 접합.
서브머지드아크용접 : 용접봉을 용제 속에 넣고 아크를 일으켜 용접

문제 22 다음 중 용접부의 검사방법에 있어 비파괴 시험으로 비드외관, 언더컷, 오버랩, 용입불량, 표면균열 등의 검사에 가장 적합한 것은?
① 부식검사 ② 외관검사
③ 초음파탐상검사 ④ 방사선투과검사

해설 **외관검사** : 비파괴 시험으로 비드외관, 언더컷, 오버랩, 용입불량, 표면균열 등의 검사에 적합

문제 23 압축공기를 이용하여 가우징, 결함부위 제거, 절단 및 구멍 뚫기 등에 널리 사용되는 아크절단 방법은?
① 탄소 아크 절단 ② 금속 아크 절단
③ 산소 아크 절단 ④ 아크 에어 가우징

해설 **아크 에어 가우징** : 압축공기($6\sim7kg/cm^2$)를 이용하여 가우징 결함부위 제거, 절단 및 구멍 뚫기 등에 널리 사용
[장점] ① 용접결함부의 발견이 쉽다.
② 작업능률이 2~3배 높다.
③ 용융금속을 순간적으로 불어내어 모재에 악영향을 주지 않음
④ 응용범위가 넓고 경비가 저렴
⑤ 조작방법이 간단하다.

해답 20. ④ 21. ② 22. ② 23. ④

문제 24 가스용접에서 산소용기 취급에 대한 설명이 잘못된 것은?

① 산소용기 밸브, 조정기 등은 기름천으로 잘 닦는다.
② 산소용기 운반 시에는 충격을 주어서는 안 된다.
③ 산소 밸브의 개폐는 천천히 해야 한다.
④ 가스 누설의 점검은 비눗물로 한다.

해설 산소용기 밸브, 조정기 등은 기름천으로 잘 닦으면 발화의 위험이 있다.

문제 25 200V용 아크용접기의 1차 압력이 15kVA일 때, 퓨즈의 용량은 얼마[A]가 적합한가?

① 65[A]   ② 75[A]
③ 90[A]   ④ 100[A]

해설 퓨즈용량 $= \dfrac{15 \times 1000}{200} = 75A$

문제 26 용접법과 기계적 접합법을 비교할 때, 용접법의 장점이 아닌 것은?

① 작업공정이 단축되며 경제적이다.
② 기밀성, 수밀성, 유밀성이 우수하다.
③ 재료가 절약되고 중량이 가벼워진다.
④ 이음효율이 낮다.

해설 용접법의 장점
① 작업공정이 단축되며 경제적이다.   ② 기밀성, 수밀성, 유밀성이 우수하다.
③ 재료가 절약되고 중량이 가벼워진다.   ④ 이음효율이 좋다.
⑤ 이종재료 용접도 가능하다.   ⑥ 재료의 두께에 제한이 없다.
⑦ 제품의 성능과 수명 향상   ⑧ 보수와 수리가 용이

문제 27 산소-아세틸렌가스 용접의 장점이 아닌 것은?

① 가열시 열량 조절이 쉽다.
② 전원설비가 없는 곳에서도 쉽게 설치할 수 있다.
③ 피복 아크 용접보다 유해광선의 발생이 적다.
④ 피복 아크 용접보다 일반적으로 신뢰성이 높다.

해설 산소-아세틸렌가스 용접의 장점
① 가열시 열량 조절이 쉽다.
② 전원설비가 없는 곳에서도 쉽게 설치할 수 있다.
③ 피복 아크 용접보다 유해광선의 발생이 적다.

해답 24. ① 25. ② 26. ④ 27. ④

④ 박판용접에 적당
⑤ 응용범위가 넓다.
⑥ 전기용접에 비해 싸다.

문제 28 가변압식 가스용접 토치에서 팁의 능력에 대한 설명으로 옳은 것은?

① 매 시간당 소비되는 아세틸렌가스의 양
② 매 시간당 소비되는 산소의 양
③ 매 분당 소비되는 아세틸렌가스의 양
④ 매 분당 소비되는 산소의 양

해설 **가변압식 팁의 능력** : 매 시간당 소비되는 아세틸렌가스 양

문제 29 가스용접에서 모재의 두께가 8mm일 경우 적합한 가스 용접봉의 지름(mm)은? (단, 이론적인 계산식으로 구한다.)

① 2.0
② 3.0
③ 4.0
④ 5.0

해설 $D = \dfrac{t}{2} + 1 = \dfrac{8}{2} + 1 = 5\text{mm}$

문제 30 피복 아크 용접봉에 탄소량을 적게하는 가장 큰 이유는?

① 스패터 방지를 위하여
② 균열 방지를 위하여
③ 산화 방지를 위하여
④ 기밀 유지를 위하여

해설 **피복 아크 용접봉에 탄소량을 적게 하는 가장 큰 이유** : 균열 방지를 위하여

문제 31 전류 조정이 용이하고 전류 조정을 전기적으로 하기 때문에 이동부분이 없으며 가변저항을 사용함으로써 용접 전류의 원격조정이 가능한 용접기는?

① 탭 전환형
② 가동 코일형
③ 가동 철심형
④ 가포화 리액터형

해설 **교류아크 용접기의 종류**
① 가포화 리액터형 : ㉠ 원격제어가 되고 가변저항의 변화로 용접전류조정
㉡ 조작이 간단
② 가동 코일형 : ㉠ 누설 리액턴스 값을 변화시킴
㉡ 1차, 2차, 코일중의 하나를 이동하여 누설자속을 변화하여 전류조정
③ 탭 전환용 : ㉠ 코일의 감긴 수에 따라 전류조정
㉡ 무부하 전압이 높아 전격의 위험이 크다.
㉢ 미세전류의 조정이 어렵다.

해답   28. ①   29. ④   30. ②   31. ④

문제 32 아세틸렌은 액체에 잘 용해되며 석유에는 2배, 알콜에는 6배가 용해된다. 아세톤에는 몇 배가 용해되는가?

① 12
② 20
③ 25
④ 50

해설
석유 : 2배 벤젠 : 6배
알콜 : 6배 아세톤 : 25배

문제 33 직류 아크 용접기에 대한 설명으로 맞는 것은?

① 발전형과 정류기형이 있다.
② 구조가 간단하고 보수도 용이하다.
③ 누설자속에 의하여 전류를 조정한다.
④ 용접변압기의 리액턴스에 의해서 수하특성을 얻는다.

해설 직류 아크 용접기
① 발전형과 정류기형이 있다.
② 구조가 복잡하고 보수도 어렵다

문제 34 용접봉의 피복 배합제 중 탈산제로 쓰이는 가장 적합한 것은?

① 탄산칼륨
② 페로망간
③ 형석
④ 이산화망간

해설 용접봉의 피복 배합제
① 탈산제(바, 실, 티, 크, 망, 알)
 ㉠ 페로바나듐 ㉡ 페로실리콘 ㉢ 페로티탄 ㉣ 페로크롬
 ㉤ 페로망간 ㉥ 알루미늄
② 아크안정제(산, 석, 규, 자, 격, 탄)
 ㉠ 산화티탄 ㉡ 석회석 ㉢ 규산칼륨 ㉣ 규산나트륨
 ㉤ 자철광 ㉥ 적철광 ㉦ 탄산소다
③ 슬래그생성제(이, 산, 형, 석, 일, 알, 장, 규)
 ㉠ 이산화망간 ㉡ 산화티탄 ㉢ 형석 ㉣ 석회석
 ㉤ 일미나이트 ㉥ 알루미나 ㉦ 장석 ㉧ 규산칼륨
④ 가스발생제(석, 탄, 톱, 녹, 셀)
 ㉠ 석회석 ㉡ 탄산바륨 ㉢ 톱밥 ㉣ 녹말
 ㉤ 셀룰로오스

해답 32. ③ 33. ① 34. ②

문제 35 절단부위에 철분이나 용제의 미세한 입자를 압축공기나 압축질소로 연속적으로 팁을 통하여 분출시켜 그 산화열 또는 용제의 화학작용을 이용하여 절단하는 것은?

① 분말절단 ② 수중절단
③ 산소창절단 ④ 포갬절단

해설 **분말절단** : 절단부위에 철분이나 용제의 미세한 입자를 압축공기나 압축질소로 연속적으로 팁을 통하여 분출시켜 그 산화열 또는 용제의 화학작용을 이용하여 절단
수중절단 : 물에 잠겨 있는 침몰선의 교량의 교각개조 댐, 항만, 방파제 등의 공사에 사용되며 수중작업시 예열가스의 양은 공기중에서 4~8배 절단산소의 압력은 1.5~2배이다.
산소창절단 : 두꺼운판, 주강의 슬랙텅어링 암석의 천공등의 절단에 이용
산소아크절단 : 중공의 피복용접봉과 모재사이에 아크를 발생시키고 중심에서 산소를 분출시키며 절단

문제 36 다음 중 아크용접에서 아크쏠림 방지법이 아닌 것은?

① 교류용접기를 사용한다. ② 접지점을 2개로 한다.
③ 짧은 아크를 사용한다. ④ 직류용접기를 사용한다.

해설 **아크쏠림 방지법**
① 직류용접을 하지 말고 교류용접을 할 것
② 짧은 아크를 사용할 것
③ 용접부가 긴 경우 후퇴법을 사용할 것
④ 보조판을 사용할 것
⑤ 접지점을 2개 연결할 것
⑥ 접지점을 용접부보다 멀리 할 것

문제 37 다음 중 압접에 속하지 않는 용접법은?

① 스폿용접 ② 심용접
③ 프로젝션용접 ④ 서브머지드 아크 용접

해설 압접(유단초가마냉저)
① 유도가열 용접 ② 단접 ③ 초음파용접
④ 가압테르밋용접 ⑤ 마찰용접 ⑥ 냉간압접
⑦ 저항용접 ─ 겹치기용접 ─ 점용접(스폿용접)
                              ├ 시임용접
                              └ 프로젝션용접
                  └ 맞대기용접 ─ 포일시임용접
                              ├ 퍼커션용접
                              ├ 플래쉬용접
                              └ 업셋용접

35. ① 36. ④ 37. ④

문제 38
두께가 12.7mm인 연강판을 가스 절단할 때 가장 적합한 표준 드래그의 길이는?

① 약 2.4mm
② 약 5.2mm
③ 약 5.6mm
④ 약 6.4mm

해설 드래그길이 = 판두께 × $\dfrac{1}{5}$ = 12.7 × $\dfrac{1}{5}$ = 2.54mm

문제 39
가스용접 작업에서 양호한 용접부를 얻기 위해 갖추어야 할 조건으로 잘못된 것은?

① 기름, 녹 등을 용접 전에 제거하여 결함을 방지한다.
② 모재의 표면이 균일하면 과열의 흔적은 있어도 된다.
③ 용착 금속의 용입 상태가 균일해야 한다.
④ 용접부에 첨가된 금속의 성질이 양호해야 한다.

해설 모재의 표면이 균일하고 과열의 흔적이 있으면 안 됨

문제 40
탄소강에 니켈이나 크롬 등을 첨가하여 대기 중이나 수중 또는 산에 잘 견디는 내식성을 부여한 합금강으로 불수강이라고도 하는 것은?

① 고속도강
② 주강
③ 스테인리스강
④ 탄소공구강

해설 **스테인레스강** : 탄소강에 니켈이나 크롬 등을 첨가하여 대기 중이나 수중 또는 산에 잘 견디는 내식성을 부여한 합금강으로 불수강이라고도 한다.

문제 41
다음 중 Cu의 용융점은 몇 ℃인가?

① 1083℃
② 960℃
③ 1530℃
④ 1455℃

해설 **용융점**
① 마그네슘 : 650℃   ② 알루미늄 : 660℃   ③ 구리 : 1084℃
④ 철 : 1539℃   ⑤ 주석 : 232℃   ⑥ 니켈 : 1453℃
⑦ 백금 : 1769℃   ⑧ 텅스텐 : 3410℃   ⑨ 코발트 : 1495℃

문제 42
다음 중 철강의 탄소 함유량에 따라 대분류한 것은?

① 순철, 강, 주철
② 순철, 주강, 주철
③ 선철, 강, 주철
④ 선철, 합금강, 주물

해설 **철강의 탄소 함유량에 따른 대분류** : 순철, 강, 주철

해답 38. ① 39. ② 40. ③ 41. ① 42. ①

문제 43
경도가 큰 재료를 A_1변태점 이하의 일정온도로 가열하여 인성을 증가시킬 목적으로 하는 열처리법은?

① 뜨임(tempering) ② 풀림(annealing)
③ 불림(normalizing) ④ 담금질(quenching)

해설 열처리
① 담금질 : 강을 A_3변태 A_1및 이상 30~50℃로 가열한 후 물 또는 기름으로 급랭하는 방법으로 경도 및 강도증가
② 뜨임 : 경도가 큰 재료를 A_1변태점 이하의 일정온도로 가열하여 인성증가
③ 풀림 : 재질의 연화를 목적으로 일정시간 가열 후 노내에서 서냉 내부응력 및 잔류응력 제거
④ 불림 : 강을 A_3변태 및 A_1 이상 30~50℃로 가열 후 공기중에 공냉시키는 방법으로 가공조직의 균일화, 결정립의 미세화, 기계적 성질 향상 목적
⑤ 심랭처리(서브제로처리) : 담금질된 강의 경도를 증가 시키고 시효변형을 방지하기 위한 목적으로 0℃ 이하의 온도에서 처리

문제 44
공구용 강재로 고탄소강을 사용하는 목적으로 가장 적합한 것은?

① 경도와 내마모성을 필요로 하기 때문에
② 인성과 연성이 필요하기 때문에
③ 피로와 충격에 견디어야 하기 때문에
④ 표면 경화를 할 목적으로

해설 고탄소강을 사용하는 목적 : 경도와 내마모성을 필요로 하기 때문에

문제 45
마그네슘의 성질에 대한 설명 중 잘못된 것은?

① 비중은 1.74이다.
② 비강도가 Al(알루미늄)합금보다 우수하다.
③ 면심입방 격자이며, 냉간가공이 가능하다.
④ 구상흑연 주철의 첨가제로 사용한다.

해설 마그네슘의 성질
① 조밀육방격자이다.
② 비중은 1.74, 융점 65℃이다.
③ 구상흑연 주철의 첨가제로 사용

문제 46
탄소강의 열처리 방법 중 표면경화 열처리에 속하는 것은?

① 풀림 ② 담금질
③ 뜨임 ④ 질화법

43. ① 44. ① 45. ③ 46. ④

해설 탄소강의 열처리 방법 중 표면경화 열처리 : 질화법

문제 47 내열강의 원소로 많이 사용되는 것은?
① 코발트(Co) ② 크롬(Cr)
③ 망간(Mn) ④ 인(P)

해설 내열강의 원소로 많이 사용되는 것 : 크롬(Cr)

문제 48 Al에 약 10까지의 마그네슘을 첨가한 합금으로 다른 주물용 알루미늄 합금에 비하여 내식성, 강도, 연신율이 우수한 것은?
① 실루민 ② 두랄루민
③ 하이드로날륨 ④ Y합금

해설 **하이드로날륨** : Al+Mg(10%)
실루민 : Al+Si
두랄루민 : Al+Cu+Mg+Mn
Y합금 : Al+Cu+Mg+Ni

문제 49 다음 중 탄소강에서 적열취성을 방지하기 위하여 첨가하는 원소는?
① S ② Mn
③ P ④ Ni

해설 망간 : 적열취성 방지, 황의 해를 방지

문제 50 그림과 같은 도면의 설명으로 가장 올바른 것은?

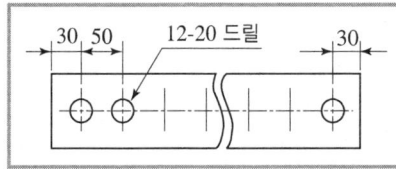

① 전체길이는 660mm이다.
② 드릴 가공 구멍의 지름은 20mm이다.
③ 드릴 가공 구멍의 수는 20개이다.
④ 드릴 가공 구멍의 피치는 30mm이다.

해설 전체길이는 540mm이다. (12×50-2×30=540mm)
드릴가공 구멍의 지름은 20mm이다.
드릴가공 구멍의 피치는 50mm이다.

47. ② 48. ③ 49. ② 50. ②

문제 51
다음 중 용접 입열이 일정할 때 냉각속도가 가장 느린 재료는?

① 연강 ② 스테인리스강
③ 알루미늄 ④ 구리

문제 52
KS에서 기계제도에 관한 일반사항 설명으로 틀린 것은?

① 치수는 참고치수, 이론적으로 정확한 치수를 기입할 수도 있다.
② 도형의 크기와 대상물의 크기와의 사이에는 올바른 비례 관계를 보유하도록 그린다. 다만, 잘못 볼 염려가 없다고 생각되는 도면은 도면의 일부 또는 전부에 대하여 이 비례 관계는 지키지 않아도 좋다.
③ 기능상의 요구, 호환성, 제작 기술 수준 등을 기본으로 불가결의 경우만 기하공차를 지시한다.
④ 길이치수는 특별히 지시가 없는 한 그 대상물의 측정을 3점 측정에 따라 행한 것으로 하여 지시한다.

문제 53
일반 구조용 압연강재 SS400에서 400이 나타내는 것은?

① 최저 인장 강도 ② 최저 압축 강도
③ 평균 인장 강도 ④ 최대 인장 강도

해설 SS400에서 400 : 최저인장강도

문제 54
그림의 용접 도시기호는 어떤 용접을 나타내는가?

① 점 용접
② 플러그 용접
③ 심 용접
④ 가장자리 용접

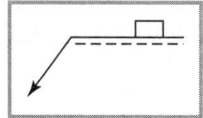

해설 : 플러그용접

문제 55
다음 선들이 겹칠 경우 선의 우선순위가 가장 높은 것은?

① 중심선 ② 치수 보조선
③ 절단선 ④ 숨은선

51. ② 52. ④ 53. ① 54. ② 55. ④

문제 56 그림과 같은 구조물의 도면에서 (A), (B)의 단면도의 명칭은?

① 온단면도
② 변환 단면도
③ 회전도시 단면도
④ 부분 단면도

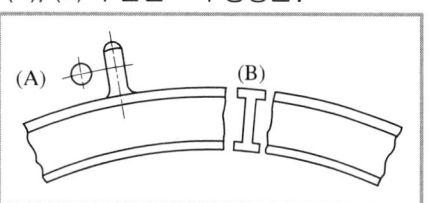

문제 57 다음 입체도의 화살표 방향을 정면으로 한다면 좌측면도로 적합한 투상도는?

① 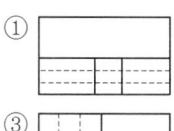 ②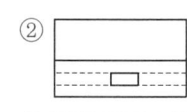

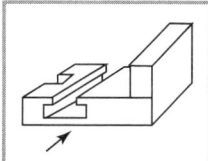

③ ④

문제 58 KS배관 제도 밸브 도시 기호에서 ─⫲─ 기호의 뜻은?

① 안전 밸브　　② 체크 밸브
③ 일반 밸브　　④ 앵글 밸브

해설 ① ─⫲─ : 체크밸브　② ─⋈─ : 안전밸브
③ ─⋈─ : 일반밸브　④ ⟰ : 앵글밸브

문제 59 그림과 같은 제3각법 정투상도에 가장 적합한 입체도는?

① 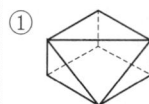 ②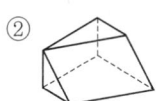

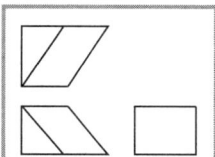

③ ④

문제 60 치수기입이 "□20"으로 치수 앞에 정사각형이 표시되었을 경우의 올바른 해석은?

① 이론적으로 정확한 치수가 20mm이다.
② 체적이 20mm³인 정육면체이다.
③ 면적이 20mm³인 정사각형이다.
④ 한변의 길이가 20mm인 정사각형이다.

56. ③　57. ①　58. ②　59. ③　60. ④

피복아크용접기능사 필기

용접기능사 기출문제

2022

2022년 1월 CBT 시행

문제 01 용접선이 응력의 방향과 대략 직각인 필릿 용접은?

① 전면 필릿 용접
② 측면 필릿 용접
③ 경사 필릿 용접
④ 뒷면 필릿 용접

해설 전면 필릿 용접 : 용접선이 응력의 방향과 대략 직각인 필릿 용접

문제 02 불활성 가스 텅스텐 아크 용접에 주로 사용되는 가스는?

① He, Ar
② Ne, Lo
③ Rn, Lu
④ Co, Xe

해설 불활성 가스 텅스텐 아크 용접에 주로 사용되는 가스 : 아르곤, 헬륨

문제 03 연강재의 용접 이음부에 대한 충격하중이 작용할 때 안전율은?

① 3
② 5
③ 8
④ 12

해설 연강의 안전율
① 정하중 : 3
② 동하중(단진응력) : 5
③ 동하중(교번응력) : 8
④ 충격하중 : 12

문제 04 안전모의 내부수직거리로 가장 적당한 것은?

① 25mm 이상 50mm 미만일 것
② 15mm 이상 40mm 미만일 것
③ 10mm 미만일 것
④ 25mm 미만일 것

해설 안전모의 내부수직거리 : 25mm 이상 50mm 미만일 것

문제 05 용접순서를 결정하는 기준이 잘못 설명된 것은?

① 용접구조물이 조립되어 감에 따라 용접 작업이 불가능한 곳이 발생하지 않도록 한다.
② 용접물 중심에 대하여 항상 대칭으로 용접한다.
③ 수축이 작은 이음을 먼저 용접한 후 수축이 큰 이음을 뒤에 한다.
④ 용접구조물의 중립축에 대한 수축모멘트의 합이 0이 되도록 한다.

해답 01. ① 02. ① 03. ④ 04. ① 05. ③

해설 용접순서를 결정하는 기준
① 수축이 큰 이음을 먼저 용접하고 수축이 작은 이음을 나중에 용접한다.
② 용접구조물의 중립축에 대한 수축모멘트의 합이 0이 되도록 한다.
③ 용접물 중심에 대하여 항상 대칭으로 용접한다.
④ 용접구조물이 조립되어 감에 따라 용접 작업이 불가능한 곳이 발생하지 않도록 한다.
⑤ 같은 평면안에 많은 이음이 있을 때에는 수축은 자유단으로 보낸다.
⑥ 응력이 집중될 우려가 있는 곳은 피한다.
⑦ 큰 수조물에서는 구조물의 중앙에서 끝으로 향하여 용접실시
⑧ 가용접시는 본 용접때보다 지름이 약간 가는 용접봉 사용

문제 06 서브머지드 아크 용접의 장점에 해당되지 않는 것은?

① 용접속도가 수동용접보다 빠르고 능률이 높다.
② 개선각을 작게 하여 용접 패스 수를 줄일 수 있다.
③ 콘택트 팁에서 통전되므로 와이어 중에 저항열이 적게 발생되어 고전류 사용이 가능하다.
④ 용접진행상태의 좋고 나쁨을 육안으로 확인할 수 있다.

해설 서브머지드 아크 용접의 장점
① 콘택트 팁에서 통전되므로 와이어 중에 저항열이 적게 발생되어 고전류 사용이 가능하다.
② 개선각을 작게 하여 용접 패스 수를 줄인다.
③ 용접속도가 수동용접보다 빠르고 능률이 높다.
④ 용입이 깊고 용착속도가 빠르다.
⑤ 기계적 성질이 우수하다.
⑥ 비드외관이 아름답다.
⑦ 유해광선이 적게 발생되어 작업환경이 깨끗하다.
⑧ 용접진행상태의 좋고 나쁨을 육안으로 확인할 수 있다.

문제 07 전격의 방지대책에 대한 설명 중 틀린 것은?

① 땀, 물 등에 의해 습기찬 작업복, 장갑, 구두 등을 착용해도 된다.
② 홀더나 용접봉은 절대로 맨손으로 취급하지 않는다.
③ 용접기의 내부에 함부로 손을 대지 않는다.
④ 절연 홀더의 절연부분이 노출·파손되면 곧 보수하거나 교체한다.

해설 땀, 물 등에 의해 습기찬 작업복, 장갑, 구두 등은 착용하면 안 된다.

해답 06. ④ 07. ①

문제 08

전기저항 점 용접법에 대한 설명으로 틀린 것은?

① 인터랙 점 용접이란 용접점의 부분에 직접 2개의 전극을 물리지 않고 용접 전류가 피용접물의 일부를 통하여 다른 곳으로 전달하는 방식이다.
② 단극식 점 용접이란 전극이 1쌍으로 1개의 점 용접부를 만드는 것이다.
③ 맥동 점 용접은 사이클 단위를 몇 번이고 전류를 연속하여 통전하며 용접 속도 향상 및 용접 변형 방지에 좋다.
④ 직렬식 점 용접이란 1개의 전류 회로에 2개 이상의 용접점을 만드는 방법으로 전류 손실이 많아 전류를 증가시켜야 한다.

해설 전기저항 점 용접법
① 직렬식 점 용접 : 1개의 전류 회로에 2개 이상의 용접점을 만드는 방법으로 전류 손실이 많아 전류를 증가시켜야 한다.
② 단극식 점 용접 : 전극이 1쌍으로 1개의 점 용접부를 만드는 것이다.
③ 인터랙 점 용접 : 용접점의 부분에 직접 2개의 전극을 물리지 않고 용접전류가 피용접물의 일부를 통하여 다른 곳으로 전달하는 방식이다.

문제 09

불활성 가스 금속 아크 용접(MIG)법에서 가장 많이 사용되는 것으로 용가재가 고속으로 용융되어 미입자의 용적으로 분사되어 모재로 옮겨가는 이행 방식은?

① 단락 이행
② 입상 이행
③ 펄스아크 이행
④ 스프레이 이행

해설 스프레이 이행 : 용가재가 고속으로 용융되어 미입자의 용적으로 분사되어 모재로 옮겨가는 이행 형식

문제 10

CO_2 아크 용접에서 가장 두꺼운 판에 사용되는 용접 홈은?

① I형
② V형
③ H형
④ J형

해설 용접홈
① H형 : X형 홈과 같이 양면용접이 가능한 경우에 용착 금속의 양과 패스 수를 줄일 목적으로 사용되며 가장 두꺼운 판에 사용되는 용접홈
② I형 : 맞대기 용접에서 가장 얇은 박판에 사용
③ V형 : 맞대기 용접에서 한쪽 방향의 완전한 용입을 얻고자 할 때
④ X형 : 이음홈 형상 중에서 동일한 판두께에 대하여 가장 변형이 적게 설계된 것

문제 11

융점 450℃ 이상의 땜납재인 경납에 속하지 않는 것은?

① 주석-납
② 황동납
③ 인동납
④ 은납

해답 08. ③ 09. ④ 10. ③ 11. ①

해설 **경납의 종류**
① 은납 ② 황동납 ③ 인동납
④ 망간납 ⑤ 양은납 ⑥ 알루미늄납

문제 12 아크 용접 작업 중 허용전류가 20~50mA일 때 인체에 미치는 영향으로 맞는 것은?

① 고통을 느끼고 가까운 근육이 저려서 움직이지 않는다.
② 고통을 느끼고 강한 근육 수축이 일어나며 호흡이 곤란하다.
③ 고통을 수반한 쇼크를 느낀다.
④ 순간적으로 사망할 위험이 있다.

해설 **허용전류가 20~50mA일 때 인체에 미치는 영향** : 고통을 느끼고 강한 근육 수축이 일어나며 호흡이 곤란하다.

문제 13 용접결함이 오버랩일 경우 그 보수방법으로 가장 적당한 것은?

① 정지구멍을 뚫고 재 용접한다.
② 밑부분을 깎아내고 재 용접한다.
③ 가는 용접봉을 사용하여 재 용접한다.
④ 결함부분을 절단하여 재 용접한다.

해설 **결함의 보수**
① 오우랩의 보수 : 일부분을 깎아내고 재용접한다.
② 언더컷의 보수 : 지름이 작은 용접봉을 이용하여 보수
③ 균열의 보수 : 정지구멍을 뚫어 균열 부분은 홈을 판 후 재용접
④ 슬래그의 보수 : 깎아내고 재용접한다.

문제 14 용접균열에서 저온균열은 일반적으로 몇 ℃ 이하에서 발생하는 균열을 말하는가?

① 200~300℃ 이하 ② 300~400℃ 이하
③ 400~500℃ 이하 ④ 500~600℃ 이하

해설 용접균열에서 저온균열은 일반적으로 200~300℃ 이하에서 발생

문제 15 용접부의 시험 및 검사의 분류에서 충격 시험은 무슨 시험에 속하는가?

① 기계적 시험 ② 낙하 시험
③ 화학적 시험 ④ 압력 시험

12. ② 13. ② 14. ① 15. ①

해설 기계적 시험
① 굽힘시험 : 용접부의 연성결함을 조사하기 위하여 사용하는 시험법
② 충격시험(샤르피식, 아이조드식) : V형, U형의 노치를 만들어 충격적인 하중을 주어서 시험편을 파괴시키는 방법
③ 피로시험 : 작은 힘을 수 없이 반복하여 작용하면 파괴를 일으키는 방법
④ 인장시험 : 인장강도, 경도, 단면수축율, 연신율 등을 측정

문제 16
볼트나 환봉을 피스톤형의 홀더에 끼우고 모재와 볼트 사이에 순간적으로 아크를 발생시켜 용접하는 방법은?

① 서브머지드 아크 용접
② 스터드 용접
③ 테르밋 용접
④ 불활성가스 아크 용접

해설 용접방법
① 스터드용접 : 볼트나 환봉 등을 피스톤형 홀더에 끼우고 모재와 볼트사이에서 순간적으로 아크를 발생시켜 용접
② 서브머지드 아크용접 : 용제와 와이어가 분리되어 공급되고 아크가 용제속에 일어나며 잠호용접이라고도 한다.
③ 일렉트로 슬래그용접 : 아크열이 아닌 와이어와 용융슬래그 사이에 통전된 전류의 저항열을 이용하여 용접
④ 레이저용접 : 파장이 같은 빛을 렌즈로 집광하면 매우 작은 점으로 집광이 가능하며 높은 에너지로 접속하면 높은 열을 얻어 용접

문제 17
TIG용접에서 교류(AC), 직류정극성(DCSP), 직류역극성(DCRP)의 용입깊이를 비교한 것 중 옳은 것은?

① DCSP < AC < DCRP
② AC < DCSP < DCRP
③ AC < DCRP < DCSP
④ DCRP < AC < DCSP

해설 용입깊이 : DCSP > AC > DCRP

문제 18
용접봉의 습기가 원인이 되어 발생하는 결함으로 가장 적절한 것은?

① 선상조직
② 기공
③ 용입불량
④ 슬래그 섞임

해설 기공
① 용접봉 또는 용접부에 습기가 많을 경우
② 용접부가 급랭시
③ 아크길이 및 운봉법 불량시
④ 이음부에 기름, 페인트, 녹 등이 부착해 있을 경우
⑤ 과대전류 사용시
⑥ 수소, 산소, 일산화탄소가 너무 많을 때

해답 16. ② 17. ④ 18. ②

문제 19 테르밋 용접의 특징에 대한 설명 중 틀린 것은?

① 용접 작업이 단순하다.
② 용접 시간이 길고 용접 후 변형이 크다.
③ 용접기구가 간단하고 작업장소의 이동이 쉽다.
④ 전기가 필요 없다.

해설 테르밋 용접의 특징
① 전기가 필요하다.
② 용접이 단순하다.
③ 용접기구가 간단하고 작업장소의 이동이 쉽다.
④ 용접시간이 짧고 용접후 변형이 적다.
⑤ 작업장소의 이동이 용이

문제 20 두께가 3.2mm인 박판을 탄산가스 아크 용접법으로 맞대기 용접을 하고자 한다. 용접전류 100A를 사용할 때, 이에 적합한 아크 전압[V]의 조정 범위는 어느 정도인가?

① 10~13V ② 18~21V
③ 23~26V ④ 28~31V

해설 두께가 3.2mm인 박판을 탄산가스 아크 용접법으로 맞대기 용접시 용접전류 100A를 사용시 이에 적합한 아크 전압의 조정 범위 : 18~21V

문제 21 용접부의 결함 검사법에서 초음파 탐상법의 종류에 해당되지 않는 것은?

① 스테레오법 ② 투과법
③ 펄스반사법 ④ 공진법

해설 초음파 탐상법의 종류 : ① 펄스반사법 ② 투과법 ③ 공진법

문제 22 가스절단 작업시 유의할 사항으로 틀린 것은?

① 호스가 꼬여 있는지 확인한다.
② 가스절단에 알맞은 보호구를 착용한다.
③ 절단부가 예리하고 날카로우므로 상처를 입지 않도록 주의한다.
④ 절단 진행 중에 시선은 절단면을 떠나도 된다.

해설 가스절단 작업시 유의 사항
① 절단 진행중에 절단면을 계속 응시한다.
② 절단부가 예리하고 날카로우므로 상처를 입지 않도록 주의한다.
③ 가스절단에 알맞은 보호구를 착용한다.
④ 호스가 꼬여 있는지 확인한다.

해답
19. ② 20. ② 21. ① 22. ④

문제 23

피복 아크 용접 작업에서 아크길이 및 아크전압에 관한 설명으로 틀린 것은?

① 품질 좋은 용접을 하려면 원칙적으로 짧은 아크를 사용해야 한다.
② 아크 길이가 너무 길면 아크가 불안정하고, 용융금속이 산화 및 질화되기 어렵다.
③ 아크 길이는 보통 용접봉 심선의 지름 정도이나 일반적인 아크의 길이는 3mm 정도이다.
④ 아크 전압은 아크 길이에 비례한다.

해설 아크길이 및 아크전압
① 아크길이가 너무 길면 아크가 불안정하고, 용융금속이 산화 및 질화되기 쉽다.
② 아크 전압은 아크 길이에 비례한다.
③ 아크 길이는 보통 용접봉 심선의 지름 정도이나 일반적인 아크의 길이는 3mm 정도이다.
④ 품질 좋은 용접을 하려면 원칙적으로 짧은 아크를 사용

문제 24

용극식 용접법으로 용접봉과 모재 사이에 발생하는 아크의 열을 이용하여 용접하는 것은?

① 피복 아크 용접
② 플라스마 아크 용접
③ 테르밋 용접
④ 이산화탄소 아크 용접

해설 피복아크용접 : 용극식 용접법으로 용접봉과 모재사이에 발생하는 아크의 열을 이용 용접

문제 25

헬멧이나 핸드실드의 차광유리 앞에 보호유리를 끼우는 가장 타당한 이유는?

① 시력을 보호하기 위하여
② 가시광선을 차단하기 위하여
③ 적외선을 차단하기 위하여
④ 차광유리를 보호하기 위하여

해설 보호유리를 끼우는 가장 타당한 이유 : 차광유리를 보호하기 위해

문제 26

가연성 가스의 종류 중 불꽃의 온도가 가장 높은 것은?

① 아세틸렌
② 수소
③ 프로판
④ 메탄

해설 불꽃온도(아부수프메)
① 아세틸렌 : 3430℃
② 부탄 : 2926℃
③ 수소 : 2900℃
④ 프로판 : 2820℃
⑤ 메탄 : 2700℃

23. ② 24. ① 25. ④ 26. ①

문제 27 교류 아크 용접기에 비해 직류 아크 용접기에 관한 설명으로 올바른 것은?
① 구조가 간단하다.   ② 아크 안정성이 떨어진다.
③ 감전의 위험이 많다. ④ 극성의 변화가 가능하다.

해설 직류아크용접기
① 아크안정   ② 극성변화 가능   ③ 구조 복잡
④ 무부하전압 40~60V   ⑤ 고장 많다.   ⑥ 역률우수
⑦ 가격고가   ⑧ 박판이용

문제 28 가스용접시 모재의 두께가 3.2mm일 때 용접봉의 지름(mm)으로 가장 적당한 것은?
① 1.2   ② 2.6
③ 3.5   ④ 4.0

해설 용접봉 지름 $D = \dfrac{t}{2} + 1 = \dfrac{3.2}{2} + 1 = 2.6\text{mm}$

문제 29 피복 아크 용접봉의 용융속도를 결정하는 식은?
① 용융속도＝아크전류×용접봉 쪽 전압강하
② 용융속도＝아크전류×모재 쪽 전압강하
③ 용융속도＝아크전압×용접봉 쪽 전압강하
④ 용융속도＝아크전압×모재 쪽 전압강하

해설 피복 아크 용접봉의 용융속도＝아크전류×용접봉 쪽 전압강하

문제 30 내용적 33.7*l*의 산소병에 150kgf/cm2의 압력이 게이지에 표시되었다면 산소병에 들어있는 산소량은 몇 *l* 인가?
① 3400   ② 5055
③ 4700   ④ 4800

해설 산소량＝$150 \times 33.7 = 5055l$

문제 31 아세틸렌은 각종 액체에 잘 용해된다. 그러면 1기압 아세톤 2*l*에는 몇 *l*의 아세틸렌이 용해되는가?
① 2   ② 10
③ 25   ④ 50

해설 1기압 1*l*에 25배 용해되므로 $2 \times 25 = 50l$

해답 27. ④ 28. ② 29. ① 30. ② 31. ④

문제 32

아크에어 가우징의 작업 능률은 치핑이나 그라인딩 또는 가스 가우징보다 몇 배 정도 높은가?

① 10~12배
② 8~9배
③ 5~6배
④ 2~3배

해설 아크에어 가우징의 작업 능률은 치핑이나 그라인딩 또는 가스 가우징보다 2~3배 높다.

문제 33

용접 열원에서 기계적 에너지를 사용하는 용접법은?

① 초음파 용접
② 고주파 용접
③ 전자빔 용접
④ 레이저빔 용접

해설 용접 열원에서 기계적 에너지를 사용하는 열원법 : 초음파 용접

문제 34

피복 아크 용접봉의 용접부 보호방식에 의한 분류에 속하지 않는 것은?

① 슬래그 생성식
② 가스 발생식
③ 아크 발생식
④ 반가스 발생식

해설 피복아크 용접봉의 용접부 보호 방식
① 슬래그 생성식 ② 가스발생식
③ 반가스 발생식

문제 35

특수 절단 및 가스 가공 방법이 아닌 것은?

① 수중 절단
② 스카핑
③ 치핑
④ 가스 가우징

해설 특수 절단 및 가스 가공 방법
① 수중절단 ② 분말절단
③ 가스가우징 ④ 스카핑
⑤ 아크에어가우징

문제 36

교류전원이 없는 옥외 장소에서 사용하는데 가장 적합한 직류 아크 용접기는?

① 정류기형
② 가동 철심형
③ 엔진 구동형
④ 전동 발전형

해설 교류전원이 없는 옥외 장소에서 사용하는데 가장 적합한 직류 용접기
엔진 구동형

32. ④ 33. ① 34. ③ 35. ③ 36. ③

문제 37 산소-아세틸렌가스로 두께가 25mm 이하인 연강판을 산소절단 할 때 차광번호로 가장 적합한 것은?

① 10~12　　　　　　　② 7~8
③ 3~4　　　　　　　　④ 12~14

해설 산소-아세틸렌가스로 두께가 25mm 이하인 연강판을 산소절단시 차광번호 : 3~4

문제 38 가스 용접에서 전진법과 비교한 후진법의 특징 설명으로 옳은 것은?

① 용접속도가 느리다.　　　② 홈 각도가 크다.
③ 용접가능 판 두께가 두껍다.　④ 용접변형이 크다.

해설 후진법의 특징
① 두꺼운 판의 용접에 적합　② 비드표면이 매끈하지 못하다.
③ 용접속도가 빠르다.　　　④ 용접변형이 적다.
⑤ 홈의 각도가 적다.　　　　⑥ 열이용율이 좋다.

문제 39 가스절단에서 절단용 산소 중에 불순물이 증가하면 나타나는 결과가 아닌 것은?

① 절단면이 거칠어진다.　　② 절단속도가 늦어진다.
③ 슬래그의 이탈성이 나빠진다.　④ 산소의 소비량이 적어진다.

해설 불순물 증가시 나타나는 결과
① 산소의 소비량이 많아진다.　② 슬래그의 이탈성이 나빠진다.
③ 절단속도가 늦어진다.　　　④ 절단면이 거칠어진다.

문제 40 탄소 공구강 및 일반 공구재료의 구비조건 중 틀린 것은?

① 상온 및 고온경도가 클 것　② 내마모성이 클 것
③ 강인성 및 내충격성이 작을 것　④ 가공 및 열처리성이 양호할 것

해설 탄소 공구강의 구비조건
① 강인성 및 내충격성이 클 것　② 가공 및 열처리성이 양호할 것
③ 내마모성이 클 것　　　　　　④ 절단면이 거칠어진다.

문제 41 두랄루민(duralumin)의 성분 재료로 맞는 것은?

① Al, Cu, Mg, Mn　　　② Al, Cu, Fe, Si
③ Al, Fe, Si, Mg　　　　④ Al, Cu, Mn, Pb

해답

37. ③　38. ③　39. ④　40. ③　41. ①

해설 합금
① 두랄루민 : Al+Cu+Mg+Mn
② 라우탈 : Al+Cu+Si
③ 실루민 : Al+Si
④ 로엑스 : Al+Cu+Mg+Ni+Si
⑤ 일렉트론 : Al+Zn+Mg
⑥ 켈밋 : Cu+Pb(30~40%)
⑦ 문쯔메탈 : Cu(60%)+Zn(40%), 열교환기, 열간단조품, 탄피 등에 사용
⑧ 톰백 : Cu(80%)+Zn(20%), 화폐, 메달 등에 사용
⑨ 네이벌 : 6 : 4 황동+Sn(1~2%)
⑩ 델타메탈 : 6 : 4 황동+Fe(1~2%)
⑪ 콘스탄탄 : 구리(55%)+니켈(45%)
⑫ 플래티나이트 : Ni(40~50%)+Fe

문제 42

기본열처리 방법의 목적을 설명한 것으로 틀린 것은?

① 담금질-급냉시켜 재질을 경화시킨다.
② 풀림-재질을 연하고 균일화하게 한다.
③ 뜨임-담금질된 것에 취성을 부여한다.
④ 불림-소재를 일정온도에서 가열 후, 공냉시켜 표준화 한다.

해설 뜨임 : 인성증가

문제 43

구리와 구리 합금이 다른 금속에 비하여 우수한 점이 아닌 것은?

① 전기 및 열 전도율이 높다.
② 연하고 전연성이 좋아 가공하기 쉽다.
③ 철강보다 비중이 낮아 가볍다.
④ 철강에 비해 내식성일 좋다.

해설 구리의 성질
① 전기 및 열 전도율이 높다.
② 철강보다 비중이 높다. (철 : 7.87, 구리 : 8.96)
③ 연하고 전연성이 좋아 가공하기 쉽다.
④ 철강에 비해 내식성일 좋다.
⑤ 건조한 공기중에는 산화하지 않는다.
⑥ 비중은 8.96, 용융점은 1083℃
⑦ 아름다운 광택과 귀금속적 성질이 우수하다.
⑧ 황산, 염산에 용해되며 해수, 탄산가스에 녹이 생긴다.

42. ③ 43. ③

문제 44 주강의 특성을 설명한 것으로 틀린 것은?

① 유동성이 나쁘다.
② 주조시의 수축이 적다.
③ 고온 인장강도가 낮다.
④ 표피 및 그 인접부위의 품질이 양호하다.

해설 주강의 특성
① 유동성이 나쁘다.
② 주조시의 수축이 크다.
③ 표피 및 그 인접부위의 품질이 양호하다.
④ 고온인장강도가 낮다.

문제 45 마그네슘 합금의 성질 및 특징을 나타낸 것으로 적당하지 않은 것은?

① 비강도가 크고, 냉간가공이 거의 불가능하다.
② 인장강도, 연신율, 충격값이 두랄루민보다 적다.
③ 피절삭성이 좋으며, 부품의 무게 경감에 큰 효과가 있다.
④ 바닷물에 접촉하여도 침식되지 않는다.

해설 마그네슘 합금의 성질 및 특징
① 해수에는 침식된다.
② 피절삭성이 좋으며, 부품의 무게 경감에 큰 효과가 있다.
③ 인장강도, 연신율, 충격값이 두랄루민보다 작다.
④ 비강도가 크고, 냉간가공이 거의 불가능하다.

문제 46 냉각가공의 특징을 설명한 것으로 틀린 것은?

① 제품의 표면이 미려하다.
② 제품의 치수 정도가 좋다.
③ 가공경화에 의한 강도가 낮아진다.
④ 가공공수가 적어 가공비가 적게 든다.

해설 냉각가공의 특징
① 가공경화에 의한 경도가 커진다.
② 제품의 치수 정도가 좋다.
③ 가공수가 적어 가공비가 적게 든다.
④ 제품 표면이 미려하다.

해답 44. ② 45. ④ 46. ③

문제 47 산소-아세틸렌 가스를 사용하여 담금질성이 있는 강재의 표면만을 경화시키는 방법은?

① 화염 경화법
② 질화법
③ 고주파 경화법
④ 가스 침탄법

해설 화염 경화법 : 산소-아세틸렌 가스를 사용하여 담금질성이 있는 강재의 표면만을 경화시키는 방법

문제 48 주로 전자기 재료로 사용되는 Ni-Fe 합금이 아닌 것은?

① 인바
② 슈퍼인바
③ 콘스탄탄
④ 플라티나이트

해설 Ni-Fe 합금
① 플래티나이트
② 슈퍼인바
③ 인바

문제 49 오스테나이트계 스테인리스강 용접시 유의해야 할 사항이 아닌 것은?

① 아크를 중단하기 전에 크레이터 처리를 한다.
② 아크 길이를 길게 유지한다.
③ 낮은 전류로 용접하여 용접 입열을 억제한다.
④ 용접봉은 가급적 모재의 재질과 동일한 것을 사용한다.

해설 오스테나이트계 스테인리스강 용접시 유의해야 할 사항
① 아크 길이를 짧게 유지한다.
② 아크를 중단하기 전에 크레이터 처리를 한다.
③ 용접봉은 가급적 모재의 재질과 동일한 것을 사용한다.
④ 낮은 전류로 용접하여 용접 입열을 억제한다.

문제 50 가단주철은 주조성이 우수한 백선주물을 만들고 열처리함으로써 강인한 조직과 단조를 가능케 한 주철인데 그 종류가 아닌 것은?

① 백심가단주철
② 펄라이트 가단주철
③ 특수가단주철
④ 오스테나이트 가단주철

해설 가단 주철의 종류
① 백심가단주철
② 펄라이트 가단주철
③ 특수가단주철

해답 47. ① 48. ③ 49. ② 50. ④

문제 51. 그림과 같은 용접도시기호를 올바르게 해석한 것은?

① 슬롯 용접의 용접 수 22
② 슬롯의 너비 6mm, 용접길이 22mm
③ 슬롯 용접 루트간격 6mm, 폭 150mm
④ 슬롯의 너비 5mm, 피치 22mm

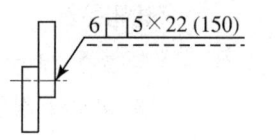

문제 52. 보기 입체도에서 화살표 방향 투상도로 적합한 것은?

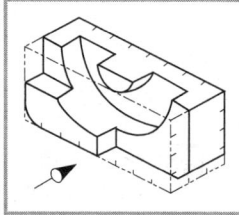

문제 53. 다음 중 머리부를 포함한 리벳의 전체 길이로 리벳 호칭길이를 나타내는 것은?

① 얇은 납작머리 리벳
② 접시머리 리벳
③ 둥근머리 리벳
④ 냄비머리 리벳

해설 **접시머리 리벳** : 머리부를 포함한 리벳의 전체 길이로 리벳 호칭길이를 나타냄.

문제 54. 기계제도에서 사용하는 선의 용도에 따라 사용하는 선의 종류가 틀린 것은?

① 외형선 : 가는 실선
② 피치선 : 가는 1점 쇄선
③ 중심선 : 가는 1점 쇄선
④ 숨은선 : 가는 파선 또는 굵은 파선

해설 **외형선** : 굵은 실선

문제 55. 용접부의 보조기호에서 제거 가능한 이면 판재를 사용하는 경우의 표시 기호는?

① M
② P
③ MR
④ PR

51. ② 52. ③ 53. ② 54. ① 55. ③

문제 56

그림과 같은 입체도에서 화살표 방향이 정면일 때 3각법으로 올바르게 투상한 것은?

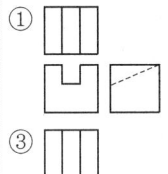
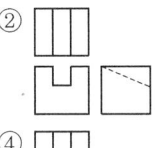
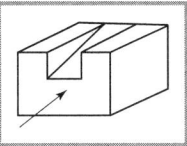

문제 57

모서리나 중심축에 평행선을 그어 전개하는 방법으로 주로 각기둥이나 원기둥을 전개하는데 가장 적합한 전개도법의 종류는?

① 삼각형을 이용한 전개도법
② 평행선을 이용한 전개도법
③ 방사선을 이용한 전개도법
④ 사다리꼴을 이용한 전개도법

해설 **평행선을 이용한 전개도법** : 모서리 중심축에 평행선을 그어 전개하는 방법으로 주로 각기둥이나 원기둥을 전개하는데 가장 적합

문제 58

원호의 길이가 42mm를 나타낸 것으로 옳은 것은?

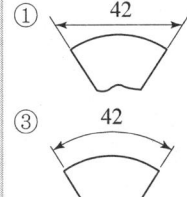
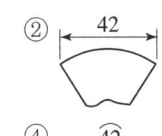
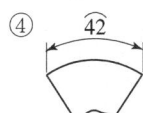

문제 59

3개의 좌표축의 투상이 서로 120°가 되는 축측 투상으로 평면, 측면, 정면을 하나의 투상면 위에 동시에 볼 수 있도록 그려진 투상법은?

① 등각 투상법
② 국부 투상법
③ 점 투상법
④ 경사 투상법

해설 **투상도**
① **등각투상도** : 서로 120°를 이루는 3개의 기본 측에 정면, 평면, 측면을 하나의 투상면 위에서 동시에 볼 수 있도록 나타낸 입체도
② **보조투상도** : 경사면부가 있는 대상물에서 그 경사면의 실험을 나타낼 필요가 있는 경우에 그리는 투상도
③ **국부투상도** : 대상물의 구멍, 홈 등과 같이 한 부분의 모양을 도시

해답 56. ④ 57. ② 58. ④ 59. ①

문제 60 도면에서 표제란의 투상법란에 그림과 같은 투상법 기호로 표시되는 경우는 몇 각법 기호인가?

① 1각법
② 2각법
③ 3각법
④ 4각법

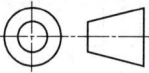

2022년 3월 CBT 시행

문제 01 MIG용접의 기본적인 특징이 아닌 것은?

① 아크가 안정되므로 박판(3mm 이하) 용접에 적합하다.
② TIG 용접에 비해 전류밀도가 높다.
③ 피복 아크 용접에 비해 용착효율이 높다.
④ 바람의 영향을 받기 쉬우므로 방풍 대책이 필요하다.

해설 미그용접의 특징
① TIG 용접에 비해 전류밀도가 높다.
② 박판용접(30mm 이하)에는 적용이 곤란
③ 바람의 영향을 받기 쉬우므로 방풍 대책이 필요하다.
④ 피복 아크 용접에 비해 용착효율이 높다.
⑤ 후판용접에 적합
⑥ CO_2 용접에 비해 스패터 발생이 적다.
⑦ 전자세용접이 가능하다.
⑧ 모든 금속의 용접이 가능
⑨ 보호가스의 가격이 비싸서 연강용접에는 다소 부적당

문제 02 연납용 용제로만 구성되어 있는 것은?

① 붕사, 붕산, 염화아연
② 염화아연, 염산, 염화암모늄
③ 불화물, 알칼리, 염산
④ 붕산염, 염화암모늄, 붕사

해설 용제
① 연납용 용제(인염아암)
  ㉠ 인산   ㉡ 염산   ㉢ 염화아연   ㉣ 염화암모니아
② 경납용 용제(붕붕염염산빙)
  ㉠ 붕사   ㉡ 붕산   ㉢ 염화나트륨   ㉣ 염화리튬
  ㉤ 산화 제1구리   ㉥ 빙정석

문제 03 피복 아크 용접작업에 대한 안전사항으로 가장 적합하지 않은 것은?

① 저압전기는 어느 작업이든 안심할 수 있다.
② 퓨즈는 규정된 대로 알맞은 것을 끼운다.
③ 전선이나 코드의 접속부는 절연물로서 완전히 피복하여 둔다.
④ 용접기 내부에 함부로 손을 대지 않는다.

해답 01. ① 02. ② 03. ①

> **해설** 피복 아크 용접작업에 대한 안전사항
> ① 용접기 내부에 함부로 손을 대지 않는다.
> ② 전선이나 코드의 접속부는 절연물로서 완전히 피복하여 둔다.
> ③ 퓨즈는 규정된 대로 알맞은 것을 끼운다.
> ④ 저압전기도 어느 작업이든 안심할 수 없다.

문제 04 서브머지드 아크 용접의 용제 중 흡습성이 가장 높은 것은?
① 용제형　　② 혼성형
③ 용융형　　④ 소결형

> **해설** 서브머지드 아크 용접의 용제 중 흡습성이 가장 높은 것 : 소결형

문제 05 티그(TIG)용접에서 텅스텐 전극봉의 고정을 위한 장치는?
① 콜릿 척　　② 와이어 릴
③ 프레임　　④ 가스 세이버

> **해설** 티그용접에서 텅스텐 전극봉의 고정을 위한 장치 : 콜릿 척

문제 06 프로젝션 용접의 용접 요구조건에 대한 설명으로 틀린 것은?
① 전류가 통한 후에 가압력에 견딜 수 있을 것
② 상대 판이 충분히 가열될 때까지 녹지 않을 것
③ 성형시 일부에 전단 부분이 생기지 않을 것
④ 성형에 의한 변형이 없고 용접 후 양면의 밀착이 양호할 것

문제 07 귀마개를 착용하고 작업하면 안 되는 작업자는?
① 조선소의 용접 및 취부작업자　　② 자동차 조립공장의 조립작업자
③ 판금작업장의 타출 판금작업자　　④ 강재 하역장의 크레인 신호자

> **해설** 귀마개를 착용하고 작업
> ① 판금작업장의 타출 판금작업자
> ② 자동차 조립공장의 조립작업자
> ③ 조선소의 용접 및 취부작업자

해답　04. ④　05. ①　06. ①　07. ④

문제 08
변형 방지용 지그의 종류 중 아래 그림과 같이 사용된 지그는?

① 바이스 지그
② 패널용 탄성 역변형 지그
③ 스트롱 백
④ 탄성 역변형 지그

문제 09
피복 아크 용접부 결함의 종류인 스패터의 발생 원인으로 가장 거리가 먼 것은?

① 운봉 속도가 느릴 때
② 전류가 높을 때
③ 수분이 많은 용접봉을 사용했을 때
④ 아크 길이가 너무 길 때

해설 스패터의 발생 원인
① 아크 길이가 너무 길 때
② 수분이 많은 용접봉 사용 시
③ 전류가 높을 때
④ 운봉속도가 빠를 때

문제 10
강판용접 중 산화철을 환원시키기 위해 탈산제를 사용하는데 다음 반응식 중 맞는 것은?

① $FeO + Mn \rightleftarrows Fe + MnO$
② $FeO + Mg \rightleftarrows Fe + MgO_2$
③ $FeO + Al \rightleftarrows Fe + Al_2O_3$
④ $FeO + Ti \rightleftarrows Fe + TiO_2$

해설 강판용접 중 산화철을 환원시키기 위해 탈산제 사용 시 반응식
$FeO + Mn \rightleftarrows Fe + MnO$

문제 11
다음 그림 중에서 용접 열량의 냉각속도가 가장 큰 것은?

①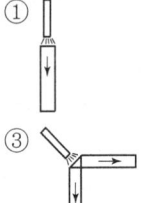
②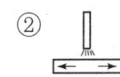
③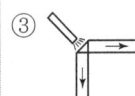
④

문제 12
탄산가스 아크 용접의 종류에 해당되지 않는 것은?

① NCG법
② 테르밋 아크법
③ 유니온 아크법
④ 퓨즈 아크법

해설 탄산가스 아크 용접의 종류
① 퓨즈 아크법
② 유니온 아크법
③ NCG 법

문제 13
서브머지드 아크 용접에 대한 설명으로 틀린 것은?
① 가시용접으로 용접시 용착부를 육안으로 식별이 가능하다.
② 용융속도와 용착속도가 빠르며 용입이 깊다.
③ 용착금속의 기계적 성질이 우수하다.
④ 비드 외관이 아름답다.

해설 서브머지드 아크 용접
① 용접진행 상태의 양, 부를 육안식별이 불가능하다.
② 용융속도와 용착속도가 빠르며 용입이 깊다.
③ 용착금속의 기계적 성질이 우수하다.
④ 비드 외관이 아름답다.
⑤ 개선 홈의 정밀을 요한다.(패킹재 미사용 시 루트간격 0.8mm 이하)
⑥ 장비의 가격이 고가이다.
⑦ 용접재료에 제약을 받는다.
⑧ 개선각을 적게 하여 용접패스 수를 줄일 수 있다.

문제 14
MIG 용접시 사용하는 차광유리의 차광도 번호로 가장 알맞은 것은?
① 2~3
② 5~6
③ 12~13
④ 18~20

해설 MIG 용접시 사용하는 차광유리의 차광도 번호 : 12~13

문제 15
모재 및 용접부에 대한 연성과 결함의 유무를 조사하기 위하여 시행하는 시험법은?
① 경도시험
② 피로시험
③ 굽힘시험
④ 충격시험

해설 기계적 시험법
① **굽힘시험** : 용접부의 연성결함 유무을 조사하기 위하여 사용하는 시험법
② **충격시험**(샤르피식, 아이조드식) : V형, U형의 노치를 만들어 충격적인 하중을 주어서 시험편을 파괴시키는 방법
③ **피로시험** : 작은 힘을 수없이 반복하여 작용하면 파괴를 일으키는 방법
④ **인장시험** : 인장강도, 경도, 연신율, 단면수축율 등을 측정

문제 16
용접결함 종류 중 성질상 결함에 해당되지 않는 것은?
① 인장강도 부족
② 표면 결함
③ 항복강도 부족
④ 내식성의 불량

해설 용접결함 중 성질상 결함
① 인장강도 부족   ② 내식성의 불량   ③ 항복강도 부족

해답
13. ①   14. ③   15. ③   16. ②

문제 17 가스용접 작업 할 때 주의하여야 할 안전사항 중 틀린 것은?

① 가스용접을 할 때는 면장갑을 낀다.
② 작업자의 눈을 보호하기 위하여 차광유리가 부착된 보안경을 착용한다.
③ 납이나 아연합금 또는 도금재료를 가스용접시 중독될 우려가 있으므로 주의하여야 한다.
④ 가스용접 작업은 가연성 물질이 없는 안전한 장소를 선택한다.

해설 가스용접시에는 용접장갑을 낀다.

문제 18 한 개의 용접봉을 살을 붙일만한 길이로 구분해서, 홈을 한 부분씩 여러 층으로 쌓아올린 다음 다른 부분으로 진행하는 용착법은?

① 스킵법
② 빌드업법
③ 전진블록법
④ 케스케이드법

해설 용착법
① 전진블록법 : 한 개의 용접봉을 살을 붙일만한 길이로 구분해서, 홈을 한 부분씩 여러 층으로 쌓아올린 다음 다른 부분으로 진행하는 용착법
② 스킵법 : 이음전 길이에 대해서 뛰어 넘어서 용접하는 방법
③ 빌드업법 : 다층 용접에서 각 층마다 전체길이를 용접하면서 쌓아 올리는 용접방법
④ 케스케이드법 : 한부분에 대해 몇 층을 용접하다가 다음 부분으로 연속시켜 용접

문제 19 불활성 가스 텅스텐 아크 용접을 설명한 것 중 틀린 것은?

① 직류 역극성에서는 청정작용이 있다.
② 알루미늄과 마그네슘의 용접에 적합하다.
③ 텅스텐을 소모하지 않아 비용극식이라고 한다.
④ 잠호 용접법이라고도 한다.

해설 불활성 가스 텅스텐 아크 용접
① 아르곤아크, 헬륨아크, 헬리웰드라고도 한다.
② 텅스텐을 소모하지 않아 비용극식이라고 한다.
③ 알루미늄과 마그네슘의 용접에 적합하다.
④ 직류 역극성에서는 청정작용이 있다.
⑤ 용제를 사용하지 않으므로 슬래그제거가 불필요하다.
⑥ 모든 용접 자세가 가능하며 특히 박판 용접에서 능률이 좋다.
⑦ 산화, 질화 등을 방지할 수 있어 우수한 이음 깨끗하고 아름다운 비드를 얻을 수 있다.

해답 17. ① 18. ③ 19. ④

문제 20 수냉 동판을 용접부의 양면에 부착하고 용융된 슬래그 속에서 전극와이어를 연속적으로 송급하여 용융슬래그 내를 흐르는 저항 열에 의하여 전극와이어 및 모재를 용융 접합시키는 용접법은?

① 초음파 용접
② 플라즈마 제트 용접
③ 일렉트로 가스 용접
④ 일렉트로 슬래그 용접

해설 **일렉트로 슬래그 용접** : 수냉 동판을 용접부의 양면에 부착하고 용융된 슬래그 속에서 전극와이어를 연속적으로 송급하여 용융슬래그 내를 흐르는 저항 열에 의하여 전극와이어 및 모재를 용융 접합시키는 용접법

문제 21 판 두께가 보통 6mm 이하인 경우에 사용되고 루트간격을 좁게 하면 용착금속의 양도 적어져서 경제적인 면에서는 우수하나 두께가 두꺼워지면 완전 용입이 어려운 용접 이음은?

① I형
② V형
③ U형
④ X형

해설
① **I형** : 판 두께가 6mm 이하인 경우에 사용되고 두께가 두꺼워지면 완전 용입이 어려운 용접
② **H형** : X형 홈과 같이 양면용접이 가능한 경우에 용착 금속의 양과 패스 수를 줄일 목적으로 사용되며 모재가 두꺼울수록 유리한 홈의 형상
③ **V형** : 맞대기 용접에서 한쪽방향의 완전한 용입을 얻고자 할 때
④ **X형** : 이음 홈 형상 중에서 동일한 판 두께에 대하여 가장 변형이 적게 설계 된 것

문제 22 보호가스의 공급 없이 와이어 자체에서 발생한 가스에 의해 아크 분위기를 보호하는 용접방법은?

① 일렉트로 슬래그 용접
② 플라즈마 용접
③ 논 가스 아크 용접
④ 테르밋 용접

해설
① **논가스아크용접** : 보호가스의 공급 없이 와이어 자체에서 발생한 가스에 의해 아크 분위기를 보호하는 용접법
② **일렉트로 슬래그 용접** : 아크열이 아닌 와이어와 용융슬래그 사이에 통전된 전류의 저항열을 이용하여 용접
③ **테르밋용접** : 산화철분말과 알루미늄분말(1 : 3)의 중량비로 혼합한 테르밋제에 과산화바륨과 마그네슘분말을 혼합한 점화촉진제를 넣어 연소시켜 용접 주로 철도레일, 차축, 선박프레임 등의 용접

해답 20. ④ 21. ① 22. ③

문제 23

피복제의 주된 역할로 틀린 것은?

① 아크를 안정하게 하고, 전기절연작용을 한다.
② 스패터링(spattering)을 많게 한다.
③ 모재표면의 산화물을 제거하고 양호한 용접부를 만든다.
④ 슬래그 제거를 쉽게 하고, 파형이 고운 비드를 만든다.

해설 피복제의 역할
① 아크안정
② 전기절연작용
③ 탈산정련작용
④ 스패터 발생을 적게 한다.
⑤ 공기 중의 산화, 질화 방지
⑥ 슬래그 제거를 쉽게 한다.
⑦ 합금원소 첨가
⑧ 용착효율을 높인다.

문제 24

용접용어에 대한 정의를 설명한 것으로 틀린 것은?

① 모재 : 용접 또는 절단되는 금속
② 다공성 : 용착금속 중 기공의 밀집한 정도
③ 용락 : 모재가 녹은 깊이
④ 용가재 : 용착부를 만들기 위하여 녹여서 첨가하는 금속

해설 용접용어
① 용락 : 모재가 녹아 쇳물이 떨어지는 것
② 용입 : 모재가 녹은 깊이
③ 용융지 : 모재의 일부가 녹는 쇳물 부분
④ 용제 : 용접시 산화물, 기타 해로운 물질을 용융금속에서 제거
⑤ 스패터 : 아크용접이나 가스용접시 비산하는 슬래그
⑥ 은점 : 용착금속의 파단면에 나타나는 은백색을 한 고기 눈 모양의 결함부
⑦ 용가재 : 용착부를 만들기 위하여 녹여서 첨가하는 것

문제 25

아크에어 가우징은 가스 가우징이나 치핑에 비하여 여러 가지 특징이 있다. 그 설명으로 틀린 것은?

① 작업능률이 높다.
② 모재에 악영향을 주지 않는다.
③ 작업방법이 비교적 용이하다.
④ 소음이 크고 응용범위가 좁다.

해설 아크에어 가우징의 특징
① 응용범위가 넓다.
② 작업방법이 비교적 용이하다.
③ 모재에 악영향을 주지 않는다.
④ 작업능률이 높다.
⑤ 용접결함부의 발견이 쉽다.

해답 23. ② 24. ③ 25. ④

문제 26 리벳이음에 비교한 용접이음의 특징을 열거한 것 중 틀린 것은?

① 구조가 복잡하다. ② 유밀, 기밀, 수밀이 우수하다.
③ 공정의 수가 절감된다. ④ 이음 효율이 높다.

해설 용접이음의 특징
① 기밀, 수밀, 유밀이 우수하다. ② 공정수가 절감 된다.
③ 이음효율이 높다. ④ 재료에 두께에 제한이 없다.
⑤ 이종재료로 접합가능 ⑥ 보수와 수리가 용이
⑦ 용접의 자동화가 용이 ⑧ 제품의 성능과 수명이 향상된다.

문제 27 주철이나 비철금속은 가스절단이 용이하지 않으므로 철분 또는 용제를 연속적으로 절단용 산소에 공급하여 그 산화열 또는 용제의 화학작용을 이용한 절단 방법은?

① 분말절단 ② 산소창절단
③ 탄소아크절단 ④ 스카핑

해설
① **분말절단** : 주철이나 비철금속은 가스절단이 용이하지 않으므로 철분 또는 용제를 연속적으로 절단용 산소에 공급하여 그 산화열 또는 용제의 화학작용을 이용 절단
② **산소창절단** : 두꺼운 판, 주강의 슬랙덩어리, 암석의 천공 등의 절단에 이용
③ **스카핑** : 강편, 슬래그, 탈탄층, 표면균열 등의 표면결함을 불꽃가공에 의해 제거하는 방법으로 얕은 홈 가공시 사용
④ **산소아크절단** : 중공의 피복 용접봉과 모재사이에 아크를 발생시키고, 중심에서 산소를 분출시키며 절단

문제 28 직류 아크 용접시 정극성으로 용접할 때의 특징이 아닌 것은?

① 박판, 주철, 합금강, 비철금속의 용접에 이용된다.
② 용접봉의 녹음이 느리다.
③ 비드 폭이 좁다.
④ 모재의 용입이 깊다.

해설 직류정극성의 특징
① 모재(+) 70%, 용접봉(-) 30% ② 용입이 깊다.
③ 후판용접이 가능 ④ 용접봉의 녹음이 느리다.
⑤ 비드폭이 좁다.

해답 26. ① 27. ① 28. ①

문제 29 가연성 가스가 가져야 할 성질 중 맞지 않는 것은?

① 불꽃의 온도가 높을 것
② 용융금속과 화학반응을 일으키지 않을 것
③ 연소속도가 느릴 것
④ 발열량이 클 것

해설 가연성 가스가 가져야 할 성질
① 연소 속도가 빠를 것   ② 발열량이 클 것
③ 용융금속과 화학반응을 일으키지 않을 것   ④ 불꽃의 온도가 높을 것

문제 30 용접법의 분류에서 압접에 해당되는 것은?

① 유도가열 용접
② 전자 빔 용접
③ 일렉트로 슬래그 용접
④ MIG 용접

해설 압접
① 유도가열용접   ② 단접   ③ 가압테르밋용접
④ 마찰용접   ⑤ 냉간압접   ⑥ 초음파용접
⑦ 저항용접
  ㉠ 겹치기용접 : ⓐ 점용접   ⓑ 시임용접   ⓒ 프로젝션용접
  ㉡ 맞대기용접 : ⓐ 업셋용접   ⓑ 방전충격용접   ⓒ 플래쉬용접
              ⓓ 포일시임용접   ⓔ 퍼커션용접

문제 31 가스절단 토치 형식 중 절단 팁이 동심형에 해당하는 형식은?

① 영국식
② 미국식
③ 독일식
④ 프랑스식

해설 ① 프랑스식 : 동심형   ② 독일식 : 이심형

문제 32 직류 아크 용접기와 비교한 교류 아크 용접기의 특징을 올바르게 나타낸 것은?

① 아크의 안정성이 약간 떨어진다.
② 값이 비싸고 취급이 어렵다.
③ 고장이 많아 보수가 어렵다.
④ 무부하 전압이 낮아 전격의 위험이 적다.

해설 교류아크용접기의 특징
① 아크 불안정   ② 극성변화 불가능
③ 구조 간단   ④ 무부하 전압 70~80V
⑤ 고장이 적다.   ⑥ 역률이 떨어진
⑦ 가격이 저가   ⑧ 후판이용

29. ③ 30. ① 31. ④ 32. ①

문제 33 폭발 위험성이 가장 큰 산소와 아세틸렌의 혼합비(%)는? (단, 산소 : 아세틸렌)

① 40 : 60
② 15 : 85
③ 60 : 40
④ 85 : 15

해설 산소와 아세틸렌의 혼합비 : 85 : 15

문제 34 연강용 가스 용접봉을 선택할 때 고려해야 할 사항으로 틀린 것은?

① 모재와 같은 재질일 것
② 기계적 성질에 나쁜 영향을 주지 않을 것
③ 용융온도가 모재와 동일하지 않을 것
④ 용접봉의 재질 중에 불순물을 포함하고 있지 않을 것

해설 연강용 가스 용접봉 선택시 고려사항
① 용접봉의 재질 중에 불순물을 포함하고 있지 않을 것
② 용융온도가 모재와 동일할 것
③ 기계적 성질에 나쁜 영향을 주지 않을 것
④ 모재와 같은 재질일 것

문제 35 케이블과 클램프 및 클램프와 용접물의 각 접속부는 잘 접속되어야 한다. 만일 접속이 나쁠 때 발생되는 현상이 아닌 것은?

① 접속부에서 열이 과도하게 발생한다.
② 접속부를 손상시킨다.
③ 아크가 불안정하다.
④ 전력이 절약된다.

해설 접속이 나쁠 때 발생되는 현상
① 전력소비가 많이 된다.   ② 아크가 불안정하다.
③ 접속부를 손상시킨다.   ④ 접속부에서 열이 과도하게 발생한다.

문제 36 35℃에서 150기압으로 압축하여 내부용적 40.7리터의 산소 용기에 충전하였을 때, 용기속의 산소량은 몇 리터인가?

① 4105
② 5210
③ 6105
④ 7210

해설 산소량 $= 40.7 \times 50 = 6105 l$

33. ④ 34. ③ 35. ④ 36. ③

문제 37
가스 용접에서 용제를 사용하는 주된 이유로 적합하지 않은 것은?

① 재료표면의 산화물을 제거한다.
② 용융금속의 산화 · 질화를 감소하게 한다.
③ 청정작용으로 용착을 돕는다.
④ 용접봉 심선의 유해성분을 제거한다.

해설 용제를 사용하는 주된 이유
① 청정작용으로 용착을 돕는다.
② 용융금속의 산화 · 질화를 감소하게 한다.
③ 재료표면의 산화물을 제거한다.

문제 38
담금질한 강에 뜨임을 하는 가장 주된 목적은?

① 재질에 인성을 갖게 하려고
② 조대화 된 조직을 정상화 하려고
③ 재질을 더욱 더 단단하게 하려고
④ 재질의 화학성분을 보충하기 위해서

해설 열처리
① 뜨임 : 인성증가
② 담금질 : 경도와 강도 증가
③ 풀림 : 가공응력 및 내부응력 제거
④ 불림 : 조직의 미세화 및 편석이나 잔류응력 제거

문제 39
피복 아크 용접 중 3.2mm의 용접봉으로 용접할 때 일반적인 아크 길이로 가장 적당한 것은?

① 6mm
② 3mm
③ 7mm
④ 5mm

해설 피복 아크 용접 중 3.2mm의 용접봉으로 용접 시 일반적인 아크 길이 : 3mm

문제 40
가스절단 작업을 할 때, 생기는 드래그는 보통 판 두께의 몇 %를 표준으로 하는가?

① 5
② 10
③ 15
④ 20

해설 드래그길이 $= 판두께 \times \dfrac{1}{5} = 20\%$

해답 37. ④ 38. ① 39. ② 40. ④

문제 41
탄소강이 황(S)을 많이 함유하게 되면 고온에서 메짐이 나타나는 현상을 무엇이라 하는가?

① 적열메짐 ② 청열메짐
③ 저온메짐 ④ 충격메짐

해설 ① 황 : 적열메짐
② 인 : 청열메짐

문제 42
보통 주강에 3% 이하의 Cr을 첨가하여 강도와 내마멸성을 증가시켜 분쇄기계, 석유화학 공업용 기계부품 등에 사용되는 합금 주강은?

① Ni 주강 ② Cr 주강
③ Mn 주강 ④ Ni-Cr 주강

해설 Cr 주강 : 보통 주강에 3% 이하의 Cr을 첨가하여 강도와 내마멸성을 증가시켜 분쇄기계, 석유화학 공업용 기계부품 등에 사용

문제 43
다음 순금속 중 열전도율이 가장 높은 것은?

① 은(Ag) ② 금(Au)
③ 알루미늄(Al) ④ 주석(Sn)

해설 열전도율
은 > 구리 > 금 > 알루미늄 > 마그네슘 > 니켈 > 철 > 납

문제 44
베어링에 사용되는 대표적인 구리합금으로 70% Cu- 30% Pb 합금은?

① 켈밋(kelmet) ② 배빗메탈(babbit metal)
③ 다우메탈(dow metal) ④ 톰백(tombac)

해설 ① 켈밋 : Cu(70%)+Zn(30%) : 베어링에 사용
② 톰백 : Cu(80%)+Zn(20%) : 화폐, 메달 등에 사용

문제 45
다음 중 고온경도가 가장 좋은 것은?

① WC-TIC-Co계 초경합금 ② 고속도강
③ 탄소 공구강 ④ 합금 공구강

해답
41. ① 42. ② 43. ① 44. ① 45. ①

문제 46
고급 주철의 바탕은 어떤 조직으로 이루어 졌는가?

① 펄라이트 ② 시멘타이트
③ 페라이트 ④ 오스테나이트

해설 고급 주철의 바탕은 펄라이트 조직으로 되어 있다.

문제 47
게이지용 강이 구비해야 할 특성에 대한 설명으로 틀린 것은?

① 담금질에 의한 변형 및 균열이 적어야 한다.
② 장시간 경과해도 치수의 변화가 적어야 한다.
③ 내마모성이 크고 내식성이 우수해야 한다.
④ 담금질 응력 및 열팽창 계수가 커야 한다.

해설 **게이지용 강이 구비해야 할 특성**
① 담금질 응력 및 열팽창 계수가 적어야 한다.
② 내마모성이 크고 내식성이 우수해야 한다.
③ 장시간 경과해도 치수의 변화가 적어야 한다.
④ 담금질에 의한 변형 및 균열이 적어야 한다.

문제 48
황동에 생기는 자연균열의 방지법으로 가장 적합한 것은?

① 도료나 아연도금을 실시한다. ② 황동판에 전기를 흐르게 한다.
③ 황동에 약간의 철을 합금시킨다. ④ 수증기를 제거시킨다.

해설 **황동에 생기는 자연균열의 방지법** : 도료나 아연도금을 실시한다.

문제 49
오스테나이트계 스테인리스강의 용접시 유의해야 할 사항으로 틀린 것은?

① 층간온도가 320℃ 이상을 넘어서지 않도록 한다.
② 낮은 전류값으로 용접하여 용접 입열을 억제한다.
③ 아크를 중단하기 전에 크레이터 처리를 한다.
④ 아크 길이를 깊게 유지한다.

해설 **오스테나이트계 스테인리스강의 용접시 주의사항**
① 예열을 하지 말아야 한다.
② 층간온도가 320℃ 이상을 넘어서는 안 된다.
③ 짧은 아크길이를 유지한다.
④ 아크를 중단하기 전에 크레이터 처리를 한다.
⑤ 용접봉은 모재와 동일한 재료를 쓰며 가는 용접봉으로 사용
⑥ 낮은 전류값으로 용접하여 용접 입열을 억제한다.

해답 46. ① 47. ④ 48. ① 49. ④

문제 50
표면 경화 처리에서 침탄법의 설명으로 맞는 것은?

① 고체침탄법, 액체침탄법, 기체침탄법이 있다.
② 침탄 후 열처리가 필요하다.
③ 침탄 후 수정이 불가능하다.
④ 표면경화 시간이 길다.

해설 **침탄법**
① 고체침탄법, 액체침탄법, 가스침탄법이 있다.
② 침탄 후 열처리가 필요하다.
③ 침탄 후 수정이 가능하다.
④ 표면경화 시간이 짧다.

문제 51
그림과 같은 입체도에서 화살표 방향을 정면으로 하여 제3각법 투상도로 가장 적합한 것은?

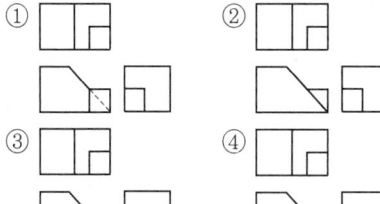
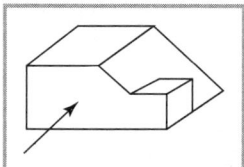

문제 52
그림과 같은 원뿔을 축선과 평행인 X-X 평면으로 절단했을 때 생기는 원뿔곡선은 무엇인가?

① 타원
② 진원
③ 쌍곡선
④ 사이클로이드곡선

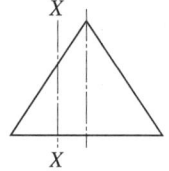

문제 53
가는 2점 쇄선을 사용하는 가상선의 용도가 아닌 것은?

① 단면도의 절단된 부분을 나타내는 것
② 가공 전·후의 형상을 나타내는 것
③ 인접부분을 참고로 나타내는 것
④ 가동 부분을 이동 중의 특정한 위치 또는 이동한계의 위치로 표시하는 것

50. ② 51. ① 52. ③ 53. ①

해설 **가상선**(가는 2점 쇄선) **용도**
① 가동 부분을 이동 중의 특정한 위치 또는 이동한계의 위치로 표시
② 인접부분을 참고로 나타내는 것
③ 가공 전·후의 형상을 나타내는 것

문제 54

배관 도면에서 그림과 같은 기호의 의미로 가장 적합한 것은?

① 콕 일반
② 볼 밸브
③ 체크 밸브
④ 안전 밸브

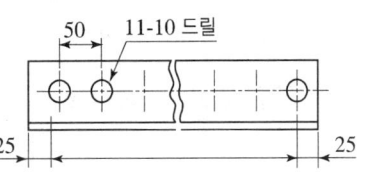

해설
① ▷◁ : 글로우브밸브   ② ▷◁ : 게이트밸브(슬로우스밸브)
③ ▷◁ : 볼밸브   ④ ▷◁ : 안전밸브
⑤ ▷◁ : 체크밸브

문제 55

그림과 같은 도면의 해독으로 잘못된 것은?

① 구멍사이의 피치는 50mm
② 구멍의 지름은 10mm
③ 전체 길이는 600mm
④ 구멍의 수는 11개

해설 전체길이 : $50 \times 11 - 2 \times 10 = 530mm$

문제 56

도면의 척도 값 중 실제 형상을 축소하여 그리는 것은?

① 100 : 1   ② $\sqrt{2}$: 1
③ 1 : 1   ④ 1 : 2

해설 **척도의 종류**
① 축척 : 도형을 실무 보다 작게 제도(1 : 2, 1 : 5, 1 : 10 …)
② 현척 : 도형을 실무과 같게 제도(1 : 1, 2 : 2)
③ 배척 : 도형을 실무 보다 크게 제도(2 : 1, 5 : 1)

문제 57

치수 보조기호 중 지름을 표시하는 기호는?

① D   ② ϕ
③ R   ④ SR

54. ③ 55. ③ 56. ④ 57. ②

해설 **치수의 표시방법**
① 지름 : φ ② 반지름 : R ③ 구의 지름 : Sφ
④ 구의 반지름 : SR ⑤ 정사각형의 변 : □ ⑥ 판의 두께 : t
⑦ 45° 모따기 : C ⑧ 이론적으로 정확한 치수 : 123
⑨ 참고치수 : ( )

문제 58 그림의 용접 도시기호는 어떤 용접을 나타내는가?

① 점 용접
② 플러그 용접
③ 심 용접
④ 가장자리 용접

문제 59 제3각법에 대한 설명 중 틀린 것은?

① 평면도는 배면도의 위에 배치된다.
② 저면도는 정면도의 아래에 배치된다.
③ 정면도 위쪽에 평면도가 배치된다.
④ 우측면도는 정면도의 우측에 배치된다.

해설 **제1각법과 제3각법**

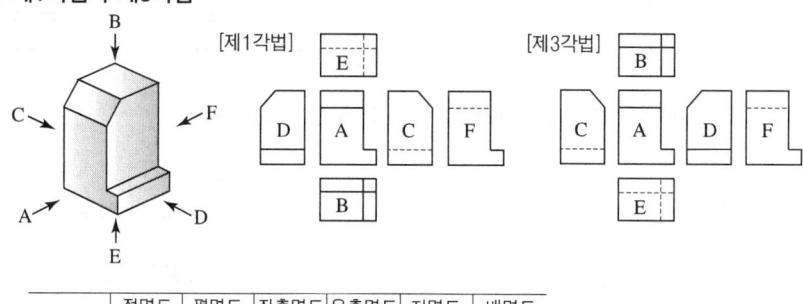

구분	정면도	평면도	좌측면도	우측면도	저면도	배면도
	A	B	C	D	E	F

문제 60 보기와 같이 화살표 방향을 정면도로 선택하였을 때 평면도의 모양은?

① 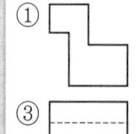 ②
③ ④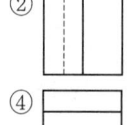

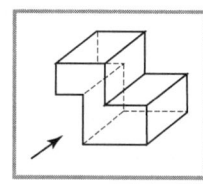

2022년 7월 CBT 시행

문제 01 일반적으로 많이 사용되는 용접변형 방지법이 아닌 것은?

① 비녀장법 ② 억제법
③ 도열법 ④ 역변형법

해설 일반적으로 많이 사용되는 용접변형 방지법
① 도열법 ② 억제법 ③ 역변형법

문제 02 크레이터 처리 미숙으로 일어나는 결함이 아닌 것은?

① 냉각 중에 균열이 생기기 쉽다. ② 파손이나 부식의 원인이 된다.
③ 불순물과 편석이 남게 된다. ④ 용접봉의 단락 원인이 된다.

해설 크레이터 처리 미숙으로 일어나는 결함
① 불순물과 편석이 남게 된다.
② 파손이나 부식의 원인이 된다.
③ 냉각 중에 균열이 생기기 쉽다.

문제 03 불활성 가스 텅스텐 아크 용접의 상품 명칭에 해당 되지 않는 것은?

① 헬리아크 ② 아르곤아크
③ 헬리웰드 ④ 필러아크

해설 불활성 가스 텅스텐 아크 용접의 상품 명칭
① 아르곤아크 ② 헬리웰드 ③ 헬리아크

문제 04 금속재료 시험법과 시험목적을 설명한 것으로 틀린 것은?

① 인장시험 : 인장강도, 항복점, 연신율 계산
② 경도시험 : 외력에 대한 저항의 크기 측정
③ 굽힘시험 : 피로한도 값 측정
④ 충격시험 : 인성과 취성의 정도 조사

해설 굽힘시험 : 연성결함 유무 측정

해답 01. ① 02. ④ 03. ④ 04. ③

문제 05 맞대기 용접 이음에서 최대 인장하중이 800kgf이고, 판 두께가 5mm, 용접선의 길이가 20cm 일 때 용착금속의 인장강도는 몇 kgf/mm² 인가?
① 0.8
② 8
③ 80
④ 800

해설 인장강도 = 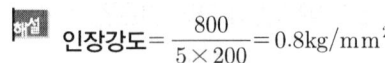 $= \dfrac{800}{5 \times 200} = 0.8 \text{kg/mm}^2$

문제 06 가스용접에서 매니폴드를 설치할 경우 고려할 사항으로 틀린 것은?
① 순간 최소사용량
② 가스용기를 교환하는 주기
③ 필요한 가스용기의 수
④ 사용량에 적합한 압력 조정기 및 안전기

해설 매니폴드를 설치할 경우 고려할 사항
① 가스용기를 교환하는 주기
② 필요한 가스용기의 수
③ 사용량에 적합한 압력 조정기 및 안전기

문제 07 이산화탄소 가스 아크 용접에서 아크 전압이 높을 때 비드 형상으로 맞는 것은?
① 비드가 넓어지고 납작해진다.
② 비드가 좁아지고 납작해진다.
③ 비드가 넓어지고 볼록해진다.
④ 비드가 좁아지고 볼록해진다.

해설 아크전압이 높을 때 비드 현상 : 비드가 넓어지고 납작해진다.

문제 08 서브머지드 아크용접 장치의 구성 부분이 아닌 것은?
① 수냉동판
② 콘택드 팁
③ 주행대차
④ 가이드 레일

해설 서브머지드 아크용접 장치의 구성 부분
① 가이드레일 ② 콘택드 팁 ③ 주행대차

문제 09 탄산가스 아크 용접법으로 주로 용접하는 금속은?
① 연강
② 구리와 동합금
③ 스테인리스강
④ 알루미늄

해설 탄산가스 아크 용접법으로 주로 용접하는 금속 : 연강

해답 05. ① 06. ① 07. ① 08. ① 09. ①

문제 10
저항용접의 종류 중에서 맞대기 용접이 아닌 것은?

① 프로젝션 용접　　　　② 업셋 용접
③ 플래시 버트 용접　　　④ 퍼커션 용접

해설 저항용접
① 겹치기용접 : ㉠ 점용접　　㉡ 시임용접
　　　　　　　㉢ 프로젝션용접
② 맞대기용접 : ㉠ 업셋용접　　㉡ 퍼커션 용접
　　　　　　　㉢ 플래쉬 버트 용접　㉣ 포일시임 용접

문제 11
용착법의 설명으로 틀린 것은?

① 한 부분에 대해 몇 층을 용접하다가 다음 부분의 층으로 연속시켜 용접하는 것이 스킵법이다.
② 잔류응력이 다소 적게 발생하고 용접 진행 방향과 용착 방향이 서로 반대가 되는 방법이 후진법이다.
③ 각 층마다 전체의 길이를 용접하면서 다층용접을 하는 방식이 덧살 올림법이다.
④ 한 개의 용접봉으로 살을 붙일만한 길이로 구분해서 홈을 한 부분씩 여러 층으로 쌓아 올린다음 다른 부분으로 진행하는 용접방법이 전진 블록법이다.

해설 스킵법 : 이음전 길이에 대해서 뛰어넘어서 용접하는 방법

문제 12
용접작업 중 전격방지 대책으로 틀린 것은?

① 용접기의 내부에 함부로 손을 대지 않는다.
② 홀더의 절연부분이 파손되면 보수하거나 교체한다.
③ 숙련공은 가죽장갑, 앞치마 등 보호구를 착용하지 않아도 된다.
④ 용접 작업이 끝났을 때는 반드시 스위치를 차단한다.

해설 전격방지 대책
① 숙련공은 가죽장갑, 앞치마 등 보호구를 착용하여야 한다.
② 용접 작업이 끝날 때에는 반드시 스위치를 차단한다.
③ 홀더의 절연부분이 파손되면 보수하거나 교체한다.
④ 용접기 내부에 함부로 손을 대지 않는다.

문제 13
MIG 용접에서 와이어 송급 방식이 아닌 것은?

① 푸쉬방식　　　　　　② 풀방식
③ 푸쉬-풀방식　　　　 ④ 포운방식

10. ①　11. ①　12. ③　13. ④

해설 **MIG 용접에서 와이어 송급 방식**
① 푸쉬방식 ② 풀방식 ③ 푸쉬-풀방식

문제 14 일렉트로 가스 아크 용접에 주로 사용하는 실드 가스는?
① 아르곤 가스   ② CO_2 가스
③ 프로판 가스   ④ 헬륨 가스

해설 **일렉트로 가스 아크 용접에 주로 사용하는 실드 가스** : CO_2 가스

문제 15 이산화탄소 가스 아크 용접에서 용착속도에 따른 내용 중 틀린 것은?
① 와이어 용융속도는 아크전류에 거의 정비례하며 증가한다.
② 용접속도가 빠르면 모재의 입열이 감소한다.
③ 용착률은 일반적으로 아크전압이 높은 쪽이 좋다.
④ 와이어 용융속도는 와이어의 지름과는 거의 관계가 없다.

문제 16 용접 결함에서 치수상 결함에 속하는 것은?
① 기공   ② 슬래그 섞임
③ 변형   ④ 용접균열

해설 ① **구조상결함** ㉠ 오우버랩   ㉡ 용입불량   ㉢ 내부기공
                      ㉣ 슬래그혼입 ㉤ 언더컷   ㉥ 선상조직
                      ㉦ 은점   ㉧ 균열
      ② **치수상결함** ㉠ 변형   ㉡ 치수불량   ㉢ 형상불량

문제 17 용융 슬래그 속에서 전극 와이어를 연속적으로 공급하여 주로 용융 슬래그의 저항열에 의하여 와이어와 모재를 용융시키는 용접은?
① 원자 수소 용접   ② 일렉트로 슬래그 용접
③ 테르밋 용접   ④ 플라스마 아크 용접

해설 ① **일렉트로 슬래그 용접** : 아크열이 아닌 와이어와 용융슬래그 사이에 통전된 전류의 저항열을 이용하여 용접
    ② **테르밋용접** : 산화철분말과 알루미늄분말(1 : 3)의 중량비로 혼합한 테르밋제에 과산화바륨과 마그네슘분말을 혼합한 점화촉진제를 넣어 연소시켜 용접 주로 철도레일, 차축, 선박프레임 등의 용접
    ③ **논가스아크용접** : 보호가스의 공급 없이 와이어 자체에서 발생한 가스에 의해 아크 분위기를 보호하는 용접법
    ④ **스터드용접** : 볼트나 환봉 등을 피스톤형 홀더에 끼우고 모재와 환봉사이에서 순간적으로 아크를 발생시켜 용접

해답 14. ② 15. ③ 16. ③ 17. ②

문제 18

연납땜의 용제가 아닌 것은?

① 붕산
② 염화아연
③ 염산
④ 염화암모늄

해설 용제
① 연납땜 : ㉠ 인산 ㉡ 염산 ㉢ 염화아연 ㉣ 염화암모늄
② 경납땜 : ㉠ 붕사 ㉡ 붕산 ㉢ 염화나트륨 ㉣ 염화리튬
        ㉤ 산화 제1구리 ㉥ 빙정석

문제 19

응급처지 구명 4단계에 해당되지 않는 것은?

① 기도유지
② 상처보호
③ 환자의 이송
④ 지혈

해설 응급처지 구명 4단계
① 기도유지 ② 지혈 ③ 상처보호 ④ 쇼크방지

문제 20

다음 그림에서 루트 간격을 표시하는 것은?

① a
② b
③ c
④ d

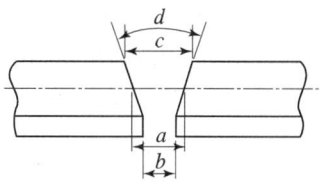

해설 ① a : 루트간격   ② b : 루트면
③ c : 베벨각   ④ d : 개선각

문제 21

가스용접시 안전조치로 적절하지 않은 것은?

① 가스의 누설검사는 필요할 때만 체크하고 점검은 수돗물로 한다.
② 가스용접 장치는 화기로부터 5m 이상 떨어진 곳에 설치해야 한다.
③ 산소병 밸브, 압력조정기, 도관, 연결부위는 기름 묻은 천으로 닦아서는 안 된다.
④ 인화성 액체 용기의 용접을 할 때는 증기 열탕 물로 완전히 세척 후 통풍구명을 개방하고 작업한다.

해설 가스누설검사는 비눗물로 한다.

해답 18. ① 19. ③ 20. ① 21. ①

문제 22. 플라스마 아크 용접에 사용되는 가스가 아닌 것은?
① 헬륨　　　　　　② 수소
③ 아르곤　　　　　④ 암모니아

해설 플라스마 아크 용접에 사용되는 가스
① 아르곤　② 수소　③ 헬륨

문제 23. 가스 용접에서 전진법과 비교한 후진법의 특성을 설명한 것으로 틀린 것은?
① 열 이용율이 좋다.　　　② 용접속도가 빠르다.
③ 용접 변형이 작다.　　　④ 산화정도가 심하다.

해설 후진법의 특징
① 용접속도가 빠르다.　　② 용접 변형이 적다.
③ 홈의 각도가 적다.　　　④ 열이용율이 좋다.
⑤ 두꺼운 판의 용접에 적합　⑥ 비드표면이 매끈하지 못하다.

문제 24. 용접이음에 대한 특성 설명 중 옳은 것은?
① 복잡한 구조물 제작이 어렵다.
② 기밀, 수밀, 유밀성이 나쁘다.
③ 변형의 우려가 없어 시공이 용이하다.
④ 이음 효율이 높고 성능이 우수하다.

해설 용접이음의 특징
① 수밀, 기밀, 유밀성이 좋다.　② 제품의 성능과 수명이 향상된다.
③ 작업공정이 단축되며 경제적이다.　④ 보수와 수리가 용이
⑤ 이종재료도 접합가능　　　⑥ 재료의 두께에 제한이 없다.
⑦ 중량이 가벼워진다.　　　　⑧ 이음효율이 높다.

문제 25. 피복 아크 용접에서 일반적으로 용접모재에 흡수되는 열량은 용접입열의 몇 %인가?
① 40~50%　　　　② 50~60%
③ 75~85%　　　　④ 90~100%

해설 피복아크용접에서 일반적으로 용접모재에 흡수되는 열량은 용접입열의 75~85%이다.

22. ④　23. ④　24. ④　25. ③

문제 26 아크 용접기의 구비조건으로 틀린 것은?

① 구조 및 취급이 간단해야 한다.
② 용접 중 온도상승이 커야 한다.
③ 아크발생 및 유지가 용이하고 아크가 안정되어야 한다.
④ 역률 및 효율이 좋아야 한다.

해설 **아크 용접기의 구비조건**
① 용접 중 온도상승이 적어야 한다.
② 역률 및 효율이 좋아야 한다.
③ 아크발생 및 유지가 용이하고 아크가 안정되어야 한다.
④ 구조 및 취급이 간단해야 한다.

문제 27 직류 아크 용접의 정극성에 대한 결선상태가 맞는 것은?

① 용접봉(-), 모재(+) ② 용접봉(+), 모재(-)
③ 용접봉(-), 모재(-) ④ 용접봉(+), 모재(+)

해설 **직류정극성**(DCSP)
① 모재(+) 70%, 용접봉(-) 30%   ② 용입이 깊다.
③ 후판용접이 가능   ④ 비드폭이 좁다.
⑤ 용접봉의 녹음이 느리다.

문제 28 용접홀더 종류 중 용접봉을 잡는 부분을 제외하고는 모두 절연되어 있어 안전 홀더라고도 하는 것은?

① A형 ② B형
③ C형 ④ D형

문제 29 가스 용접에 사용되는 연료가스의 일반적 성질 중 틀린 것은?

① 불꽃의 온도가 높아야 한다.
② 연소속도가 늦어야 한다.
③ 발열량이 커야 한다.
④ 용융금속과 화학반응을 일으키지 말아야 한다.

해설 **연료가스의 일반적인 성질**
① 연소속도가 빨라야 한다.
② 발열량이 커야 한다.
③ 용융금속과 화학반응을 일으키지 말아야 한다.
④ 불꽃의 온도가 높아야 한다.

해답 26. ② 27. ① 28. ① 29. ②

문제 30
피복 금속 아크 용접봉에서 피복제의 주된 역할에 대한 설명으로 틀린 것은?

① 아크를 안정시키고, 스패터의 발생을 적게 한다.
② 산화성 분위기로 대기 중의 산화, 질화 등의 해를 방지한다.
③ 용착금속의 탈산 정련 작용을 한다.
④ 전기 절연 작용을 한다.

해설 피복제의 역할
① 아크를 안정시킨다. ② 탈산정련작용
③ 스패터 발생을 적게 한다. ④ 전기절연작용
⑤ 공기 중 산화, 질화 방지 ⑥ 합금원소 첨가
⑦ 용착효율을 높인다.

문제 31
수중 가스 절단에서 주로 사용하는 가스는?

① 아세틸렌 가스   ② 도시 가스
③ 프로판 가스   ④ 수소 가스

해설 수중 가스 절단에서 주로 사용하는 가스 : 수소가스

문제 32
탄소 아크 절단에 주로 사용되는 용접전원은?

① 직류정극성   ② 직류역극성
③ 용극성   ④ 교류역극성

해설 탄소 아크 절단에 주로 사용되는 용접전원 : 직류정극성

문제 33
가스절단 속도와 절단산소의 순도에 관한 설명으로 옳은 것은?

① 절단속도는 절단산소의 압력이 높고, 산소소비량이 많을수록 정비례하여 증가한다.
② 절단속도는 모재의 온도가 낮을수록 고속절단이 가능하다.
③ 산소 중에 불순물이 증가되면 절단속도가 빨라진다.
④ 산소의 순도(99% 이상)가 높으면 절단속도가 느리다.

해설 가스절단
① 절단속도는 절단산소의 압력이 높고, 산소소비량이 많을수록 정비례하여 증가한다.
② 산소의 순도(99% 이상)가 높으면 절단속도가 빠르다.
③ 산소 중에 불순물이 증가되면 절단속도가 느려진다.
④ 절단속도는 모재의 온도가 높을수록 고속절단이 가능하다.

해답 30. ② 31. ④ 32. ① 33. ①

문제 34

산소용기의 취급상 주의할 점이 아닌 것은?

① 운반 중에 충격을 주지 말 것
② 그늘진 곳을 피하여 직사광선이 드는 곳에 둘 것
③ 산소 누설시험에는 비눗물을 사용할 것
④ 산소용기의 운반 시 밸브를 달고 캡을 씌워서 이동할 것

해설 산소용기 취급상 주의사항
① 직사광선을 피하고 통풍이 양호한 곳에 보관
② 운반 중에 충격을 주지 말 것
③ 산소용기의 운반 시 밸브를 달고 캡을 씌워서 이동할 것
④ 산소 누설시험에는 비눗물을 사용할 것
⑤ 가연성물질이 있는 곳에는 용기를 보관하지 말아야 한다.
⑥ 산소가스용기는 가연성가스용기와 구분하여 저장한다.
⑦ 용기밸브를 열 때는 천천히 열어야 한다.
⑧ 압력계는 금유라는 표시가 있는 산소전용 압력계 사용

문제 35

연강용 피복 아크 용접봉의 심선에 대한 설명으로 옳지 않은 것은?

① 주로 저탄소 림드강이 사용된다.
② 탄소함량이 많은 것으로 사용한다.
③ 황(S)이나 인(P) 등의 불순물을 적게 함유한다.
④ 규소(Si)의 양을 적게 하여 제조한다.

해설 연강용 피복 아크 용접봉의 심선
① 탄소량이 적은 것을 사용한다.
② 규소의 양을 적게 하여 제조한다.
③ 황이나 인 등의 불순물을 적게 함유한다.
④ 주로 저탄소 림드강이 사용된다.

문제 36

부탄가스의 화학 기호로 맞는 것은?

① C_4H_{10}
② C_3H_6
③ C_5H_{12}
④ C_2H_6

해설 화학기호
① C_4H_{10} : 부탄
② C_3H_8 : 프로판
③ CH_4 : 메탄
④ C_2H_2 : 아세틸렌
⑤ C_2H_6 : 에탄
⑥ C_3H_6 : 프로필렌

34. ② 35. ② 36. ①

문제 37
가변압식 토치의 팁 번호가 400번을 사용하여 중성불꽃으로 1시간 동안 용접할 때, 아세틸렌가스의 소비량은 몇 l인가?

① 400
② 800
③ 1600
④ 2400

문제 38
연강판 두께 4.4mm의 모재를 가스용접 할 때 가장 적당한 가스 용접봉의 지름은 몇 mm 인가?

① 1.0
② 1.6
③ 2.0
④ 3.2

해설 $D = \dfrac{t}{2} + 1 = \dfrac{4.4}{2} + 1 = 3.2\text{mm}$

문제 39
2개의 모재에 압력을 가해 접촉시킨 다음 접촉면에 상대운동을 시켜 접촉면에서 발생하는 열을 이용하여 이음 압접하는 용접법을 무엇이라 하는가?

① 초음파 용접
② 냉간압접
③ 마찰용접
④ 아크용접

해설 **마찰용접** : 2개의 모재에 압력을 가해 접촉시킨 다음 접촉면에 상대운동을 시켜 접촉면에서 발생하는 열을 이용하여 이음 압접하는 용접법

문제 40
인장강도 70kgf/mm2 이상 용착금속에서는 다층 용접하면 용접한 층이 다음 층에 의하여 뜨임이 된다. 이때 어떤 변화가 생기는가?

① 뜨임 취화
② 뜨임 연화
③ 뜨임 조밀화
④ 뜨임 연성

문제 41
순철의 동소체가 아닌 것은?

① α철
② β철
③ γ철
④ δ철

해설 **순철의 동소체**
① α철 ② γ철 ③ δ철

37. ① 38. ④ 39. ③ 40. ① 41. ②

문제 42
실용금속 중 밀도가 유연하며, 윤활성이 좋고 내식성이 우수하며, 방사선의 투과도가 낮은 것이 특징인 금속은?

① 니켈(Ni) ② 아연(Zn)
③ 구리(Cu) ④ 납(Pb)

해설 납
① 방사선의 투과도 낮음.
② 윤활성이 좋고 내식성이 우수
③ 밀도가 유연하다.

문제 43
화염 경화법의 장점이 아닌 것은?

① 국부적인 담금질이 가능하다.
② 일반 담금질법에 비해 담금질 변형이 적다.
③ 부품의 크기나 형상에 제한이 없다.
④ 가열온도의 조절이 쉽다.

해설 화염 경화법의 장점
① 부품의 크기나 형상에 제한이 없다.
② 일반 담금질법에 비해 담금질 변형이 적다.
③ 국부적인 담금질이 가능하다.

문제 44
탄소강에 함유된 구리(Cu)의 영향으로 틀린 것은?

① Ar1 변태점을 저하시킨다.
② 강도, 경도, 탄성한도를 증가시킨다.
③ 내식성을 저하시킨다.
④ 다량 함유하면 강재압연 시 균열의 원인이 되기도 한다.

해설 내식성을 증가시킨다.

문제 45
스테인리스강의 내식성 향상을 위해 첨가하는 가장 효과적인 원소는?

① Zn ② Sn
③ Cr ④ Mg

해설 스테인리스강의 내식성 향상을 위해 첨가하는 가장 효과적인 원소 : 크롬(Cr)

42. ④ 43. ④ 44. ③ 45. ③

문제 46 구리, 마그네슘, 망간, 알루미늄으로 조성된 고강도 알루미늄 합금은?

① 실루민　　　　　　　② Y합금
③ 두랄루민　　　　　　④ 포금

해설 합금
① 두랄루민 : Al+Cu+Mg+Mn　② Y합금 : Al+Cu+Mg+Ni
③ 실루민 : Al+Si　　　　　　④ 라우탈 : Al+Cu+Si
⑤ 일렉트론 : Al+Zn+Mg　　　⑥ 로엑스 : Al+Cu+Mg+Ni+Si

문제 47 강괴를 용강의 탈산정도에 따라 분류할 때 해당되지 않는 것은?

① 킬드강　　　　　　　② 세미킬드강
③ 정련강　　　　　　　④ 림드강

해설 강괴를 용강의 탈산정도에 따라 분류
① 림드강　② 킬드강　③ 세미킬드강

문제 48 주철 조직 중 흑연의 형상이 아닌 것은?

① 공정상 흑연　　　　　② 편상 흑연
③ 침삼 흑연　　　　　　④ 괴상 흑연

해설 주철 조직 중 흑연의 형상
① 괴상흑연　② 편상흑연　③ 공정상흑연

문제 49 구리의 일반적인 성질 설명으로 틀린 것은?

① 체심입방정(BCC)구조로서 성형성과 단조성이 나쁘다.
② 화학적 저항력이 커서 부식되지 않는다.
③ 내산화성, 내수성, 내염수성의 특성이 있다.
④ 전기 및 열의 전도성이 우수하다.

해설 구리의 성질
① 전기 및 열의 전도성이 우수하다.
② 내산화성, 내수성, 내염수성이 있다.
③ 화학적 저항력이 커서 부식되지 않는다.
④ 건조한 공기 중에는 산화되지 않는다.
⑤ 황산, 염산에 용해 된다.
⑥ 비중은 8.96, 용융점 1083℃ 이다.
⑦ 구리는 면심입방격자이다.

46. ③　47. ③　48. ③　49. ①

문제 50 용접용 고장력강에 해당되지 않는 것은?

① 망간(실리콘)강　② 몰리브덴 함유강
③ 인 함유강　④ 주강

해설 **용접용 고장력강**
　① 인 함유강　② 몰리브덴 함유강　③ 망간강

문제 51 그림과 같이 제 3각법으로 정투상한 도면의 입체도로 가장 적합한 것은?

① 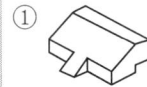　②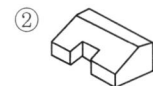

③ 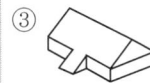　④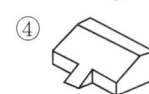

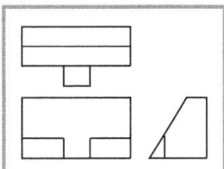

문제 52 그림의 입체도에서 화살표 방향을 정면으로 하여 3각법으로 정투상한 도면으로 가장 적합한 것은?

① 　②

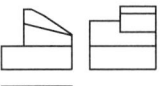　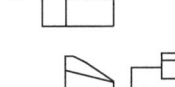

③ 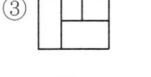　④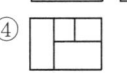

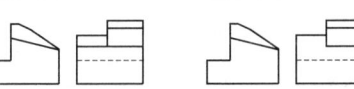

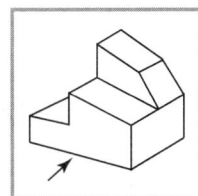

문제 53 리벳 이음(Rivet Joint) 단면의 표시법으로 가장 올바르게 투상된 것은?

① 　②

③ 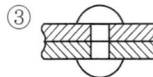　④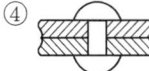

해답　50. ④　51. ④　52. ③　53. ④

문제 54
위쪽이 보기와 같이 경사지게 절단된 원통의 전개방법으로 가장 적당한 것은?
① 삼각형 전개법
② 방사선 전개법
③ 평행선 전개법
④ 사변형 전개법

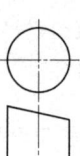

문제 55
보기와 같은 배관도면에 표시된 밸브의 명칭은?
① 체크밸브
② 이스케이프 밸브
③ 슬루스 밸브
④ 리프트 밸브

해설 배관도시
① ─▷◁─ ─▷◀─ : 체크밸브   ④ ─▷◁─ : 게이트밸브(슬로우스밸브)
② ─▷●◁─ : 글로우브밸브   ⑤ ─▷◁─ : 안전밸브
③ ─▷◁─ : 볼밸브

문제 56
KS 재료기호 SM10C에서 10C는 무엇을 뜻하는가?
① 제작방법   ② 증별 번호
③ 탄소함유량   ④ 최저인장강도

문제 57
그림의 도면에서 리벳의 개수는?
① 12개
② 13개
③ 25개
④ 100개

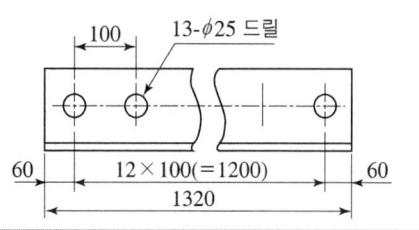

해설 리벳개수 = $100 \times 13 = 1300 \div 100 = 13$개

문제 58
도면용으로 사용하는 A2 용지의 크기로 맞는 것은? (단, 길이 단위는 mm 이다.)
① 841×1189   ② 594×841
③ 420×594   ④ 270×420

해답
54. ③   55. ①   56. ③   57. ②   58. ③

해설 도면의 크기

용지	가로	세로
A4	210	297
A3	297	420
A2	420	594
A1	594	841
A0	841	1189

문제 59 보기와 같이 도시된 용접부 형상을 표시한 KS 용접기호의 명칭으로 올바른 것은?

① 일면 개선형 맞대기 용접
② V형 맞대기 용접
③ 플랜지형 맞대기 용접
④ J형 이음 맞대기 용접

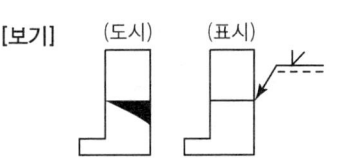

문제 60 물체에 인접하는 부분을 참고로 도시할 경우에 사용하는 선은?

① 가는 실선
② 가는 파선
③ 가는 1점 쇄선
④ 가는 2점 쇄선

해설 가상선(가는 이점 쇄선)
① 공구위치 참고 표시
② 가공전·후 표시
③ 인접부분 참고 표시

59. ① 60. ④

2022년 10월 CBT 시행

문제 01 다음 중 용접 이음의 장점이 아닌 것은?

① 기밀성이 우수하다.
② 작업의 자동화가 용이하다.
③ 용접 재료의 내부에 잔류응력이 존재한다.
④ 구조가 간단하고 재료의 두께에 제한이 없다.

해설 용접의 장점
① 재료의 두께에 제한이 없다. ② 작업자동화가 용이하다.
③ 기밀성, 수밀성이 우수하다. ④ 이음효율이 높다.
⑤ 중량이 가벼워진다. ⑥ 이종재료도 접합가능
⑦ 작업공정이 단축되며 경제적이다. ⑧ 제품의 성능과 수명이 향상된다.

문제 02 용접작업을 할 때 발생할 화재 및 폭발 방지에 대한 조치사항을 설명한 것으로 틀린 것은?

① 화재를 진화하기 위하여 방화 설비를 설치할 것
② 용접 작업 부근에 점화원을 두지 않도록 할 것
③ 배관 및 기기에서 가스 누출이 되지 않도록 할 것
④ 가연성 가스는 항상 옆으로 뉘어서 보관할 것

해설 화재 및 폭발방지에 대한 조치사항
① 가연성 가스는 항상 세워서 보관할 것
② 배관 및 기기에서 가스 누출이 되지 않도록 할 것
③ 용접 작업 부근에 점화원을 두지 않도록 할 것
④ 화재를 진화하기 위하여 방화 설비를 설치할 것

문제 03 가스 용접기의 압력조정기가 갖추어야 할 점이 아닌 것은?

① 조정 압력이 용기 내의 가스량 변화에 따라 유동성이 있을 것
② 작동이 예민할 것
③ 조정 압력과 사용 압력의 차가 적을 것
④ 가스의 방출량이 많더라도 흐르는 양이 안정될 것

해설 압력조정기가 갖추어야 할 조건
① 조정 압력은 용기 내의 가스량 변화에도 항상 일정할 것
② 가스의 방출량이 많더라도 흐르는 양이 안정될 것

01. ③ 02. ④ 03. ①

③ 작동이 예민할 것
④ 조정 압력과 사용 압력의 차가 적을 것

문제 04
용접결함의 종류 중 구조상의 결함에 속하지 않는 것은?
① 변형
② 융합불량
③ 슬래그 섞임
④ 기공

해설 용접결함
① 구조상결함 : ㉠ 오우버랩 ㉡ 용입불량 ㉢ 내부기공 ㉣ 슬래그혼입
            ㉤ 언더컷   ㉥ 은점   ㉦ 선상조직 ㉧ 균열
② 치수상결함 : ㉠ 변형   ㉡ 치수불량 ㉢ 형상불량

문제 05
교류 아크 용접기의 종류 별 특성을 설명한 것 중 바르게 된 것은?
① 가동 철심형은 현재 가장 많이 사용하며 미세전류 조정이 불가능하다.
② 가동 코일형은 가격이 싸며 현재 많이 사용한다.
③ 탭 전환형은 주로 대형에 많고 넓은 범위의 전류 조정이 쉽다.
④ 가포화 리액터형은 가변저항의 변화로 용접전류를 조정 한다.

해설 교류 아크 용접기
① 가동철심형
   ㉠ 현재 가장 많이 사용
   ㉡ 미세한 전류 조정이 가능
   ㉢ 광범위한 전류조정이 어렵다.
   ㉣ 가동철심으로 누설자속을 가감하여 전류조정
② 가동코일형
   ㉠ 가격이 비싸다.
   ㉡ 1차, 2차 코일중의 하나를 이동하여 누설자속을 변화하여 전류조정
③ 탭전환용
   ㉠ 주로 소형에 이용
   ㉡ 미세전류조정이 어렵다.
④ 가포화리액터형
   ㉠ 조작이 간단
   ㉡ 원격제어가 되고 가변저항의 변화로 용접전류 조정

문제 06
가스 용접에서 역류, 역화가 일어나는 원인이 아닌 것은?
① 토치를 부주의하게 취급하였을 때
② 아세틸렌의 압력이 과대할 때
③ 팁 구멍이 막혔을 때
④ 팁이 과열되었을 때

해설 역류, 역화의 원인
① 토치를 부주의하게 취급하였을 때
② 팁 구멍이 막혔을 때
③ 팁이 과열되었을 때
④ 토치성능이 불량할 때

  04. ① 05. ④ 06. ②

⑤ 토치의 체결나사가 풀렸을 때   ⑥ 아세틸렌 공급가스가 부족시
⑦ 아세틸렌의 압력이 과소시   ⑧ 팁에 먼지, 기타 잡물이 막혔을 때

문제 07 일반적으로 사용되는 피복아크 용접봉 φ3.2의 심선의 길이는 얼마인가?
① 700mm   ② 350mm
③ 900mm   ④ 550mm

해설 피복아크 용접봉 φ3.2의 심선 길이 : 350mm

문제 08 맞대기용접 홈 모양 중에서 가장 얇은 박판에 사용하는 홈 모양은?
① I형 홈   ② V형 홈
③ H형 홈   ④ J형 홈

해설 I형 : 가장 얇은 박판에 사용
V형 : 맞대기 용접에서 한쪽 방향의 완전한 용입을 얻고자 할 때

문제 09 산소 아크 절단을 설명한 것 중 틀린 것은?
① 중실(속이 찬)원형봉의 단면을 가진 강(steel) 전극을 사용한다.
② 직류 정극성이나 교류를 사용한다.
③ 가스절단에 비해 절단면이 거칠다.
④ 절단속도가 빨라 철강 구조물 해체, 수중 해체 작업에 이용된다.

해설 산소 아크 절단
① 중공의 피복 용접봉과 모재사이에 아크를 발생시키고 중심에서 산소를 분출시키며 절단
② 절단 속도가 빨라 철강 구조물 해체, 수중 해체 작업에 이용된다.
③ 가스절단에 비해 절단면이 거칠다.
④ 직류 정극성이나 교류를 사용

문제 10 높은 곳에서 용접작업시 지켜야 할 사항이 아닌 것은?
① 용접작업과 도장작업을 같이 해도 관계없다.
② 족장이나 발판이 견고하게 조립되어 있는지 확인한다.
③ 주변에 낙하물건 및 작업위치 아래에 인화성 물질이 없는지 확인한다.
④ 고소작업장에서 용접작업시 안전벨트 착용 후 안전로프를 핸드레일에 고정시킨다.

해답

07. ② 08. ① 09. ① 10. ①

문제 11 | 점 용접의 종류가 아닌 것은?
① 맥동 점용접　　　　② 인터랙 점용접
③ 직렬식 점용접　　　④ 원판식 점용접

해설 **점 용접의 종류**
① 인터랙 점용접　② 직렬식 점용접　③ 맥동 점용접

문제 12 | 플라스틱(Plastic)용접 방법만으로 조합된 것은?
① 마찰 용접, 아크 용접　　② 고주파 용접, 열풍 용접
③ 플라즈마 용접, 열기구 용접　④ 업셋 용접, 초음파 용접

해설 **플라스틱용접 방법**
① 고주파용접　② 열풍용접

문제 13 | 토치와 용접봉을 오른쪽으로 향하여 가스용접 하는 후진법에 대한 설명 중 잘못된 것은?
① 전진법에 비해 용접변형이 작고 용접속도가 빠르다.
② 전진법에 비해 두꺼운 판의 용접에 적합하다.
③ 전진법에 비해 비드 표면이 매끈하지 못하다.
④ 전진법에 비해 기계적 성질이 떨어진다.

해설 **후진법의 특징**
① 비드 표면이 매끄럽지 못하다.　② 두꺼운 판의 용접에 적합
③ 용접속도가 빠르다.　　　　　　④ 열이용율이 좋다.
⑤ 홈의 각도가 적다.　　　　　　⑥ 용접변형이 적다.

문제 14 | 절단용 가스 중 발열량이 가장 높은 것은?
① 수소가스　　　　② 메탄가스
③ 프로판가스　　　④ 아세틸렌가스

해설 **발열량**
① 프로판가스 : 20780℃　② 아세틸렌가스 : 12690℃
③ 메탄가스 : 8080℃　　　④ 수소 : 2420℃

문제 15 | 부식 시험은 어느 시험법에 속하는가?
① 금속학적 시험　　② 화학적 시험
③ 기계적 시험　　　④ 야금학적 시험

11. ④　12. ②　13. ④　14. ③　15. ②

해설 **화학적 시험**
① 화학시험
② 부식시험 : ㉠ 건부식 ㉡ 습부식 ㉢ 응력부식시험
③ 수소시험 : 응고직후부터 일정시간사이에 발생하는 수소의 양

문제 16 용접부 검사법의 종류 중 비파괴검사법에 해당되지 않는 것은?
① 외관 시험
② 형광침투 시험
③ 초음파 시험
④ 굽힘 시험

해설 **비파괴검사법**
① 방사선검사(RT) ② 초음파시험(UT) ③ 자분시험(MT) ④ 침투시험(PT)
⑤ 육안검사(VT) ⑥ 누설시험(LT) ⑦ 맴돌이 전류시험

문제 17 용접을 로봇(robot)화 할 때, 그 특징의 설명으로 잘못된 것은?
① 용접결과가 일정하다.
② 제품의 정밀도가 향상된다.
③ 단순작업에서 벗어날 수 있다.
④ 생산성이 저하된다.

해설 **로봇 용접시 특징**
① 생산성 향상
② 단순작업에서 벗어날 수 있다.
③ 제품의 정밀도가 향상된다.
④ 용접결과가 일정하다.

문제 18 다음은 용접 결함 중 스패터가 발생하는 원인이다. 잘못된 것은?
① 전류가 너무 높을 때
② 건조되지 않은 용접봉을 사용했을 때
③ 아크 길이가 너무 길 때
④ 아크 블로홀이 너무 작을 때

해설 **스패터가 발생하는 원인**
① 아크 블로홀이 너무 클 때
② 아크 길이가 너무 길 때
③ 건조되지 않은 용접봉 사용시
④ 전류가 너무 높을 때

문제 19 각종 금속의 가스 용접시 사용하는 용제들 중 주철 용접에서 사용하는 용제는?
① 붕사, 염화리듐
② 탄산나트륨, 붕사, 중탄산나트륨
③ 염화리듐, 중탄산나트륨
④ 규산 칼륨, 붕사, 중탄산나트륨

해답 16. ④ 17. ④ 18. ④ 19. ②

해설 용제
① 연강 : 사용하지 않는다.
② 주철 : 중탄산나트륨(70%) + 붕사(15%) + 탄산나트륨(15%)
③ 구리합금 : 붕사(75%) + 염화리튬(25%)
④ 알루미늄 : 염화칼륨(45%) + 염화나트륨(30%) + 염화리튬(15%) + 플루오르화칼륨(7%) + 황산칼륨(3%)

문제 20 자동아크 용접법 중의 하나로서 그림과 같은 원리로 이루어지는 용접법은?
① 전자빔용접
② 서브머어지드 아크용접
③ 테르밋용접
④ 불활성가스 아크용접

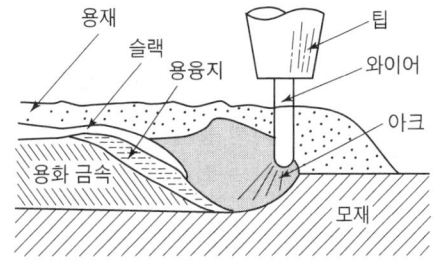

문제 21 정격전류 200A, 정격 사용율 50%인 아크 용접기로써 실제 아크 전압 30V, 아크 전류 150A로 용접을 수행한다고 가정하면 허용사용률은 얼마인가?
① 약 70%
② 약 80%
③ 약 90%
④ 약 100%

해설 허용사용률 = $\dfrac{(정격2차전류)^2}{(실제용접전류)^2} \times 정격사용율$

$= \dfrac{200^2}{150^2} \times 50 = 88.88\%$

문제 22 두꺼운 판의 양쪽에 수냉 동판을 대고 용융 슬래그 속에서 아크를 발생시킨 후 용융 슬래그의 전기 저항열을 이용하여 용접하는 방법은?
① 서브머지드 아크용접
② 불활성가스 아크용접
③ 일렉트로 슬래그 용접
④ 전자비임 용접

해설 **일렉트로슬래그용접** : 두꺼운 판의 양쪽에 수냉 동판을 대고 용융 슬래그 속에서 아크를 발생시킨 후 용융 슬래그의 전기 저항열을 이용 용접
[장점] ① 압력용기, 조선 및 대형 주물의 후판 용접
② 용접시간을 단축할 수 있어 용접능률과 용접품질이 우수
③ 아크가 눈에 보이지 않고 아크 불꽃이 없다.
④ 최소한의 변형과 최단시간의 변형법

2022년도 시행

문제 23 아세틸렌은 액체에 잘 용해되며 석유에는 2배, 알콜에는 6배, 아세톤에는 몇 배가 용해되는가?

① 12배
② 20배
③ 25배
④ 50배

해설 아세틸렌용해
① 석유 : 2배 ② 벤젠 : 4배
③ 알콜 : 6배 ④ 아세톤 : 25배

문제 24 저항용접의 종류 중에서 맞대기 용접이 아닌 것은?

① 프로젝션 용접
② 업셋 용접
③ 플래시 용접
④ 퍼커션 용접

해설 저항용접의 맞대기 용접
① 업셋용접 ② 방전충격용접 ③ 플래쉬용접
④ 포일시임용접 ⑤ 퍼커션용접

문제 25 피복 아크 용접시 필요 없는 공구는?

① 헬멧
② 앞치마
③ 전류계
④ 토치 램프

해설 피복 아크 용접시 공구
① 헬멧 ② 앞치마 ③ 용접장갑
④ 전류계 ⑤ 와이어브러쉬 등

문제 26 일반적으로 가스용접봉이 $\phi 2.6$일 때 강판의 두께는 몇 mm정도가 가장 적당한가? (단, 계단식으로 구한다.)

① 1.6mm
② 3.2mm
③ 4.5mm
④ 6.0mm

해설 $D = \dfrac{t}{2} + 1 = 2.6 = \dfrac{t}{2} + 1$

$\therefore 2.6 - 1 = \dfrac{t}{2}$

$t = 2 \times 1.6 = 3.2\text{mm}$

23. ③ 24. ① 25. ④ 26. ②

문제 27

금속 산화물이 알루미늄에 의하여 산소를 빼앗기는 반응에 의해 생성되는 열을 이용하여 금속을 접합시키는 용접법은?

① 스터드 용접 ② 테르밋 용접
③ 원자수소 용접 ④ 일렉트로슬래그 용접

해설 테르밋용접
① 금속 산화물이 알루미늄에 의하여 산소를 빼앗기는 반응에 의해 생성되는 열을 이용하여 금속을 접합
② 산화철분말과 알루미늄분말을 (1 : 3)의 중량비로 혼합한 테르밋제에 과산화비튬과 마그네슘분말을 혼합한 점화촉진제를 넣어 연소시켜 용접, 주로 철도레일 차축, 선박프레임의 용접
[특징] ① 전력이 불필요하다.
② 작업장소의 이동이 가능
③ 용접작업이 단순하고 용접결과의 재현성이 높다.
④ 용접하는 시간이 비교적 짧다.
⑤ 용접 작업후 변형이 적다.

문제 28

연납과 경납의 구분온도는?

① 300℃ ② 350℃
③ 400℃ ④ 450℃

해설 연납 : 450℃ 이하
경납 : 450℃ 이상

문제 29

아세틸렌가스는 매우 타기 쉬운 기체이므로 화기 또는 불꽃을 접근시키는 일은 위험하다. 자연 발화 온도는 몇 ℃ 정도인가?

① 250~300℃ ② 300~397℃
③ 406~408℃ ④ 500~505℃

해설 자연발화온도 : 406~408
폭발 : 505~515℃

문제 30

수동가스 절단시 일반적으로 팁 끝과 강판 사이의 거리는 백심에서 몇 mm 정도 유지시키는가?

① 0.1~0.5 ② 1.5~2.0
③ 3.0~3.5 ④ 5.0~7.0

해설 수동가스 절단시 일반적으로 팁 끝과 강판 사이의 거리는 백심에서 1.5~2mm

해답 27. ② 28. ④ 29. ③ 30. ②

문제 31
필릿 용접에서 그림과 같은 용접변형의 명칭은?

① 세로 수축
② 가로 수축
③ 세로 굽힘 변형
④ 가로 굽힘 변형

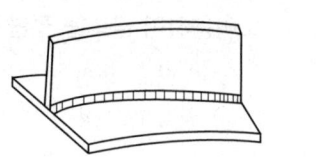

문제 32
그림과 같이 산소용기의 외면에 여러 가지 기호로 내용을 명시하였다. TP가 나타내는 뜻은 무엇인가?

① 용기의 내용적
② 용기의 중량
③ 용기 내압시험압력
④ 최고 충전 압력

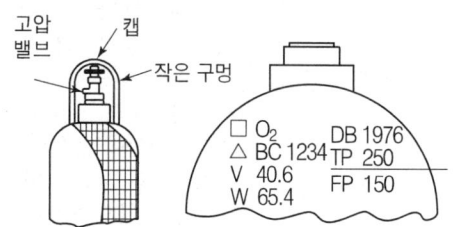

해설 용기의 각인
① TP : 내압시험압력　② FP : 최고충전압력
③ V : 용기내용적　④ W : 용기 질량
⑤ AP : 기밀시험압력

문제 33
산소는 대기 중의 공기 속에 약 몇 % 함유되어 있는가?

① 11%　② 21%
③ 31%　④ 41%

해설 체적 : 21% 함유
중량 : 23.2% 함유

문제 34
연납땜의 용제가 아닌 것은?

① 붕산　② 염화 아연
③ 염산　④ 염화 암모늄

해설 용제
① 연납땜 : ㉠ 염산　㉡ 인산　㉢ 염화아연　㉣ 염화암모니아
② 경납땜 : ㉠ 붕사　㉡ 붕산　㉢ 염화나트륨　㉣ 염화리튬
　　㉤ 산화제1구리　㉥ 빙정석

31. ③　32. ③　33. ②　34. ①

문제 35

저수소계 용접봉의 특징이 아닌 것은?

① 용착금속 중의 수소량이 다른 용접봉에 비해서 현저하게 적다.
② 용착금속의 취성이 좋으며 화학적 성질도 좋다.
③ 균열에 대한 감수성이 특히 좋아서 두꺼운 판용접에 사용된다.
④ 고탄소강 및 황의 함유량이 많은 쾌삭강 등의 용접에 사용되고 있다.

해설 **저수소계 용접봉의 특징**
① 고탄소강 및 황의 함유량이 많은 쾌삭강 등의 용접에 사용되고 있다.
② 균열에 대한 감수성이 특히 좋아서 두꺼운 판용접에 사용된다.
③ 용착금속 중의 수소량이 다른 용접봉에 비해서 현저하게 적다.
④ 용접봉은 300~350℃ 온도로 1~2시간 건조
⑤ 용착금속 중에 수소 함유량이 다른 피복봉에 비해 $\frac{1}{10}$ 정도로 매우 낮음.
⑥ 석회석, 형석을 주성분으로 한 것

문제 36

탄소강 중에 함유된 성분 중 규소에 관한 설명으로 틀린 것은?

① 연신율과 충격값을 감소시킨다.
② 인장강도, 탄성한계, 경도를 상승시킨다.
③ 결정립을 조대화 시키고 가공성을 해친다.
④ 강의 담금질 효과를 증대시켜 경화능이 커진다.

해설 **규소**
① 연신율과 충격값을 감소시킨다.
② 인장강도, 탄성한계, 경도를 상승시킨다.
③ 결정립을 조대화 시키고 가공성을 해친다.
④ 강의 고온가공성을 좋게 한다.
⑤ 단접성 및 냉간가공성 해침.
⑥ 용융금속의 유동성을 좋게 한다.

문제 37

고온에서 증발에 의해서 황동표면으로부터 아연(Zn)이 없어지는 현상은?

① 고온 탈아연   ② 자연 균열
③ 탈아연부식   ④ 부식

해설 **고온 탈아연 현상** : 고온에서 증발에 의해 황동표면으로부터 아연이 없어지는 현상

문제 38

보통 주철의 인장강도는 다음 중 어는 것인가?

① 98~196MPa(12~20kgf/mm^2)   ② 240~250MPa(20~30kgf/mm^2)
③ 340~350MPa(30~40kgf/mm^2)   ④ 440~640MPa(40~50kgf/mm^2)

해설 **보통 주철의 인장강도** : 12~20kgf/mm^2(98~196MPa)

35. ② 36. ④ 37. ① 38. ①

문제 **39** 기계적 성질이 우수하여 피스톤, 실린더 헤드 등과 같은 내열 기관의 고온 부품에 사용되며, Cu(4%), Ni(2%), Mg(1.5%)이 함유된 주물용 알루미늄 합금은?

① Y합금
② 실루민
③ 라우탈
④ 알민

해설 합금
① Y합금
  ㉠ Al+Cu+Mg+Ni   ㉡ 피스톤이나 실린더헤드에 사용
② 톰백
  ㉠ Cu(80%)+Zn(20%)   ㉡ 화폐, 메달, 판 및 선, 모조금에 사용
③ 코로손합금
  ㉠ 구리+니켈+철   ㉡ 전화선, 통신선에 사용
④ 플래티나이트
  ㉠ Ni(40~50%)+Fe   ㉡ 진공관이나 전구의 도입선에 사용

문제 **40** 탄소강에 니켈이나 크롬 등을 첨가하여 대기중이나 수중 또는 산에 잘 견디는 내식성을 부여한 합금강으로 불수강이라고도 하는 것은?

① 미하나이트강
② 주강
③ 스테인리스강
④ 탄소공구강

해설 스테인리스강 : 탄소강에 니켈이나 크롬 등을 첨가하여 대기중이나 수중 또는 산에 잘 견디는 내식성을 부여한 합금강

문제 **41** 물리적으로 융점(1670℃)과 전기저항이 높고, 열팽창계수와 열전도율이 적으며, 기계적으로는 고온에서 비강도와 크리프 강도가 높고, 스테인리스강 보다 내식성이 우수하며, 고온 산화가 거의 없어 항공기, 로켓, 가스 터빈 등의 재료에 주로 사용되는 것은?

① 니켈계 합금
② 마그네슘계 합금
③ 주석계 합금
④ 티탄계 합금

해설 티탄계 합금
① 물리적으로 융점(1670℃)과 전기저항이 높다.
② 항공기, 로켓, 가스터빈 등에 주로 사용
③ 고온산화가 거의 없다.
④ 스테인리스강보다 내식성이 좋다.
⑤ 열팽창계수와 열전도율이 적다.
⑥ 기계적으로는 고온에서 비강도와 크리프 강도가 높다.

해답 39. ① 40. ③ 41. ④

문제 42 강(steel)의 고온 가공성을 나쁘게 하며, 적열취성의 원인이 되는 것은?

① 유황 ② 인
③ 규소 ④ 수소

해설 유황 : ① 적열취성원인(800~900℃) ② 고온 가공성을 나쁘게 한다.
인 : ① 상온취성, 청열취성(200~300℃) 원인 ② 제강시 편석을 일으키기 쉽다.
수소 : ① 은점, 헤어크랙의 원인

문제 43 니켈(Ni)과 크롬(Cr)합금 중 15~20% Cr의 합금으로 높은 전기저항, 내산성, 내열성을 가진 합금은?

① 인바(Invar) ② 엘린바(Elinvar)
③ 니크롬(Nichrome) ④ 퍼멀로이(Permalloy)

해설 니크롬 : 니켈과 크롬합금 중 Cr이 15~20% 의 합금으로 높은 전기저항, 내산성, 내열성을 가짐

문제 44 구리 및 구리합금 용접 시 사용되는 용제가 아닌 것은?

① 붕사 ② 붕산
③ 플로오르화나트륨 ④ 염화칼륨

해설 구리 : ① 붕사 ② 붕산 ③ 염화리튬 ④ 플루오르화나트륨

문제 45 산소-아세틸렌 화염으로 담금질성이 있는 강재를 사용하여 원하는 표면만을 경화시키는 방법은?

① 화염 경화법 ② 질화법
③ 고주파 경화법 ④ 가스 침탄법

해설 표면경화법
① 침탄법
ㄱ 화염경화법 : 탄소강 표면에 산소-아세틸렌화염으로 표면만을 가열하여 오스테나이트로 만든 다음, 급냉하여 표면층만 담금질
ㄴ 가스침탄법 : 메탄가스와 같은 탄화수소가스를 사용하여 침탄
ㄷ 액체침탄법 : 시안화나트륨, 시안화칼리를 주성분으로한 염을 사용하여 침탄온도 750~950℃에서 30~60분간 침탄
② 금속침투법 : 내식, 내산, 내마멸을 목적으로 금속을 침투시키는 열처리
ㄱ Al : 칼로라이징 ㄴ Cr : 크로마이징 ㄷ Zn : 세라다이징
ㄹ Si : 실리코나이징 ㅁ B : 브로나이징
③ 질화법 : 강표면에 질소를 침투시켜 경화하는 방법으로 가스질법, 연질화법, 액체질화법 등이 있다.

해답 42. ① 43. ③ 44. ④ 45. ①

문제 46
탄소량 0.2% 이하인 용접재료의 적당한 예열온도는?

① 90℃ 이하
② 90~150℃
③ 150~260℃
④ 260~420℃

해설 탄소량인 0.2% 이하인 용접재료의 적당한 예열온도 : 90℃ 이하

문제 47
탄소강에서 헤어크랙의 원인이 되는 것은?

① 산소
② 수소
③ 질소
④ 탄소

해설 수소 : 헤어크랙, 은점의 원인, 수소취성(탈탄작용)

문제 48
주철의 용접시 주의 사항이 아닌 것은?

① 직선 비드로 하고 지나치게 용입을 깊게 하지 않는다.
② 용접봉은 가능한 가는 지름의 것을 사용한다.
③ 가열되어 있을 때에 피닝을 하여 변형을 줄이는 것이 좋다.
④ 예열과 후열은 실시하지 않는다.

해설 주철의 용접시 주의사항
① 용접봉은 가능한 가는 지름의 것 사용
② 직선 비드로 하고 지나치게 용입을 깊게 하지 않는다.
③ 가열되어 있을 때에는 피닝을 하여 변형을 줄이는 것이 좋다.

문제 49
용해시 흡수한 산소를 인(P)으로 탈산하여 산소를 0.01% 이하로 한 것이며, 고온에서 수소 취성이 없고 용접성이 좋아 가스관, 열교환관 등으로 사용되는 구리는?

① 탈산구리
② 정련구리
③ 전기구리
④ 무산소구리

해설 탈산구리 : 용해시 흡수한 산소를 인으로 탈산하여 산소를 0.01% 이하로 한 것이며, 고온에서 수소 취성이 없고 용접성이 좋아 가스관, 열교환관 등으로 사용

문제 50
강재를 용접한 후에 용접부의 열응력을 제거하기 위한 풀림 열처리는?

① 항온 풀림
② 응력제거 풀림
③ 구상화 풀림
④ 연화 풀림

해설 응력제거 풀림 : 강재를 용접한 후에 용접부의 열응력을 제거하기 위한 풀림 열처리

해답 46. ① 47. ② 48. ④ 49. ① 50. ②

문제 51
다음 중 용접부의 방사선 투과시험인 비파괴 시험법의 기호인 것은?
① PT ② RT
③ MT ④ CT

해설 비파괴시험
① 방사선투과검사(RT) ② 초음파탐상검사(UT)
③ 자분탐상검사(PT) ④ 침투탐상검사(PT)
⑤ 음향검사(VT) ⑥ 누설검사(LT)

문제 52
구조물의 부재 등은 절단할 곳의 전후를 끊어서 90° 회전하여 그 사이에 단면 형상을 표시하는 단면도는?
① 부분 단면도 ② 회전 단면도
③ 한쪽 단면도 ④ 조합 단면도

해설 단면도
① 한쪽단면도 : 구조물의 부재 등은 절단할 곳의 전 후를 끊어서 90° 회전하여 그 사이에 단면형상을 표시
② 부분단면도 : 일부분을 잘라내고 필요한 내부모양을 그리기위한 방법
③ 회전단면도 : 핸들, 벨트풀리, 바퀴의 암, 후크의 절단한 단면 모양을 90° 회전시킨다.

문제 53
도면 부품란에 재료의 기입이 SM45C로 기입되어 있을때, 재료 명은?
① 용접구조용 압연강재 ② 탄소 주강품
③ 기계구조용 탄소강재 ④ 회주철품

해설 SM45C : 기계구조용 탄소강재

문제 54
보기와 같은 용접 기호에서 a5는 무엇을 의미하는가?
① 다듬질 방법의 보조 기호
② 점 용접부의 용접 수가 5개
③ 필렛 용접 목 두께가 5mm
④ 루트 간격이 5mm

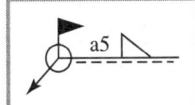

51. ② 52. ③ 53. ③ 54. ③

문제 55 보기 입체도에서 화살표 방향으로 본 정면도로 알맞은 투상도는?

①  ②
③ ④

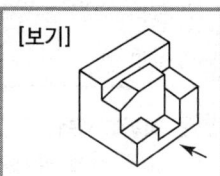

문제 56 제 3각법으로 정투상한 보기와 같은 정면도와 우측면도에 가장 적합한 평면도는?

① ②
③  ④

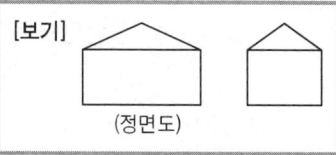
(정면도)

문제 57 절단된 원추를 3각법으로 정투상한 정면도와 평면도가 보기와 같을 때, 가장 적합한 전개도 형상은? (단, 철판의 두께와 치수는 무시함)

① ②
③  ④

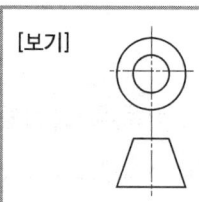

문제 58 보기와 같은 치수선은 다음 중 어느 것을 표시하는 가?

① 호의 치수
② 현의 치수
③ 현의 각도
④ 호의 각도

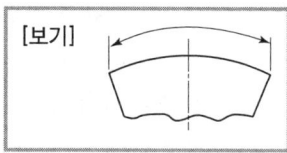

문제 59 선의 용도 및 종류에서 가는 1점 쇄선의 용도가 아닌 것은?

① 중심선　　② 기준선
③ 피치선　　④ 지시선

55. ②　56. ③　57. ①　58. ①　59. ④

해설 선의 용도
① 가는일점쇄선 : 중심선, 피치선, 절단선, 기준선
② 굵은실선 : 외형선
③ 가는이점쇄선 : 가상선
④ 가는실선 : 치수선, 치수보조선, 해칭선, 파단선

문제 60 보기와 같은 제3각 정투상도에 가장 적합한 입체도는?

60. ①

피복아크용접기능사
필기

피복아크용접기능사 기출문제

2023

2023년 1월 CBT 시행

문제 01 가스용접이나 절단에 사용되는 가연성가스의 구비조건 중 틀린 것은?

① 불꽃의 온도가 높을 것
② 발열량이 클 것
③ 연소속도가 느릴 것
④ 용융금속과 화학반응이 일어나지 않을 것

해설 **가연성가스의 구비조건**
① 연소속도가 빠를 것
② 불꽃의 온도가 높을 것
③ 용융금속과 화학반응이 일어나지 않을 것
④ 발열량이 클 것

문제 02 용접용 2차측 케이블의 유연성을 확보하기 위하여 주로 사용하는 캡 타이어 전선에 대한 설명으로 옳은 것은?

① 가는 구리선을 여러 개로 꼬아 얇은 종이로 쌓고 그 위에 니켈피복을 한 것
② 가는 알미늄선을 여러 개로 꼬아 튼튼한 종이로 싸고 그 위에 고무 피복을 한 것
③ 가는 구리선을 여러 개로 꼬아 튼튼한 종이로 싸고 그 위에 고무 피복을 한 것
④ 가는 알미늄선을 여러 개로 꼬아 얇은 종이로 싸고 그 위에 고무 피복을 한 것

해설 **캡 타이어 전선** : 가는 구리선을 여러 개로 꼬아 튼튼한 종이로 싸고 그 위에 고무 피복을 한 것

문제 03 연강용 피복아크 용접봉의 용접기호 E4327중 "27"이 뜻하는 것은?

① 피복제의 계통
② 용접모재
③ 용착금속의 최저 인장강도
④ 전기용접봉의 뜻

해설 **E4327**
① E : 전기용접봉
② 43 : 용착금속의 최소 인장강도
③ 27 : 피복제의 계통

01. ③ 02. ③ 03. ①

2023년도 시행

문제 04 산소-아세틸렌가스 불꽃의 종류 중 불꽃온도가 가장 높은 것은?

① 탄화불꽃
② 중성불꽃
③ 산화불꽃
④ 환원불꽃

해설 산소-아세틸렌가스불꽃의 종류 중 불꽃온도가 가장 높은 것 : 산화불꽃

문제 05 용접기의 사용률이 40%인 경우 아크 시간과 휴식시간을 합한 전체 시간은 10분을 기준으로 했을 때 아크 발생시간은 몇 분인가?

① 4
② 6
③ 8
④ 10

해설 사용률 = $\dfrac{\text{아크시간}}{\text{아크시간}+\text{휴식시간}} \times 100$

$40 = \dfrac{x}{10} \times 100$ ∴ $\dfrac{40 \times 10}{100} = 4$분

문제 06 가스용접에서 충전가스의 용도 색으로 틀린 것은?

① 산소-녹색
② 프로판-흰색
③ 탄산가스-청색
④ 아세틸렌-황색

해설 **용기도색**

<u>청</u><u>탄</u>산 <u>산녹</u>에서 <u>황아</u>체 안주삼아 <u>수주</u>잔 높이 들고 <u>백암산</u> 바라보니 <u>염소</u>는
① ② ③ ④ ⑤ ⑥

<u>갈</u>색으로 보이고 <u>쥐</u>들은 <u>기타</u>를 치더라.
⑦

① 탄산가스 : 청색   ② 산소 : 녹색   ③ 아세틸렌 : 황색
④ 수소 : 주황   ⑤ 암모니아 : 백색   ⑥ 염소 : 갈색
⑦ 기타 : 쥐색(회색)

문제 07 탄소 아크절단에 압축 공기를 병용한 방법은?

① 산소창 절단
② 아크에어 가우징
③ 스카핑
④ 플라즈마 절단

해설
① **아크에어가우징** : 탄소아크 절단장치에다 압축공기(6~7kg/cm²)를 병용하여서 아크열로 용융시킨 부분을 압축공기로 불어 날려서 홈을 파내는 작업
② **스카핑** : 강편, 슬래그, 주름, 탈탄층, 표면균열 등의 표면결함을 불꽃가공에 의해 제거하는 방법으로 얕은 홈 가공시 사용
③ **가스가우징** : 용접부분의 뒷면을 따내든지 H형, U형의 용접홈을 가공하기 위해서 깊은 홈을 파내는 가공법
④ **산소창절단** : 두꺼운판, 주강의 슬랙덩어리, 암석의 천공 등의 절단에 이용

04. ③ 05. ① 06. ② 07. ②

문제 08
용접구조물이 리벳구조물에 비하여 나쁜점 이라고 할 수 없는 것은?
① 품질검사곤란
② 작업공정의 단축
③ 열영향에 의한 재질변화
④ 잔류응력의 발생

해설 용접의 단점
① 품질검사곤란
② 잔류응력의 발생
③ 취성이 생길 우려가 있다.
④ 열영향에 의한 재질의 변화

문제 09
수중 절단작업에 주로 사용되는 가스는?
① 아세틸렌 가스
② 프로판 가스
③ 벤젠
④ 수소

해설 수중절단에 주로 사용하는 가스 : 수소

문제 10
연강을 가스 용접할 때 사용하는 용제는?
① 염화나트륨
② 붕사
③ 중탄산소다 + 탄산소다
④ 사용하지 않는다.

해설 용제
① 구리합금 : 붕사(75%) + 염화나트륨(25%)
② 반경강 : 중탄산나트륨 + 탄산나트륨
③ 주철 : 중탄산나트륨(70%) + 붕사(15%) + 탄산나트륨(15%)
④ 연강 : 사용하지 않는다.
⑤ 알루미늄 : 염화칼륨(45%) + 염화나트륨(30%) + 염화리튬(15%) + 플루오르화칼륨(7%) + 황산칼륨(3%)

문제 11
연강용 가스용접봉의 특성에서 응력을 제거한 것을 나타내는 기호는?
① GA
② GB
③ SR
④ NSR

해설 SR : 응력을 제거한 것
NSR : 응력을 제거하지 않은 것

문제 12
피복 아크 용접봉에서 피복제의 역할로 틀린 것은?
① 아크를 안정시킴
② 전기 절연 작용을 함
③ 슬래그 제거가 쉬움
④ 냉각속도를 빠르게 함

해답 08. ② 09. ④ 10. ④ 11. ③ 12. ④

해설 **피복제의 역할**
① 탈산정련작용　　　　　② 합금원소첨가
③ 아크를 안정시킨다.　　④ 스패터를 적게 한다.
⑤ 용착금속의 효율을 높인다.　⑥ 공기중 산화, 질화방지
⑦ 슬래그 제거를 쉽게 한다.　⑧ 전기절연작용

문제 13 가스절단 토치 영식 중 절단팁이 동심형에 해당하는 형식은?
① 영국식　　　　② 미국식
③ 독일식　　　　④ 프랑스식

해설 ① **동심형** : 프랑스식　　② **이심형** : 독일식

문제 14 절단용 산소 중의 불순물이 증가되면 나타나는 결과가 아닌 것은?
① 절단속도가 늦어진다.　　　② 산소의 소비량이 적어진다.
③ 절단 개시시간이 길어진다.　④ 절단 홈의 폭이 넓어진다.

해설 절단산소중의 불순물이 증가되면 나타나는 결과
① 산소 소비량이 많아진다.　　② 절단 홈의 폭이 넓어진다.
③ 절단 개시시간이 길어진다.　④ 절단속도가 늦어진다.

문제 15 용접법을 크게 융접, 압접, 납땜으로 분류할 때, 압접에 해당 되는 것은?
① 전자빔용접　　　　　② 초음파용접
③ 원자수소용접　　　　④ 일렉트로 슬래그용접

해설 **압접**(유단초마가냉)
① 유도가열용접　② 단접　　　　　③ 초음파용접
④ 마찰용접　　　⑤ 가압테르밋용접　⑥ 냉간압접
⑦ 저항용접
　㉠ 겹치기용접 : ⓐ 점용접　ⓑ 시임용접　ⓒ 프로젝션용접
　㉡ 맞대기용접 : ⓐ 업셋용접　ⓑ 방전충격용접　ⓒ 플래쉬용접
　　　　　　　　ⓓ 포일시임용접　ⓔ 퍼커션용접

문제 16 직류아크용접에서 직류정극성의 특징 중 옳게 설명한 것은?
① 비드폭이 넓어진다.　　② 용접봉의 용융이 빠르다.
③ 모재의 용입이 깊다.　　④ 일반적으로 적게 사용된다.

해설 **용접기 극성**
① 직류정극성(DCSP)
　㉠ 모재(+) 70%, 용접봉(-) 30%　　㉡ 용입이 깊다.

13. ④　14. ②　15. ②　16. ③

ⓒ 후판용접이 가능 ⓔ 비드폭이 좁다.
ⓓ 열이용율이 높다.

② 직류역극성(DCRP)
ⓐ 모재(-) 30%, 용접봉(+) 70% ⓑ 용입이 얕다.
ⓒ 용접봉의 녹음이 빠르다. ⓓ 비드폭이 넓다.

문제 17

피복아크용접에서 아크길이에 대한 설명이다. 옳지 않은 것은?

① 아크전압은 아크길이에 비례한다.
② 일반적으로 아크길이는 보통 심선의 지름의 2배정도인 6~8mm 정도이다.
③ 아크길이가 너무 길면 아크가 불안정하고 용입불량의 원인이 된다.
④ 양호한 용접을 하려면 가능한 짧은 아크(short arc)를 사용하여야 한다.

해설 아크길이
① 양호한 용접을 하려면 가능한 짧은 아크를 사용하여야 한다.
② 아크길이가 너무 길면 아크가 불안정하고 용입불량의 원인이 된다.
③ 아크전압은 아크길이에 비례한다.

문제 18

철강 재료를 강화 및 경화시킬 목적으로 물 또는 기름 속에 급랭하는 방법은?

① 불림 ② 풀림
③ 담금질 ④ 뜨임

해설 열처리
① 담금질 : 강을 A_3 변태 및 A_1 선 이상 30~50℃로 가열한 후 물 또는 기름으로 급랭하는 방법으로 경도 및 강도 증가
② 뜨임 : 담금질된 강을 A_1 변태점 이하의 일정온도로 가열하여 인성 증가
③ 풀림 : 재질의 연화를 목적으로 일정시간 가열 후 노내에서 서냉, 내부응력 및 잔류응력 제거
④ 불림 : 강을 표준상태로 하기 위하여 가공조직의 균일화, 결정립의 미세화, 기계적 성질의 향상을 목적으로 실시

문제 19

일반적인 연강의 탄소 함유량은 얼마인가?

① 1.0%~1.4% ② 0.13%~0.2%
③ 1.5%~1.9% ④ 2.0%~3.0%

해설 일반연강의 탄소함유량 : 0.13%~0.2%

문제 20

강의 표면에 질소를 침투하여 확산시키는 질화법에 대한 설명으로 틀린 것은?

① 높은 표면 경도를 얻을 수 있다. ② 처리 시간이 길다.
③ 내식성이 저하 된다. ④ 내마멸성이 커진다.

17. ② 18. ③ 19. ② 20. ③

[해설] 질화법
① 내식성이 증가 한다.　　② 내마멸성이 커진다.
③ 처리 시간이 길다.　　　④ 높은 표면 경도를 얻을 수 있다.

문제 21 18-8 스테인리스강에서 18-8이 의미하는 것은 무엇인가?
① 몰리브덴이 18%, 크롬이 8% 함유 되어 있다.
② 크롬이 18%, 몰리브덴이 8%함유 되어 있다.
③ 크롬이 18%, 니켈이 8%함유 되어 있다.
④ 니켈이 18%, 크롬이 8% 함유 되어 있다.

[해설] 18-8 스테인리스강
① 크롬 : 18%　② 니켈 : 8%

문제 22 3~4% Ni, 1% Si를 첨가한 구리합금으로 강도와 전기 전도율이 좋은 것은?
① 켈멧(kelmet)　　　　② 암즈(arms)
③ 네이벌(naval)황동　　④ 코슨(corson)합금

[해설] 합금
① 코슨합금 : 구리 + 니켈(3~4%) + 규소(1%)
② 코로손합금 : 구리 + 니켈 + 철(1~2%)
③ 켈밋 : Cu + Pb(30~40%)
④ 네이벌황동 : 6 : 4 황동 + 주석(1~2%)

문제 23 펄라이트 바탕에 흑연이 미세하고 고르게 분포되어 있으며 내마멸성이 요구되는 피스톤 링 등 자동차 부품에 많이 쓰이는 주철은?
① 미하나이트 주철　　② 구상 흑연주철
③ 고합금 주철　　　　④ 가단주철

[해설] 미하나이트주철 : 펄라이트 바탕에 흑연이 미세하고 고르게 분포되어 있으며 내마멸성이 요구되는 피스톤 링 등 자동차 부품에 사용

문제 24 다음은 구리 및 구리합금의 용접성에 관한 설명이다. 틀린 것은?
① 용접 후 응고 수축시 변형이 생기기 쉽다.
② 충분한 용입을 얻기 위해서는 예열을 해야 한다.
③ 구리는 연강에 비해 열전도도와 열팽창계수가 낮다.
④ 구리합금은 과열에 의한 아연 증발로 중독을 일으키기 쉽다.

[해답] 21. ③　22. ④　23. ①　24. ③

해설 **구리 및 구리합금의 용접성**
① 구리는 연강에 비해 열전도도와 열팽창계수가 높다.
② 구리합금은 과열에 의한 아연 증발로 중독을 일으키기 쉽다.
③ 충분한 용입을 얻기 위해서는 예열을 해야 한다.
④ 용접 후 응고 수축시 변형이 생기기 쉽다.

문제 25 탄소의 함유량이 약 0.2~0.5% 정도인 주강은?
① 저탄소 주강 ② 중탄소 주강
③ 고탄소 주강 ④ 합금주강

해설 ① **저탄소주강** : 탄소함유량 0.3% 이하
② **중탄소주강** : 탄소함유량 0.3% 이상~0.5% 이하
③ **고탄소주강** : 탄소함유량 0.5% 이상~2.0% 이하

문제 26 비중이 2.7, 용융온도가 660℃이며 가볍고 내식성 및 가공성이 좋아 주물, 다이 캐스팅, 전선 등에 쓰이는 비철 금속 재료는?
① 구리(Cu) ② 니켈(Ni)
③ 마그네슘(Mg) ④ 알루미늄(Al)

해설 **알루미늄**
① 비중이 2.7, 용융점 660℃ 변태점이 없고 열 및 전기의 양도체이다.
② 주물, 다이캐스팅, 전선 등에 쓰임
③ 알루미늄 합금의 인공시효 온도는 160℃이다.
④ 가볍고 내식성 및 가공성이 좋다.
⑤ 주조성이 용이하고 다른 금속과 잘 융합
⑥ 알루미늄의 전기전도도는 구리의 약 65%이다.
⑦ 전, 연성이 풍부하여 400~500℃에서 연신율이 최대이다.
⑧ 무기산염류에 침식된다. 특히 염산중에는 빠르게 침식된다.

문제 27 순철의 자기 변태점은?
① A_1 ② A_2
③ A_3 ④ A_4

해설 **순철의 자기변태점** : A_2

문제 28 오스테나이트계 스테인리스강은 용접시 냉각되면서 고온 균열이 발생하는데 그 원인이 아닌 것은?
① 크레이터 처리를 하지 않았을 때 ② 아크길이를 짧게 했을 때
③ 모재가 오염되어 있을 때 ④ 구속력이 가해진 상태에서 용접할 때

25. ② 26. ④ 27. ② 28. ②

해설 고온균열이 발생하는 원인
① 아크길이를 길게 했을 때 ② 구속력이 가해진 상태에서 용접시
③ 모재가 오염되었을 때 ④ 크레이터 처리를 하지 않았을 때

문제 29 플래시 버트 용접 과정의 3단계는?
① 예열, 플래시, 업셋
② 업셋, 플래시, 후열
③ 예열, 검사, 플래시
④ 업셋, 예열, 후열

해설 플래시 버트 용접 과정의 3단계
① 예열 ② 플래시 ③ 업셋

문제 30 부식 시험은 어느 시험법에 속하는가?
① 금속학적 시험
② 화학적 시험
③ 기계적 시험
④ 야금학적 시험

해설 화학적 시험
① 화학시험
② 부식시험 : 습부식, 건부식, 응력부식 시험
③ 수소시험 : 응고 직후부터 일정시간 사이에 발생하는 수소의 양

문제 31 이음 홈 형상 중에서 동일한 판두께에 대하여 가장 변형이 적게 설계된 것은?
① I형
② V형
③ U형
④ X형

해설 이음 형상 홈
① I형 : 맞대기 용접에서 가장 얇은 박판에 사용
② V형 : 맞대기 용접에서 한쪽방향의 완전한 용입을 얻고자 할 때
③ X형 : 이음홈 형상 중에서 동일한 판두께에 대하여 가장 변형 적게 설계된 것

문제 32 하중의 방향에 따른 필릿용접 이음의 구분이 아닌 것은?
① 전면 필릿용접
② 측면 필릿용접
③ 경사 필릿용접
④ 슬롯 필릿용접

해설 하중의 방향에 따른 필릿용접 이음의 구분
① 전면 필릿용접
② 측면 필릿용접
③ 경사 필릿용접

해답
29. ① 30. ② 31. ④ 32. ④

문제 33
서브머지드 아크용접의 기공 발생 원인으로 맞는 것은?

① 용접속도 과대
② 적정전압 유지
③ 용제의 양호한 건조
④ 가용접부의 표면, 이면 슬래그 제거

해설 서브머지드 아크용접의 기공 발생 원인
① 용접속도 과대
② 용접전류 과대시
③ 용접부가 급냉시
④ 수소, 산소, 일산화탄소가 너무 많을 때
⑤ 이음부에 기름, 페인트, 녹 등이 부착해 있을 경우

문제 34
아크 길이가 길 때, 발생하는 현상이 아닌 것은?

① 스패터의 발생이 많다.
② 용착금속의 재질이 불량해진다.
③ 오버랩이 생긴다.
④ 비드의 외관이 불량해진다.

해설 아크 길이가 길 때, 발생하는 현상
① 언더컷이 생긴다.
② 스패터의 발생이 많다.
③ 비드의 외관이 불량해진다.
④ 용착금속의 재질이 불량해진다.

문제 35
아크열이 아닌 와이어와 용융슬래그 사이에 통전된 전류의 저항열을 이용하는 방법은?

① 저항용접
② 테르밋용접
③ 서브머지드 아크용접
④ 일렉트로 슬래그용접

해설 ① **일렉트로 슬래그용접** : 아크열이 아닌 와이어와 용융슬래그 사이에 통전된 전류의 저항열을 이용하는 용접
② **스터드용접** : 볼트나 환봉 등을 피스톤형 홀더에 끼우고 모재와 환봉사이에서 순간적으로 아크를 발생시켜 용접
③ **서브머지드 아크용접** : 용접봉을 용제 속에 넣고 아크를 일으켜 용접

문제 36
용접작업시 주의 사항을 설명한 것으로 틀린 것은?

① 화재를 진화하기 위하여 방화 설비를 설치할 것
② 용접 작업 부근에 점화원을 두지 않도록 할 것
③ 배관 및 기기에서 가스 누출이 되지 않도록 할 것
④ 가연성 가스는 항상 옆으로 뉘어서 보관할 것

33. ① 34. ③ 35. ④ 36. ④

> **해설** 용접작업시 주의사항
> ① 가연성 가스는 항상 세워서 보관할 것
> ② 배관 및 기기에서 가스 누출이 되지 않도록 할 것
> ③ 용접 작업 부근에 점화원을 두지 않도록 할 것
> ④ 화재를 진화하기 위하여 방화 설비를 설치할 것

문제 37 TIG용접 토치의 형태에 따른 종류가 아닌 것은?
① T형 토치
② Y형 토치
③ 직선형 토치
④ 플랙시 블형 토치

> **해설** 티그용접 토치의 형태
> ① T형 토치 ② 직선형 토치 ③ 플랙시 블형 토치

문제 38 은, 구리, 아연의 주성분으로 된 합금이며 인장강도, 전연성 등의 성질이 우수하여 구리, 구리합금, 철강, 스테인리스강 등에 사용되는 납은?
① 마그네슘납
② 인동납
③ 은납
④ 알루미늄납

> **해설** ① **은납** : 은, 구리, 아연의 주성분으로 된 합금이며 인장강도, 전연성 등의 성질이 우수하여 구리, 구리합금, 철강, 스테인리스강 등에 많이 사용
> ② **인동납** : 구리, 소량의 은, 인 포함 유동성이 좋고, 전기나 열에 전도성, 내식성 등 기계적 성질이 우수하나 황을 함유한 고온가스 중에서의 사용은 좋지 않음.
> ③ **알루미늄납** : 알루미늄에 규소, 구리, 아연 등 첨가한 것으로 용융점이 600℃ 전, 후가 되어 모재의 용점에 가깝기 때문에 작업성이 대단히 나쁨.

문제 39 전기용접 작업시 전격에 관한 주의사항으로 틀린 것은?
① 무부하 전압이 필요 이상으로 높은 용접기는 사용하지 않는다.
② 낮은 전압에서는 주의하지 않아도 되며, 피부에 적은 습기는 용접하는데 지장이 없다.
③ 작업종료시 또는 장시간 작업을 중지 할 때는 반드시 용접기의 스위치를 끄도록 한다.
④ 전격을 받는 사람을 발견했을 때는 즉시 스위치를 꺼야 한다.

> **해설** 전기용접 작업시 전격에 관한 주의사항
> ① 낮은 전압에서도 주의해야 하며, 피부에 적은 습기도 없어야 한다.
> ② 전격을 받는 사람을 발견했을 때는 즉시 스위치를 꺼야 한다.
> ③ 작업 종료시 또는 장시간 작업을 중지 할 때는 반드시 용접기의 스위치를 끄도록 한다.
> ④ 무부하 전압이 필요 이상으로 높은 용접기는 사용하지 않는다.

해답
37. ② 38. ③ 39. ②

문제 40 미그(MIG)용접 제어장치의 기능으로 아크가 처음 발생되기 전 보호 가스를 흐르게 하여 아크를 안정되게 하고 결함발생을 방지하기 위한 것은?

① 스타트 시간
② 가스 지연유출 시간
③ 턴 잭 시간
④ 예비가스 유출 시간

해설
① **예비가스유출시간** : 미그용접 제어장치의 기능으로 아크가 처음 발생되기 전 보호가스를 흐르게 하여 아크를 안정되게 하고, 결함발생을 방지하기 위한 것
② **번백시간** : 불활성가스 금속아크용접(MIG)의 제어장치로써 크레이터처리 기능에 의해 낮아진 전류가 서서히 줄어들면서 아크가 끊어지는 기능으로 이면용접부위가 녹아내리는 것 방지

문제 41 금속의 비파괴 검사 방법이 아닌 것은?

① 방사선 투과 시험
② 초음파 시험
③ 로크웰 경도 시험
④ 음향 시험

해설 비파괴검사법
① 방사선투과시험(RT)
② 초음파탐상시험(UT)
③ 자분탐상시험(MT)
④ 침투탐상시험(PT)
⑤ 육안검사(VT)
⑥ 누설시험(LT)

문제 42 용입불량의 방지대책으로 틀린 것은?

① 용접봉의 선택을 잘한다.
② 적정 용접전류를 선택한다.
③ 용접속도를 빠르지 않게 한다.
④ 루트 간격 및 홈 각도를 적게 한다.

해설 용입불량의 방지대책
① 루트 간격 및 홈 각도를 적정하게 한다.
② 용접속도를 빠르지 않게 한다.
③ 적정 용접전류를 선택한다.
④ 용접봉의 선택을 잘한다.

문제 43 용접부를 예열하는 목적의 설명으로 틀린 것은?

① 용접 작업에 의한 수축 변형을 증가 시킨다.
② 용접부의 냉각 속도를 느리게 하여 결함을 방지 한다.
③ 열영향부의 균열을 방지한다.
④ 용접 작업성을 개선한다.

해설 예열의 목적
① 용접부의 냉각 속도를 느리게 하여 결함 방지
② 열영향부의 균열을 방지

해답 40. ④ 41. ③ 42. ④ 43. ①

③ 용접 작업성 개선
④ 금속중의 수소를 방출시켜 균열방지
⑤ 용접부의 수축 변형 및 잔류응력을 경감
⑥ 용접금속 및 열영향부의 연성 또는 인성을 향상

문제 44 TIG 용접에서 청정작용이 가장 잘 발생하는 용접전원은?

① 직류 역극성일 때
② 직류 정극성일 때
③ 교류 정극성일 때
④ 극성에 관계없음.

해설 TIG용접에서 청정작용이 가장 잘 발생하는 용접전원 : 직류역극성

문제 45 탄산가스 아크 용접의 특징 설명으로 틀린 것은?

① 용착금속의 기계적 성질이 우수하다.
② 가시 아크이므로 시공이 편리하다.
③ 아르곤 가스에 비하여 가스 가격이 저렴하다.
④ 용입이 얕고 전류밀도가 매우 낮다.

해설 탄산가스 아크용접의 특징(NCG법, 유니온아크법, 아코스아크법)
① 용입이 깊고 용접속도를 빠르게 할 수 있다.
② 아르곤 가스에 비해 가스 가격이 저렴하다.
③ 가시 아크이므로 시공이 편리하다.
④ 용착금속의 기계적 성질이 우수하다.
⑤ 용제를 사용하지 않아 슬래그 혼입이 없고 용접후의 처리가 간단하다.
⑥ 아크시간을 길게 할 수 있다.
⑦ 전류밀도가 높다.

문제 46 방화, 금지, 정지, 고도의 위험을 표시하는 안전색은?

① 적색
② 녹색
③ 청색
④ 백색

해설 안전색채
① 적색 : 방화금지, 정지, 고도의 위험
② 녹색 : 진행유도, 안전, 구급, 위생
③ 청색 : 주의, 수리중
④ 백색 : 정리정돈, 통로
⑤ 황적색 : 위험, 항공의 보안시설
⑥ 노랑 : 전도, 추락, 충돌

44. ① 45. ④ 46. ①

문제 47
가스 용접시 주의 사항으로 틀린 것은?

① 반드시 보호안경을 착용한다.
② 산소호스와 아세틸렌호스는 색깔 구분이 없이 사용한다.
③ 불필요한 긴 호수를 사용하지 말아야 한다.
④ 용기 가까운 곳에서는 인화물질의 사용을 금한다.

해설 산소호스의 색상은 녹색이고, 아세틸렌호스의 색상은 적색이다.

문제 48
논 가스 아크 용접(Non gas arc welding)의 장점에 대한 설명으로 틀린 것은?

① 아크의 빛과 열이 강렬하다.
② 용접장치가 간단하며 운반이 편리하다.
③ 바람이 있는 옥외에서도 작업이 가능하다.
④ 피복 가스 용접봉의 저수소계와 같이 수소의 발생이 적다.

해설 논 가스 아크 용접의 장점
① 피복 가스 용접봉의 저수소계와 같이 수소의 발생이 적다.
② 바람이 있는 옥외에서도 작업이 가능하다.
③ 용접장치가 간단하며 운반이 편리하다.
④ 보호가스나 용제를 필요로 하지 않는다.
⑤ 용접비드가 아름답고 슬래그의 박리성이 좋다.
⑥ 전원으로 직류 또는 교류를 모두 사용할 수 있으며, 전자세 용접이 가능
⑦ 일반 피복아크용접보다 용착속도가 4배 빠르므로 용착비용이 50~75%정도 절감된다.

문제 49
보수용접에 관한 설명 중 잘못된 것은?

① 보수용접이란 마멸된 기계 부품에 덧살 올림 용접을 하고 재생, 수리하는 것을 말한다.
② 차축 등이 마멸되었을 때는 내마멸 용접을 하여 보수한다.
③ 덧살 올림의 경우에 용접봉을 사용하지 않고, 용융된 금속을 고속기류에 의해 불어 붙이는 용사 용접이 사용되기도 한다.
④ 서브머지드 아크 용접에서는 덧살 올림 용접이 전혀 이용되지 않는다.

문제 50
이산화탄소 아크용접에서 용접전류는 용입을 결정하는 가장 큰 용인이다. 아크전압은 무엇을 결정하는 가장 중요한 요인인가?

① 용착금속량   ② 비드형상
③ 용입   ④ 용접결함

해설 아크전압은 비드형상을 결정하는 가장 큰 요인이다.

47. ② 48. ① 49. ④ 50. ②

문제 51 다음 그림에서 현의 치수기입이 올바르게 된 것은?

① 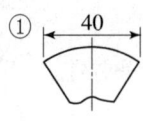   ②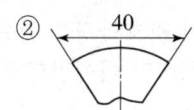

③ 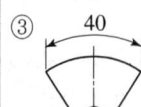   ④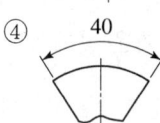

해설 ① 현의 길이 : 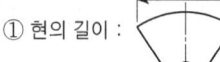   ② 호의 길이 :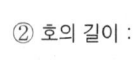

문제 52 배관설비도의 계기 표시 기호 중에서 유량계를 나타내는 글자 기호는?

① T ② P
③ F ④ V

해설 배관설비도 계기 표시
① T(Temperature) : 온도   ② P(Pressure) : 압력
③ F(Flow Meter) : 유량계   ④ V(Vapor 또는 Velocity) : 증기 또는 속도

문제 53 구멍의 표시방법에서 도일 치수 리벳 구멍 치수 기입이 "13-20드릴"로 표시되었을 때 올바른 해독은?

① 리벳의 피치는 20mm
② 드릴 구멍의 총수는 13개
③ 드릴 구멍의 피치는 20mm
④ 드릴 구멍의 피치 길이의 합은 23×24mm

문제 54 보기 용접도시 기호를 올바르게 해독한 것은?

① V형 용접
② 용접 피치 50mm
③ 용접 목두께 5mm
④ 용접길이 100mm

[보기]
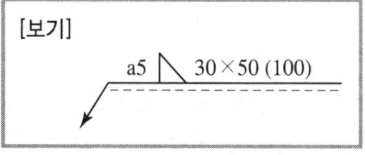

해설 용접도시 기호
① 용접 목두께 : 5mm   ② 나비 : 30mm
③ 길이 : 50mm   ④ 간격 : 100mm

51. ① 52. ③ 53. ② 54. ③

문제 55 도면에서 표제란의 투상법란에 보기와 같은 투상법 기호로 표시되는 경우는 몇 각법 기호인가?

① 1각법
② 2각법
③ 3각법
④ 4각법

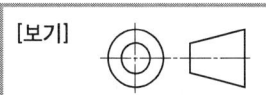
[보기]

문제 56 보기와 같은 단면도의 명칭으로 가장 적합한 것은?

① 가상단면도
② 회전도시단면도
③ 보조투상단면도
④ 곡면단면도

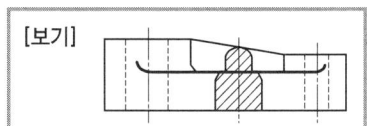
[보기]

문제 57 보기와 같은 입체도를 화살표 방향에서 본 투상도를 올바르게 도시된 것은?

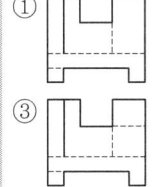 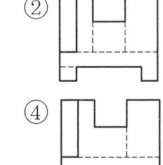
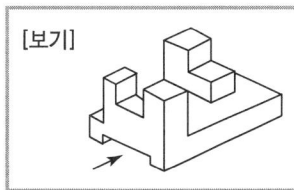
[보기]

문제 58 보기와 같은 판금 제품인 원통을 정면에서 진원인 구멍1개를 제작하려고 한다. 전개한 현도 판의 진원 구멍부분형상으로 가장 적합한 것은?

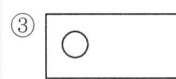 
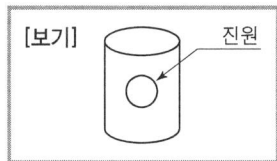
[보기] 진원

문제 59 보기와 같은 제3각법의 정투상도에 가장 적합한 입체도는?

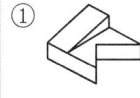 
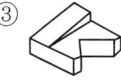 
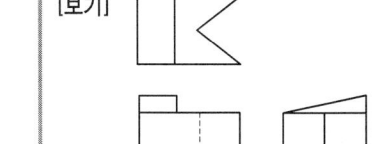
[보기]

55. ③ 56. ② 57. ④ 58. ④ 59. ①

문제 60 용도에 의한 명칭에서 선의 굵기가 모두 가는 실선인 것은?

① 치수선, 치수보조선, 지시선
② 중심선, 지시선, 숨은선
③ 외형선, 치수보조선, 해칭선
④ 기준선, 피치선, 수준면선

해설 선의 굵기
① 가는실선 : 파단선, 해칭선, 치수선, 치수보조선, 지시선(*파해치*)
② 가는일점쇄선 : 기준선, 피치선, 중심선, 절단선(*중절기피*)
③ 굵은실선 : 외형선
④ 가는이점쇄선 : 가상선

해답 60. ①

2023년 4월 CBT 시행

문제 01 가스 용접에서 전진법과 비교한 후진법의 특성을 설명한 것으로 틀린 것은?

① 열 이용율이 좋다. ② 용접속도가 빠르다.
③ 용접 변형이 작다. ④ 산화정도가 심하다.

해설 후진법의 특징
① 용접 변형이 적다. ② 열 이용율이 좋다.
③ 용접속도가 빠르다. ④ 두꺼운 판의 용접에 적당
⑤ 비드표면이 매끈하지 못하다. ⑥ 홈의 각도가 적다.

문제 02 산소 용기의 취급상 주의할 점이 아닌 것은?

① 운반 중에 충격을 주지 말 것
② 그늘진 곳을 피하여 직사광선이 드는 곳에 둘 것
③ 산소 누설시험에는 비눗물을 사용할 것
④ 밸브의 개폐는 천천히 할 것

해설 산소 용기의 취급시 주의사항
① 직사광선을 피하고 통풍이 양호한 장소에 보관 할 것
② 밸브의 개폐는 천천히 할 것
③ 산소 누설시험에는 비눗물을 사용할 것
④ 운반 중에 충격을 주지 말 것
⑤ 압력계는 금유라는 표시가 있는 산소전용 압력계 사용
⑥ 산소 가스용기는 가연성가스용기와 구분하여 저장한다.
⑦ 산소 압축기의 윤활유는 물 또는 10% 이하의 묽은 글리세린 수
⑧ 산소가스용이나 계기류는 윤활유, 그리스 등이 부착되지 않도록 한다.

문제 03 피복 아크 용접에서 용접봉의 용융속도와 관련이 가장 큰 것은?

① 아크 전압 ② 용접봉 지름
③ 용접기의 종류 ④ 용접봉 쪽 전압강하

해설 용접봉의 용융속도와 관련이 큰 것 : 용접봉 쪽 전압강하

01. ④ 02. ② 03. ④

문제 04 가스 용접봉 선택의 조건에 들지 않는 것은?
① 모재와 같은 재질일 것
② 불순물이 포함되어 있지 않을 것
③ 용융 온도가 모재보다 낮을 것
④ 기계적 성질에 나쁜 영향을 주지 않을 것

해설 가스용접봉 선택의 조건
① 용융 온도가 모재보다 높을 것 ② 기계적 성질에 나쁜 영향을 주지 말 것
③ 불순물이 포함되어 있지 않을 것 ④ 모재와 같은 재질일 것

문제 05 교류 아크 용접기에 비해 직류 아크 용접기에 관한 설명으로 올바른 것은?
① 구조가 간단하다. ② 아크 안정성이 떨어진다.
③ 감전의 위험이 많다. ④ 극성의 변화가 가능하다.

해설 직류 아크 용접기
① 극성의 변화가 가능하다. ② 아크안정성이 있다.
③ 구조가 복잡하다. ④ 감전의 위험이 적다.

문제 06 산소는 대기 중의 공기 속에 약 몇 % 함유되어 있는가?
① 11 ② 21
③ 31 ④ 41

해설 **산소**는 공기중의 21% 함유
질소는 공기중의 79% 함유

문제 07 직류 아크 용접에서 정극성의 특징 설명으로 맞는 것은?
① 비드 폭이 넓다. ② 주로 박판용접에 쓰인다.
③ 모재의 용입이 깊다. ④ 용접봉의 녹음이 빠르다.

해설 직류정극성(DCSP)
① 모재의 용입이 깊다. ② 후판용접 가능
③ 비드 폭이 좁다. ④ 모재(+)70%, 용접봉(-) 30%

문제 08 다음 중 산소 프로판 가스 용접시 산소 : 프로판 가스의 혼합비는?
① 1 : 1 ② 2 : 1
③ 2.5 : 1 ④ 4.5 : 1

해설 **산소 : 프로판가스의 혼합비** : 4.5 : 1

04. ③ 05. ④ 06. ② 07. ③ 08. ④

문제 09 TIG 절단에 관한 설명 중 틀린 것은?
① 알루미늄, 마그네슘, 구리와 구리합금, 스테인리스강 등 비철금속의 절단에 이용된다.
② 절단면이 매끈하고 열효율이 좋으며 능률이 대단히 높다.
③ 전원은 직류 역극성을 사용한다.
④ 아크 냉각용 가스에는 아르곤과 수소의 혼합가스를 사용한다.

해설 TIG 절단
① 전원은 직류 정극성을 사용한다.
② 아크 냉각용 가스에는 아르곤과 수소의 혼합가스를 사용한다.
③ 절단면이 매끈하고 열효율이 좋으며 능률이 대단히 높다.
④ 알루미늄, 마그네슘, 구리와 구리합금, 스테인리스강 등 비철금속 절단 이용

문제 10 아크 전류가 일정할 때 아크 전압이 높아지면 용접봉의 용융속도가 늦어지고 아크 전압이 낮아지면 용융속도가 빨라지는 특성을 무엇이라 하는가?
① 부저항 특성
② 절연회복 특성
③ 전압회복 특성
④ 아크 길이 자기제어 특성

해설 아크 길이 자기제어 특성 : 아크 전류가 일정할 때 아크 전압이 높아지면 용접봉의 용융속도가 늦어지고 아크 전압이 낮아지면 용융속도가 빨라지는 특성

문제 11 다음 중 기계적 접합법의 종류가 아닌 것은?
① 볼트이음
② 리벳이음
③ 코터이음
④ 스터드 용접

해설 기계적 접합법
① 리벳이음 ② 볼트이음 ③ 코터이음

문제 12 아크용접에서 피복제의 역할로서 옳지 않은 것은?
① 용착금속의 급냉 방지
② 용착금속의 탈산정련 작용
③ 전기절연작용
④ 스패터의 다량 생성 작용

해설 피복제의 역할
① 전기절연작용
② 용착금속의 탈산정련 작용
③ 용착금속의 급냉 방지
④ 합금원소 첨가
⑤ 아크안정
⑥ 용착효율을 높인다.
⑦ 공기중 산화, 질화 방지
⑧ 스패터 발생을 적게 한다.

09. ③ 10. ④ 11. ④ 12. ④

문제 13 가스 절단에서 예열 불꽃이 약할 때 나타나는 현상은?

① 드래그가 증가한다.
② 절단면이 거칠어진다.
③ 변두리가 용융되어 둥글게 된다.
④ 슬래그 중의 철 성분의 박리가 어려워진다.

해설 가스 절단에서 예열 불꽃이 약할 때 나타나는 현상 : 드래그가 증가한다.

문제 14 고장력강용 피복아크 용접봉의 특징 설명으로 틀린 것은?

① 인장강도가 $50 kgf/mm^2$ 이상이다.
② 재료 취급 및 가공이 어렵다.
③ 동일한 강도에서 판 두께를 얇게 할 수 있다.
④ 소요 강재의 중량을 경감시킨다.

해설 고장력강용 피복아크 용접봉의 특징
① 재료의 취급 및 가공이 쉽다.
② 인장강도가 $50 kgf/mm^2$ 이상
③ 소요 강재의 중량을 경감시킨다.
④ 동일한 강도에서 판 두께를 얇게 할 수 있다.

문제 15 산소-아세틸렌 가스용접의 단점이 아닌 것은?

① 열 효율이 낮다.   ② 폭발할 위험이 있다.
③ 가열시간이 오래 걸린다.   ④ 가스불꽃의 조절이 어렵다.

해설 가스용접의 단점
① 폭발 및 화재의 위험이 크다.
② 가열시간이 오래 걸린다.
④ 용접후의 변형이 심하게 된다.
④ 아크에 비해 불꽃온도가 낮다.
⑤ 열의 집중성이 나빠 효율적인 용접이 어렵다.
⑥ 금속이 산화, 탄화될 우려가 있다.

문제 16 용접봉 홀더가 KS 규격으로 200호 일 때 용접기의 정격전류로 맞는 것은?

① 100A   ② 200A
③ 400A   ④ 800A

해설 200호일 때 용접기의 정격전류 : 200A

13. ① 14. ② 15. ④ 16. ②

문제 17
가스 가우징에 대한 설명 중 틀린 것은?

① 용접부의 결함, 가접의 제거, 홈가공 등에 사용된다.
② 스카핑에 비하여 나비가 큰 홈을 가공한다.
③ 팁은 슬로우 다이버전트로 설계되어 있다.
④ 가우징 진행 중 팁은 모재에 닿지 않도록 한다.

해설 가스가우징
① H형, U형의 용접홈을 가공하기 위하여 깊은 홈을 파내는 가공법
② 가우징 진행 중 팁은 모재에 닿지 않도록 한다.
③ 팁은 슬로우다이버전트로 설계되어 있다.
④ 용접부의 결함, 가접의 제거, 홈가공 등에 사용
⑤ 팁 작업의 각도 30~45°

문제 18
중탄소강(0.3~0.5%C)의 용접시 탄소함유량의 증가에 따라 저온균열이 발생할 우려가 있으므로 적당한 예열이 필요하다. 다음 중 가장 적당한 예열온도는?

① 100~200℃
② 400~450℃
③ 500~600℃
④ 800℃ 이상

해설 중탄소강 용접시 적당한 예열온도 : 100~200℃

문제 19
아연을 약 40% 첨가한 황동으로 고온 가공하여 상온에서 완성하며, 열교환기, 열간 단조품, 탄피 등에 사용되고 탈아연 부식을 일으키기 쉬운 것은?

① 알브락
② 니켈황동
③ 문쯔메탈
④ 애드미럴티황동

해설 합금
① 문쯔메탈
  ㉠ 구리(60%)+아연(40%) ㉡ 열교환기, 열간단조품, 탄피 등에 사용
② 톰백
  ㉠ 구리(80%)+아연(20%) ㉡ 화폐, 메달 등에 사용
  ㉢ 모조금, 판 및 선에 사용
③ 플래티나이트
  ㉠ Ni(40~50%)+Fe ㉡ 진공관이나 전구의 도입선으로 사용
④ 에드미럴티
  ㉠ 7 : 3 황동+주석(1~2%) ㉡ 탈아연부식 억제
  ㉢ 내수성 및 내해수성 억제
⑤ Y합금
  ㉠ Al+Cu+Mg+Ni ㉡ 실린더헤드, 피스톤 등에 사용

해답 17. ② 18. ① 19. ③

문제 20

다음 중 스테인리스강의 내식성 향상을 위해 첨가하는 가장 효과적인 원소는?

① Zn   ② Sn
③ Cr   ④ Mg

해설 특수원소의 영향
① 크롬 ㉠ 흑연화 안정   ㉡ 내식성, 내마모성 향상
       ㉢ 탄화물 안정
② 인   ㉠ 상온취성, 청열취성(200~300℃)원인
       ㉡ 제강시 편석을 일으키기 쉽다.
③ 니켈 ㉠ 인성증가   ㉡ 저온충격 저항 증가
       ㉢ 주철의 흑연화 촉진
④ 망간 ㉠ 적열취성방지   ㉡ 황의 해를 제거
       ㉢ 흑연화를 방해하여 백주철화 촉진
⑤ 티탄 ㉠ 탄화물 생성용이   ㉡ 결정입자의 미세화
⑥ 규소 ㉠ 상온 가공성을 좋게 한다. ㉡ 용융금속의 유동성을 좋게 한다.
       ㉢ 충격저항, 연신율 감소 ㉣ 인장강도, 경도, 탄성한계 증가
       ㉤ 결정립 조대화

문제 21

주철을 고온으로 가열했다가 냉각하는 과정을 반복하면 부피가 팽창하여 변형이나 균열이 발생하는데 이러한 현상을 무엇이라 하는가?

① 청열취성   ② 적열취성
③ 고온시효   ④ 성장

해설 성장 : 주철을 고온으로 가열했다가 냉각하는 과정을 반복하면 부피가 팽창하여 변형이나 균열이 발생하는 현상

문제 22

다음 중 철(Fe)의 재결정온도는?

① 180~200℃   ② 200~250℃
③ 350~450℃   ④ 800~900℃

해설 철의 재결정온도 : 350~450℃

문제 23

KS규격의 SM45C에 대한 설명으로 옳은 것은?

① 인장강도가 45kgf/mm^{2}의 용접 구조용 탄소 강재
② Cr을 42~48% 함유한 특수 강재
③ 인장강도 40~50kgf/mm^{2}의 압연 강재
④ 화학성분에서 탄소함유량이 0.42~0.48%인 기계 구조용 탄소 강재

해설 SM45C : 탄소 함유량이 0.42~0.48인 기계구조용 탄소강재

해답

20. ③ 21. ④ 22. ③ 23. ④

문제 24
다음 중 주강에 대한 설명으로 틀린 것은?
① 주철로써는 강도가 부족할 경우에 사용된다.
② 용접에 의한 보수가 용이하다.
③ 단조품이나 압연품에 비하여 방향성이 없다.
④ 주철에 비하여 용융점이 낮다.

해설 주강
① 주철에 비하여 용융점이 높다.
② 단조품이나 압연품에 대해 방향성이 없다.
③ 용접에 의한 보수가 용이하다.
④ 주철로써는 강도가 부족할 경우에 사용된다.

문제 25
주로 전자기 재료로 사용되는 Ni-Fe 합금에 해당하지 않는 것은?
① 슈퍼인바　　　　　② 엘린바
③ 스텔라이트　　　　④ 퍼멀로이

해설 Ni-Fe 합금
① 퍼멀로이　② 엘린바　③ 슈퍼인바

문제 26
알루미늄의 전기전도율은 구리의 약 몇 % 정도인가?
① 5　　　　　② 65
③ 90　　　　④ 135

해설 알루미늄의 전기전도율은 구리의 65%이다.

문제 27
다음 중 화학적인 표면 경화법이 아닌 것은?
① 고체 침탄법　　　　② 가스 침탄법
③ 고주파 경화법　　　④ 질화법

해설 표면경화법
① **침탄법**
　㉠ 가스침탄법 : 메탄가스와 같은 탄화수소가스를 사용하여 침탄
　㉡ 액체침탄법 : 시안화나트륨, 시안화칼리를 주성분으로 한 열을 사용하여 침탄온도 750~950℃에서 30~60분 침탄
　㉢ 고체침탄법 : 고체침탄제를 사용하여 강표면에 침탄탄소를 확산 침투시켜 표면을 경화
② **금속침투법** : 내식, 내산, 내마멸을 목적으로 금속을 침투시키는 열처리
　㉠ Al : 칼로라이징　　㉡ Cr : 크로마이징
　㉢ Zn : 세라나이징　　㉣ Si : 실리코나이징

24. ④　25. ③　26. ②　27. ③

ⓑ B : 브로나이징
③ **질화법** : 강표면에 질소를 침투시켜 경화하는 방법으로 가스질화법, 연질화법, 액체질화법 등이 있다.
④ **화염경화법** : 탄소강 표면에 산소-아세틸렌화염으로 표면만을 가열하여 오스테나이트로 만든 다음 급랭하여 표면층만 담금질

문제 28 다음 중 주조, 단조, 압연 및 용접 후에 생긴 잔류 응력을 제거할 목적으로 보통 500~650℃ 정도에서 가열하여 서냉시키는 열처리는?
① 담금질
② 질화불림
③ 저온뜨임
④ 응력제거풀림

해설 **응력제거풀림** : 주조, 단조, 압연 및 용접 후에 생긴 잔류 응력을 제거할 목적으로 보통 500~650℃ 정도에서 가열하여 서냉시키는 열처리

문제 29 다음 용접 이음부 중에서 냉각속도가 가장 빠른 이음은?

①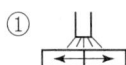
②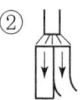
③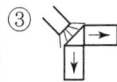
④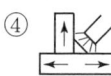

문제 30 용접 결함에서 치수상 결함에 속하는 것은?
① 기공
② 언더컷
③ 변형
④ 균열

해설 ① **구조상결함**(오용내슬언선은균)
  ㉠ 오우버랩 ㉡ 용입불량 ㉢ 내부기공 ㉣ 슬래그혼입
  ㉤ 언더컷   ㉥ 선상조직 ㉦ 은점   ㉧ 균열
② **치수상결함**(변치형)
  ㉠ 변형 ㉡ 치수불량 ㉢ 형상불량

문제 31 서브머지드 아크 용접헤드에 속하지 않는 것은?
① 용제 호퍼
② 와이어 송급장치
③ 불활성가스 공급장치
④ 제어장치 콘택트 팁

해설 **서브머지드 아크용접헤드**
  ① 제어장치 콘택트 팁 ② 고주파 용접 ③ 초음파 용접

해답
28. ④ 29. ④ 30. ③ 31. ③

문제 32
열적 핀치 효과와 자기적 핀치 효과를 이용하는 용접은?
① 초음파 용접　　　　　② 고주파 용접
③ 레이져 용접　　　　　④ 플라즈마 아크 용접

해설 플라즈마 아크 용접 : 열적 핀치 효과와 자기적 핀치 효과 이용 용접

문제 33
다음 중 전기 용접을 할 때 전격의 위험이 가장 높은 경우는?
① 용접 중 접지가 불량할 때　　② 용접부가 두꺼울 때
③ 용접봉이 굵고 전류가 높을 때　④ 용접부가 불규칙할 때

해설 용접시 전격의 위험이 높은 경우 : 용접 중 접지가 불량할 때

문제 34
MIG용접의 기본적인 특징이 아닌 것은?
① 피복 아크 용접에 비해 용착효율이 높다.
② CO_2 용접에 비해 스패터 발생이 적다.
③ 아크가 안정되므로 박판 용접에 적합하다.
④ TIG 용접에 비해 전류밀도가 높다.

해설 MIG용접의 특징
① TIG 용접에 비해 전류밀도가 높다.
② CO_2 용접에 비해 스패터 발생이 적다.
③ 피복 아크 용접에 비해 용착효율이 높다.
④ 후판 용접에 적합하다.
⑤ 모든 금속의 용접이 가능
⑥ 전자세용접이 가능
⑦ 응용범위가 넓다.

문제 35
용접을 크게 분류할 때 압접에 해당 되지 않는 것은?
① 저항용접　　　　　② 초음파용접
③ 마찰용접　　　　　④ 전자빔용접

해설 압접(유단초가마냉저)
① 유도가열용접　② 단접　③ 초음파용접
④ 가압테르밋용접　⑤ 마찰용접　⑥ 냉간압접
⑦ 저항용접
　㉠ 겹치기용접 : ⓐ 점용접　ⓑ 시임용접　ⓒ 프로젝션용접
　㉡ 맞대기용접 : ⓐ 업셋용접　ⓑ 방전충격용접　ⓒ 플래쉬용접
　　　　　　　　ⓓ 포일시임용접　ⓔ 퍼커션용접

32. ④　33. ①　34. ③　35. ④

문제 36 전기저항 용접법의 특징 설명으로 틀린 것은?

① 작업속도가 빠르고 대량생산에 적합하다.
② 산화 및 변질부분이 적다.
③ 열손실이 많고, 용접부에 집중열을 가할 수 없다.
④ 용접봉, 용제 등이 불필요하다.

해설 **전기저항 용접법의 특징**
① 열손실이 적고 용접부에 집중열을 얻을 수 있다.
② 용접봉, 용제 등이 불필요하다.
③ 산화 및 변질부분이 적다.
④ 작업속도가 빠르고 대량 생산에 적합하다.

문제 37 다음 용접변형 교정법 중 외력만으로써 소성변형을 일어나게 하는 것은?

① 박판에 대한 점 수축법
② 형재에 대한 직선 수축법
③ 피닝법
④ 가열 후 해머링하는 법

문제 38 탄산가스 아크 용접의 종류에 해당 되지 않는 것은?

① 아코스 아크법
② 테르밋 용접법
③ 유니언 아크법
④ 퓨즈 아크법

해설 **탄산가스 아크 용접의 종류**
① 퓨즈아크법 ② 유니온아크법 ③ 아코스아크법

문제 39 용접 전의 작업준비 사항이 아닌 것은?

① 용접재료
② 용접사
③ 용접봉의 선택
④ 후열과 풀림

해설 **용접전 작업준비사항**
① 예열 ② 용접재료 ③ 용접봉의 선택 ④ 용접사

문제 40 전기용접기의 취급관리에 대한 안전사항으로서 잘못된 것은?

① 용접기는 항상 건조한 곳에 설치 후 작업한다.
② 용접전류는 용접봉 심선의 굵기에 따라 적정 전류를 정한다.
③ 용접 전류 조정은 용접을 진행하면서 조정한다.
④ 용접기는 통풍이 잘 되고 그늘진 곳에 설치를 하고 습기가 없어야 한다.

해설 용접전류 조정은 용접전에 한다.

36. ③ 37. ③ 38. ② 39. ④ 40. ③

문제 41
플러그 용접에서 전단강도는 구멍의 면적당 전용착금속 인장강도의 몇 % 정도로 하는가?

① 20~30
② 40~50
③ 60~70
④ 80~90

해설 플러그용접에서 전단강도는 구멍의 면적당 전용착금속 인장강도의 60~70%이다.

문제 42
불활성 가스(inert gas)에 속하지 않는 것은?

① Ar(아르곤)
② CO(일산화탄소)
③ Ne(네온)
④ He(헬륨)

해설 불활성가스
① 헬륨(He) ② 네온(Ne) ③ 아르곤(Ar)
④ 크립톤(Kr) ⑤ 크세논(Xe) ⑥ 라돈(Rn)

문제 43
안전모의 사용시 머리 상부와 안전모 내부의 상단과의 간격은 얼마로 유지하면 좋은가?

① 10mm 이상
② 15mm 이상
③ 20mm 이상
④ 25mm 이상

해설 안전모의 사용시 머리 상부와 안전모 내부의 상단과의 간격 : 15mm 이상

문제 44
용접부의 내부 결함으로서 슬래그 섞임을 방지하는 것은?

① 전층의 슬래그는 제거하지 않고 용접한다.
② 슬래그가 앞지르지 않도록 운봉속도를 유지 한다.
③ 용접전류를 낮게 한다.
④ 루트 간격을 최대한 좁게 한다.

해설 슬래그 섞임방지 : 슬래그가 앞지르지 않도록 운봉속도 유지

문제 45
이산화탄소 아크용접시 후판의 아크전압 산출공식은?

① $V_o = 0.04 \times I + 20 \pm 2.0$
② $V_o = 0.05 \times I + 30 \pm 3.0$
③ $V_o = 0.06 \times I + 40 \pm 4.0$
④ $V_o = 0.07 \times I + 50 \pm 5.0$

해설 이산화탄소 아크용접시 후판의 아크 전압 공식
$V_o = 0.04 \times I + 20 \pm 2.0$

41. ③ 42. ② 43. ② 44. ② 45. ①

문제 46 납땜에서 경납용 용제가 아닌 것은?
① 붕사
② 붕산
③ 염산
④ 알카리

해설 용제
① 경납땜 ㉠ 붕사 ㉡ 붕산
         ㉢ 염화나트륨 ㉣ 염화리튬
         ㉤ 산화제1구리 ㉥ 빙정석 *(붕붕나리산빙)*
② 연납땜 ㉠ 인산 ㉡ 염산
         ㉢ 염화아연 ㉣ 염화암모니아 *(인염아암)*

문제 47 TIG 용접에서 가스노즐의 크기는 가스분출 구멍의 크기로 정해지며 보통 몇 mm의 크기가 주로 사용되는가?
① 1~3
② 4~13
③ 14~20
④ 21~27

해설 TIG 용접에서 가스노즐의 크기는 가스분출 구멍의 크기로 보통 4~13mm

문제 48 용착 금속이나 모재의 파면에서 결정의 파면이 은백색으로 빛나는 파면을 무엇이라 하는가?
① 연성파면
② 취성파면
③ 인성파면
④ 결정파면

해설 **취성파면** : 용착금속이나 모재의 파면에서 결정의 파면이 은백색으로 빛나는 파면

문제 49 가스 용접에서 붕사 75%에 염화나트륨 25%가 혼합된 용제는 어떤 금속용접에 적합한가?
① 연강
② 주철
③ 알루미늄
④ 구리합금

해설 용제
① 연강 : 사용하지 않는다.
② 반경강 : 중탄산나트륨+탄산나트륨 *(반중탄)*
③ 구리합금 : 붕사(75%)+염화나트륨(25%) *(구붕염)*
④ 주철 : 중탄산나트륨(70%)+붕사(15%)+탄산나트륨(15%) *(주중붕탄)*
⑤ 알루미늄 : 염화칼륨(45%)+염화나트륨(30%)+염화리튬(15%)+플루오르화칼륨(7%)+황산칼륨(3%) *(칼나리플황)*

해답 46. ③ 47. ② 48. ② 49. ④

문제 50

용접부의 연성과 안정성을 판단하기 위하여 사용되는 시험 방법은?

① 굴곡 시험 ② 인장 시험
③ 충격 시험 ④ 경도 시험

해설 **기계적시험**
① 굽힘시험 : 용접부의 연성결함을 조사하기 위하여 사용
② 충격시험(샤르피식, 아이조드식) : V형, U형의 노치를 만들어 충격적인 하중을 주어서 시험편을 파괴시키는 방법
③ 피로시험 : 작은 힘을 수없이 반복하여 작용하면 파괴를 일으키는 방법

문제 51

보기와 같은 원통을 경사지게 절단한 제품을 제작할 때, 다음 중 어떤 전개법이 가장 적합한가?

① 혼합형법
② 평행선법
③ 삼각형법
④ 방사선법

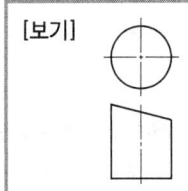

[보기]

문제 52

보기의 도면에서 리벳의 개수는?

① 12개
② 13개
③ 25개
④ 100개

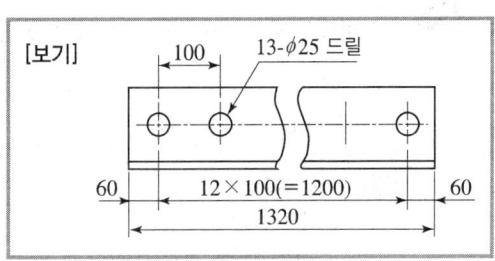

[보기]

해설 $13 \times 100 = 1300\,\mathrm{mm} \div 100 = 13$개

문제 53

기계제도에서 호의 길이를 표시하는 치수 기입법은?

① 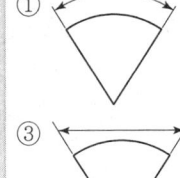   ②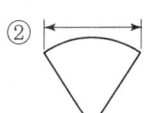

③ 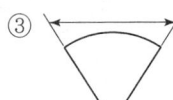   ④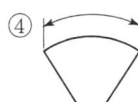

50. ① 51. ② 52. ② 53. ④

문제 54 강판을 다음 그림과 같이 용접할 때의 KS 용접기호는?

① 　②
③ 　④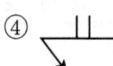

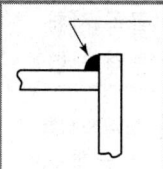

문제 55 배관의 간략 도시방법에서 파이프의 영구 결합부(용접 또는 다른 공법에 의한다.) 상태를 나타내는 것은?

① —|—　　② —○—
③ —●—　　④ —|—

해설 배관의 간략 도시방법
① ●| : 용접이음　② ○| : 땜이음　③ ㄱ| : 나사이음
④ ‖| : 플랜지이음　⑤ ㄴ| : 턱걸이이음

문제 56 기계제도에서 선의 굵기가 가는 실선이 아닌 것은?
① 치수선　　② 해칭선
③ 지시선　　④ 특수지정선

해설 선의 굵기
① 가는실선 : 파단선, 해칭선, 치수선, 치수보조선, 지시선 (파해치)
② 가는일점쇄선 : 기준선, 피치선, 중심선, 절단선 (중절기피)
③ 굵은실선 : 외형선
④ 가는이점쇄선 : 가상선

문제 57 보기 입체도의 화살표 방향이 정면일 경우 좌측면도로 가장 적합한 것은?

① 　②
③ 　④

[보기]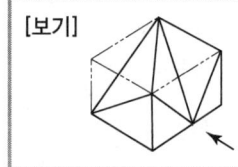

해답　54. ①　55. ③　56. ④　57. ①

문제 58 특정부분의 도형이 작은 까닭으로 그 부분의 상세한 도시나 치수기입을 할 수 없을 때 그 부분을 에워싸고 영문자의 대문자로 표시하고, 그 부분을 확대하여 다른 장소에 그리는 투상도의 명칭은?

① 부분 투상도　　② 보조 투상도
③ 부분 확대도　　④ 국부 투상도

문제 59 단면임을 나타내기 위하여 단면부분의 주된 중심선에 대해 45°(도) 경사지게 나타내는 선들을 의미하는 것은?

① 호핑　　② 해칭
③ 코킹　　④ 스머징

해설 해칭 : 단면임을 나타내기 위하여 단면부분의 주된 중심선에 대해 45°(도) 경사지게 나타내는 선

문제 60 보기와 같은 입체도를 화살표 방향을 정면으로 하는 제 3각법으로 제도한 정투상도는?

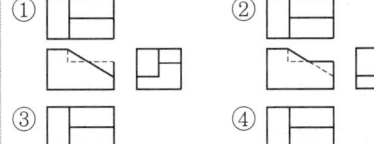
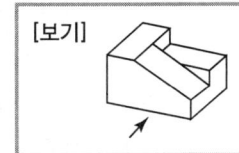

해답　58. ③　59. ②　60. ④

2023년 6월 CBT 시행

문제 01 피복금속 아크 용접에서 "모재의 일부가 녹은 쇳물 부분"을 의미하는 것은?
① 슬래그
② 용융지
③ 용입부
④ 용착부

해설 용접용어
① 용융지 : 모재의 일부가 녹는 쇳물 부분
② 용착 : 용접봉이 용융지에 녹아들어 가는 것
③ 노치취성 : 홈이 없을 때는 연성을 나타내는 재료가 홈이 있으면 파괴되는 것
④ 스패터 : 아크용접이나 가스용접시 비산하는 슬래그
⑤ 용제 : 용접시 산화물, 기타 해로운 물질을 용융금속에서 제거
⑥ 용가재 : 용착부를 만들기 위하여 녹여서 첨가하는 것
⑦ 은점 : 용착금속의 파단면에 나타나는 은백색을 한 고기 눈 모양의 결함부

문제 02 용해 아세틸렌의 장점 중 틀린 것은?
① 운반이 쉽고, 발생기 및 부속기구가 필요 없다.
② 용기를 눕혀서 사용해도 된다.
③ 순도가 높으므로 불순물에 의해 용접부의 강도가 저하 되는 일이 없다.
④ 폭발의 위험성이 적고 안정성이 높다.

해설 용해 아세틸렌의 장점
① 용기는 세워서 보관해야 한다.
② 폭발의 위험성이 적고 안정성이 높다.
③ 순도가 높으므로 불순물에 의해 용접부의 강도가 저하 되는 일이 없다.
④ 운반이 쉽고, 발생기 및 부속기구가 필요 없다.

문제 03 스카핑 작업의 설명으로 틀린 것은?
① 용접부 결함, 뒤 따내기 용접홈의 가공 등에 적합
② 강재표면의 개재물, 탈탄층 등을 제거하기 위하여 사용한다.
③ 스카핑 토치는 가우징 토치에 비하여 능력이 크다.
④ 팁은 슬로우 다이버전트형이다.

해설 스카핑
① 강재표면의 개재물, 탈탄층 등을 제거하기 위하여 사용
② 얕은 홈가공시 사용
③ 스카핑 토치는 가우징 토치에 비하여 능력이 크다.
④ 팁은 슬로우 다이버전트형 팁이다.

01. ② 02. ② 03. ①

문제 04

케이블과 클램프 및 클램프와 용접물의 각 접속되어야 한다. 만일 접속이 나쁠 때 발생되는 현상이 아닌 것은?

① 접속부에서 열이 과도하게 발생한다.
② 접속부를 손상시킨다.
③ 아크가 불안정하다.
④ 전력이 절약된다.

해설 케이블과 클램프 및 클램프와 용접물 접속이 나쁠 때 발생되는 원인
① 아크가 불안정하다.
② 접속부를 손상시킨다.
③ 접속부에서 열이 과도하게 난다.
④ 전력이 증대된다.

문제 05

산소-아세틸렌 가스 용접에서 주철에 사용하는 용제가 아닌 것은?

① 붕사
② 탄산나트륨
③ 중탄산나트륨
④ 염화나트륨

해설 용제
① 연강 : 사용하지 않는다.
② 반경강 : 중탄산나트륨+탄산나트륨 (반중탄)
③ 구리합금 : 붕사(75%)+염화나트륨(25%) (구봉염)
④ 주철 : 중탄산나트륨(70%)+붕사(15%)+탄산나트륨(15%) (주중봉탄)
⑤ 알루미늄 : 염화칼륨(45%)+염화나트륨(30%)+염화리튬(15%)+플루오르화칼륨(7%)+황산칼륨(3%) (칼나리플황)

문제 06

피복금속 아크 용접에서 피복봉을 사용하는 용제가 아닌 것은?

① 전격 소비량을 경제적으로 하기 위하여
② 용접시간을 단축하기 위하여
③ 용접기의 과부하를 방지하고 수명을 길게 하기 위하여
④ 아크의 안정성을 높이기 위하여

문제 07

직류 아크의 특성 중에서 전극물질이 일정할 때 아크길이가 길어지면 아크 기둥의 전압은 어떻게 변하는가?

① 변동 없다.
② 낮아진다.
③ 높아진다.
④ 높아졌다 낮아진다.

해설 아크가 길어지면 아크기둥의 전압 : 높아진다.

04. ④ 05. ④ 06. ④ 07. ③

문제 08 35℃에서 150kgf/cm² 으로 압축하여 내부용적 40.7리터의 산소 용기에 충전하였을 때, 용기 속의 산소량은 몇 리터인가?

① 4470　　　　　　　　　② 5291
③ 6105　　　　　　　　　④ 7000

해설 산소량 = $P \times V = 150 \times 40.7 = 6105 \, l$

문제 09 가스 절단에서 절단하고자 하는 판의 두께가 25.4mm일 때, 표준 드래그의 길이는?

① 2.4mm　　　　　　　② 5.2mm
③ 6.4mm　　　　　　　④ 7.2mm

해설 표준드래그의 길이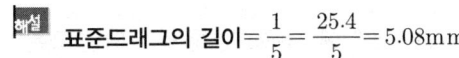

문제 10 가스 용접에서 역류, 역화가 일어나는 원인이 아닌 것은?

① 팁과 모재가 접촉하였을 때　　② 아세틸렌의 압력이 과대할 때
③ 팁 구멍이 막혔을 때　　　　　④ 팁이 과열되었을 때

해설 가스 용접에서 역류, 역화가 일어나는 원인
① 아세틸렌 압력 과소시　　　　② 팁이 과열되었을 때
③ 팁 구멍이 막혔을 때　　　　　④ 팁과 모재가 접촉하였을 때
⑤ 토치의 체결나사가 풀렸을 때　⑥ 팁이 과열시
⑦ 팁에 먼지 기타 잡물이 막혔을 때　⑧ 토치의 성능이 불량할 때

문제 11 직류 아크 용접의 설명 중 올바른 것은?

① 용접봉을 양극, 모재를 음극에 연결하는 경우를 정극성이라고 한다.
② 역극성은 용입이 깊다.
③ 역극성은 두꺼운 판의 용접에 적합하다.
④ 정극성은 용접 비드의 폭이 좁다.

해설 용접기의 극성
① 직류정극성(DCSP)
　㉠ 모재(+) 70%, 용접봉(−) 30%　　㉡ 용입이 깊다.
　㉢ 후판용접이 가능　　　　　　　　㉣ 비드폭이 좁다.
② 직류역극성(DCRP)
　㉠ 모재(−) 30%, 용접봉(+) 70%　　㉡ 용입이 얕다.
　㉢ 박판용접이 가능　　　　　　　　㉣ 비드폭이 넓다.
　㉤ 용접봉의 녹음이 빠르다.

해답 08. ③　09. ②　10. ②　11. ④

문제 12 가스용접 작업에서 후진법에 비교한 전진법의 특징 설명으로 맞는 것은?

① 용접 변형이 작다.
② 용접 속도가 빠르다.
③ 비드 모양이 보기 좋다.
④ 용착 금속의 조직이 미세하다.

해설 전진법의 특징
① 비드모양이 보기 좋다.   ② 용접속도가 느리다.
③ 용접변형이 크다.   ④ 박판용접에 적합
⑤ 비드폭이 넓다.   ⑥ 열이용율이 나쁘다.

문제 13 용접부의 분류에서 아크 용접에 해당하지 않은 것은?

① 유도가열용접
② 피복금속용접
③ 서브머지드용접
④ 이산화탄소용접

해설 아크용접
① 서브머지드아크용접(TIG, MIG)   ② 스터드용접
③ 탄산가스아크용접   ④ 피복금속용접

문제 14 탄소 아크 절단에 압축공기를 병용하여 전극 홀더의 구멍에서 탄소 전극봉에 나란히 분출하는 고속의 공기를 분출 시켜 용융금속을 불어내어 홈을 파는 방법은?

① 금속 아크 절단
② 아크 에어 가우징
③ 플라즈마 아크 절단
④ 불활성가스 아크 절단

해설 아크에어가우징 : 탄소 아크 절단에 압축공기를 병용하여 전극 홀더의 구멍에서 탄소 전극봉에 나란히 분출하는 고속의 공기를 분출 시켜 용융금속을 불어내어 홈을 파는 방법
[장점] ① 작업능률이 2~3배 높다.
② 용접결함부의 발견이 쉽다.
③ 응용범위가 넓고 경비가 저렴
④ 용융금속을 순간적으로 불어내어 모재에 악영향을 주지 않음.

문제 15 아크 용접기는 용접 작업에 적당하도록 어떠한 원리로 제작되어 있는가?

① 고전압, 작은 전류가 흐른다.
② 저전압, 대전류가 흐른다.
③ 고전압, 대전류가 흐른다.
④ 저전압, 작은 전류가 흐른다.

해설 아크용접기는 저전압, 대전류가 흐르도록 제작 됨.

해답 12. ③ 13. ① 14. ② 15. ②

문제 16 폭발 위험성이 가장 큰 산소와 아세틸렌의 혼합비(%)는?
① 40 : 60
② 15 : 85
③ 60 : 40
④ 85 : 15

문제 17 다음 피복아크 용접봉의 피복제(flux) 연소시 용접부 보호방식에 속하지 않는 것은?
① 가스 발생식
② 슬래그 생성식
③ 반가스 발생식
④ 반슬래그 생성식

해설 용접봉의 피복제 연소시 용접부 보호방식
① 슬래그 생성식 ② 가스발생식 ③ 반가스발생식

문제 18 알루미늄합금 중 Y합금에 대한 설명으로 틀린 것은?
① 시효 경화성이 있어 금형 주물에 사용된다.
② Y합금은 공랭실린더 헤드 등에 많이 이용된다.
③ 알루미늄에 규소를 첨가하여 주조성과 절삭성을 향상시킨 것이다.
④ Y합금은 내열기관 피스톤 등 고온부품에 사용된다.

해설 Y합금
① Al+Cu+Mg+Ni의 합금이다.
② Y합금은 내열기관 피스톤 등 고온부품에 사용된다.
③ 시효 경화성이 있어 금형 주물에 사용
④ Y합금은 공랭실린더 헤드 등에 많이 사용

문제 19 재료의 내, 외부에 열처리 효과의 차이가 생기는 현상을 질량효과라고 한다. 이것은 강의 담금질성에 의해 영향을 받는데 이 담금질성을 개선시키는 효과가 있는 원소는?
① Pb
② Zn
③ C
④ B

해설 특수원소의 영향
① B(붕소) : 담금질성을 개선
② Mn(망간)
 ㉠ 적열취성방지   ㉡ 황의 해를 제거
 ㉢ 흑연화를 방해하여 백주철화 촉진
③ Cr(크롬)
 ㉠ 내식성, 내마모성향상   ㉡ 흑연화를 안정
 ㉢ 탄화물안정

해답 16. ④ 17. ④ 18. ③ 19. ④

④ Ni(니켈)
　㉠ 인성증가　　　　　　　　㉡ 저온충격 저항 증가
　㉢ 주철의 흑연화 촉진
⑤ Ti(티탄)
　㉠ 결정입자의 미세화　　　　㉡ 탄화물 생성용이
⑥ Si(규소)
　㉠ 충격저항감소, 연신율 감소　㉡ 강의 고온 가공성을 좋게 한다.

문제 20
스테인리스강 피복 아크 용접봉의 피복제용으로 짝지어진 것은?

① 철분계, 라임계　　　　　　② 흑연계, 고산화 티탄계
③ 티탄계, 라임계　　　　　　④ 고셀루로스계, 특수계

해설 **스테인리스강 피복 아크 용접봉의 피복제용** : 티탄계, 라임계

문제 21
주철과 비교한 주강의 특성을 설명한 것이다. 틀린 것은?

① 주철에 비해 기계적 성질이 우수하다.
② 주철에 비해 용접에 의한 보수가 어렵다.
③ 주철로서는 강도가 부족한 부분에 사용한다.
④ 주철에 비해 용융 온도가 높아 주조하기가 어렵다.

해설 **주철과 비교한 주강의 특성**
① 주철에 비해 용접에 의한 보수가 쉽다.
② 주철에 비해 용융 온도가 높아 주조하기가 어렵다.
③ 주철로서는 강도가 부족한 부분에 사용한다.
④ 주철에 비해 기계적 성질이 우수하다.

문제 22
탄소강 용접시 탄소(C)량에 따른 예열 온도로 맞지 않은 것은?

① 탄소량 0.2% 이하는 예열온도가 90℃ 이하
② 탄소량 0.20~0.30% 일 때 예열온도 90~150℃
③ 탄소량 0.30~0.45% 일 때 예열온도 150~260℃
④ 탄소량 0.45~0.80% 일 때 예열온도 430~820℃

해설 **탄소강 용접시 탄소량에 따른 예열 온도**
① 탄소량 0.2% 이하는 예열온도가 90℃ 이하
② 탄소량 0.20~0.30% 일 때 예열온도 90~150℃
③ 탄소량 0.30~0.45% 일 때 예열온도 150~260℃
④ 탄소량 0.45~0.80% 일 때 예열온도 260~430℃

해답　20. ③　21. ②　22. ④

문제 23
구리(Cu)의 특징을 설명한 것으로 틀린 것은?

① 전기 및 열의 전도성이 우수하다.
② 유연하고 전연성이 좋아 가공이 용이하다.
③ 화학적 저항력이 작아서 부식이 쉽다.
④ 아름다운 광택과 귀금속적 성질이 우수하다.

해설 구리의 특징
① 전기 및 열의 전도성이 우수하다.
② 유연하고 전연성이 좋아 가공이 용이하다.
③ 아름다운 광택과 귀금속적 성질이 우수하다.
④ 건조한 공기 중에는 산화하지 않는다.
⑤ 황산, 염산에 용해되며 해수, 탄산가스, 습기에 녹이 생긴다.
⑥ 비중은 8.96, 용융점은 1080℃

문제 24
표면경화법에 해당하지 않는 것은?

① 침탄법　　　　　　　② 질화법
③ 화염경화법　　　　　④ 풀림법

해설 표면경화법
① 가스침탄법　② 액체침탄법　③ 고체침탄법
④ 금속침투법　⑤ 질화법　　　⑥ 화염경화법

문제 25
일반적으로 주철이라 함은 어떤 주철을 가리키는가?

① 회주철　　　　　　　② 백주철
③ 반주철　　　　　　　④ 합금주철

문제 26
탄소강에서 망간(Mn)의 영향을 설명한 것으로 틀린 것은?

① 강의 점성을 감소시킨다.
② 주조성을 좋게 하며 S의 해를 감소시킨다.
③ 강의 담금질 효과를 증대시켜 경화능력이 커진다.
④ 고온에서 결정립 성장을 억제 시킨다.

해설 망간의 영향
① 적열취성방지
② 황의 해를 제거
③ 강의 담금질 효과를 증대시켜 경화능력 커짐
④ 고온에서 결정립 성장 방해
⑤ 흑연화를 방해하여 백주철화 촉진

23. ③　24. ④　25. ①　26. ①

문제 27 다음 순금속 중 열전도율이 가장 높은 것은?

① 은(Ag)
② 금(Au)
③ 알루미늄(Al)
④ 주석(Sn)

해설 열전도율 순서(은구금알마니철납)
은>구리>금>알루미늄>마그네슘>니켈>철>납

문제 28 일반적으로 저용융점 합금은 몇 도보다 낮은 융점을 가진 합금인가?

① 210℃
② 450℃
③ 232℃
④ 710℃

해설 저용융점합금은 주석보다(232℃) 낮은 융점을 가진 합금

문제 29 불활성 가스 아크 용접에 주로 사용되는 가스는?

① CO_2
② Ce
③ Ar
④ C_2H_2

해설 불활성 가스 아크 용접에 주로 사용되는 가스 : 아르곤(Ar)

문제 30 펄스 TIG용접기의 특징 설명으로 틀린 것은?

① 저주파 펄스용접기와 고주파 펄스용접기가 있다.
② 직류용접기에 펄스 발생 회로를 추가 한다.
③ 전극봉의 소모가 많은 것이 단점이다.
④ 20A 이하의 저전류에서 아크의 발생이 안정하다.

해설 펄스 TIG용접기의 특징
① 전극봉의 소모가 적다.
② 직류용접기에 펄스 발생 회로를 추가 한다.
③ 20A 이하의 저전류에서 아크의 발생이 안정하다.
④ 저주파 펄스용접기와 고주파 펄스용접기가 있다.

문제 31 다음 중 용접 작업에서 전류 밀도가 가장 높은 용접법은?

① 피복금속 아크용접
② 산소-아세틸렌 용접
③ 불활성 가스 금속 아크용접
④ 불활성 가스 텅스텐 아크용접

해답 27. ① 28. ③ 29. ③ 30. ③ 31. ③

문제 32 CO₂ 가스 아크 용접의 종류 중 "용제가 들어있는 와이어 CO₂ 법"이 아닌 것은?

① NCG법 ② 퓨즈(fuse)아크법
③ 풀(pull)법 ④ 아코스(arcos)아크법

해설 용제가 들어있는 와이어 CO_2법
① 퓨즈아크법 ② NCG법 ③ 아코스아크법

문제 33 CO₂ 가스 아크용접에서 수평 필릿 용접의 경우 아크 전압이 너무 높을 때 나타나는 현상이 아닌 것은?

① 웨브측에 언더컷이 나오기 쉽다. ② 비드는 평평하여 양호하다.
③ 스패터가 부착되기 쉽다. ④ 전체적으로 볼록 비드가 된다.

해설 CO_2 가스 아크용접에서 수평 필릿 용접의 경우 아크 전압이 너무 높을 때 나타나는 현상
① 스패터가 부착되기 쉽다.
② 비드는 평범하여 양호하다.
③ 웨브측에 언더컷이 나오기 쉽다.

문제 34 서브머지드 아크 용접에서 다전극 방식에 의한 용접장치의 분류 중 두 개의 와이어를 독립된 전원(교류 또는 직류)에 접속하여 용접선에 따라 전극의 간격을 10~30mm정도로 하여 2개의 전극와이어를 동시에 녹게 함으로써 한꺼번에 많은 양의 용착금속을 얻을 수 있는 용접법은?

① 탠덤식 ② 횡 병열식
③ 횡 직열식 ④ 유니언식

문제 35 일렉트로 가스 아크 용접에 주로 사용되는 가스는?

① Ar 가스 ② He 가스
③ H₂ 가스 ④ CO₂ 가스

해설 일렉트로 가스아크 용접에 주로 사용하는 가스 : CO_2가스

문제 36 볼트나 환봉을 피스톤형의 홀더에 끼우고 모재와 볼트 사이에 순간적으로 아크를 발생시켜 용접하는 방법은?

① 서브머지드 아크 용접 ② 스터드 용접
③ 테르밋 용접 ④ 불활성가스 아크용접

해답 32. ③ 33. ④ 34. ① 35. ④ 36. ②

해설 **용접 종류**
① 서브머지드 아크용접 : 용접봉을 용제속에 넣고 아크를 일으켜 용접
② 스터드용접 : 볼트나 환봉 등을 피스톤형 홀더에 끼우고 모재와 환봉사이에서 순간적으로 아크를 발생시켜 용접
③ 일렉트로 슬래그용접 : 아크열이 아닌 와이어와 용융슬래그사이에서 통전된 전류의 저항열을 이용하여 용접
④ 테르밋용접 : 산화철분말과 알루미늄분말(1 : 3)의 중량비로 혼합한 테르밋제에 과산화바륨과 마그네슘분말을 혼합한 점화촉진제를 넣어 연소시켜 용접,철도레일, 차축, 선박프레임 용접

문제 37 점 용접 조건의 3개 요소가 아닌 것은?
① 통전 시간
② 전류의 세기
③ 가압력
④ 고유저항

해설 **점용접의 3대 요소**
① 가압력 ② 통전시간 ③ 전류의 세기

문제 38 납땜에 관한 설명 중 맞는 것은?
① 경납땜은 주로 납과 주석의 합금용제를 많이 사용한다.
② 연납땜은 450℃ 이상에서 하는 작업이다.
③ 납땜은 금속 사이에 융점이 낮은 별개의 금속인 땜납을 용융 첨가하여 접합한다.
④ 은납은 주성분은 은, 납, 탄소 등의 합금이다.

해설 **납땜**
① 경납땜은 은, 구리, 아연, 니켈, 망간의 합금용제 사용
② 연납땜은 450℃ 이하, 경납땜은 450℃ 이상에서 하는 작업이다.
③ 납땜은 금속 사이에 융점이 낮은 별개임 금속의 납땜을 용융 첨가하여 납땜
④ 은납은 은, 구리, 아연의 주성분

문제 39 필릿 용접에서는 용접선의 방향과 응력의 방향이 이루는 각도에 따라 분류한다. 그림과 같은 필릿 용접은?
① 측면필릿 용접
② 경사필릿 용접
③ 전면필릿 용접
④ T형필릿 용접

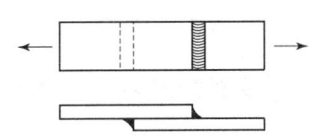

37. ④ 38. ③ 39. ③

문제 40 두께가 다른 판을 맞대기 용접한 그림 중 응력집중이 가장 적게 발생하는 것은?

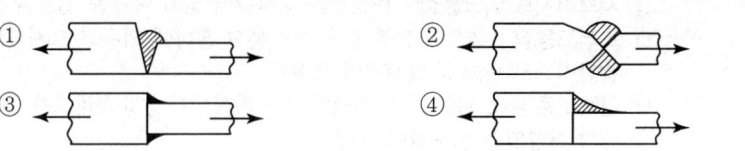

문제 41 용접구조물의 용접순서에 대한 설명으로 잘못된 것은?
① 수축이 큰 이음을 가능한 한 먼저 용접한다.
② 용접물은 중심에 대하여 하양 비대칭으로 용접한다.
③ 동일 평면 안에 많은 이음이 있을 때 수축은 자유단으로 보낸다.
④ 중립축에 대하여 수축력 모멘트의 합이 0이 되도록 한다.

해설 용접구조물의 용접순서
① 수축이 큰 이음을 가능한 한 먼저 용접한다.
② 대칭으로 용접을 실시
③ 같은 평면 안에 많은 이음이 있을 때에는 수축은 자유단으로 보낸다.
④ 응력이 집중될 우려가 있는 곳은 피한다.
⑤ 큰 구조물에서는 구조물의 중앙에서 끝으로 향하여 용접실시
⑥ 조립순서는 수축이 큰 맞대기 이음을 먼저 용접하고 다음에 필릿 용접을 한다.
⑦ 가용접시는 본 용접 때보다 지름이 약간 가는 용접봉 사용

문제 42 용접물을 정반에 고정시키거나 보강재를 이용하거나 또는 일시적인 보조판을 붙이는 것으로 변형을 방지하는 법은?
① 구속법 ② 점가열법
③ 역변형법 ④ 도열법

문제 43 용접전류가 적정전류보다 낮을 때 발생되기 쉬운 용접 결함으로만 짝지어진 것은?
① 용입 불량, 오버랩 ② 언더컷, 오버랩
③ 피트, 언더컷 ④ 비드 균열, 언더컷

해설 용접전류가 적정전류보다 낮을 때 발생되기 쉬운 용접 결함 : 용입불량, 오우버랩

40. ② 41. ② 42. ① 43. ①

문제 44
용접 후 인장 또는 굴곡시험으로 파단 시켰을 때 은점을 발견할 수 있는데 이 은점을 없애는 방법은?

① 수소 함유량이 많은 용접봉을 사용한다.
② 용접 후 실온으로 수개월간 방치한다.
③ 용접부를 염산으로 세척한다.
④ 용접부를 망치로 두드린다.

해설 은점을 없애는 방법 : 용접후 실온으로 수개월간 방치

문제 45
용접부의 검사법 중 기계적 시험이 아닌 것은?

① 인장시험　　　② 부식시험
③ 굽힘시험　　　④ 피로시험

해설 기계적 시험법
① 굽힘시험 : 용접부의 연성결함 유무을 조사하기 위하여 사용하는 시험법
② 충격시험(샤르피식, 아이조드식) : V형, U형의 노치를 만들어 충격적인 하중을 주어서 시험편을 파괴시키는 방법
③ 피로시험 : 작은 힘을 수없이 반복하여 작용하면 파괴를 일으키는 방법
④ 인장시험 : 인장강도, 경도, 연신율, 단면수축율 등을 측정

문제 46
초음파 탐상법의 특징 설명으로 틀린 것은?

① 초음파의 토과 능력이 작아 얇은 판의 검사에 적합하다.
② 결함의 위치와 크기를 비교적 정확히 알 수 있다.
③ 검사 시험체의 한 면에서도 검사가 가능하다.
④ 감도가 높으므로 미세한 결함을 검출할 수 있다.

해설 초음파 탐상법의 특징
① 두꺼운 판의 검사에 적합하다.
② 결합의 위치와 크기를 비교적 정확히 알 수 있다.
③ 검사 시험체의 한 면에서도 시험이 가능
④ 감도가 높으므로 미세한 결함을 검출할 수 없다.

문제 47
아크 용접작업에 대한 설명 중 옳은 것은?

① 아크 빛은 용접 재해 요소가 되지 않는다.
② 교류 용접기를 사용할 때에는 반드시 비피복 용접봉을 사용한다.
③ 가죽 장갑은 감전의 위험이 크므로 면장갑을 착용한다.
④ 아크 발생 도중에는 용접전류를 조정하지 않는다.

44. ② 45. ② 46. ① 47. ④

문제 48
아크 용접시 전격을 예방하는 방법으로 틀린 것은?

① 전격방지기를 부착한다.
② 용접홀더에 맨손으로 용접봉을 갈아 끼운다.
③ 용접기 내부에 함부로 손을 대지 않는다.
④ 절연성이 좋은 장갑을 사용한다.

해설 아크 용접시 전격을 예방하는 방법
① 용접 홀더에 장갑을 착용하고 용접봉을 갈아 끼운다.
② 전격방지기를 부착한다.
③ 용접기 내부에 함부로 손을 대지 않는다.
④ 절연성이 좋은 장갑을 사용한다.

문제 49
가스용접시 안전사항으로 적당하지 않는 것은?

① 호스 접속부는 호스밴드로 조이고 비눗물 등으로 누설여부를 검사한다.
② 호스는 길지 않게 하며 용접이 끝났을 때는 용기 밸브를 잠근다.
③ 작업자 눈을 보호하기 위해 적당한 차광유리를 사용한다.
④ 압축 산소병은 60℃ 이하 온도에서 보관하고 태양이 비치는 곳에 둔다.

해설 압축 산소병은 40℃ 이하에서 보관

문제 50
B급 화재는 어느 경우의 화재인가?

① 일반화재　　　　　　② 유류화재
③ 전기화재　　　　　　④ 금속화재

해설 화재의 분류
① A급화재(일반화재) : 주수, 산, 알카리, 강화액
② B급화재(유류 및 가스) : CO_2, 분말, 포말
③ C급화재(전기) : CO_2, 분말
④ D급화재(금속) : 건조사, 팽창질석, 팽창진주암

문제 51
물체의 보이지 않는 부분을 표시하는데 사용되는 선은?

① 지그재그 실선　　　　② 1점 쇄선
③ 2점 쇄선　　　　　　④ 가는 파선 또는 굵은 파선

해설 가는 파선 또는 굵은 파선 : 물체의 보이지 않는 부분을 표시

해답 48. ② 49. ④ 50. ② 51. ④

문제 52
보기와 같이 제3각법으로 그린 정투상도의 입체도로 적합한 것은?

① 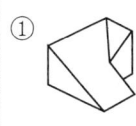　②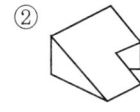

③ 　④

[보기]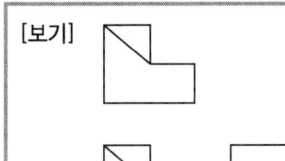

문제 53
보기와 같은 용접기호의 용접부 표면의 현상은?

① 평형
② 凸(블록)형
③ 凹(오목)형
④ 끝단부를 매끄럽게 함

[보기]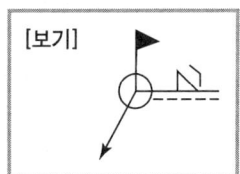

문제 54
보기 입체도의 화살표 방향 투상도로 가장 적합한 것은?

① 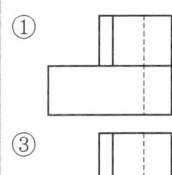　②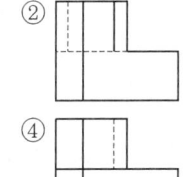

③　④

[보기]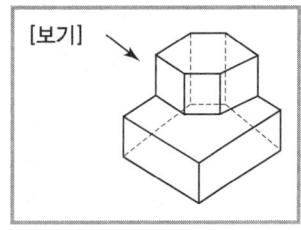

문제 55
KS 재료기호 SM10C에서 10C는 무엇을 뜻하는가?

① 제작방법
② 종별 번호
③ 탄소함유량
④ 최저인장강도

해답　52. ①　53. ②　54. ④　55. ③

문제 56
보기 도면의 드릴가공에 대한 설명으로 올바른 것은?

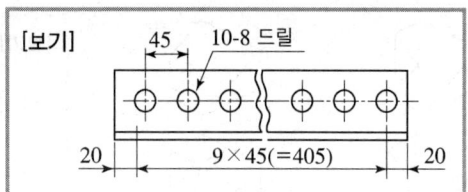

① 형강 양단에서 20mm 띄운 후 405mm의 사이에 45mm피치로 지름 8mm의 구멍을 10개 가공
② 형강 양단에서 20mm 띄어서 45mm 피치로 지름 8mm, 깊이 10mm, 구멍을 9개 가공
③ 형강 양단에서 20mm 띄어서 9mm의 피치로 지름 8mm, 깊이 10mm의 45개 가공
④ 형강 양단에서 20mm 띄어서 좌단은 다시 45mm 띄어서 9mm의 피치로 405mm의 사이에 지름 8mm 깊이 10mm의 구멍을 45개 가공

문제 57
도면의 척도 값 중 축소되어 그려지는 것은?
① 100 : 1
② $\sqrt{2}$: 1
③ 1 : 1
④ 1 : 2

해설 척도의 종류
① 현척 : 도형을 실물과 같게 제도(1 : 1)
② 축적 : 도형을 실물보다 작게 제도(1 : 2, 1 : 5, ⋯)
③ 배척 : 도형을 실물보다 크게 제도(2 : 1, 5 : 1, ⋯)
④ N.S : 비례척이 아님

문제 58
일반적인 판금 전재도법의 3가지 종류가 아닌 것은?
① 평행선법
② 방사선법
③ 삼각형법
④ 반지름법

문제 59
대칭형의 물체는 보기와 같이 조합하여 그릴 수 있다. 무슨 단면도라고 하는가?
① 온 단면도
② 한쪽 단면도
③ 부분 단면도
④ 회전도시 단면도

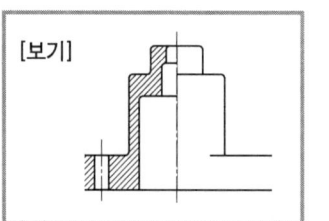

56. ① 57. ④ 58. ④ 59. ②

문제 60 배관 도시기호 중 체크밸브는

① ―▷◁―   ② ―⋏―
③ (앵글)   ④ ―▷◁―

해설 배관도시기호
① 체크밸브 : ―⋏―   ② 게이트밸브(슬루우스밸브) : ―▷◁―
③ 앵글밸브 : (앵글)   ④ 안전밸브 : ―▷◁―

60. ②

2023년 9월 CBT 시행

문제 01 가스 가우징에 의한 홈 가공을 할 때 가장 적당한 홈의 길이에 대한 나비의 비는 얼마인가?

① 1 : (2~3)   ② 1 : (5~7)
③ (2~3) : 1   ④ (5~7) : 1

해설 가스 가우징에 의한 홈 가공시 가장 적당한 홈의 깊이 : 1 : 2~3

문제 02 주철이나 비철금속은 가스절단이 용이하지 않으므로 철분 또는 용제를 연속적으로 절단용 산소에 공급하여 그 산화열 또는 용제의 화학작용을 이용한 절단 방법은?

① 분말절단   ② 산소창절단
③ 탄소아크절단   ④ 스카핑

해설 절단법
① 분말절단 : 스테인리스강, 비철금속, 주철 등은 가스절단이 용이하지 않으므로 철분 또는 연속적으로 절단용 산소에 혼합 공급함으로서 그 산화열 또는 용제의 화학작용을 이용 절단
② 수중절단 : 물에 잠겨 있는 침몰선의 교량의 교각개조, 댐, 항만, 방파제 등의 공사에 사용되며 수중작업시 예열가스의 양은 공기중에서 4~8배 절단산소의 압력은 1.5~2배이다.
③ 산소창절단 : 두꺼운판, 주강의 슬랙덩어리, 암석의 천공 등의 절단에 이용
④ 아크에어가우징 : 탄소아크절단 장치에다 압축공기($5~7kg/cm^2$)를 병용하여서 아크열로 용융시킨 부분을 압축공기로 불어 날려서 홈을 파내는 작업
⑤ 산소아크절단 : 중공의 피복 용접봉과 모재 사이에 아크를 발생시키고 중심에서 산소를 분출시키면서 절단

문제 03 청색의 겉불꽃에 둘러싸인 무광의 불꽃이므로 육안으로는 불꽃 조절이 어렵고, 납땜이나 수중 절단의 예열 불꽃으로 사용되는 것은?

① 천연가스 불꽃   ② 산소-수소 불꽃
③ 도시가스 불꽃   ④ 산소-아세틸렌 불꽃

해설 산소-수소불꽃 : 청백의 겉불꽃에 둘러싸인 무광의 불꽃이므로 육안으로는 불꽃 조절이 어렵고 납땜이나 수중절단의 예열불꽃으로 사용

해답 01. ① 02. ① 03. ②

문제 04
피복금속 아크 용접에서 아크 안정제에 속하는 피복제는?

① 산화티탄 ② 탄산마그네슘
③ 페로망간 ④ 알루미늄

해설 피복제
① 아크안정제(산석규자격)
  ㉠ 산화티탄 ㉡ 석회석 ㉢ 규산칼륨 ㉣ 규산나트륨
  ㉤ 자철광   ㉥ 적철광 ㉦ 탄산나트륨
② 탈산제(바실티크망알)
  ㉠ 페로바나듐 ㉡ 페로실리콘 ㉢ 페로티탄 ㉣ 페로크롬
  ㉤ 페로망간   ㉥ 알루미늄
③ 슬래그생성제(이산형석일알장규)
  ㉠ 이산화망간 ㉡ 산화철 ㉢ 산화티탄 ㉣ 형석
  ㉤ 석회석   ㉥ 일미나이트 ㉦ 알루미나 ㉧ 장석
  ㉨ 규사
④ 고착제(해당아카규)
  ㉠ 해초 ㉡ 당밀 ㉢ 아교 ㉣ 카세인
  ㉤ 규산칼륨

문제 05
가스용접봉 표시 GA46에서 46의 의미는?

① 용접봉의 재질 ② 용접봉의 규격
③ 용접봉의 종류 ④ 용착금속의 최소 인장강도

해설 GA46 : 가스용접봉으로서 용착금속의 최소 인장강도

문제 06
야금적 접합법의 종류에 속하는 것은?

① 납땜 이음 ② 볼트 이음
③ 코터 이음 ④ 리벳 이음

해설 야금적 접합법 : ① 용접 ② 압접 ③ 납땜

문제 07
교류 아크용접기는 무부하 전압이 높아 전격의 위험이 있으므로 안전을 위하여 전격방지기를 설치한다. 이때 전격방지기의 2차 무부하 전압은 몇 V 이하로 하는 것이 적당한가?

① 80V~90V ② 60V~70V
③ 40V~50V ④ 20V~30V

해설 ① **1차 무부하전압** : 85~90V
② **2차 무부하전압** : 20~30V

04. ① 05. ④ 06. ① 07. ④

문제 08
용접기의 구비조건으로 잘못 설명된 것은?

① 구조 및 취급이 간단해야 한다.
② 전류조정이 용이하고 일정하게 전류가 흘러야 한다.
③ 아크 발생 및 유지가 용이하고 아크가 안정되어야 한다.
④ 사용중에 온도 상승이 커야 한다.

해설 용접기의 구비조건
① 사용중에 온도상승이 적어야 한다.
② 아크발생 및 유지가 용이하고 아크가 안정되어야 한다.
③ 전류조정이 용이하고 일정하게 전류가 흘러야 한다.
④ 구조 및 취급이 간단해야 한다.

문제 09
직류발전형 아크 용접기의 특징을 올바르게 나타낸 것은?

① 완전한 직류 전원을 얻는다.
② 직류를 얻는데 소음이 없다.
③ 고장이 비교적 적다.
④ 보수와 점검이 용이하다.

해설 직류발전형 아크 용접기의 특징
① 완전한 직류를 얻는다.
② 직류를 얻는데 소음이 있다.
③ 고장이 많다.
④ 보수와 점검이 어렵다.

문제 10
피복아크 용접봉 중 고산화티탄계를 나타내는 용접봉은?

① E4301
② E4311
③ E4313
④ E4316

해설 피복아크용접봉
① E4301 : 일미나이트계
② E4303 : 라임티탄계
③ E4311 : 고셀룰로오스계
④ E4313 : 고산화티탄계
⑤ E4316 : 저수소계
⑥ E4324 : 철분산화티탄계
⑦ E4326 : 철분저수소계
⑧ E4340 : 특수계

문제 11
35℃에서 120kgf/cm²으로 압축하여 충전한 용기속의 산소량이 5604 리터라면 내부 용적은 몇 리터로 계산되는가?

① 0.02
② 54.84
③ 67.25
④ 46.7

해설 $M = P \times V$
$$V = \frac{M}{P} = \frac{5604}{120} = 46.7 l$$

08. ④ 09. ① 10. ③ 11. ④

문제 12

일반 피복금속아크 용접에서 용접봉의 용융 속도와 관계가 있는 것은?

① 용접 속도
② 아크 길이
③ 아크 전류
④ 용접봉 길이

해설 피복아크용접에서 용접봉의 용융속도와 관계 : 아크전류

문제 13

용접용 산소용기 취급상의 주의 사항 중 틀린 것은?

① 용기 운반시 충격을 주어서는 안 된다.
② 통풍이 잘되고 직사광선이 잘 드는 곳에 보관한다.
③ 밸브의 개폐는 조용히 해야 한다.
④ 가연성 물질이 있는 곳에는 용기를 보관하지 말아야 한다.

해설 산소용기 취급시 주의사항
① 직사광선을 피하고 통풍이 양호한 곳에 보관
② 가연성 물질이 있는 곳에는 용기를 보관하지 말아야 한다.
③ 밸브의 개폐는 천천히 하여야 한다.
④ 용기 운반시 충격을 주어서는 안 된다.
⑤ 압력계는 금유라는 표시가 있는 산소전용 압력계 사용
⑥ 산소가스용기나 제기류에는 윤활유, 그리스 등이 부착되지 않도록 한다.
⑦ 산소누설 시험에는 비눗물을 사용
⑧ 산소용기는 화기로부터 5m 이상 유지

문제 14

고속분출을 얻는 데 적합하고 보통의 팁에 비하여 산소의 소비량이 같을 때, 절단 속도를 20~25% 증가시킬 수 있는 절단 팁은?

① 다이버전트형 팁
② 직선형 팁
③ 산소-LP용 팁
④ 보통형 팁

해설 다이버전트형팁 : 고속분출을 얻는 데 적합하고 보통의 팁에 비하여 산소의 소비량이 같을 때, 절단 속도를 20~25% 증가시킬 수 있는 절단 팁

문제 15

가스 용접에서 전진법과 비교한 후진법의 특징 설명으로 옳은 것은?

① 용접속도가 느리다.
② 홈 각도가 크다.
③ 용접가능 판 두께가 두껍다.
④ 용접변형이 크다.

해설 후진법의 특징
① 용접변형이 적다.   ② 두꺼운판 용접에 적합
③ 홈의 각도가 적다. ④ 비드표면이 매끈하지 못하다.
⑤ 열이용율이 좋다.   ⑥ 용접속도가 빠르다.

해답 12. ③ 13. ② 14. ① 15. ③

문제 16
기계적 이음과 비교한 용접 이음의 장점으로 틀린 것은?

① 기밀성이 우수하다.　　② 재료의 변형이 없다.
③ 이음 효율이 높다.　　④ 재료두께의 제한이 없다.

해설 용접이음의 장점
① 기밀성 및 수밀성이 좋다.　　② 이음효율이 높다.
③ 재료의 두께에 제한이 없다.　　④ 제품의 성능과 수명이 향상된다.
⑤ 이중재료도 접합 가능　　⑥ 작업공정이 단축되며 경제적이다.
⑦ 중량이 가벼워진다.

참고 단점
① 품질검사가 곤란　　② 취성이 생길 우려가 있다.
③ 용접사의 기량에 따라 품질좌우　　④ 변형 및 수축 잔류응력이 발생

문제 17
가스절단 장치에 관한 설명으로 틀린 것은?

① 프랑스식 절단 토치의 팁은 동심형이다.
② 중압식 절단 토치는 아세틸렌가스 압력이 보통 0.07kgf/cm^2 이하에서 사용된다.
③ 독일식 절단 토치의 팁은 이심형이다.
④ 산소나 아세틸렌 용기 내의 압력이 고압이므로 그 조정을 위해 압력 조정기가 필요하다.

해설 가스절단 장치
① 중압식 절단 토치의 아세틸렌 압력은 $0.07 \sim 1.3 \text{kgf/cm}^2$ 이다.
② 저압식 절단 토치의 아세틸렌 압력은 0.07kgf/cm^2 이하
③ 고압식 절단 토치의 아세틸렌 압력은 1.3kgf/cm^2 초과
④ 독일식 절단 토치의 팁은 이심형이다.
⑤ 프랑스식 절단 토치의 팁은 동심형이다.
⑥ 산소나 아세틸렌 용기 내의 압력이 고압이므로 그 조정을 위해 압력 조정기가 필요하다.

문제 18
마그네슘의 성질에 대한 설명 중 잘못된 것은?

① 비중은 1.74이다.
② 비강도가 Al(알루미늄)합금보다 우수하다.
③ 면심입방격자이며, 냉간가공이 가능하다.
④ 구상흑연 주철의 첨가제로 사용한다.

해설 마그네슘
① 조밀육방격자이다.　　② 구상흑연주철의 첨가제로 사용
③ 비강도가 알루미늄합금보다 우수하다.　　④ 비중은 1.74이다.

16. ②　17. ②　18. ③

문제 19 주성분은 Al-Si-Cu-Mg-Ni로 열팽창 계수 및 비중이 작고 내마멸성이 커 피스톤용으로 사용되는 내열용 알루미늄 합금은?

① 실루민 ② Lo-Ex 합금
③ 하이드로날륨 ④ 라우탈

해설 합금
① 로엑스 : ㉠ Al+Cu+Mg+Ni+Si ㉡ 열팽창계수 및 비중이 작다.
㉢ 피스톤 등에 사용
② 실루민 : Al+Si
③ 하이드로날륨 : Al+Mg
④ 라우탈 : Al+Cu+Si
⑤ Y합금 : ㉠ Al+Cu+Mg+Ni ㉡ 실린더헤드에 사용

문제 20 합금 공구강에 첨가하는 원소로서 담금질 효과를 증대시키는 원소는?

① Pt ② Cr
③ Al ④ Zr

문제 21 합금 주철의 합금 원소들 중에서 흑연화를 촉진시키는 원소는?

① Cr ② Mo
③ V ④ Ni

해설 특수원소의 영향
① 크롬(Cr)
㉠ 담금질효과 증대 ㉡ 내식성, 내마모성 향상
㉢ 흑연화 안정 ㉣ 탄화물 안정
② 니켈(Ni)
㉠ 인성증가 ㉡ 저온충격저항 증가
㉢ 주철의 흑연화 촉진
③ 몰리브덴(Mo) : 뜨임취성 방지
④ 망간(Mn)
㉠ 적열취성방지 ㉡ 황의 해를 제거
㉢ 고온에서 결정립 성장억제 ㉣ 흑연화를 방해하여 주철화 촉진
㉤ 강의 담금질 효과를 증대시켜 경화능력을 크게 한다.
⑤ 티탄(Ti)
㉠ 결정입자의 미세화 ㉡ 탄화물 생성용이
⑥ 규소(Si)
㉠ 강의 고온가공성을 크게 한다. ㉡ 용융금속의 유동성 좋게 한다.
㉢ 충격저항감소, 연신율 감소 ㉣ 결정립조대화
㉤ 단접성 및 냉간가공성 해침.

19. ② 20. ② 21. ④

문제 22
모넬메탈(Monel metal)의 종류 중 유황(S)을 넣어 강도는 희생시키고 쾌삭성을 개선한 것은?

① KR-Monel ② K-Monel
③ R-Monel ④ H-Monel

해설 R-Monel : 유황을 넣어 강도를 희생시키고 쾌삭성을 개선

문제 23
설퍼프린트시 강판에 황(S)이 많은 곳의 인화지 색깔은 어떻게 변하는가?

① 흑색으로 ② 청색으로
③ 적색으로 ④ 녹색으로

해설 설퍼프린트시 강판에 황이 많은 곳의 인화지 색깔 : 흑색

문제 24
철강 표면에 Al을 침투시키는 금속 침투법은?

① 세라라이징 ② 칼로라이징
③ 실리코나이징 ④ 크로마이징

해설 금속의 침투법
① Al : 칼로라이징 ② Zn : 세라나이징 ③ Si : 실리코나이징
④ Cr : 크로마이징 ⑤ B : 브로나이징

문제 25
강자성체만으로 구성된 것은?

① 철-니켈-코발트 ② 금-구리-철
③ 철-구리-망간 ④ 백금-금-알루미늄

해설 강자성체
① Fe(768℃) ② Ni(358℃) ③ Co(1160℃)

문제 26
하드필드강은 어느 주강에 해당 되는가?

① 망간(Mn) 주강 ② 크롬(Cr) 주강
③ 니켈(Ni) 주강 ④ 니켈(Ni)-크롬(Cr) 주강

해설 하드필드강 : 망간강

해답
22. ③ 23. ① 24. ② 25. ① 26. ①

문제 27
스테인리스강 중 내식성이 가장 높고 비자성체인 것은?

① 마텐자이트계
② 페라이트계
③ 펄라이트계
④ 오스테나이트계

해설 **오스테나이트계** : 내식성이 가장 높고 비자성체

문제 28
탄소강의 담금질 중 고온의 오스테나이트 영역에서 소재를 냉각하면 냉각 속도의 차에 따라 마텐자이트, 트루스타이트, 솔바이트, 오스테나이트 등의 조직으로 변태 되는데 이들 조직 중에서 강도와 경도가 가장 높은 것은?

① 마텐자이트
② 트루스타이트
③ 솔바이트
④ 오스테나이트

문제 29
이산화탄소(CO_2)가스 아크 용접용 와이어 중 탈산제, 아크안정제 등 합금원소가 포함되어 있어 양호한 용착금속을 얻을 수 있으며, 아크도 안정되어 스패터가 적고 비드외관도 아름다운 것은?

① 혼합 솔리드 와이어
② 복합 와이어
③ 슬리드 와이어
④ 특수 와이어

해설 **복합와이어** : 탄소가스 아크 용접용 와이어 중 탈산제, 아크안정제 등 합금원소가 포함되어 있어 양호한 용착금속을 얻을 수 있으며, 아크도 안정되어 스패터가 적고 비드외관이 아름다움

문제 30
초음파 탐상법에 속하지 않는 것은?

① 투과법
② 펄스반사법
③ 공진법
④ 맥동법

해설 **초음파 탐상법**
① 펄스반사법 ② 공진법 ③ 투과법

문제 31
연납땜의 대표적인 것으로 흡착작용은 무엇의 함유량에 의해 좌우되는가?

① 주석
② 아연
③ 승진
④ 붕사

해설 연납땜의 대표적인 것으로 흡착작용은 주석의 함유량에 의해 좌우

27. ④ 28. ① 29. ② 30. ④ 31. ①

문제 32 용접할 때 발생한 변형을 교정하는 방법 중 틀린 것은?

① 형재(形材)에 대한 직선 수축법
② 박판에 대한 점 수축법
③ 박판에 대하여 가열 후 압력을 가하고 공냉하는 방법
④ 롤러에 거는 방법

해설 변형을 교정하는 방법
① 롤러에 거는 방법
② 박판에 대한 점 수축법
③ 형재에 대한 직선 수축법
④ 박판에 대하여는 가열 후 압력을 걸고 수냉하는 방법
⑤ 가열후 해머로 두드리는 방법
⑥ 가열할 때 발생하는 열응력을 이용한 소성변형법
⑦ 소성변형시켜서 교정하는 방법

문제 33 산화하기 쉬운 알루미늄을 용접할 경우에 가장 적당한 용접법은?

① 서브머지드 아크용접
② 불활성가스 아크용접
③ CO_2 아크용접
④ 전기저항 용접

해설 불활성가스 아크용접 : 산화하기 쉬운 알루미늄을 용접할 경우에 가장 적당

문제 34 저온균열이 일어나기 쉬운 재료에 용접 전에 균열을 방지할 목적으로 피용접물의 전체 또는 이음부 부근의 온도를 올리는 것을 무엇이라고 하는가?

① 잠열
② 예열
③ 후열
④ 발열

해설 예열 : 피용접물의 전체 또는 이음부 부근의 온도를 올리는 것

문제 35 용접할 때 발생하는 변형과 잔류응력을 경감하는데 사용되는 방법 중 틀린 것은?

① 용접 전 변형 방지책으로는 억제법, 역 변형법을 쓴다.
② 모재의 열전도를 억제하여 변형을 방지하는 방법으로는 전진법을 쓴다.
③ 용접 금속부의 변형과 응력을 경감하는 방법으로는 피닝법을 쓴다.
④ 용접 시공에 의한 경감법으로는 대칭법, 후진법, 스킵법 등을 쓴다.

해답: 32. ③ 33. ② 34. ② 35. ②

문제 36

다음 보기와 같은 용착법은?

① 대칭법
② 전진법
③ 후진법
④ 비석법

[보기] 1 → 4 → 2 → 5 → 3

해설 용착법

① 스킵법(비석법) : 1 → 4 → 2 → 5 → 3

② 대칭법 : 4 ← 2 ↔ 1 → 3

③ 후퇴법 : 5 → 4 → 3 → 2 → 1

④ 전진법 : →

문제 37

점 용접의 종류가 아닌 것은?

① 맥동 점용접
② 인터랙 점용접
③ 직렬식 점용접
④ 원판식 점용접

해설 점용접의 종류 : ① 인터랙 점용접 ② 직렬식 점용접 ③ 맥동 점용접

문제 38

용접부 검사법 중 기계적 시험법이 아닌 것은?

① 굽힘 시험
② 경도 시험
③ 인장 시험
④ 부식 시험

해설 기계적시험법
① 굽힘시험 : 용접부의 연성결함 유무를 조사하기 위하여 사용하는 시험법
② 충격시험(샤르피식, 아이조드식) : V형, U형의 노치를 만들어 충격적인 하중을 주어서 시험편을 파괴시키는 방법
③ 피로시험 : 작은 힘을 수없이 반복하여 작용하면 파괴를 일으키는 방법
④ 인장시험 : 인장강도, 경도, 연신율, 단면수축율 등을 측정

문제 39

용접작업에서 안전에 대해 설명한 것 중 틀린 것은?

① 높은 곳에서 용접작업 할 경우 추락, 낙하 등의 위험이 있으므로 항상 안전벨트와 안전모를 착용한다.
② 용접 작업중에 여러 가지 유해 가스가 발생하기 때문에 통풍 또는 환기 장치가 필요하다.
③ 가연성의 분진, 화학류 등 위험물이 있는 곳에서는 용접을 해서는 안 된다.
④ 가스 용접은 강한 빛이 나오지 않기 때문에 보안경을 착용하지 않아도 된다.

36. ④ 37. ④ 38. ④ 39. ④

해설 가스용접도 보안경을 착용해야 한다.

문제 40 불활성가스 텅스텐 아크 용접의 직류정극성에 관한 설명이 맞는 것은?
① 직류 역극성보다 청정작용의 효과가 가장 크다.
② 직류 역극성보다 용입이 깊다.
③ 직류 역극성보다 비드폭이 넓다.
④ 직류 역극성에 비하여 지름이 큰 전극이 필요하다.

해설 **직류정극성**(DCSP)
① 모재(+) 70%, 용접봉(-) 30%   ② 용입이 깊다.
③ 후판용접이 가능   ④ 비드폭이 좁다.

문제 41 용접부 외부에서 주어지는 열량을 용접입열이라 한다. 용접입열이 충분하지 못하여 발생하는 결함은?
① 용융 불량   ② 언더컷
③ 균열   ④ 변형

해설 용접입열이 충분하지 못하여 발생하는 결함 : 용융불량

문제 42 용접작업에서 아르곤(Ar) 용기를 나타내는 색깔은?
① 황색   ② 녹색
③ 회색   ④ 흰색

해설 **용기도색**
<u>청탄산</u> <u>산녹</u>에서 <u>황아체</u> 안주삼아 <u>수주잔</u> 높이 들고 <u>백암산</u> 바라보니 <u>염소</u>는
　①　　②　　　　③　　　　　　④　　　　　　　⑤　　　　　　⑥
<u>갈</u>색으로 보이고 <u>쥐</u>들은 <u>기타</u>를 치더라.
　　　　　　　　　　　　⑦
① 탄산가스 : 청색   ② 산소 : 녹색   ③ 아세틸렌 : 황색
④ 수소 : 주황   ⑤ 암모니아 : 백색   ⑥ 염소 : 갈색
⑦ 기타 : 쥐색(회색) : 아르곤, 프로판

문제 43 필릿용접의 경우 루트 간격의 양에 따라 보수 방법이 다른데 간격이 4.5mm 이상일 때 보수하는 방법으로 옳은 것은 무엇인가?
① 각장(목길이) 대로 용접한다.
② 각장(목길이)을 증가시킬 필요가 있다.
③ 루트 간격대로 용접한다.
④ 라이너를 넣는다.

해답
40. ② 41. ① 42. ③ 43. ④

해설 필릿용접의 경우 루트간격이 4.5mm 이상시 보수방법 : 라이너를 넣는다.

문제 44 전기용접기를 설치해도 되는 장소는?

① 먼지가 매우 많고 옥외의 비바람이 치는 곳
② 수증기 또는 습도가 높은 곳
③ 폭발성 가스가 존재하지 않는 곳
④ 진동이나 충격을 받는 곳

해설 **전기용접기 설치 부적당한 장소**
① 폭발성 가스가 존재하는 곳
② 먼지가 매우 많고 옥외의 비바람이 치는 곳
③ 수증기 또는 습도가 높은 곳
④ 진동이나 충격을 받는 곳
⑤ 부식성가스가 체류하는 곳

문제 45 가스 절단기 및 토치의 취급상 주의 사항으로 틀린 것은?

① 가스가 분출되는 상태로 토치를 방치하지 않는다.
② 토치의 작동이 불량할 때는 분해하여 기름을 발라야 한다.
③ 정화가 불량할 때에는 고장을 수리 점검한 후 사용한다.
④ 조정용 나사를 너무 세게 조이지 않는다.

해설 기름을 바르면 안 된다.

문제 46 파장이 같은 빛을 렌즈로 집광하면 매우 작은 점으로 집중이 가능하고 높은 에너지로 접속하면 높은 열을 얻을 수 있다. 이것을 열원으로 하여 용접하는 방법은?

① 레이져 용접   ② 일렉트로 슬래그 용접
③ 테르밋 용접   ④ 플라즈마 아크 용접

해설 **용접 종류**
① 레이저용접 : 파장이 같은 빛을 렌즈로 집광하면 매우 작은 점으로 집중이 가능하고 높은 에너지로 접속하면 높은 열을 얻어 용접
② 일렉트로 슬래그용접 : 아크열이 아닌 와이어와 용융슬래그사이에서 통전된 전류의 저항열을 이용하여 용접
③ 스터드용접 : 볼트나 환봉 등을 피스톤형 홀더에 끼우고 모재와 환봉사이에서 순간적으로 아크를 발생시켜 용접
④ 테르밋용접 : 산화철분말과 알루미늄분말(1 : 3)의 중량비로 혼합한 테르밋제에 과산화바륨과 마그네슘분말을 혼합한 점화촉진제를 넣어 연소시켜 용접

해답 44. ③ 45. ② 46. ①

문제 47 서브머지드 아크용접기에서 다전극 방식에 의한 분류에 속하지 않는 것은?

① 푸시 풀식　　　　　　　② 텐덤식
③ 횡병렬식　　　　　　　④ 횡직렬식

해설 서브머지드 아크용접기에서 다전극방식에 의한 분류
① 텐덤식　② 횡병렬식　③ 횡직렬식

문제 48 안전모의 착용에 대한 설명으로 틀린 것은?

① 턱조리개는 반드시 조이도록 할 것
② 작업에 적합한 안전모를 사용할 것
③ 안전모는 작업자 공용으로 사용할 것
④ 머리상부와 안전모 내부의 상단과의 간격은 25mm 이상 유지하도록 조절하여 쓸 것

해설 안전모는 작업 단독으로 사용할 것

문제 49 서브머지드 아크 용접의 특징 설명으로 틀린 것은?

① 개선각을 작게 하여 용접 패스 수를 줄일 수 있다.
② 용접 중 아크가 안 보이므로 용접부의 확인이 곤란하다.
③ 용접선이 구부러지거나 짧아도 능률적이다.
④ 용접설비비가 고가이다.

해설 서브머지드 아크용접의 특징
① 용접설비비가 고가이다.
② 용접 중 아크가 안 보이므로 용접부의 확인이 곤란
③ 개선각을 작게 하여 용접 패스 수를 줄일 수 있다.
④ 기계적 성질이 우수하다.
⑤ 용융속도 및 용착속도가 빠르다.
⑥ 용입이 깊다.
⑦ 비드외관이 아름답다.
⑧ 유해광선이 적게 발생되어 작업 환경이 깨끗하다.

문제 50 CO_2 가스 아크 용접에서 용극식의 슬리드와이어 혼합가스법으로 맞는 것은?

① $CO_2 + O_2$법　　　　　　② $CO_2 + CO + Ar$ 법
③ $CO_2 + CO + O_2$법　　　④ $CO_2 + Ar$ 법

해설 CO_2 가스 아크 용접에서 용극식의 슬리드와이어 혼합가스법
① $CO_2 + O_2$ 법　② $CO_2 + CO + Ar$ 법
③ $CO_2 + O_2 + CO$ 법

해답

47. ①　48. ③　49. ③　50. ④

문제 51
보기와 같이 도시된 용접기호에서 MR 해독으로 올바른 것은?

① 화살표 쪽은 방사선 시험이다.
② 화살표 반대쪽은 육안검사이다.
③ 제거 가능한 덮개 판을 사용한다.
④ 영구적인 덮개 판을 사용하여 용접한다.

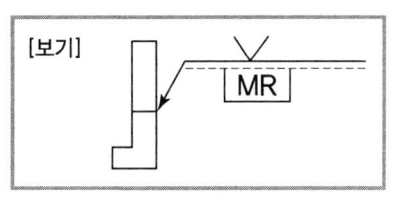
[보기]

해설
① 끝부분을 매끄럽게 함 :
② 영구적인 덮개판 사용 : M
③ 제거 가능한 덮개판 사용 : MR

문제 52
구의 반지름을 나타내는 치수 보조 기호는?

① Sϕ
② R
③ SR
④ ϕ

해설 치수의 표시방법
① 지름 : ϕ ② 반지름 : R   ③ 구의 지름 : Sϕ
④ 구의 반지름 : SR   ⑤ 정사각형의 변 : □   ⑥ 판의 두께 : t
⑦ 45° 모따기 : C   ⑧ 이론적으로 정확한 치수 : 123
⑨ 참고치수 : ( )

문제 53
기계제도에서 사용하는 파단선의 설명으로 올바른 것은?

① 가는 1점 쇄선이다.
② 불규칙한 파형의 가는 실선이다.
③ 굵기는 외형선과 같다.
④ 아주 굵은 실선으로 그린다.

해설 파단선 : 불규칙한 파형이 가는 실선

문제 54
기계구조용 탄소 강관의 KS 재료 기호는?

① SPC
② SPS
③ SWP
④ STKM

문제 55
도면에 리벳의 호칭이 "KS B 1102 보일러용 둥근 머리 리벳 13×30 SV 400"로 표시된 경우 올바른 해독은?

① 리벳의 수량 13개
② 리벳의 길이 30mm
③ 최대 인장강도 400kPa
④ 리벳의 호칭 지름 30mm

해답
51. ③ 52. ③ 53. ② 54. ④ 55. ②

2023년도 시행

문제 56 실물을 보고 프리핸드로 그린 도면으로 필요한 사항을 기입하여 완성한 도면인 것은?

① 스케치도　　② 상세도
③ 부분조립도　④ 트레이스도

해설　**스케치도** : 실물을 보고 프리핸드로 그린 도면으로 필요한 사항을 기입하여 완성한 도면

문제 57 공작물을 1 : 5의 척도로 그리려고 하는데 실제길이는 50mm이다. 도면에 공작물의 길이를 얼마의 크기로 그려야 하는가?

① 10mm　　② 25mm
③ 50mm　　④ 100mm

해설　크기 : $\frac{1}{5} \times 50 = 10\text{mm}$

문제 58 보기 입체도에서 화살표 방향을 정면으로 제3각법으로 그린 정투상도는?

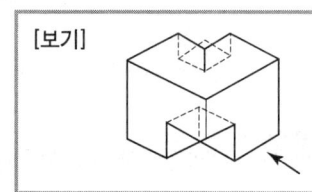

문제 59 보기와 같은 3각법으로 정투상한 정면도와 우측면도에 가장 적합한 평면도는?

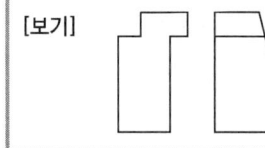

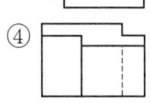

해답

56. ①　57. ①　58. ①　59. ③

문제 60 한쪽단면(반단면) 표시법에 대한 설명으로 올바른 것은?

① 대칭형의 물체를 중심선을 경계로 하여 외형도의 절반과 단면도의 절반을 조합하여 표시한 것이다.
② 부품도의 중앙 부위 전후를 절단하여, 단면을 90°회전시켜 표시한 것이다.
③ 도형 전체가 단면으로 표시된 것이다.
④ 물체의 필요한 부분만 단면으로 표시한 것이다.

해답 60. ①

피복아크용접기능사
필기

피복아크용접기능사 기출문제

2024

2024년 1월 CBT 시행

문제 01. 필릿 용접부의 보수방법에 대한 설명으로 옳지 않은 것은?

① 간격이 1.5mm 이하일 때에는 그대로 용접하여도 좋다.
② 간격이 1.5~4.5mm일 때에는 넓혀진 만큼 각장을 감소시킬 필요가 있다.
③ 간격이 4.5mm일 때에는 라이너를 넣는다.
④ 간격이 4.5mm 이상일 때에는 300mm 정도의 치수로 판을 잘라낸 후 새로운 판으로 용접한다.

해설 필릿 용접부의 보수방법
① 간격이 4.5mm일 때에는 라이너를 넣는다.
② 간격이 1.5mm 이하일 때에는 그대로 용접하여도 좋다.
③ 간격이 4.5mm 이상일 때에는 300mm 정도의 치수로 판을 잘라낸 후 새로운 판으로 용접한다.
④ 간격이 1.5~4.5mm 이하일 때에는 넓혀진 만큼 각장을 감소시킬 필요가 없다.

문제 02. 화재 발생 시 사용하는 소화기에 대한 설명으로 틀린 것은?

① 전기로 인한 화재에는 포말소화기를 사용한다.
② 분말 소화기는 기름 화재에 적합하다.
③ CO_2가스 소화기는 소규모의 인화성 액체 화재나 전기 설비 화재의 초기 진화에 좋다.
④ 보통화재에는 포말, 분말, CO_2소화기를 사용한다.

해설 전기로 인한 화재 : ① CO_2소화기 ② 분말소화기

문제 03. 탄산가스 아크 용접에 대한 설명으로 맞지 않는 것은?

① 가시 아크이므로 시공이 편리하다.
② 철 및 비철류의 용접에 적합하다.
③ 전류밀도가 높고 용입이 깊다.
④ 바람의 영향을 받으므로 풍속 2m/s 이상일 때에는 방풍장치가 필요하다.

해설 철 용접에만 적합하다.

01. ② 02. ① 03. ②

문제 04 서브머지드 아크 용접에서 다전극 방식에 의한 분류가 아닌 것은?

① 탠덤식
② 횡병렬식
③ 횡직렬식
④ 이행형식

[해설] 서브머지드 아크 용접에서 다전극 방식에 의한 분류
① 횡직렬식 ② 횡병렬식 ③ 탠덤식

문제 05 용접부에 X선을 투과하였을 경우 검출할 수 있는 결함이 아닌 것은?

① 선상조직
② 비금속 개재물
③ 언더컷
④ 용입불량

[해설] 용접부에 X선을 투과 시 검출할 수 있는 결함
① 언더컷 ② 기공 ③ 용입불량 ④ 비금속 개재물

문제 06 구리와 아연을 주성분으로 한 합금으로 철강이나 비철금속의 납땜에 사용되는 것은?

① 황동납
② 인동납
③ 은납
④ 주석납

[해설] **황동납** : 구리+아연
청동납 : 구리+주석

문제 07 MIG 용접 제어장치의 기능으로 크레이터 처리 기능에 의해 낮아진 전류가 서서히 줄어들면서 아크가 끊어지며 이면 용접부가 녹아내리는 것을 방지하는 것을 의미하는 것은?

① 예비가스 유출시간
② 스타트 시간
③ 크레이터 충전시간
④ 번백 시간

[해설] **번백 시간** : 용접 제어장치의 기능으로 크레이터 처리 기능에 의해 낮아진 전류가 서서히 줄어들면서 아크가 끊어지며 이면 용접부가 녹아내리는 것 방지

문제 08 용접기 설치 및 보수할 때 지켜야 할 사항으로 옳은 것은?

① 셀렌 정류기형 직류 아크 용접기에서는 습기나 먼지 등이 많은 곳에 설치해도 괜찮다.
② 조정핸들, 미끄럼 부분 등에는 주유해서는 안 된다.
③ 용접 케이블 등의 파손된 부분은 즉시 절연 테이프로 감아야 한다.
④ 냉각용 선풍기, 바퀴 등에도 주유해서는 안 된다.

해답

04. ④ 05. ① 06. ① 07. ④ 08. ③

해설 용접 케이블 등의 파손된 부분은 즉시 절연 테이프로 감아야 한다.

문제 09

이산화탄소 아크 용접의 솔리드 와이어 용접봉에 대한 설명으로 YGA-50W-1.2-20에서 "50"이 뜻하는 것은?

① 용접봉의 무게
② 용착금속의 최소 인장강도
③ 용접 와이어
④ 가스 실드 아크 용접

해설 **솔리드 와이어 이형형식**

YGA-50W-1.2-20

① Y : 용접 와이어
② G : 가스 실드 아크 용접
③ A : 내후성 강용
④ 50 : 용착금속의 최소 인장강도
⑤ W : 와이어의 화학성분
⑥ 1.2 : 지름
⑦ 20 : 무게

문제 10

전기저항 점 용접법에 대한 설명으로 틀린 것은?

① 인터랙 점 용접이란 용접점의 부분에 직접 2개의 전극을 물리지 않고 용접 전류가 피용접물의 일부를 통하여 다른 곳으로 전달하는 방식이다.
② 단극식 점 용접이란 전극이 1쌍으로 1개의 점 용접부를 만드는 것이다.
③ 맥동 점 용접은 사이클 단위를 몇 번이고 전류를 연속하여 통전하는 것으로 용접속도 향상 및 용접변형 방지에 좋다.
④ 직렬식 점 용접이란 1개의 전류 회로에 2개 이상의 용접점을 만드는 방법으로 전류 손실이 많아 전류를 증가시켜야 한다.

문제 11

다음 중 스터드 용접법의 종류가 아닌 것은?

① 아크 스터드 용접법
② 텅스텐 스터드 용접법
③ 충격 스터드 용접법
④ 저항 스터드 용접법

해설 **스터드 용접법의 종류**
① 아크 스터드 용접법
② 저항 스터드 용접법
③ 충격 스터드 용접법

문제 12

전자빔 용접의 종류 중 고전압 소전류형의 가속 전압은?

① 20~40kV
② 50~70kV
③ 70~150kV
④ 150~300kV

해설 전자빔 용접의 종류 중 고전압 소전류형의 가속 전압 : 70~150kV

해답 09. ② 10. ③ 11. ② 12. ③

문제 13 TIG 용접에서 직류 정극성으로 용접할 때 전극 선단의 각도로 가장 적합한 것은?

① 5~10°
② 10~20°
③ 30~50°
④ 60~70°

해설 TIG 용접에서 직류 정극성으로 용접할 때 전극 선단의 각도 : 30~50°

문제 14 일반적으로 안전을 표시하는 색채 중 특정행위의 지시 및 사실의 고지 등을 나타내는 색은?

① 노란색
② 녹색
③ 파란색
④ 흰색

해설 표시하는 색채
① 적색 : 고도의 위험, 정지
② 녹색 : 진행유도, 안전, 구급
③ 파란색 : 지시, 사실의 고지
④ 백색 : 정리정돈
⑤ 보라 : 방사능

문제 15 아크 용접부에 기공이 발생하는 원인과 가장 관련이 없는 것은?

① 이음 강도 설계가 부적당할 때
② 용착부가 급랭될 때
③ 용접봉에 습기가 많을 때
④ 아크 길이, 전류 값 등이 부적당할 때

해설 기공 발생하는 원인
① 수소, 산소, 일산화탄소가 너무 많을 때
② 과대 전류 사용 시
③ 이음부에 기름, 페인트, 녹 등이 부착해 있을 경우
④ 용접봉 또는 용접부에 습기가 많을 경우
⑤ 아크길이 및 운봉법 부적당 시
⑥ 용접부가 급랭 시

문제 16 용접부의 시험검사에서 야금학적 시험 방법에 해당되지 않는 것은?

① 파면 시험
② 육안 조직 시험
③ 노치 취성 시험
④ 설퍼 프린트 시험

해설 야금학적 시험 방법
① 파면 시험 ② 육안 조직 시험 ③ 설퍼 프린트 시험

해답 13. ③ 14. ③ 15. ① 16. ③

문제 17 다층용접 방법 중 각 층마다 전체의 길이를 용접하면서 쌓아 올리는 용착법은?

① 전진 블록법 ② 덧살 올림법
③ 캐스케이드법 ④ 설퍼 프린트 시험

해설 빌드업법(덧살 올림법) : 각 층마다 전체의 길이를 용접하면서 쌓아 올리는 용착법

문제 18 용접작업 시 작업자의 부주의로 발생하는 안염, 각막염, 백내장 등을 일으키는 원인은?

① 용접 흄 가스 ② 아크 불빛
③ 전격 재해 ④ 용접 보호 가스

해설 용접작업 시 작업자의 부주의로 발생하는 안염, 각막염, 백내장 등을 일으키는 원인은 아크 불빛이다.

문제 19 플라스마 아크 용접에 대한 설명으로 잘못된 것은?

① 아크 플라스마의 온도는 10000~30000℃ 온도에 달한다.
② 핀치효과에 의해 전류밀도가 크므로 용입이 깊고 비드 폭이 좁다.
③ 무부하 전압이 일반 아크 용접기에 비하여 2~5배 정도 낮다.
④ 용접장치 중에 고주파 발생장치가 필요하다.

해설 플라스마 아크 용접
① 용접장치 중에 고주파 발생장치가 필요하다.
② 무부하 전압이 일반 아크 용접기에 비하여 2~5배 정도 높다.
③ 핀치효과에 의해 전류밀도가 크므로 용입이 깊고 비드 폭이 좁다.
④ 아크 플라스마의 온도는 10000~30000℃ 온도에 달한다.

문제 20 다음 그림과 같은 다층 용접법은?

① 빌드업법
② 캐스케이드법
③ 전진블록법
④ 스킵법

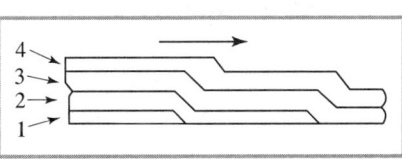

해설 용착법
① 스킵법(비석법) : 이음의 전길이에 대해서 뛰어 넘어서 용접하는 방법
1 → 4 → 2 → 5 → 3
② 빌드업법(덧살올림법) : 용접 전길이에 대해서 각 층을 연속하여 용접하는 방법

17. ② 18. ② 19. ③ 20. ②

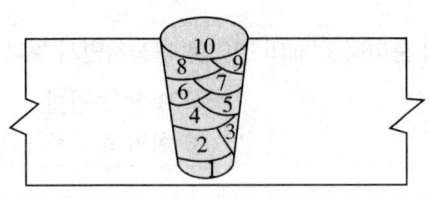

③ 캐스케이드법 : 한 부분에 대해 몇 층을 용접하다가 다음 부분의 층으로 연속시켜 용접

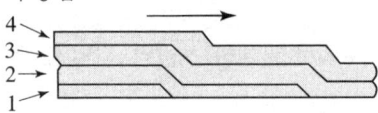

④ 전진블록법 : 짧은 용접길이로 표면까지 용착하는 방법

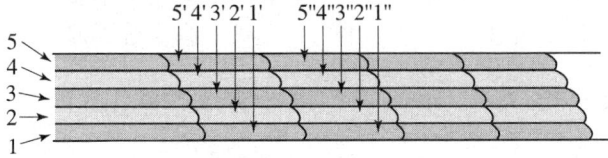

문제 21 용접결함 중 구조상 결함이 아닌 것은?
① 슬래그 섞임　　　　　② 용입불량과 융합불량
③ 언더 컷　　　　　　　④ 피로강도 부족

해설 **구조상 결함**(오용내슬언선은균기)
① 오버랩　② 용입불량　③ 내부 기공　④ 슬래그 혼입　⑤ 언더컷
⑥ 선상조직　⑦ 은점　⑧ 균열　⑨ 기공

문제 22 다음 중 TIG 용접기의 주요 장치 및 기구가 아닌 것은?
① 보호가스 공급장치　　② 와이어 공급장치
③ 냉각수 순환장치　　　④ 제어장치

해설 TIG 용접기의 주요 장치 및 기구
① 제어장치
② 냉각수 순환장치
③ 보호가스 공급장치

문제 23 피복 아크 용접봉에서 피복 배합제인 아교는 무슨 역할을 하는가?
① 아크 안정제　　　　　② 합금제
③ 탈산제　　　　　　　④ 환원가스 발생제

해설 **아교의 역할** : 환원가스 발생제

21. ④　22. ②　23. ④

문제 24
직류 아크 용접기와 비교한 교류 아크 용접기의 설명에 해당되는 것은?

① 아크의 안정성이 우수하다. ② 자기 쏠림 현상이 있다.
③ 역률이 매우 양호하다. ④ 무부하 전압이 높다.

해설 교류 아크 용접기와 직류 아크 용접기

비교	교류	직류
아크 안정	불가능	가능
극성 변화	불가능	가능
무부하전압	70~80V	40~60V
구조	간단	복잡
고장	적다	많다
역률	떨어짐	우수
가격	저가	고가
판 이용	후판	박판

문제 25
용접 설계에 있어서 일반적인 주의사항 중 틀린 것은?

① 용접에 적합한 구조 설계를 할 것.
② 용접 길이는 될 수 있는 대로 길게 할 것.
③ 결함이 생기기 쉬운 용접 방법은 피할 것.
④ 구조상의 노치부를 피할 것.

해설 용접 길이는 될 수 있는 대로 짧게 할 것.

문제 26
A는 병 전체 무게(빈병+아세틸렌가스)이고, B는 빈병의 무게이며, 또한 15℃ 1기압에서의 아세틸렌가스 용적을 905리터라고 할 때, 용해 아세틸렌가스의 양 C(리터)를 계산하는 식은?

① $C=905(B-A)$ ② $C=905+(B-A)$
③ $C=905(A-B)$ ④ $C=905+(A-B)$

해설 $C=905(A-B)$
  A : 병 전체 무게, B : 빈병의 무게

문제 27
내용적 40.7리터의 산소병에 150kgf/cm² 의 압력이 게이지에 표시되었다면 산소병에 들어 있는 산소량은 몇 리터인가?

① 3400 ② 4055
③ 5055 ④ 6105

해설 산소량 $= 150 \times 40.7 = 6105 l$

24. ④ 25. ② 26. ③ 27. ④

문제 28

산소 프로판 가스 절단에서, 프로판 가스 1에 대하여 얼마 비율의 산소를 필요로 하는가?

① 8
② 6
③ 4.5
④ 2.5

해설 $1C_3H_8 + 5O_2 \rightarrow 3CO_2 + 4H_2O$
　　　　1　：　5　(가스 절단 시 : 4.5)

문제 29

아세틸렌가스가 산소와 반응하여 완전연소할 때 생성되는 물질은?

① CO, H_2O
② $2CO_2, H_2O$
③ CO, H_2
④ CO_2, H_2

해설 완전연소 반응
① $C_2H_2 + 2.5O_2 \rightarrow 2CO_2 + H_2O$
② $C_3H_8 + 5O_2 \rightarrow 3CO_2 + 4H_2O$
③ $C_2H_4 + 2O_2 \rightarrow CO_2 + 2H_2O$
④ $C_4H_{10} + 6.5O_2 \rightarrow 4CO_2 + 5H_2O$
⑤ $C_2H_6 + 3.5O_2 \rightarrow 2CO_2 + 3H_2O$

문제 30

가스 용접에서 양호한 용접부를 얻기 위한 조건으로 틀린 것은?

① 모재 표면에 기름, 녹 등을 용접 전에 제거하여 결함을 방지하여야 한다.
② 용착금속의 용입 상태가 불균일해야 한다.
③ 과열의 흔적이 없어야 하며, 용접부에 첨가된 금속의 성질이 양호해야 한다.
④ 슬래그, 기공 등의 결함이 없어야 한다.

해설 용착금속의 용입 상태가 균일해야 한다.

문제 31

아크 쏠림은 직류 아크 용접 중에 아크가 한쪽으로 쏠리는 현상을 말하는데 아크 쏠림 방지법이 아닌 것은?

① 접지점을 용접부에서 멀리한다.
② 아크 길이를 짧게 유지한다.
③ 가용접을 한 후 후퇴 용접법으로 용접한다.
④ 가용접을 한 후 전진법으로 용접한다.

해설 아크 쏠림(불림) 방지법 (후아교접)
① 후진법으로 용접한다.　　② 아크 길이를 짧게 유지한다.
③ 접지점을 용접부에서 멀리한다.　④ 직류 용접을 하지 말고 교류 용접을 할 것.
⑤ 접지점을 2개 연결할 것.

해답

28. ③　29. ②　30. ②　31. ④

문제 32
용접기의 가동 핸들로 1차 코일을 상하로 움직여 2차 코일의 간격을 변화시켜 전류를 조정하는 용접기로 맞는 것은?

① 가포화 리액터형
② 가동 코어 리액터형
③ 가동 코일형
④ 가동 철심형

해설 교류 아크 용접기 종류와 특징
① 가동 철심형
  ㉠ 광범위한 전류 조절이 어렵다.
  ㉡ 가동 철심으로 누설자속을 가감하여 전류 조정
  ㉢ 미세한 전류 조정이 가능
  ㉣ 현재 가장 많이 사용
② 가동 코일형
  ㉠ 1차, 2차 코일 중의 하나를 이동하여 누설자속을 변화하여 전류 조정
  ㉡ 누설 리액턴스값을 변화시킴.
  ㉢ 가격이 싸다.
③ 가포화 리액터형
  ㉠ 원격제어가 되고 가변저항의 변화로 용접전류 조정
  ㉡ 조작이 간단
④ 탭 전환용
  ㉠ 코일의 감긴 수에 따라 전류 조정
  ㉡ 무부하 전압이 높아 전격의 위험이 크다.
  ㉢ 미세전류 조정이 어렵다.
  ㉣ 주로 소형에 사용

문제 33
프로판 가스가 완전연소하였을 때 설명으로 맞는 것은?

① 완전연소하면 이산화탄소로 된다.
② 완전연소하면 이산화탄소와 물이 된다.
③ 완전연소하면 일산화탄소와 물이 된다.
④ 완전연소하면 수소가 된다.

해설 프로판 가스 완전연소 반응식
$C_3H_8 + 5O_2 \rightarrow 3CO_2 + 4H_2O$

문제 34
가스 용접 시 사용하는 용제에 대한 설명으로 틀린 것은?

① 용제의 융점은 모재의 융점보다 낮은 것이 좋다.
② 용제는 용융금속의 표면에 떠올라 용착금속의 성질을 양호하게 한다.
③ 용제는 용접 중에 생기는 금속의 산화물 또는 비금속 기재물을 용해하여 용융온도가 높은 슬래그를 만든다.
④ 연강에는 용제를 일반적으로 사용하지 않는다.

해답
32. ③ 33. ② 34. ③

해설 용융온도가 낮은 슬래그를 만든다.

문제 35 용접법을 융접, 압접, 납땜으로 분류할 때 압접에 해당하는 것은?
① 피복 아크 용접 ② 전자 빔 용접
③ 테르밋 용접 ④ 심 용접

해설 **압접**(유단초가마냉저)
① 유도 가열 용접 ② 단접 ③ 초음파 용접 ④ 가압 테르밋 용접
⑤ 마찰 용접 ⑥ 냉간압접
⑦ 저항 용접 ┬ 겹치기 용접 ─┬ 점 용접(스폿 용접)
　　　　　　　(겹시프)　　　├ 심 용접
　　　　　　　　　　　　　　└ 프로젝션 용접
　　　　　　└ 맞대기 용접 ─┬ 포일 심 용접
　　　　　　　(포커플업)　　├ 퍼커션 용접
　　　　　　　　　　　　　　├ 맞대기 용접
　　　　　　　　　　　　　　└ 업셋 용접

문제 36 가스 용접에서 가변압식(프랑스식) 팁(tip)의 능력을 나타내는 기준은?
① 1분에 소비하는 산소가스의 양
② 1분에 소비하는 아세틸렌가스의 양
③ 1시간에 소비하는 산소가스의 양
④ 1시간에 소비하는 아세틸렌가스의 양

해설 **가변압식 팁의 능력** : 1시간에 소비하는 아세틸렌가스량

문제 37 피복금속 아크 용접봉은 습기의 영향으로 기공(blowhole)과 균열(crack)의 원인이 된다. 보통 용접봉(1)과 저수소계 용접봉(2)의 온도와 건조 시간은? (단, 보통 용접봉은 (1)로, 저수소계 용접봉은 (2)로 나타냈다.)
① (1) 70~100(℃) 30~60분, (2) 100~150℃ 1~2시간
② (1) 70~100(℃) 2~3분, (2) 100~150℃ 20~30분
③ (1) 70~100(℃) 30~60분, (2) 300~350℃ 1~2시간
④ (1) 70~100(℃) 2~3분, (2) 300~350℃ 20~30분

해설 **건조온도와 건조시간**
① 보통 용접봉 : 70~100℃, 30~60분
② 저수소계 : 300~350℃, 1~2시간

해답　35. ④ 36. ④ 37. ③

문제 38

직류 아크 용접에서 역극성의 특징으로 맞는 것은?

① 용입이 깊어 후판 용접에 사용된다.
② 박판, 주철, 고탄소강, 합금강 등에 사용된다.
③ 봉의 녹음이 느리다.
④ 비드 폭이 좁다.

해설 **직류 정극성 특징**(후비용용모)
① 후판 용접에 적합 ② 비드 폭이 좁다.
③ 용입이 깊다. ④ 용접봉의 용융속도가 느리다.
⑤ 모재(+) 70%열, 용접봉(−) 30%열

참고 직류 역극성은 정극성의 반대

문제 39

가스 가공에서 강제 표면의 홈, 탈탄층 등의 결함을 제거하기 위해 얇게 그리고 타원형 모양으로 표면을 깎아내는 가공법은?

① 가스 가우징 ② 분말절단
③ 산소창 절단 ④ 스카핑

해설 **스카핑** : 가스 가공에서 강제 표면의 홈, 탈탄층 등의 결함을 제거하기 위해 얇게 그리고 타원형 모양으로 표면을 깎아내는 가공법
산소창 절단 : 두꺼운 판, 주강의 슬래그 덩어리, 암석의 천공 등의 절단에 사용
분말절단 : 스테인리스강, 비철금속, 주철 등은 가스 절단이 용이하지 않으므로 철분 또는 연속적으로 절단용 산소에 혼합 공급함으로써 그 산화열 또는 용제의 화학작용을 이용 절단

문제 40

가스 침탄법의 특징에 대한 설명으로 틀린 것은?

① 침탄온도, 기체혼합비 등의 조절로 균일한 침탄층을 얻을 수 있다.
② 열효율이 좋고 온도를 임의로 조절할 수 있다.
③ 대량생산에 적합하다.
④ 침탄 후 직접 담금질이 불가능하다.

해설 침탄 후 직접 담금질이 가능하다.

문제 41

다음 중 알루미늄 합금(Alloy)의 종류가 아닌 것은?

① 실루민(silumin) ② Y합금
③ 로엑스(Lo-Ex) ④ 인코넬(Inconel)

해답 38. ② 39. ④ 40. ④ 41. ④

해설 알루미늄 합금
① 실루민 : Al+Si (실알소)
② Y합금 : Al+Cu+Mg+Ni (알구마니)
③ 로엑스 : Al+Cu+Mg+Ni+Si (알구마니소)
④ 인코넬 : Ni+Cr (인니크)

문제 42 다음 중 풀림의 목적이 아닌 것은?

① 결정립을 조대화시켜 내부응력을 상승시킨다.
② 가공경화 현상을 해소시킨다.
③ 경도를 줄이고 조직을 연화시킨다.
④ 내부응력을 제거한다.

해설 풀림의 목적
① 결정립을 조대화시켜 내부응력 제거
② 경도를 줄이고 조직을 연화시킴.
③ 가공경화 현상을 해소시킨다.

문제 43 저용융점 합금이 아닌 것은?

① 아연과 그 합금   ② 금과 그 합금
③ 주석과 그 합금   ④ 납과 그 합금

해설 저용융점 합금
① 아연과 그 합금   ② 주석과 그 합금   ③ 납과 그 합금

문제 44 탄소가 0.25%인 탄소강이 0~500℃의 온도범위에서 일어나는 기계적 성질의 변화 중 온도가 상승함에 따라 증가되는 성질은?

① 항복점   ② 탄성한계
③ 탄성계수   ④ 연신율

해설 탄소가 0.25%인 탄소강이 0~500℃의 온도범위에서 일어나는 기계적 성질의 변화 중 온도가 상승함에 따라 증가하는 성질 : 연신율

문제 45 용접할 때 예열과 후열이 필요한 재료는?

① 15mm 이하 연강판   ② 중탄소강
③ 18℃일 때 18mm 연강판 ④ 순철판

해설 용접 시 예열과 후열이 필요한 재료 : 중탄소강

해답 42. ① 43. ② 44. ④ 45. ②

문제 46
철강에서 펄라이트 조직으로 구성되어 있는 강은?
① 경질강
② 공석강
③ 강인강
④ 고용체강

해설 **철강의 조직**
① 공석강 : 펄라이트 *(공펄)*
② 아공석강 : 펄라이트+페라이트 *(아펄페)*
③ 과공석강 : 펄라이트+시멘타이트 *(과펄시)*
④ 공정주철 : 레데뷰라이트 *(공레)*
⑤ 과공정주철 : 레테뷰라이트+시멘타이트 *(주시레)*

문제 47
특수 주강 중 주로 롤러 등으로 사용되는 것은?
① Ni 주강
② Ni-Cr 주강
③ Mn 주강
④ Mo 주강

해설 특수 주강 중 주로 롤러 등으로 사용 : Mn 주강

문제 48
주철의 편상 흑연 결함을 개선하기 위하여 마그네슘, 세륨, 칼슘 등을 첨가한 것으로 기계적 성질이 우수하여 자동차 주물 및 특수 기계의 부품용 재료에 사용되는 것은?
① 미하나이트 주철
② 구상 흑연 주철
③ 칠드 주철
④ 가단 주철

해설 **구상 흑연 주철** : 주철의 편상 흑연 결함을 개선하기 위하여 마그네슘, 세륨, 칼슘 등을 첨가한 것으로 기계적 성질이 우수하여 자동차 주물 및 특수 기계의 부품용 재료에 사용
가단 주철 : 보통 주철의 결점이 여리고 약한 인정을 개선하기 위하여 백주철을 장시간 열처리하여 C의 상태를 분해 또는 소실시켜 인성 또는 연성을 증가시킨 주철로서 자동차의 부속품 관 이음쇠에 사용
미하나이트 주철 : 접종백선화를 억제시키고 흑연의 형상을 미세, 균일하게 하기 위하여 규소 및 칼슘-실리사이트 분말을 접종 첨가하여 흑연의 핵 형성을 촉진시키는 조작을 이용하여 만든 고급 주철

문제 49
18-8 스테인리스강의 조직으로 맞는 것은?
① 페라이트
② 오스테나이트
③ 펄라이트
④ 마텐자이트

해설 18-8 스테인리스강의 조직 : 오스테나이트

해답 46. ② 47. ③ 48. ② 49. ②

문제 50 Ni-Cu계 합금에서 60~70% Ni합금은?
① 모넬메탈(Monel-metal) ② 어드밴스(Advance)
③ 콘스탄탄(Constantan) ④ 알민(Almin)

해설 모넬메탈 : Ni(60~70%)+Fe(모니철)

문제 51 용접 보조기호 중 현장용접을 나타내는 기호는?
① ▶(깃발)
② ○
③ ●
④ ◉

해설 용접 보조기호
① 현장용접 : ▶
② 온둘레 현장용접 : (깃발+원)
③ 필릿 용접 : △
④ 온둘레 용접 : ○
⑤ 치핑 : C
⑥ 연삭 : G
⑦ 절삭 : M
⑧ 지정하지 않음 : F(다듬질 방법을 정하지 않을 경우)

문제 52 2종류 이상의 선이 같은 장소에서 중복될 경우 다음 중 가장 우선적으로 그려야 할 선은?
① 중심선 ② 숨은선
③ 무게 중심선 ④ 치수 보조선

해설 2종류 이상의 선이 같은 장소에서 중복될 경우 가장 우선적으로 그려야 할 선은 숨은선

문제 53 도면에 리벳의 호칭이 "KS B 1102 보일러용 둥근 머리 리벳 13×30 SV 400"로 표시된 경우 올바른 설명은?
① 리벳의 수량 13개 ② 리벳의 길이 30mm
③ 최대 인장강도 400kPa ④ 리벳의 호칭 지름 30mm

해답 50. ① 51. ① 52. ② 53. ②

문제 54
단면도의 표시방법에 관한 설명 중 틀린 것은?

① 단면을 표시할 때에는 해칭 또는 스머징을 한다.
② 인접한 단면의 해칭은 선의 방향 또는 각도를 변경하든지 그 간격을 변경하여 구별한다.
③ 절단했기 때문에 이해를 방해하는 것이나 절단하여도 의미가 없는 것은 원칙적으로 긴쪽 방향으로는 절단하여 단면도를 표시하지 않는다.
④ 개스킷 같이 얇은 제품의 단면은 투상선을 한 개의 가는 실선으로 표시한다.

해설 단면도의 표시방법
① 단면을 표시할 때에는 해칭 또는 스머징을 한다.
② 인접한 단면의 해칭은 선의 방향 또는 각도를 변경하든지 그 간격을 변경하여 구별한다.
③ 절단했기 때문에 이해를 방해하는 것이나 절단하여도 의미가 없는 것은 원칙적으로 긴쪽 방향으로 절단하여 단면도를 표시하지 않는다.

문제 55
기계제도에서 도면에 치수를 기입하는 방법에 대한 설명으로 틀린 것은?

① 길이는 원칙으로 mm의 단위로 기입하고, 단위 기호는 붙이지 않는다.
② 치수의 자릿수가 많을 경우 세 자리마다 콤마를 붙인다.
③ 관련 치수는 되도록 한 곳에 모아서 기입한다.
④ 치수는 되도록 주 투상도에 집중하여 기입한다.

문제 56
그림은 투상법의 기호이다. 몇 각법을 나타내는 기호인가?

① 제1각법
② 제2각법
③ 제3각법
④ 제4각법

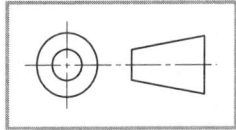

문제 57
배관도에 사용된 밸브 표시가 올바른 것은?

① 밸브 일반 – ⋈
② 게이트 밸브 – ⋈●
③ 나비 밸브 – ▽
④ 체크 밸브 – ⋈

해설 밸브 표시
① 게이트 밸브 : ⋈
② 앵글 밸브 : ▷
③ 체크 밸브 : ⋈
④ 볼 밸브 : ⋈
⑤ 글로브 밸브 : ⋈
⑥ 안전밸브 : ⋈

해답 54. ④ 55. ② 56. ③ 57. ④

문제 58
그림과 같은 정면도와 우측면도에 가장 적합한 평면도는?

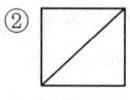

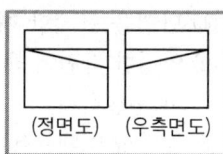
(정면도) (우측면도)

문제 59
전개도는 대상물을 구성하는 면을 평면 위에 전개한 그림을 의미하는데, 원기둥이나 각기둥의 전개에 가장 적합한 전개도법은?

① 평행선 전개도법
② 방사선 전개도법
③ 삼각형 전개도법
④ 사각형 전개도법

해설 **평행선 전개도법** : 원기둥이나 각기둥의 전개에 가장 적합한 전개도법

문제 60
다음 중 일반 구조용 탄소 강관의 KS 재료 기호는?

① SPP
② SPS
③ SKH
④ STK

해설 KS 재료 기호
① SSP : 배관용 탄소강관
② SKH : 고속도강
③ STK : 일반 구조용 탄소강관
④ SPPS : 압력 배관용 탄소강관
⑤ SPPH : 고압 배관용 탄소강관
⑥ SPLT : 저온 배관용 탄소강관
⑦ SPHT : 고온 배관용 탄소강관

58. ③ 59. ① 60. ④

2024년 4월 CBT 시행

문제 01 다음 [보기]와 같은 용착법은?

① 대칭법
② 전진법
③ 후진법
④ 스킵법

해설 용착법
① 스킵법(비석법)

　　1　4　2　5　3

② 캐스케이드법

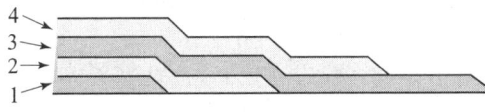

③ 전진블록법

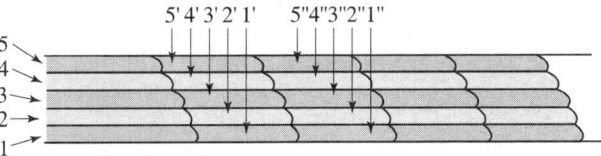

④ 빌드업법

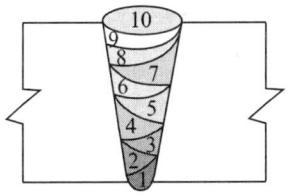

문제 02 가연성 가스로 스파크 등에 의한 화재에 대하여 가장 주의해야 할 가스는?

① C_3H_8
② CO_2
③ He
④ O_2

해설 ① C_3H_8 : 가연성 가스(CH_4, C_2H_2, C_4H_{10}, C_2H_6, H_2 등)
② CO_2 : 불연성 가스(N_2)
③ He : 불활성 가스(Ar, Ne, Kr, Xe, Rn)
④ O_2 : 조연성 가스(공기, F_2, Cl_2, NO_2)

해답 01. ④　02. ①

문제 03 서브머지드 아크 용접기에서 다전극 방식에 의한 분류에 속하지 않는 것은?

① 푸시 풀식 ② 탠덤식
③ 횡병렬식 ④ 횡직렬식

해설 서브머지드 아크 용접에서 다전극 방식에 의한 분류
① 탠덤식 ② 횡병렬식 ③ 횡직렬식

문제 04 용접기의 구비조건에 해당되는 사항으로 옳은 것은?

① 사용 중 용접기 온도 상승이 커야 한다.
② 용접 중 단락되었을 경우 대전류가 흘러야 된다.
③ 소비전력이 큰 역률이 좋은 용접기를 구비한다.
④ 무부하 전압을 최소로 하여 전격기의 위험을 줄인다.

해설 용접기의 구비조건
① 무부하 전압을 최소로 하여 전격기의 위험을 줄인다.
② 사용 중 용접기 온도 상승이 적어야 한다.
③ 용접 중 단락되었을 경우 대전류가 흐르면 안 된다.
④ 소비전력이 작은 용접기를 구비한다.

문제 05 CO_2 가스 아크 용접장치 중 용접전원에서 박판 아크 전압을 구하는 식은? (단, I는 용접전류의 값이다.)

① $V = 0.04 \times I + 15.5 \pm 1.5$
② $V = 0.004 \times I + 155.5 \pm 11.5$
③ $V = 0.05 \times I + 11.5 \pm 2$
④ $V = 0.005 \times I + 111.5 \pm 2$

해설 박판 아크 전압을 구하는 식
$V : 0.04 \times I + 15.5 \pm 1.5$

문제 06 이산화탄소의 특징이 아닌 것은?

① 색, 냄새가 없다. ② 공기보다 가볍다.
③ 상온에서도 쉽게 액화한다. ④ 대기 중에서 기체로 존재한다.

해설 이산화탄소의 특징
① 공기보다 1.52배 무겁다.
② 색, 냄새가 없다.
③ 상온에서도 쉽게 액화한다.
④ 대기 중에서 기체로 존재한다.

03. ① 04. ④ 05. ① 06. ②

문제 07 용접전류가 낮거나, 운봉 및 유지각도가 불량할 때 발생하는 용접 결함은?

① 용락 ② 언더컷
③ 오버랩 ④ 선상조직

해설 **오버랩** : 용접전류가 낮거나 운봉 및 유지각도가 불량 시 발생

문제 08 CO_2 가스 아크 용접에서 일반적으로 용접전류를 높게 할 때의 사항을 열거한 것 중 옳은 것은?

① 용접입열이 작아진다. ② 와이어의 녹아내림이 빨라진다.
③ 용착률과 용입이 감소한다. ④ 우수한 비드 형상을 얻을 수 있다.

해설 CO_2 가스 아크 용접에서 일반적으로 용접전류를 높게 할 때의 사항
① 와이어의 녹아내림이 느려진다.
② 비드 형상이 거칠다.
③ 용착률과 용입이 증가한다.
④ 용접입열이 커진다.

문제 09 용접부의 검사법 중 기계적 시험이 아닌 것은?

① 인장시험 ② 부식시험
③ 굽힘시험 ④ 피로시험

해설 **기계적 시험**
① 충격시험(샤르피식, 아이조드식) : V형, U형의 노치를 만들어 충격적인 하중을 주어서 시험편을 파괴시키는 시험
② 피로시험 : 작은 힘을 수없이 반복하여 작용하면 파괴를 일으키는 방법
③ 굽힘시험 : 용접부의 연성결함을 조사하기 위하여 사용
④ 인장시험 : 인장강도, 항복점, 단면수축률, 연신율 등을 측정

문제 10 주성분이 은, 구리, 아연의 합금인 경납으로 인장강도, 전연성 등의 성질이 우수하여 구리, 구리합금, 철강, 스테인리스강 등에 사용되는 납재는?

① 양은납 ② 알루미늄납
③ 은납 ④ 내열납

해설 **은납** : 주성분이 은, 구리, 아연의 합금인 경납으로, 인장강도, 전연성 등의 성질이 우수하여 구리, 구리합금, 철강, 스테인리스강 등에 사용.

07. ③ 08. ② 09. ② 10. ③

문제 11
용접 이음을 설계할 때 주의사항으로 틀린 것은?

① 구조상의 노치부를 피한다.
② 용접 구조물의 특성 문제를 고려한다.
③ 맞대기 용접보다 필릿 용접을 많이 하도록 한다.
④ 용접성을 고려한 사용재료의 선정 및 열영향 문제를 고려한다.

해설 용접 이음을 설계할 때 주의사항
① 필릿 용접보다 맞대기 용접을 많이 하도록 한다.
② 구조상의 노치부를 피한다.
③ 용접 구조물의 특성 문제를 고려한다.
④ 용접성을 고려한 사용재료의 선정 및 열영향 문제를 고려한다.

문제 12
불활성 가스 아크 용접에 관한 설명으로 틀린 것은?

① 아크가 안정되어 스패터가 적다.
② 피복제나 용제가 필요하다.
③ 열 집중성이 좋아 능률적이다.
④ 철 및 비철 금속의 용접이 가능하다.

해설 피복제나 용제가 필요 없다.

문제 13
용접 후 인장 또는 굴곡시험으로 파단시켰을 때 은점을 발견할 수 있는데 이 은점을 없애는 방법은?

① 수소 함유량이 많은 용접봉을 사용한다.
② 용접 후 실온으로 수개월간 방치한다.
③ 용접부를 염산으로 세척한다.
④ 용접부를 망치로 두드린다.

해설 은점을 없애는 방법 : 용접 후 실온으로 수개월간 방치한다.

문제 14
가스 중에서 최소의 밀도로 가장 가볍고 확산속도가 빠르며, 열전도가 가장 큰 가스는?

① 수소
② 메탄
③ 프로판
④ 부탄

해설 확산속도가 빠른 것은 분자량이 적을수록 빠르다.
① 수소($H_2 = 2g \div 22.4 = 0.089 g/l$)
② 메탄($CH_4 = 12 + 4 = 16g \div 22.4 l = 0.714 g/l$)
③ 프로판($C_3H_8 = 12 \times 3 + 8 = 44g \div 22.4 l = 1.964 g/l$)
④ 부탄($C_4H_{10} = 12 \times 4 + 10 = 58g \div 22.4 l = 2.589 g/l$)

해답 11. ③ 12. ② 13. ② 14. ①

문제 15 초음파탐상법에서 널리 사용되며 초음파의 펄스를 시험체의 한쪽 면으로부터 송신하여 결함에코의 형태로 결함을 판정하는 방법은?

① 투과법
② 공진법
③ 침투법
④ 펄스 반사법

해설 **펄스 반사법** : 초음파의 펄스를 시험체의 한쪽 면으로부터 송신하여 결함에코의 형태로 결함을 판정하는 방법

문제 16 전기저항 점용접 작업 시 용접기에서 조정할 수 있는 3대 요소에 해당하지 않는 것은?

① 용접전류
② 전극 가압력
③ 용접전압
④ 통전시간

해설 **전기저항 점용접 작업 시 3대 요소**
① 용접전류 ② 통전시간 ③ 전극 가압력

문제 17 다음 중 비용극식 불활성 가스 아크 용접은?

① GMAW
② GTAW
③ MMAW
④ SMAW

해설 비용극식 불활성 가스 아크 용접 : GTAW

문제 18 알루미늄 분말과 산화철 분말을 1 : 3의 비율로 혼합하고, 점화제로 점화하면 일어나는 화학반응은?

① 테르밋 반응
② 용융반응
③ 포정반응
④ 공석반응

해설 **테르밋 반응** : 알루미늄 분말과 산화철 분말을 1 : 3의 비율로 혼합하고 점화제로 점화하면 일어나는 화학반응

문제 19 불활성 가스 금속 아크 용접에서 가스 공급 계통의 확인 순서로 가장 적합한 것은?

① 용기 → 감압밸브 → 유량계 → 제어장치 → 용접토치
② 용기 → 유량계 → 감압밸브 → 제어장치 → 용접토치
③ 감압밸브 → 용기 → 유량계 → 제어장치 → 용접토치
④ 용기 → 제어장치 → 감압밸브 → 유량계 → 용접토치

해설 **불활성 가스 금속 아크 용접에서 가스 공급 계통의 확인 순서**
용기 → 감압밸브 → 유량계 → 제어장치 → 용접토치

15. ④ 16. ③ 17. ② 18. ① 19. ①

문제 20 용접을 크게 분류할 때 압접에 해당되지 않는 것은?
① 저항용접　　　　　　　② 초음파용접
③ 마찰용접　　　　　　　④ 전자빔용접

해설 **압접**
① 유도가열용접　② 단접　③ 초음파용접　④ 가압 테르밋
⑤ 마찰용접　⑥ 냉간압접　⑦ 저항용접

문제 21 용접 현장에서 지켜야 할 안전사항 중 잘못 설명한 것은?
① 탱크 내에서는 혼자 작업한다.
② 인화성 물체 부근에서는 작업을 하지 않는다.
③ 좁은 장소에서의 작업 시는 통풍을 실시한다.
④ 부득이 가연성 물체 가까이서 작업 시는 화재발생 예방조치를 한다.

해설 탱크 내에서는 2인 1조로 작업한다.

문제 22 용접 시 냉각속도에 관한 설명 중 틀린 것은?
① 예열을 하면 냉각속도가 완만하게 된다.
② 얇은 판보다는 두꺼운 판이 냉각속도가 크다.
③ 알루미늄이나 구리는 연강보다 냉각속도가 느리다.
④ 맞대기 이음보다는 T형 이음이 냉각속도가 크다.

해설 **용접 시 냉각속도**
① 알루미늄이나 구리는 연강보다 냉각속도가 빠르다.
② 맞대기 이음보다는 T형 이음이 냉각속도가 크다.
③ 예열을 하면 냉각속도가 완만하게 된다.
④ 얇은 판보다는 두꺼운 판이 냉각속도가 크다.

문제 23 수소 함유량이 타 용접봉에 비해서 $\frac{1}{10}$ 정도 현저하게 적고 특히 균열의 감수성이나 탄소, 황의 함유량이 많은 강의 용접에 적합한 용접봉은?
① E4301　　　　　　　② E4313
③ E4316　　　　　　　④ E4324

해설 E4316 : 수소 함유량이 타 용접봉에 비해 현저하게 적고, 특히 균열의 감수성이나 탄소, 황의 함유량이 많은 강의 용접에 적합하다. 석회석, 형석이 주성분으로 내균열성이 우수하다. 용접봉은 300~350℃에서 1~2시간 예열한다.

해답

20. ④　21. ①　22. ③　23. ③

문제 24 다음 중 아크 에어 가우징에 사용되지 않는 것은?

① 가우징 토치
② 가우징 봉
③ 압축공기
④ 열교환기

해설 아크 에어 가우징에 사용
① 압축공기 ② 가우징 봉 ③ 가우징 토치

문제 25 다음 중 주철 용접 시 주의사항으로 틀린 것은?

① 용접봉은 가능한 한 지름이 굵은 용접봉을 사용한다.
② 보수 용접을 행하는 경우는 결함부분을 완전히 제거한 후 용접한다.
③ 균열의 보수는 균열의 성장을 방지하기 위해 균열의 양 끝에 정지구멍을 뚫는다.
④ 용접전류는 필요 이상 높이지 말고 직선비드를 배치하며, 지나치게 용입을 깊게 하지 않는다.

해설 용접봉은 가능한 한 지름이 가는 용접봉을 사용한다.

문제 26 가스 용접용 토치의 팁 중 표준불꽃으로 1시간 용접 시 아세틸렌 소모량이 100L인 것은?

① 고압식 200번 팁
② 중압식 200번 팁
③ 가변압식 100번 팁
④ 불변압식 100번 팁

해설 **가변압식 100번 팁** : 표준불꽃으로 1시간 용접 시 아세틸렌 소비량이 $100l$인 것

문제 27 고체 상태에 있는 두 개의 금속 재료를 융접, 압접, 납땜으로 분류하여 접합하는 방법은?

① 기계적인 접합법
② 화학적 접합법
③ 전기적 접합법
④ 야금적 접합법

해설 **야금적 접합** : 용접, 압접, 납땜

문제 28 헬멧이나 핸드실드의 차광유리 앞에 보호유리를 끼우는 가장 타당한 이유는?

① 시력을 보호하기 위하여
② 가시광선을 차단하기 위하여
③ 적외선을 차단하기 위하여
④ 차광유리를 보호하기 위하여

해설 헬멧이나 핸드실드의 차광유리 앞에 보호유리를 끼우는 가장 타당한 이유 : 차광유리를 보호하기 위해서

해답 24. ④ 25. ① 26. ③ 27. ④ 28. ④

문제 29 직류 아크 용접기의 음(−)극에 용접봉을, 양(+)극에 모재를 연결한 상태의 극성을 무엇이라 하는가?

① 직류 정극성 ② 직류 역극성
③ 직류 음극성 ④ 직류 용극성

해설 직류 정극성
① 후판 용접에 적합하다. ② 비드 폭이 좁다.
③ 용입이 깊다. ④ 용접봉의 속도가 느리다.
⑤ 모재(+) 70%, 용접봉(−) 30%

문제 30 수동 가스절단 작업 중 절단면의 윗모서리가 녹아 둥글게 되는 현상이 생기는 원인과 거리가 먼 것은?

① 팁과 강판 사이의 거리가 가까울 때 ② 절단가스의 순도가 높을 때
③ 예열불꽃이 너무 강할 때 ④ 절단속도가 너무 느릴 때

해설 수동 가스절단 작업 중 절단면의 윗모서리가 녹아 둥글게 되는 현상이 생기는 원인
① 절단가스의 순도가 낮을 때
② 절단속도가 너무 느릴 때
③ 예열불꽃이 너무 강할 때
④ 팁과 강판 사이의 거리가 가까울 때

문제 31 교류 아크 용접기의 종류 중 조작이 간단하고 원격 조정이 가능한 용접기는?

① 가포화 리액터형 용접기 ② 가동 코일형 용접기
③ 가동 철심형 용접기 ④ 탭 전환형 용접기

해설 교류 아크 용접기의 종류와 특징
① 가포화 리액터형 : 원격제어가 되고 가변저항의 변화로 용접전류 조정
② 가동 코일형 : 1차, 2차 코일 중의 하나를 이동하여 누설자속을 변화하여 전류 조정
③ 가동 철심형 : ㉠ 현재 가장 많이 사용 ㉡ 미세한 전류 조정 가능 ㉢ 가동 철심으로 누설자속을 가감하여 전류 조정
④ 탭 전환용 : ㉠ 주로 소형에 사용 ㉡ 미세전류 조정이 어렵다.

문제 32 가연성 가스에 대한 설명 중 가장 옳은 것은?

① 가연성 가스는 CO_2와 혼합하면 더욱 잘 탄다.
② 가연성 가스는 혼합 공기가 적은 만큼 완전 연소한다.
③ 산소, 공기 등과 같이 스스로 연소하는 가스를 말한다.
④ 가연성 가스는 혼합한 공기와의 비율이 적절한 범위 안에서 잘 연소한다.

해설 가연성 가스는 혼합한 공기와의 비율이 적절한 범위 안에서 잘 연소한다.

29. ① 30. ② 31. ① 32. ④

문제 33

수중 절단 작업을 할 때에는 예열가스의 양을 공기 중의 몇 배로 하는가?

① 0.5~1배　　② 1.5~2배
③ 4~8배　　　④ 9~16배

해설 수중 절단 작업 시 예열가스의 양 : 공기 중의 4~8배

문제 34

아크 용접기의 구비조건으로 틀린 것은?

① 구조 및 취급이 간단해야 한다.
② 사용 중에 온도 상승이 커야 한다.
③ 전류 조정이 용이하고, 일정한 전류가 흘러야 한다.
④ 아크 발생 및 유지가 용이하고, 아크가 안정되어야 한다.

해설 아크 용접기의 구비조건
① 사용 중 온도 상승이 적어야 한다.
② 전류 조정이 용이하고, 일정한 전류가 흘러야 한다.
③ 아크 발생 및 유지가 용이하고, 아크가 안정되어야 한다.
④ 구조 및 취급이 간단해야 한다.

문제 35

철강을 가스절단하려고 할 때 절단 조건으로 틀린 것은?

① 슬래그의 이탈이 양호하여야 한다.
② 모재에 연소되지 않는 물질이 적어야 한다.
③ 생성된 산화물의 유동성이 좋아야 한다.
④ 생성된 금속 산화물의 용융온도는 모재의 용융점보다 높아야 한다.

해설 생성된 금속 산화물의 용융온도는 모재의 용융점보다 낮아야 한다.

문제 36

아크 용접에서 피복제의 역할이 아닌 것은?

① 전기절연작용을 한다.
② 용착금속의 응고와 냉각속도를 빠르게 한다.
③ 용착금속에 적당한 합금원소를 첨가한다.
④ 용적(globule)을 미세화하고, 용착효율을 높인다.

해설 피복제의 역할
① 전기절연작용
② 용착금속의 응고와 냉각속도를 느리게 한다.
③ 용착금속에 적당한 합금원소를 첨가한다.
④ 탈산정련작용을 한다.
⑤ 스패터 발생을 적게 한다.

해답 33. ③　34. ②　35. ④　36. ②

⑥ 공기 중 산화, 질화 방지 ⑦ 용착효율을 높인다.
⑧ 슬래그 제거를 쉽게 한다. ⑨ 용착금속의 효율을 높인다.

문제 37 직류 용접에서 발생되는 아크 쏠림의 방지 대책 중 틀린 것은?

① 큰 가접부 또는 이미 용접이 끝난 용착부를 향하여 용접할 것.
② 용접부가 긴 경우 후퇴 용접법(back step welding)으로 할 것.
③ 용접봉 끝을 아크가 쏠리는 방향으로 기울일 것.
④ 되도록 아크를 짧게 하여 사용할 것.

해설 아크 쏠림의 방지 대책
① 용접부가 긴 경우 후퇴법을 사용할 것.
② 짧은 아크를 사용할 것.
③ 직류 용접을 하지 말고, 교류 용접을 할 것.
④ 접지점을 용접부보다 멀리할 것.
⑤ 접지점을 2개 연결할 것.

문제 38 산소-아세틸렌가스 불꽃 중 일반적인 가스용접에는 사용하지 않고 구리, 황동 등의 용접에 주로 이용되는 불꽃은?

① 탄화 불꽃   ② 중성 불꽃
③ 산화 불꽃   ④ 아세틸렌 불꽃

해설 산소-아세틸렌가스 불꽃
① 탄화 불꽃 : ㉠ 아세틸렌 과잉불꽃
              ㉡ 아세틸렌 페더가 있는 불꽃
              ㉢ 스테인리스, 모넬메탈, 스텔라이트
② 산화 불꽃 : ㉠ 산소 과잉불꽃
              ㉡ 구리, 황동 용접에 사용
③ 중성 불꽃 : ㉠ 표준불꽃이라고 한다.
              ㉡ 산소와 아세틸렌의 비가 1 : 1이다.

문제 39 두 개의 모재를 강하게 맞대어 놓고 서로 상대운동을 주어 발생되는 열을 이용하는 방식은?

① 마찰 용접   ② 냉간 압접
③ 가스 압접   ④ 초음파 용접

해설 마찰 용접 : 두 개의 모재를 강하게 맞대어 놓고 서로 상대운동을 주어 발생되는 열을 이용

37. ③ 38. ③ 39. ①

문제 40
18-8형 스테인리스강의 특징을 설명한 것 중 틀린 것은?

① 비자성체이다.
② 18-8에서 18은 Cr%, 8은 Ni%이다.
③ 결정구조는 면심입방격자를 갖는다.
④ 500~800℃로 가열하면 탄화물이 입계에 석출하지 않는다.

해설 18-8형 스테인리스강의 특징
① 비자성체이다.
② 18-8에서 18은 Cr%, 8은 Ni%이다.
③ 결정구조는 면심입방격자를 갖는다.
④ 500~800℃로 가열하면 탄화물이 입계에 석출한다.

문제 41
용접금속의 용융부에서 응고 과정의 순서로 옳은 것은?

① 결정핵 생성 → 수지상정 → 결정경계
② 결정핵 생성 → 결정경계 → 수지상정
③ 수지상정 → 결정핵 생성 → 결정경계
④ 수지상정 → 결정경계 → 결정핵 생성

해설 용접금속의 용융부에서 응고 과정의 순서
결정핵 생성 → 수지상정 → 결정경계

문제 42
질량의 대소에 따라 담금질 효과가 다른 현상을 질량효과라고 한다. 탄소강에 니켈, 크롬, 망간 등을 첨가하면 질량효과는 어떻게 변하는가?

① 질량효과가 커진다.
② 질량효과가 작아진다.
③ 질량효과는 변하지 않는다.
④ 질량효과가 작아지다가 커진다.

해설 탄소강에 니켈, 크롬, 망간 등을 첨가하면 질량효과는 작아진다.

문제 43
Mg(마그네슘)의 융점은 약 몇 ℃인가?

① 650℃
② 1538℃
③ 1670℃
④ 3600℃

해설 융점
① 마그네슘 : 650℃   ② 알루미늄 : 660℃   ③ 구리 : 1083℃
④ 철 : 1539℃   ⑤ 주석 : 232℃   ⑥ 텅스텐 : 3410℃
⑦ 니켈 : 1495℃   ⑧ 백금 : 1769℃

해답 40. ④ 41. ① 42. ② 43. ①

문제 44
주철에 관한 설명으로 틀린 것은?

① 인장강도가 압축강도보다 크다.
② 주철은 백주철, 반주철, 회주철 등으로 나눈다.
③ 주철은 메짐(취성)이 연강보다 크다.
④ 흑연은 인장강도를 약하게 한다.

해설 주철
① 인장강도가 압축강도보다 적다.
② 흑연은 인장강도를 약하게 한다.
③ 주철은 취성이 연강보다 크다.
④ 주철은 백주철, 회주철, 반주철 등으로 나눈다.

문제 45
강재 부품에 내마모성이 좋은 금속을 용착시켜 경질의 표면층을 얻는 방법은?

① 브레이징(brazing)
② 숏 피닝(shot peening)
③ 하드 페이싱(hard facing)
④ 질화법(nitriding)

해설 하드 페이싱 : 강재 부품에 내마모성이 좋은 금속을 용착시켜 경질의 표면층을 얻는 방법

문제 46
용해 시 흡수한 산소를 인(P)으로 탈산하여 산소를 0.01% 이하로 한 것이며, 고온에서 수소 취성이 없고 용접성이 좋아 가스관, 열교환관 등으로 사용되는 구리는?

① 탈산구리
② 정련구리
③ 전기구리
④ 무산소구리

해설 탈산구리 : 용해 시 흡수한 산소를 인(P)으로 탈산하여 산소를 0.01% 이하로 한 것이며, 고온에서 수소 취성이 없고 용접성이 좋아 가스관, 열교환관 등으로 사용.

문제 47
저합금강 중에서 연강에 비하여 고장력강의 사용 목적으로 틀린 것은?

① 재료가 절약된다.
② 구조물이 무거워진다.
③ 용접공수가 절감된다.
④ 내식성이 향상된다.

해설 저합금강 중에서 연강에 비하여 고장력강의 사용 목적
① 구조물이 가벼워진다.
② 재료가 절약된다.
③ 내식성이 향상된다.
④ 용접공수가 절감된다.

해답

44. ①   45. ③   46. ①   47. ②

문제 48 다음 중 주조상태의 주강품 조직이 거칠고 취약하기 때문에 반드시 실시해야 하는 열처리는?

① 침탄 ② 풀림
③ 질화 ④ 금속침투

해설 주조상태의 주강품 조직이 거칠고 취약하기 때문에 반드시 풀림 열처리를 하여야 한다.

문제 49 합금강이 탄소강에 비하여 좋은 성질이 아닌 것은?

① 기계적 성질 향상 ② 결정입자의 조대화
③ 내식성, 내마멸성 향상 ④ 고온에서 기계적 성질 저하 방지

해설 **합금강이 탄소강에 비해 좋은 성질**
① 결정입자의 미세화   ② 고온에서 기계적 성질 저하 방지
③ 기계적 성질 향상   ④ 내식성, 내마멸성 향상

문제 50 산소나 탈산제를 품지 않으며, 유리에 대한 봉착성이 좋고 수소 취성이 없는 시판 동은?

① 무산소동 ② 전기동
③ 정련동   ④ 탈산동

해설 **무산소동** : 산소나 탈산제를 품지 않으며, 유리에 대한 봉착성이 좋고 수소 취성이 없는 시판동

문제 51 도면에 아래와 같이 리벳이 표시되었을 경우 올바른 설명은?

"ks b 1101 둥근 머리 리벳 25 × 36 SWRM 10"

① 호칭 지름은 25mm이다.   ② 리벳이음의 피치는 400mm이다.
③ 리벳의 재질은 황동이다. ④ 둥근머리부의 바깥지름은 36mm이다.

문제 52 기계제도 도면에서 "t20"이라는 치수가 있을 경우 "t"가 의미하는 것은?

① 모떼기   ② 재료의 두께
③ 구의 지름 ④ 정사각형의 변

해설 ① 모따기 : C   ② 재료의 두께 : t
     ③ 구의 지름 : Sϕ ④ 정사각형 변 : □

해답 48. ② 49. ② 50. ① 51. ① 52. ②

문제 53
도면에서의 지시한 용접법으로 바르게 짝지어진 것은?

① 이면 용접, 필릿 용접
② 겹치기 용접, 플러그 용접
③ 평형 맞대기 용접, 필릿 용접
④ 심 용접, 겹치기 용접

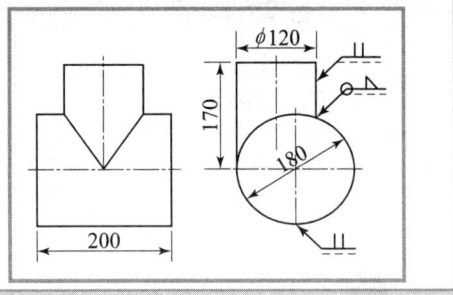

문제 54
그림은 배관용 밸브의 도시 기호이다. 어떤 밸브의 도시 기호인가?

① 앵글 밸브
② 체크 밸브
③ 게이트 밸브
④ 안전 밸브

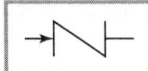

해설 밸브의 도시 기호
① 체크 밸브 :   ② 게이트 밸브 :
③ 안전 밸브 :   ④ 앵글 밸브 :
⑤ 감압 밸브 :

문제 55
배관용 아크 용접 탄소강 강관의 KS 기호는?

① PW
② WM
③ SCW
④ SPW

해설 SPW : 배관용 아크 용접 탄소강 강관

문제 56
기계 제작 부품 도면에서 도면의 윤곽선 오른쪽 아래 구석에 위치하는 표제란을 가장 올바르게 설명한 것은?

① 품번, 품명, 재질, 주서 등을 기재한다.
② 제작에 필요한 기술적인 사항을 기재한다.
③ 제조 공정별 처리방법, 사용용구 등을 기재한다.
④ 도번, 도명, 제도 및 검도 등 관련자 서명, 척도 등을 기재한다.

해설 표제란 : 도번, 도명, 제도 및 검도 등 관련자 서명, 척도 등을 기재한다.

53. ③ 54. ② 55. ④ 56. ④

문제 57 그림과 같이 제3각법으로 정면도와 우측면도를 작도할 때 누락된 평면도로 적합한 것은?

① ② ③ ④

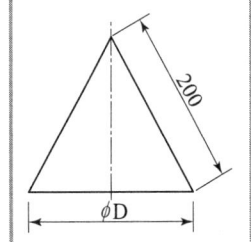

문제 58 그림과 같은 원추를 전개하였을 경우 전개면의 꼭지각이 180°가 되려면 φD의 치수는 얼마가 되어야 하는가?

① φ100
② φ120
③ φ180
④ φ200

해설 $\theta = 360 \times \dfrac{r}{l}$, $180 = 360 \times \dfrac{r}{200}$, $r = \dfrac{180 \times 200}{360} = 100$

∴ 지름(D) = $100 \times 2 = 200$mm

문제 59 단면을 나타내는 해칭선의 방향이 가장 적합하지 않은 것은?

① 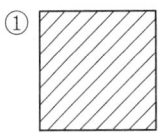 ②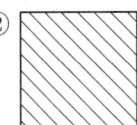

③ 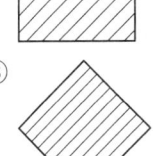 ④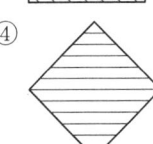

문제 60 기계제도에서 사용하는 선의 굵기의 기준이 아닌 것은?

① 0.9mm   ② 0.25mm
③ 0.18mm ④ 0.7mm

해설 **기계제도에서 사용하는 선의 굵기**
① 0.18mm ② 0.25mm ③ 0.7mm

해답 57. ② 58. ④ 59. ③ 60. ①

2024년 6월 CBT 시행

문제 01 납땜 시 강한 접합을 위한 틈새는 어느 정도가 가장 적당한가?

① 0.02~0.10mm
② 0.20~0.30mm
③ 0.30~0.40mm
④ 0.40~0.50mm

해설 납땜 시 강한 접합을 위한 틈새는 0.02~0.10mm

문제 02 다음 중 맞대기 저항 용접의 종류가 아닌 것은?

① 업셋 용접
② 프로젝션 용접
③ 퍼커션 용접
④ 플래시 버트 용접

해설 저항 용접의 종류
① 겹치기 용접 : ㉠ 점용접 ㉡ 심 용접 ㉢ 프로젝션 용접
② 맞대기 용접 : ㉠ 포일 심 용접 ㉡ 퍼커션 용접 ㉢ 플래시 용접 ㉣ 업셋 용접

문제 03 MIG 용접에서 가장 많이 사용되는 용적 이행 형태는?

① 단락 이행
② 스프레이 이행
③ 입상 이행
④ 글로불러 이행

해설 MIG 용접에서 가장 많이 사용되는 용적 이행 형태는 스프레이 이행이다.

문제 04 다음 중 용접부의 검사 방법에 있어 비파괴 검사법이 아닌 것은?

① X선 투과 시험
② 형광침투 시험
③ 피로시험
④ 초음파 시험

해설 비파괴 검사법
① RT(방사선검사법) ② UT(초음파검사법) ③ MT(자분검사법)
④ PT(침투검사법)   ⑤ LT(누설검사법)   ⑥ VT(육안검사법)
⑦ 음향검사법   ⑧ 설파 프린트법   ⑨ 전위차법

문제 05 CO_2 가스 아크 용접에서 솔리드 와이어에 비교한 복합 와이어의 특징을 설명한 것으로 틀린 것은?

① 양호한 용착금속을 얻을 수 있다.
② 스패터가 많다.
③ 아크가 안정된다.
④ 비드 외관이 깨끗하며 아름답다.

해답

01. ① 02. ② 03. ② 04. ③ 05. ②

해설 복합 와이어의 특징
① 스패터가 적다.　　　　　　② 아크가 안정된다.
③ 비드 외관이 깨끗하며 아름답다.　④ 양호한 용착금속을 얻을 수 있다.

문제 06 다음 용접법 중 저항 용접이 아닌 것은?
① 스폿 용접　　　　　　② 심 용접
③ 프로젝션 용접　　　　④ 스터드 용접

해설 문제 2번 참조.

문제 07 아크 용접의 재해라 볼 수 없는 것은?
① 아크 광선에 의한 전안염　　② 스패터 비산으로 인한 화상
③ 역화로 인한 화재　　　　　④ 전격에 의한 감전

해설 아크 용접의 재해
① 전격에 의한 감전
② 스패터 비산으로 인한 화상
③ 아크 광선에 의한 전안염

참고 역화로 인한 화재는 가스 용접 시

문제 08 다음 중 전자 빔 용접의 장점과 거리가 먼 것은?
① 고진공 속에서 용접을 하므로 대기와 반응되기 쉬운 활성 재료도 용이하게 용접된다.
② 두꺼운 판의 용접이 불가능하다.
③ 용접을 정밀하고 정확하게 할 수 있다.
④ 에너지 집중이 가능하기 때문에 고속으로 용접이 된다.

해설 전자 빔 용접의 장점
① 두꺼운 판의 용접이 가능하다.
② 에너지 집중이 가능하기 때문에 고속으로 용접이 된다.
③ 용접을 정밀하고 정확하게 할 수 있다.
④ 고진공 속에서 용접을 하므로 대기와 반응되기 쉬운 활성 재료도 용이하게 용접된다.

문제 09 대상물에 감마선(γ-선), 엑스선(X-선)을 투과시켜 필름에 나타나는 상으로 결함을 판별하는 비파괴 검사법은?
① 초음파 탐상 검사　　　　② 침투 탐상 검사
③ 와전류 탐상 검사　　　　④ 방사선 투과 검사

 06. ④　07. ③　08. ②　09. ④

해설 **방사선 투과법** : 대상물에 X선이나 γ선을 투과하여 필름에 나타나는 현상으로 결함을 판별하는 비파괴 검사법
① 장점 : ㉠ 필름에 의해 내부의 결함, 모양, 크기 등을 관찰할 수 있다.
㉡ 결과의 기록이 가능하다.
② 단점 : ㉠ 장치가 크므로 가격이 비싸다.
㉡ 취급상 신체의 방호가 필요하다.
㉢ 두께가 두꺼운 개소에는 검출이 곤란하다.
㉣ 선에 평행한 크랙은 찾기 힘들다.

참고 **초음파 검사법** : 0.5~15μ의 초음파를 피검사물의 내부에 침투시켜 반사파를 이용하여 내부의 결함과 불균일층의 존재 여부를 검사.
① 장점 : ㉠ 고압장치의 판두께 측정
㉡ 검사비용이 싸고 결과가 신속
㉢ 균열을 검출하기 쉽다.
② 단점 : ㉠ 결함의 형태가 부적당하다.
㉡ 결과의 보존성이 없다.

문제 10 다음 그림 중에서 용접 열량의 냉각속도가 가장 큰 것은?

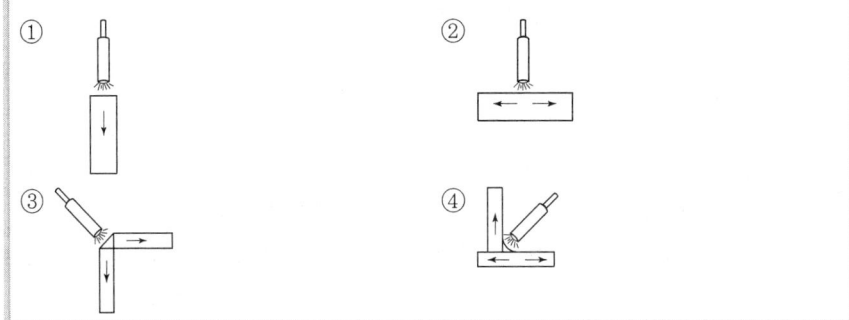

문제 11 MIG 용접의 용적이행 중 단락 아크 용접에 관한 설명으로 맞는 것은?
① 용적이 안정된 스프레이 형태로 용접된다.
② 고주파 및 저전류 펄스를 활용한 용접이다.
③ 임계전류 이상의 용접전류에서 많이 적용된다.
④ 저전류, 저전압에서 나타나며 박판용접에 사용된다.

해설 MIG 용접의 용적이행 중 단락 아크 용접은 저전류, 저전압에서 나타나며 박판용접에 사용된다.

문제 12 용접결함 중 내부에 생기는 결함은?
① 언더컷   ② 오버랩
③ 크레이터 균열   ④ 기공

10. ④ 11. ④ 12. ④

해설 용접결함 중 내부에 생기는 결함 : 기공

문제 13 다음 중 불활성 가스 텅스텐 아크 용접에서 중간 형태의 용입과 비드 폭을 얻을 수 있으며, 청정효과가 있어 알루미늄이나 마그네슘 등의 용접에 사용되는 전원은?
① 직류 정극성 ② 직류 역극성
③ 고주파 교류 ④ 교류 전원

해설 **고주파 교류** : 불활성 가스 텅스텐 아크 용접에서 중간 형태의 용입과 비드 폭을 얻을 수 있으며, 청정효과가 있어 알루미늄이나 마그네슘 등의 용접에 사용.

문제 14 용접용 용제는 성분에 의해 용접 작업성, 용착 금속의 성질이 크게 변화하는데 다음 중 원료와 제조방법에 따른 서브머지드 아크 용접의 용접용 용제에 속하지 않는 것은?
① 고온 소결형 용제 ② 저온 소결형 용제
③ 용융형 용제 ④ 스프레이형 용제

해설 **서브머지드 아크 용접의 용접용 용제**
① 용융형 용제 ② 저온 소결형 용제 ③ 고온 소결형 용제

문제 15 용접 시 발생하는 변형을 적게 하기 위하여 구속하고 용접하였다면 잔류응력은 어떻게 되는가?
① 잔류응력이 작게 발생한다. ② 잔류응력이 크게 발생한다.
③ 잔류응력은 변함없다. ④ 잔류응력과 구속용접과는 관계없다.

해설 용접 시 발생하는 변형을 적게 하기 위하여 구속하고 용접하였다면 잔류응력은 크게 발생한다.

문제 16 용접결함 중 균열의 보수 방법으로 가장 옳은 방법은?
① 작은 지름의 용접봉으로 재용접한다.
② 굵은 지름의 용접봉으로 재용접한다.
③ 전류를 높게 하여 재용접한다.
④ 정지구멍을 뚫어 균열부분은 홈을 판 후 재용접한다.

해설 **결함의 보수 방법**
① 균열의 보수 : 정지구멍을 뚫어 균열부분은 홈을 판 후 재용접
② 언더컷의 보수 : 가는 용접봉을 이용하여 보수
③ 오버랩의 보수 : 깎아내고 재용접한다.
④ 슬래그의 보수 : 깎아내고 재용접한다.

해답 13. ③ 14. ④ 15. ② 16. ④

문제 17 안전·보건 표지의 색채, 색도기준 및 용도에서 문자 및 빨간색 또는 노란색에 대한 보조색으로 사용되는 색채는?

① 파란색
② 녹색
③ 흰색
④ 검은색

해설 안전·보건 표지의 색채, 색도기준 및 용도에서 문자 및 빨간색 또는 노란색에 대한 보조색 : 검은색

문제 18 감전의 위험으로부터 용접 작업자를 보호하기 위해 교류 용접기에 설치하는 것은?

① 고주파 발생장치
② 전격방지장치
③ 원격제어장치
④ 시간제어장치

해설 전격방지장치 : 감전의 위험으로부터 용접 작업자를 보호하기 위해 교류 용접기에 설치.(무부하전압이 85~95V로 비교적 높은 교류 아크 용접기는 감전재해의 위험이 있기 때문에 무부하전압을 20~30V 이하로 유지하여 용접사 보호)

문제 19 산화하기 쉬운 알루미늄을 용접할 경우에 가장 적합한 용접법은?

① 서브머지드 아크 용접
② 불활성 가스 아크 용접
③ CO_2 아크 용접
④ 피복 아크 용접

해설 산화하기 쉬운 알루미늄을 용접할 경우에 가장 적합한 용접방법은 불활성 가스 아크 용접(미그 용접)

문제 20 용접 홈의 형식 중 두꺼운 판의 양면 용접을 할 수 없는 경우에 가공하는 방법으로 한쪽 용접에 의해 충분한 용입을 얻으려고 할 때 사용되는 홈은?

① I형 홈
② V형 홈
③ U형 홈
④ H형 홈

해설 용접 홈의 형식
① V형 : 두꺼운 판의 양면용접을 할 수 없는 경우에 가공하는 방법으로 한쪽 방향의 완전한 용입을 얻고자 할 때
② I형 : 맞대기 용접에서 가장 얇은 박판에 사용
③ X형 : 이음홈 형상 중에서 동일한 판 두께에 대하여 가장 변형이 적게 설계된 것
④ U형 : V형에 비해 홈의 폭이 좁아도 되고 또한 루트 간격을 0으로 해도 작업성과 용입이 좋으며 한쪽에서 용접하여 충분한 용입을 얻을 필요가 있을 때 사용
⑤ H형 : X형 홈과 같이 양면용접이 가능한 경우에 용착금속의 양과 패스수를 줄일 목적으로 사용되며 모재가 두꺼울수록 유리한 홈의 형상

해답 17. ④ 18. ② 19. ② 20. ③

문제 21

금속산화물이 알루미늄에 의하여 산소를 빼앗기는 반응에 의해 생성되는 열을 이용하여 금속을 접합시키는 용접법은?

① 스터드 용접 ② 테르밋 용접
③ 원자수소 용접 ④ 일렉트로 슬래그 용접

[해설] 테르밋 용접
① 금속산화물이 알루미늄에 의해 산소를 빼앗기는 반응에 의해 생성되는 열을 이용하여 금속을 접합
② 산화철 분말과 알루미늄 분말을 (1 : 3)의 중량비로 혼합한 테르밋제에 과산화 바륨, 마그네슘 분말을 혼합한 점화촉진제를 넣어 연소시켜 용접. 주로 철도 레일, 차축, 선박 프레임 용접에 사용.
③ 특징
　㉠ 전력이 불필요하다.
　㉡ 작업장소의 이동이 용이
　㉢ 용접작업이 단순하고 용접결과의 재현성이 높다.
　㉣ 용접하는 시간이 비교적 짧다.
　㉤ 용접작업 후 변형이 적다.

문제 22

아래 [그림]과 같이 각 층마다 전체 길이를 용접하면서 쌓아 올리는 가장 일반적인 방법으로 주로 사용하는 용착법은?

① 교호법
② 덧살 올림법
③ 캐스케이드법
④ 전진 블록법

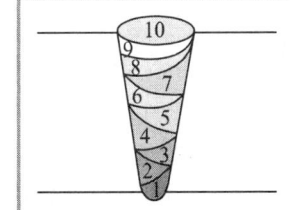

[해설] 용착법
① 덧살 올림법(빌드업법) : 각 층마다 전체의 길이를 용접하면서 쌓아올리는 방법

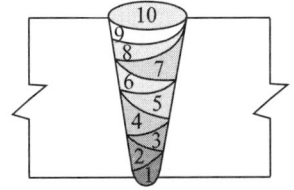

② 스킵법 : 이음의 전길이에 대해서 뛰어넘어서 용접하는 방법

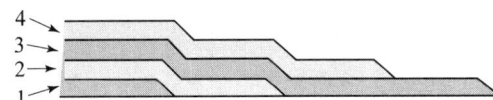

③ 캐스케이드법 : 한 부분에 대해 몇 층을 용접하다가 다음 부분의 층으로 연속시켜 용접하며 후진법과 병용하여 사용

21. ② 22. ②

④ 전진 블록법 : 짧은 용접길이로 표면까지 용착하는 방법이며 첫 층에 균열이 발생하기 쉬울 때 사용

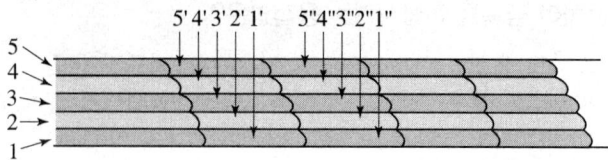

문제 23 용접에 의한 이음을 리벳 이음과 비교했을 때, 용접이음의 장점이 아닌 것은?

① 이음구조가 간단하다.
② 판 두께에 제한을 거의 받지 않는다.
③ 용접 모재의 재질에 대한 영향이 작다.
④ 기밀성과 수밀성을 얻을 수 있다.

해설 용접이음의 장점
① 이음 효율이 좋다.
② 중량이 가벼워진다.
③ 판 두께에 제한을 거의 받지 않는다.
④ 기밀성, 수밀성, 유밀성이 있다.
⑤ 보수와 수리가 용이하다.

문제 24 피복 아크 용접 회로의 순서가 올바르게 연결된 것은?

① 용접기 – 전극 케이블 – 용접봉 홀더 – 피복 아크 용접봉 – 아크 – 모재 – 접지 케이블
② 용접기 – 용접봉 홀더 – 전극 케이블 – 모재 – 아크 – 피복 아크 용접봉 – 접지 케이블
③ 용접기 – 피복 아크 용접봉 – 아크 – 모재 – 접지 케이블 – 전극 케이블 – 용접봉 홀더
④ 용접기 – 전극 케이블 – 접지 케이블 – 용접봉 홀더 – 피복 아크 용접봉 – 아크 – 모재

해설 피복 아크 용접 회로의 순서

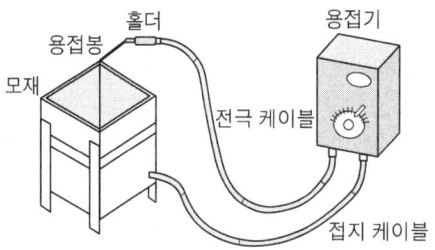

용접기 → 전극 케이블 → 용접봉 홀더 → 피복 아크 용접봉 → 아크 → 모재 → 접지 케이블

해답 23. ③ 24. ①

문제 25 연강용 가스 용접봉의 용착금속의 기계적 성질 중 시험편의 처리에서 「용접한 그대로 응력을 제거하지 않은 것」을 나타내는 기호는?

① NSR   ② SR
③ GA   ④ GB

해설 용접한 그대로 응력을 제거하지 않은 것 : NSR
용접한 그대로 응력을 제거한 것 : SR

문제 26 용접 중에 아크가 전류의 자기작용에 의해서 한쪽으로 쏠리는 현상을 아크 쏠림(arc blow)이라 한다. 다음 중 아크 쏠림의 방지법이 아닌 것은?

① 직류 용접기를 사용한다.   ② 아크의 길이를 짧게 한다.
③ 보조판(엔드탭)을 사용한다.   ④ 후퇴법을 사용한다.

해설 아크 쏠림 방지법
① 직류 용접을 하지 말고 교류 용접을 사용할 것.
② 짧은 아크를 사용할 것.
③ 용접부가 긴 경우 후퇴법을 사용할 것.
④ 접지점을 2개 연결할 것.
⑤ 접지점을 용접부보다 멀리할 것.

문제 27 발전형(모터, 엔진형) 직류 아크 용접기와 비교하여 정류기형 직류 아크 용접기를 설명한 것 중 틀린 것은?

① 고장이 적고 유지보수가 용이하다.
② 취급이 간단하고 가격이 싸다.
③ 초소형 경량화 및 안정된 아크를 얻을 수 있다.
④ 완전한 직류를 얻을 수 있다.

해설 정류기형 직류 아크 용접기의 특징
① 완전한 직류를 얻을 수 없다.
② 초소형 경량화 및 안정된 아크를 얻을 수 있다.
③ 취급이 간단하고 가격이 싸다.
④ 고장이 적고 유지보수가 용이하다.

문제 28 가스 절단에서 양호한 절단면을 얻기 위한 조건으로 맞지 않는 것은?

① 드래그가 가능한 한 클 것.   ② 절단면 표면의 각이 예리할 것.
③ 슬래그 이탈이 양호할 것.   ④ 경제적인 절단이 이루어질 것.

25. ① 26. ① 27. ④ 28. ①

해설 **가스 절단에서 양호한 절단면을 얻기 위한 조건**
① 드래그가 가능한 한 작을 것.
② 절단면 표면의 각이 예리할 것.
③ 슬래그 이탈이 양호할 것.
④ 경제적인 절단이 이루어질 것.

문제 29 용접봉의 용융금속이 표면장력의 작용으로 모재에 옮겨가는 용적이행으로 맞는 것은?

① 스프레이형　　② 핀치효과형
③ 단락형　　　　④ 용적형

해설 **용착현상**
① 단락형
　⊙ 표면장력의 작용으로 모재로 옮겨가서 용착
　ⓒ 글로뷸러형 : 서브머지드 아크 용접과 같이 대전류 사용 시 사용
　ⓒ 스프레이형 : 미세한 용적이 스프레이와 같이 날려보내어 옮겨가서 용착

문제 30 피복 아크 용접봉에서 피복제의 가장 중요한 역할은?

① 변형 방지　　　② 인장력 증대
③ 모재 강도 증가　④ 아크 안정

해설 **피복 아크 용접봉에서 피복제의 가장 중요한 역할** : 아크 안정

문제 31 저수소계 용접봉의 특징이 아닌 것은?

① 용착금속 중의 수소량이 다른 용접봉에 비해서 현저하게 적다.
② 용착금속의 취성이 크며 화학적 성질도 좋다.
③ 균열에 대한 감수성이 특히 좋아서 두꺼운 판 용접에 사용된다.
④ 고탄소강 및 황의 함유량이 많은 쾌삭강 등의 용접에 사용되고 있다.

해설 **저수소계 용접봉의 특징(E4316)**
① 고탄소강 및 황의 함유량이 많은 쾌삭강 등의 용접에 사용되고 있다.
② 균열에 대한 감수성이 특히 좋아서 두꺼운 판 용접에 사용된다.
③ 용착금속 중의 수소량이 다른 용접봉에 비해서 현저하게 적다.
④ 기계적 성질이 우수하다.

문제 32 폭발 위험성이 가장 큰 산소와 아세틸렌의 혼합비(%)는? (단, 산소 : 아세틸렌)

① 40 : 60　　② 15 : 85
③ 60 : 40　　④ 85 : 15

29. ③　30. ④　31. ②　32. ④

해설 폭발 위험이 가장 큰 산소와 아세틸렌의 혼합비
85 : 15

문제 33 연강용 피복금속 아크 용접봉에서 다음 중 피복제의 염기성이 가장 높은 것은?
① 저수소계 ② 고산화철계
③ 고셀룰로오스계 ④ 티탄계

해설 피복제의 염기성이 가장 높은 것 : 저수소계

문제 34 35℃에서 150kgf/cm²으로 압축하여 내부용적 45.7리터의 산소 용기에 충전하였을 때, 용기 속의 산소량은 몇 리터인가?
① 6855 ② 5250
③ 6105 ④ 7005

해설 $M = P \times V = 150 \times 45.7 = 6855 l$

문제 35 산소 프로판 가스 용접 시 산소 : 프로판 가스의 혼합비로 가장 적당한 것은?
① 1 : 1 ② 2 : 1
③ 2.5 : 1 ④ 4.5 : 1

해설 산소-프로판 가스 용접 시 산소-프로판 가스 혼합비
4.5 : 1

문제 36 교류 피복 아크 용접기에서 아크 발생 초기에 용접전류를 강하게 흘려보내는 장치를 무엇이라고 하는가?
① 원격제어장치 ② 핫 스타트 장치
③ 전격방지기 ④ 고주파 발생장치

해설 교류 아크 용접기의 부속장치
① 핫 스타트 장치 : 아크 모양을 쉽게 하고 비드 모양을 개선하고 아크가 발생하는 초기에 용접봉과 모재가 냉각되어 있어 입열이 부족하여 아크가 불안정하기 때문에 아크 초기만 용접전류를 특별히 크게 하기 위해
② 고주파 발생장치 : 전류가 순간적으로 변할 때마다 아크가 불안정하기 때문에 교류 아크 용접에 고주파를 병용시키면 아크가 안정되므로 작은 전류로 얇은 판이나 비철금속을 용접 시 사용
③ 전격방지장치 : 무부하전압이 85~95V로 비교적 높은 교류 아크 용접기는 감전재해의 위험이 있기 때문에 무부하전압을 20~30V 이하로 유지하여 용접사 보호

해답 33. ① 34. ① 35. ④ 36. ②

문제 37
아크 절단법의 종류가 아닌 것은?

① 플라스마 제트 절단 ② 탄소 아크 절단
③ 스카핑 ④ 티그 절단

해설 아크 절단법
① TIG 아크 절단
② MIG 아크 절단
③ 산소 아크 절단 : 중공의(가운데가 빈) 피복 용접봉과 모재 사이에 아크를 발생시켜 아크열을 이용한 가스 절단법
④ 탄소 아크 절단 : 탄소 아크 절단법은 탄소 또는 흑연전극과 모재 사이에 아크를 일으켜 절단하는 방법
⑤ 금속 아크 절단법 : 탄소 전극봉 대신에 절단 전용의 특수피복제를 씌운 전극봉을 써서 절단
⑥ 아크 에어 가우징 : 탄소 아크 절단 장치에다 압축공기를 병용하여서 아크열로 용융시킨 부분을 압축공기로 불어날려서 홈을 파내는 작업

문제 38
부탄가스의 화학기호로 맞는 것은?

① C_4H_{10} ② C_3H_8
③ C_5H_{12} ④ C_2H_6

해설 화학기호
① C_4H_{10} : 부탄 ② C_3H_8 : 프로판 ③ C_5H_{12} : 펜탄
④ C_2H_6 : 에탄 ⑤ C_2H_2 : 아세틸렌 ⑥ CH_4 : 메탄
⑦ C_3H_6 : 프로필렌 ⑧ C_4H_8 : 부틸렌 ⑨ C_2H_4 : 에틸렌

문제 39
아크 에어 가우징에 가장 적합한 홀더 전원은?

① DCRP ② DCSP
③ DCRP, DCSP 모두 좋다. ④ 대전류의 DCSP가 가장 좋다.

해설 아크 에어 가우징에 가장 적합한 홀더 전원 : DCRP(직류 역극성)

문제 40
열간가공이 쉽고 다듬질 표면이 아름다우며 용접성이 우수한 강으로 몰리브덴 첨가로 담금질성이 높아 각종 축, 강력볼트, 암, 레버 등에 많이 사용되는 강은?

① 크롬 – 몰리브덴강 ② 크롬 – 바나듐강
③ 규소 – 망간강 ④ 니켈 – 구리 – 코발트강

해설 크롬 – 몰리브덴강 : 열간가공이 쉽고 다듬질 표면이 아름다우며 용접성이 우수한 강으로 몰리브덴 첨가로 담금질성이 높아 각종 축, 강력볼트, 암, 레버 등에 많이 사용.

37. ③ 38. ① 39. ① 40. ①

문제 41
고장력강(HT)의 용접성을 가급적 좋게 하기 위해 줄여야 할 합금원소는?

① C
② Mn
③ Si
④ Cr

해설 고장력강의 용접성을 가급적 좋게 하기 위해 줄여야 할 합금원소 : 탄소(C)

문제 42
내식강 중에서 가장 대표적인 특수 용도용 합금강은?

① 주강
② 탄소강
③ 스테인리스강
④ 알루미늄강

해설 내식강 중에서 가장 대표적인 특수 용도용 합금강 : 스테인리스강

문제 43
아공석강의 기계적 성질 중 탄소함유량이 증가함에 따라 감소하는 성질은?

① 연신율
② 경도
③ 인장강도
④ 항복강도

해설 탄소함유량에 따라 증가 : ① 인장강도 ② 경도 ③ 항복점 ④ 비저항
탄소함유량에 따라 감소 : ① 연신율 ② 단면수축률 ③ 충격값 ④ 인성 ⑤ 연성 ⑥ 전성

문제 44
금속침투법에서 칼로라이징이란 어떤 원소로 사용하는 것인가?

① 니켈
② 크롬
③ 붕소
④ 알루미늄

해설 금속침투법
① 알루미늄 : 칼로라이징
② 크롬 : 크로마이징
③ 아연 : 세라다이징
④ 실리카(규소) : 실리카나이징
⑤ 붕소 : 브로나이징

문제 45
주조 시 주형에 냉금을 삽입하여 주물 표면을 급랭시키는 방법으로 제조되며 금속 압연용 롤 등으로 사용되는 주철은?

① 가단 주철
② 칠드 주철
③ 고급 주철
④ 페라이트 주철

해설 칠드 주철 : 주조 시 주형에 냉금을 삽입하여 주물 표면을 급랭시키는 방법으로 제조되며 금속 압연용 롤 등으로 사용.

해답 41. ① 42. ③ 43. ① 44. ④ 45. ②

문제 46
알루마이트법이라 하며, Al 제품을 2% 수산 용액에서 전류를 흘려 표면에 단단하고 치밀한 산화막을 만드는 방법은?

① 통산법　　② 황산법
③ 수산법　　④ 크롬산법

해설 **수산법** : 알루마이트법이라 하며, Al 제품을 2% 수산 용액에서 전류를 흘려 표면에 단단하고 치밀한 산화막을 만드는 방법

문제 47
주위의 온도에 의하여 선팽창계수나 탄성률 등의 특정한 성질이 변하지 않는 불변강이 아닌 것은?

① 인바　　② 엘린바
③ 슈퍼인바　　④ 배빗메탈

해설 **불변강**
① 인바 ② 초인바 ③ 엘린바 ④ 코엘린바 ⑤ 플래티나이트 ⑥ 퍼멀로이

문제 48
다음 가공법 중 소성가공법이 아닌 것은?

① 주조　　② 압연
③ 단조　　④ 인발

해설 **소성가공법**
① 인발 ② 압연 ③ 단조

문제 49
다음 중 담금질에서 나타나는 조직으로 경도와 강도가 가장 높은 조직은?

① 시멘타이트　　② 오스테나이트
③ 소르바이트　　④ 마텐자이트

해설 담금질에서 나타나는 조직으로 경도와 강도가 가장 높은 조직 : 마텐자이트

문제 50
일반적으로 강에 S, Pb, P 등을 첨가하여 절삭성을 향상시킨 강은?

① 구조용 강　　② 쾌삭강
③ 스프링 강　　④ 탄소공구강

해설 **쾌삭강** : 일반적으로 강에 S, Pb, P 등을 첨가하여 절삭성을 향상시킨 강

해답　46. ③　47. ④　48. ①　49. ④　50. ②

문제 51

그림과 같이 파단선을 경계로 필요로 하는 요소의 일부만을 단면으로 표시하는 단면도는?

① 온단면도
② 부분 단면도
③ 한쪽 단면도
④ 회전 도시 단면도

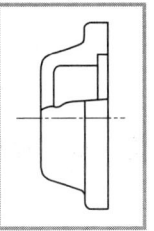

해설 단면도의 종류

① 계단 단면도

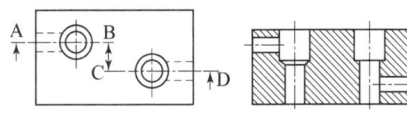

② 회전 단면도 : 핸들, 벨트 풀리, 바퀴의 암, 후크의 절단한 단면 모양을 90° 회전시킨다.

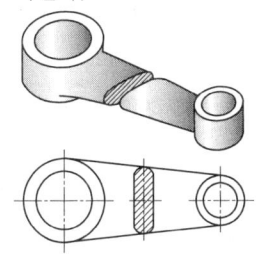

③ 반단면도 : 대칭형 물체의 $\frac{1}{4}$을 잘라낸다.

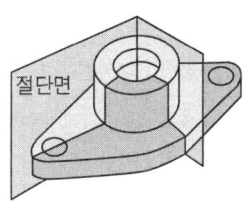 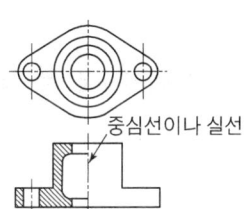

④ 온단면도 : 대칭형 물체의 $\frac{1}{2}$을 잘라낸다.

문제 52

그림과 같은 치수 기입 방법은?

① 직렬 치수 기입법
② 병렬 치수 기입법
③ 조합 치수 기입법
④ 누진 치수 기입법

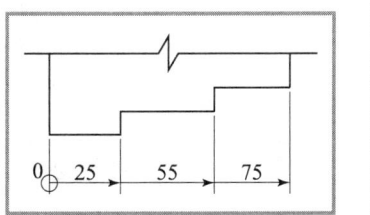

해답 51. ② 52. ④

문제 53
관의 구배를 표시하는 방법 중 틀린 것은?

① ◢ 1/200 ② ◢ 0.2%
③ ◢ 5°   ④ ◢ 0.5

해설 관의 구배를 표시하는 방법
① ◢ 1/200 ② ◢ 5° ③ ◢ 0.2%

문제 54
도면에서 표제란과 부품란으로 구분할 때 다음 중 일반적으로 표제란에만 기입하는 것은?

① 부품번호   ② 부품기호
③ 수량   ④ 척도

해설 표제란에 기입해야 할 사항
① 투상법 ② 척도 ③ 소속단체명 ④ 작성년월 ⑤ 도명 ⑥ 도번

문제 55
그림과 같은 용접이음 방법의 명칭으로 가장 적합한 것은?

① 연속 필릿 용접
② 플랜지형 겹치기 용접
③ 연속 모서리 용접
④ 플랜지형 맞대기 용접

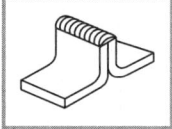

문제 56
KS 재료 기호에서 고압 배관용 탄소강관을 의미하는 것은?

① SPP   ② SPS
③ SPPA   ④ SPPH

해설 강관의 종류
① SPP(배관용 탄소강관) : 사용압력이 10kg/cm² 이하인 증기, 기름, 물 배관에 사용
② SPPS(압력배관용 탄소강관) : 사용압력이 10kg/cm² 이상 100kg/cm² 이하
③ SPPH(고압배관용 탄소강관) : 사용압력이 100kg/cm² 이상
④ SPLT(저온배관용 탄소강관) : 빙점 이하의 관에 사용
⑤ SPHT(고온배관용 탄소강관) : 350℃ 이상 시 사용
⑥ SPA(배관용 합금강관)

문제 57
용도에 의한 명칭에서 선의 종류가 모두 가는 실선인 것은?

① 치수선, 치수보조선, 지시선   ② 중심선, 지시선, 숨은선
③ 외형선, 치수보조선, 해칭선   ④ 기준선, 피치선, 수준면선

53. ④ 54. ④ 55. ④ 56. ④ 57. ①

해설 선의 종류
① 가는실선 : ㉠ 파단선 ㉡ 해칭선 ㉢ 치수선 ㉣ 치수보조선
② 가는일점쇄선 : ㉠ 중심선 ㉡ 절단선 ㉢ 기준선 ㉣ 피치선
③ 가는이점쇄선 : 가상선
④ 굵은실선 : 외형선

문제 58 그림과 같은 원뿔을 전개하였을 경우 나타난 부채꼴의 전개각(전개된 물체의 꼭지각)이 150°가 되려면 l의 치수는?

① 100
② 122
③ 144
④ 150

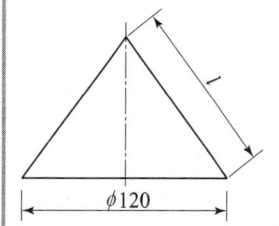

해설 $\theta = 360 \times \dfrac{r}{l}$, $\quad 150 = 360 \times \dfrac{60}{l}$, $\quad \dfrac{150}{1} = \dfrac{360 \times 60}{l}$, $\quad 150 \times l = 360 \times 60$

$l = \dfrac{360 \times 60}{150} = 144$

문제 59 리벳의 호칭 방법으로 옳은 것은?

① 규격번호, 종류, 호칭지름×길이, 재료
② 명칭, 등급, 호칭지름×길이, 재료
③ 규격번호, 종류, 부품 등급, 호칭, 재료
④ 명칭, 다듬질 정도, 호칭, 등급, 강도

해설 리벳의 호칭 방법
규격번호, 종류, 호칭지름×길이, 재료

문제 60 그림과 같은 제3각법 정투상도의 3면도를 기초로 한 입체도로 가장 적합한 것은?

①  ②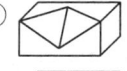
③  ④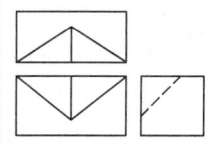

58. ③ 59. ① 60. ②

2024년 9월 CBT 시행

문제 01 화재의 폭발 및 방지조치 중 틀린 것은?

① 필요한 곳에 화재를 진화하기 위한 발화설비를 설치할 것.
② 배관 또는 기기에서 가연성 증기가 누출되지 않도록 할 것.
③ 대기 중에 가연성 가스를 누설 또는 방출시키지 말 것.
④ 용접작업 부근에 점화원을 두지 않도록 할 것.

해설 화재의 폭발 및 방지조치
① 용접작업 부근에 점화원을 두지 않도록 할 것.
② 대기 중에 가연성 가스를 누설 또는 방출시키지 말 것.
③ 배관 또는 기기에서 가연성 증기가 누출되지 않도록 할 것.

문제 02 용접 변형에 대한 교정 방법이 아닌 것은?

① 가열법　　　　　　　　　② 가압법
③ 절단에 의한 정형과 재용접　　④ 역변형법

해설 용접 변형에 대한 교정 방법
① 절단에 의한 정형과 재용접　② 가압법　③ 가열법

문제 03 서브머지드 아크 용접에서 다전극 방식에 의한 분류가 아닌 것은?

① 유니언식　　　　　　　　② 횡 병렬식
③ 횡 직렬식　　　　　　　　④ 탠덤식

해설 서브머지드 아크 용접에서 다전극 방식에 의한 분류
① 횡 병렬식　② 횡 직렬식　③ 탠덤식

문제 04 현미경 조직시험 순서 중 가장 알맞은 것은?

① 시험편 채취 – 마운팅 – 샌드페이퍼 연마 – 폴리싱 – 부식 – 현미경 검사
② 시험편 채취 – 폴리싱 – 마운팅 – 샌드페이퍼 연마 – 부식 – 현미경 검사
③ 시험편 채취 – 마운팅 – 폴리싱 – 샌드페이퍼 연마 – 부식 – 현미경 검사
④ 시험편 채취 – 마운팅 – 부식 – 샌드페이퍼 연마 – 폴리싱 – 현미경 검사

해설 현미경 조직시험 순서
시험편 채취 – 마운팅 – 샌드페이퍼 연마 – 폴리싱 – 부식 – 현미경 검사

 해답

01. ①　02. ④　03. ①　04. ①

문제 05
토륨 텅스텐 전극봉에 대한 설명으로 맞는 것은?
① 전자 방사능력이 떨어진다.
② 아크 발생이 어렵고 불순물 부착이 많다.
③ 직류 정극성에는 좋으나 교류에는 좋지 않다.
④ 전극의 소모가 많다.

해설 토륨 텅스텐 전극봉
① 전극의 소모가 적다.
② 직류 정극성에는 좋으나 교류에는 좋지 않다.
③ 아크 발생이 쉽고 불순물이 없다.
④ 전자 방사능력이 좋다.

문제 06
다음 전기저항용접 중 맞대기 용접이 아닌 것은?
① 업셋 용접   ② 버트 심 용접
③ 프로젝션 용접   ④ 퍼커션 용접

해설 전기저항용접
① 겹치기 용접 : ㉠ 점용접 ㉡ 심 용접 ㉢ 프로젝션 용접
② 맞대기 용접 : ㉠ 포일 심 용접 ㉡ 퍼커션 용접 ㉢ 플래시 용접 ㉣ 업셋 용접

문제 07
불활성 가스 금속아크 용접의 용적이행 방식 중 용융이행 상태는 아크 기류 중에서 용가재가 고속으로 용융, 미립자의 용적으로 분사되어 모재에 용착되는 용적이행은?
① 용락 이행   ② 단락 이행
③ 스프레이 이행   ④ 글로뷸러 이행

해설 용착현상
① 스프레이형 : ㉠ 아크 기류 중에서 용가재가 고속으로 용융 미립자의 용적으로 분사되어 모재에 용착
㉡ 미세한 용적이 스프레이와 같이 날려보내어 용착
② 글로뷸러형 : 서브머지드 용접과 같이 대전류 사용 시
③ 단락형 : 표면장력의 작용으로 모재로 옮겨가서 용착

문제 08
용착금속의 극한강도가 30 kg/mm²에 안전율이 6이면 허용응력은?
① 3 kg/mm^2 ② 4 kg/mm^2
③ 5 kg/mm^2 ④ 6 kg/mm^2

해설 허용응력 = $\dfrac{\text{인장강도}}{\text{안전율}} = \dfrac{30}{6} = 5 \text{kg/mm}^2$

해답 05. ③ 06. ③ 07. ③ 08. ③

문제 09 상온에서 강하게 압축함으로써 경계면을 국부적으로 소성변형시켜 접합하는 것은?
① 냉간 압접
② 플래시 버트 용접
③ 업셋 용접
④ 가스 압접

해설 **냉간 압접** : 상온에서 강하게 압축함으로써 경계면을 국부적으로 소성변형시켜 접합

문제 10 일렉트로 슬래그 용접의 단점에 해당되는 것은?
① 용접능률과 용접품질이 우수하므로 후판용접 등에 적당하다.
② 용접진행 중에 용접부를 직접 관찰할 수 없다.
③ 최소한의 변형과 최단시간의 용접법이다.
④ 다전극을 이용하면 더욱 능률을 높일 수 있다.

해설 **일렉트로 슬래그 용접** : 아크열이 아닌 와이어와 용융 슬래그 사이에 통전된 전류의 저항열을 이용하여 용접
[장점] ① 용접 홈의 가공 준비가 간단하고 각 변형이 적다.
② 용접시간을 단축할 수 있어 용접능률과 용접품질이 우수하다.
③ 압력용기, 조선 및 대형 주물의 후판용접 등에 적합
④ 한번에 장비를 설치하여 후판을 단일층으로 한번에 용접할 수 있다.
⑤ 최소한의 변형과 최단시간의 용접법
⑥ 아크가 눈에 보이지 않고 아크 불꽃이 없다.
[단점] ① 높은 입열로 기계적 성질이 저하될 수 있다.
② 용접 진행 시 용접부를 직접 관찰할 수 없다.
③ 용접시간에 비하여 용접 준비시간이 더 길다.
④ 장비 설치가 복잡하며 냉각장치가 필요하다.
⑤ 박판용접에는 적용할 수 없다.
⑥ 장비가 비싸다.

문제 11 다음 중 용접 결함의 보수 용접에 관한 사항으로 가장 적절하지 않은 것은?
① 재료의 표면에 있는 얕은 결함은 덧붙임 용접으로 보수한다.
② 언더컷이나 오버랩 등은 그대로 보수 용접을 하거나 정으로 따내기 작업을 한다.
③ 결함이 제거된 모재 두께가 필요한 치수보다 얕게 되었을 때에는 덧붙임 용접으로 보수한다.
④ 덧붙임 용접으로 보수할 수 있는 한도를 초과할 때에는 결함부분을 잘라내어 맞대기 용접으로 보수한다.

해설 재료 표면에 있는 얕은 결함은 가는 용접봉으로 보수한다.

문제 12
TIG 용접 및 MIG 용접에 사용되는 불활성 가스로 가장 적합한 것은?

① 수소가스　　　　　　② 아르곤 가스
③ 산소가스　　　　　　④ 질소가스

해설 TIG 용접 및 MIG 용접에 사용되는 불활성 가스
아르곤 가스(용기 도색 : 회색, 충전압력 : 140기압)

문제 13
차축, 레일의 접합, 선박의 프레임 등 비교적 큰 단면을 가진 주조나 단조품의 맞대기 용접과 보수 용접에 주로 사용되는 용접법은?

① 서브머지드 아크 용접　　② 테르밋 용접
③ 원자 수소 아크 용접　　　④ 오토콘 용접

해설 테르밋 용접
① 금속산화물이 알루미늄에 의하여 산소를 빼앗기는 반응에 의해 생성되는 열을 이용하여 금속을 접합
② 산화철 분말과 알루미늄 분말을 (1 : 3)의 중량비로 혼합한 테르밋제에 과산화 바륨과 마그네슘 분말을 혼합한 점화촉진제를 넣어 연소시켜 용접. 주로 철도 레일, 차축, 선박 프레임 용접
[특징] ① 전력이 불필요하다.
② 용접작업이 단순하고 용접결과의 재현성이 높다.
③ 용접작업 후 변형이 적다.
④ 용접시간이 비교적 짧다.

문제 14
CO_2 가스 아크 용접 시 저전류 영역에서 가스 유량은 약 몇 l/min 정도가 가장 적당한가?

① 1~5　　　　　　② 6~10
③ 10~15　　　　　④ 16~20

해설 CO_2 가스 아크 용접 시 저전류 영역에서 가스 유량은 약 10~15l/min이다.

문제 15
용접 시 두통이나 뇌빈혈을 일으키는 이산화탄소 가스의 농도는?

① 1~2%　　　　　② 3~4%
③ 10~15%　　　　④ 20~30%

해설 CO_2 농도에 따른 인체의 영향
① 2% : 불쾌감이 있다. ② 4% : 두통, 현기증, 귀울림, 눈의 자극, 혈압 상승
③ 8% : 호흡 곤란　　④ 9% : 구토, 감정 둔화
⑤ 10% : 시력 장애, 1분 이내 의식 상실, 장기간 노출 시 사망
⑥ 20% : 중추신경 마비, 단시간내 사망
⑦ 30% : 인체치사량

해답 12. ② 13. ② 14. ③ 15. ②

문제 16 모재두께 9mm, 용접길이 150mm인 맞대기 용접의 최대 인장하중(kg)은 얼마인가? (단, 용착금속의 인장강도는 43 kg/mm²이다.)

① 716 kg ② 4450 kg
③ 40635 kg ④ 58050 kg

해설 인장하중 = 9 × 150 × 43 = 58050 kg

문제 17 용접에서 예열에 관한 설명 중 틀린 것은?

① 용접작업에 의한 수축 변형을 감소시킨다.
② 용접부의 냉각속도를 느리게 하여 결함을 방지한다.
③ 고급 내열합금도 용접 균열을 방지하기 위하여 예열을 한다.
④ 알루미늄합금, 구리합금은 50~70℃의 예열이 필요하다.

해설 알루미늄합금 및 구리합금은 200~400℃ 정도의 예열이 필요하다.

문제 18 용접부의 연성결함의 유무를 조사하기 위하여 실시하는 시험법은?

① 경도 시험 ② 인장 시험
③ 초음파 시험 ④ 굽힘 시험

해설 굽힘 시험 : 용접부의 연성결함의 유무를 조사하기 위하여 실시

문제 19 용접부 시험 중 비파괴 시험방법이 아닌 것은?

① 피로 시험 ② 누설 시험
③ 자기적 시험 ④ 초음파 시험

해설 비파괴 시험법
① RT(방사선 시험) ② UT(초음파 시험)
③ MT(자분검사법=자기적 시험) ④ PT(침투 시험)
⑤ LT(누설 시험) ⑥ VT(육안 시험)
⑦ 음향검사법

문제 20 불활성 가스 금속 아크 용접의 제어장치로서 크레이터 처리 기능에 의해 낮아진 전류가 서서히 줄어들면서 아크가 끊어지는 기능으로 이면용접 부위가 녹아내리는 것을 방지하는 것은?

① 예비가스 유출시간 ② 스타트 시간
③ 크레이터 충전시간 ④ 번백 시간

16. ④ 17. ④ 18. ④ 19. ① 20. ④

해설 **번백 시간** : 불활성 가스 금속 아크 용접(MIG)의 제어장치로서 크레이터 처리 기능에 의해 낮아진 전류가 서서히 줄어들면서 아크가 끊어지는 기능으로 이면용접 부위가 녹아내리는 것 방지
예비가스 유출시간 : 미그 용접 제어장치 기능으로 아크가 처음 발생되기 전 보호가스를 흐르게 하여 아크를 안정되게 하고 결함 발생 방지

문제 21
경납용 용가재에 대한 각각의 설명이 틀린 것은?
① 은납 : 구리, 은, 아연이 주성분으로 구성된 합금으로 인장강도, 전연성 등의 성질이 우수하다.
② 황동납 : 구리와 니켈의 합금으로, 값이 저렴하여 공업용으로 많이 쓰인다.
③ 인동납 : 구리가 주성분이며 소량의 은, 인을 포함한 합금으로 되어 있다. 일반적으로 구리 및 구리합금의 땜납으로 쓰인다.
④ 알루미늄납 : 일반적으로 알루미늄에 규소, 구리를 첨가하여 사용하며 융점은 600℃ 정도이다.

해설 **황동납** : 구리와 아연의 합금

문제 22
하중의 방향에 따른 필릿 용접의 종류가 아닌 것은?
① 전면 필릿
② 측면 필릿
③ 연속 필릿
④ 경사 필릿

해설 하중의 방향에 따른 필릿 용접의 종류
① 전면 필릿   ② 측면 필릿   ③ 경사 필릿

문제 23
용접법을 크게 융접, 압접, 납땜으로 분류할 때 압접에 해당되는 것은?
① 전자 빔 용접
② 초음파 용접
③ 원자수소 용접
④ 일렉트로 슬래그 용접

해설 **압접**
① 유도 가열 용접   ② 단접   ③ 초음파 용접   ④ 가압 테르밋 용접
⑤ 마찰 용접   ⑥ 냉간압접   ⑦ 저항 용접

문제 24
가스 용접 작업에서 후진법의 특징이 아닌 것은?
① 열 이용률이 좋다.
② 용접속도가 빠르다.
③ 용접 변형이 적다.
④ 얇은 판의 용접에 적당하다.

해답 21. ② 22. ③ 23. ② 24. ④

해설 **후진법의 특징**
① 용접변형이 적다.　　　　② 홈의 각도가 적다.
③ 열 이용률이 좋다.　　　　④ 용접속도가 빠르다.
⑤ 두꺼운 판의 용접에 적합　⑥ 산화 정도가 약하다.
⑦ 비드 표면이 매끄럽지 못하다.　⑧ 용착금속 조직이 미세하다.
⑨ 용착금속의 냉각도 서냉

문제 25 피복 아크 용접봉은 피복제가 연소한 후 생성된 물질이 용접부를 보호한다. 용접부의 보호방식에 따른 분류가 아닌 것은?
① 가스 발생식　　　　② 스프레이형
③ 반가스 발생식　　　④ 슬래그 생성식

해설 **용접부의 보호방식에 따른 분류**
① 가스 발생식　② 반가스 발생식　③ 슬래그 생성식

문제 26 산소 아크 절단을 설명한 것 중 틀린 것은?
① 가스 절단에 비해 절단면이 거칠다.
② 직류 정극성이나 교류를 사용한다.
③ 중실(속이 찬) 원형봉의 단면을 가진 강(steel)전극을 사용한다.
④ 절단속도가 빨라 철강 구조물 해체, 수중 해체 작업에 이용된다.

해설 **산소 아크 절단** : 중공의(가운데가 빈) 피복 용접봉과 모재 사이에 아크를 발생시켜 이 아크열을 이용한 가스절단법

문제 27 다음 가스 중 가연성 가스로만 되어 있는 것은?
① 아세틸렌, 헬륨　　② 수소, 프로판
③ 아세틸렌, 아르곤　④ 산소, 이산화탄소

해설 **가연성 가스**
① 수소　② 프로판　③ 메탄　④ 부탄　⑤ 아세틸렌
⑥ 에틸렌　⑦ 에탄　⑧ 프로필렌　⑨ 부틸렌 등

문제 28 가스 가우징용 토치의 본체는 프랑스식 토치와 비슷하나 팁은 비교적 저압으로 대용량의 산소를 방출할 수 있도록 설계되어 있는데 이는 어떤 설계구조인가?
① 초코　　　　② 인젝트
③ 오리피스　　④ 슬로 다이버전트

해설 **슬로 다이버전트** : 가스 가우징용 토치의 본체는 프랑스식 토치와 비슷하나 팁은 비교적 저압으로 대용량의 산소를 방출할 수 있도록 설계

해답

25. ②　26. ③　27. ②　28. ④

문제 29
다음 ( ) 안에 알맞은 용어는?

"용접의 원리는 금속과 금속을 서로 충분히 접근시키면 금속원자 간에 ( )이 작용하여 스스로 결합하게 된다."

① 인력 ② 기력
③ 자력 ④ 응력

문제 30
가스 용접 시 양호한 용접부를 얻기 위한 조건에 대한 설명 중 틀린 것은?

① 용착금속의 용입 상태가 균일해야 한다.
② 슬래그, 기공 등의 결함이 없어야 한다.
③ 용접부에 첨가된 금속의 성질이 양호하지 않아도 된다.
④ 용접부에는 기름, 먼지, 녹 등을 완전히 제거하여야 한다.

해설 가스 용접 시 양호한 용접부를 얻기 위한 조건
① 용접부에는 기름, 먼지, 녹 등을 완전히 제거하여야 한다.
② 용접부에 첨가된 금속의 성질이 양호하여야 한다.
③ 슬래그, 기공 등의 결함이 없어야 한다.
④ 용착금속의 용입 상태가 균일해야 한다.

문제 31
가스 용접에 대한 설명 중 옳은 것은?

① 아크 용접에 비해 불꽃의 온도가 높다.
② 열 집중성이 좋아 효율적인 용접이 가능하다.
③ 전원 설비가 있는 곳에서만 설치가 가능하다.
④ 가열할 때 열량 조절이 비교적 자유롭기 때문에 박판 용접에 적합하다.

해설 가스 용접의 장·단점
[장점] ① 가열 조절이 비교적 자유롭다.
② 응용범위가 넓다.
③ 전원설비가 필요하다.
④ 아크 용접에 비해 유해광선의 발생이 적다.
⑤ 열량 조절이 자유롭다.
⑥ 전기 용접에 비해 싸다.
[단점] ① 폭발 및 화재의 위험이 크다.
② 가열시간이 오래 걸린다.
③ 용접 후의 변형이 심하게 온다.
④ 아크에 비해 불꽃온도가 낮다.
⑤ 열의 집중성이 나빠 효율적인 용접이 어렵다.
⑥ 금속이 산화, 탄화될 우려가 있다.

해답 29. ① 30. ③ 31. ④

문제 32
연강용 피복 아크 용접봉의 피복배합제 중 아크 안정제 역할을 하는 종류로 묶어 놓은 것 중 옳은 것은?

① 적철강, 알루미나, 붕산
② 붕산, 구리, 마그네슘
③ 알루미나, 마그네슘, 탄산나트륨
④ 산화티탄, 규산나트륨, 석회석, 탄산나트륨

해설 아크 안정제(산석규자격탄)
① 산화티탄 ② 석회석 ③ 규산나트륨 ④ 자철광 ⑤ 적철광 ⑥ 탄산소다

문제 33
연강 피복 아크 용접봉인 E4316의 계열은 어느 계열인가?

① 저수소계
② 고산화티탄계
③ 철분저수소계
④ 일미나이트계

해설 피복제 계통
① E4301(일미나이트계) ② E4311(고셀룰로오스계)
③ E4303(라임티탄계) ④ E4313(고산화티탄계)
⑤ E4316(저수소계) ⑥ E4324(철분산화티탄계)
⑦ E4326(철분저수소계) ⑧ E4327(철분산화철계)
⑨ E4340(특수계)

문제 34
가스 절단 시 양호한 절단면을 얻기 위한 품질 기준이 아닌 것은?

① 슬래그 이탈이 양호할 것.
② 절단면의 표면각이 예리할 것.
③ 절단면이 평활하며 노치 등이 없을 것.
④ 드래그의 홈이 높고 가능한 클 것.

해설 가스 절단 시 양호한 절단면을 얻기 위한 기준
① 드래그의 홈이 낮고 가능한 한 적을 것.
② 절단면이 평활하며 노치 등이 없을 것.
③ 절단면의 표면각이 예리할 것.
④ 슬래그 이탈이 양호할 것.

문제 35
정격 2차 전류 200A, 정격사용률 40%, 아크용접기로 150A의 용접전류 사용 시 허용사용률은 약 얼마인가?

① 51%
② 61%
③ 71%
④ 81%

32. ④ 33. ① 34. ④ 35. ③

해설 허용사용률 = $\frac{(정격2차전류)^2}{(실제용접전류)^2} \times 정격사용률 = \frac{200^2}{150^2} \times 40 = 71.11\%$

문제 36
직류 아크 용접에서 정극성의 특징 설명으로 맞는 것은?

① 비드 폭이 넓다.   ② 주로 박판용접에 쓰인다.
③ 모재의 용입이 깊다.   ④ 용접봉의 녹음이 빠르다.

해설 직류 정극성의 특징
① 후판용접에 적합
② 비드 폭이 좁다.
③ 용융속도가 느리다.
④ 용입이 깊다.
⑤ 모재(+) 70%열, 용접봉(-) 30%열

문제 37
용해 아세틸렌 가스는 각각 몇 ℃, 몇 kgf/cm²로 충전하는 것이 가장 적합한가?

① 40℃, 160kgf/cm²   ② 35℃, 150kgf/cm²
③ 20℃, 30kgf/cm²   ④ 15℃, 15kgf/cm²

해설 용해 아세틸렌 가스는 15℃, 15.5kgf/cm²로 충전하고, 25kgf/cm²로 충전 시 희석제를 첨가할 것.

문제 38
교류 아크 용접기 종류 중 AW-500의 정격 부하 전압은 몇 V인가?

① 28V   ② 32V
③ 36V   ④ 40V

문제 39
피복 아크 용접봉의 피복 배합제의 성분 중에서 탈산제에 해당하는 것은?

① 산화티탄(TiO₂)   ② 규소철(Fe-Si)
③ 셀룰로오스(cellulose)   ④ 일미나이트(TiO₂-FeO)

해설 탈산제 (바실티크망알)
① Fe-V(페로바나듐)
② Fe-Si(페로실리콘=규소철)
③ Fe-Ti(페로티탄)
④ Fe-Cr(페로크롬)
⑤ Fe-Mn(페로망간)
⑥ Al(알루미늄)

36. ③   37. ④   38. ④   39. ②

문제 40 다음 중 탄소량이 가장 적은 강은?
① 연강
② 반경강
③ 최경강
④ 탄소공구강

해설 탄소량이 가장 적은 강 : 연강

문제 41 보통주강에 3% 이하의 Cr을 첨가하여 강도와 내마멸성을 증가시켜 분쇄기계, 석유화학 공업용 기계부품 등에 사용되는 합금 주강은?
① Ni 주강
② Cr 주강
③ Mn 주강
④ Ni-Cr 주강

해설 Cr 주강 : 보통주강에 3% 이하의 Cr을 첨가하여 강도와 내마멸성을 증가시켜 분쇄기계, 석유화학 공업용 기계 부품 등에 사용

문제 42 열간가공과 냉간가공을 구분하는 온도로 옳은 것은?
① 재결정 온도
② 재료가 녹는 온도
③ 물의 어는 온도
④ 고온취성 발생온도

해설 재결정 온도 : 열간가공과 냉간가공을 구분하는 온도

문제 43 조성이 2.0~3.0%C, 0.6~1.5%Si 범위의 것으로 백주철을 열처리로에 넣어 가열해서 탈탄 또는 흑연화 방법으로 제조한 주철은?
① 가단 주철
② 칠드 주철
③ 구상 흑연 주철
④ 고력 합금 주철

해설 가단 주철 : 조성이 2.0~3.0%C, 0.6~1.5%Si 범위의 것으로 백주철을 열처리로에 넣어 가열해서 탈탄 또는 흑연화 방법으로 제조한 주철

문제 44 구리(Cu)에 대한 설명으로 옳은 것은?
① 구리는 체심입방격자이며, 변태점이 있다.
② 전기 구리는 O_2나 탈산제를 품지 않는 구리이다.
③ 구리의 전기 전도율은 금속 중에서 은(Ag)보다 높다.
④ 구리는 CO_2가 들어 있는 공기 중에서 염기성 탄산구리가 생겨 녹청색이 된다.

해설 구리는 면심입방격자이다.
구리의 전기 전도율은 은보다 낮다.

참고 전기 전도율 : Ag > Cu > Au > Al > Mg …

해답 40. ① 41. ② 42. ① 43. ① 44. ④

문제 45 담금질에 대한 설명 중 옳은 것은?

① 위험구역에서는 급랭한다.
② 임계구역에서는 서냉한다.
③ 강을 경화시킬 목적으로 실시한다.
④ 정지된 물 속에서 냉각 시 대류단계에서 냉각속도가 최대가 된다.

해설 **담금질** : 경도 및 강도 증가
뜨임 : 인성 증가
풀림 : 가공응력, 내부응력 제거
불림 : 편석 제거, 조직의 미세화

문제 46 스테인리스강의 종류에 해당되지 않는 것은?

① 페라이트계 스테인리스강
② 레데뷰라이트계 스테인리스강
③ 석출경화형 스테인리스강
④ 마텐자이트계 스테인리스강

해설 **스테인리스강의 종류**
① 마텐자이트계 스테인리스강
② 석출경화용 스테인리스강
③ 페라이트계 스테인리스강

문제 47 강의 표준조직이 아닌 것은?

① 페라이트(ferrite)
② 펄라이트(pearlite)
③ 시멘타이트(cementite)
④ 소르바이트(sorbite)

해설 **강의 표준조직**
① 페라이트 ② 펄라이트 ③ 시멘타이트
④ 오스테나이트 ⑤ 레데뷰라이트

문제 48 마그네슘(Mg)의 특성을 설명한 것 중 틀린 것은?

① 비강도가 Al 합금보다 떨어진다.
② 구상흑연 주철의 첨가제로 사용된다.
③ 비중이 약 1.74 정도로 실용금속 중 가볍다.
④ 항공기, 자동차부품, 전기기기, 선박, 광학기계, 인쇄제판 등에 사용된다.

해설 **마그네슘의 특성**
① 비중이 1.74, 용융점 650℃이다.
② 구상흑연 주철의 첨가제로 사용된다.
③ 항공기, 자동차부품, 전기기기, 선박, 광학기계, 인쇄제판 등에 사용된다.
④ 비강도가 Al 합금보다 좋다.

해답 45. ③ 46. ② 47. ④ 48. ①

2024년도 시행

문제 49 금속 침투법 중 칼로라이징은 어떤 금속을 침투시킨 것인가?
① B
② Cr
③ Al
④ Zn

해설 금속 침투법
① Al : 칼로라이징
② Si : 실리카나이징
③ Cr : 크로마이징
④ B : 브로나이징
⑤ Zn : 세라다이징

문제 50 Al-Si계 합금의 조대한 공정조직을 미세화하기 위하여 나트륨(Na), 수산화나트륨(NaOH), 알칼리염류 등을 합금용 탕에 첨가하여 10~15분간 유지하는 처리는?
① 시효 처리
② 폴링 처리
③ 개량 처리
④ 응력제거 풀림처리

해설 개량 처리 : Al-Si계 합금의 조대한 공정조직을 미세화하기 위하여 나트륨, 수산화나트륨, 알칼리염류 등을 합금용 탕에 첨가하여 10~15분간 유지하는 처리.

문제 51 그림과 같이 지름이 같은 원기둥과 원기둥이 직각으로 만날 때의 상관선은 어떻게 나타나는가?
① 점선 형태의 직선
② 실선 형태의 직선
③ 실선 형태의 포물선
④ 실선 형태의 하이포이드 곡선

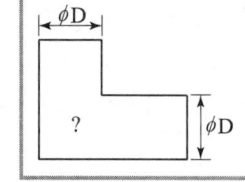

문제 52 리벳 이음(rivet joint) 단면의 표시법으로 가장 올바르게 투상된 것은?

① 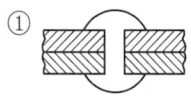   ②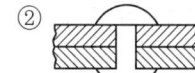

③ 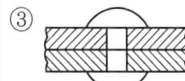   ④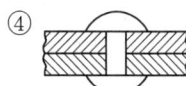

해답

49. ③ 50. ③ 51. ② 52. ④

문제 53 다음 중 지시선 및 인출선을 잘못 나타낸 것은?

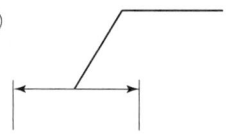

문제 54 다음 중 치수 기입의 원칙에 대한 설명으로 가장 적절한 것은?

① 중요한 치수는 중복하여 기입한다.
② 치수는 되도록 주 투상도에 집중하여 기입한다.
③ 계산하여 구한 치수는 되도록 식을 같이 기입한다.
④ 치수 중 참고 치수에 대하여는 네모 상자 안에 치수 수치를 기입한다.

해설 치수 기입의 원칙
① 치수 중 참고 치수에 대하여는 네모상자 안에 치수수치를 기입한다.
② 계산하여 구한 치수는 되도록 식을 같이 기입한다.
③ 중요한 치수는 중복하여 기입한다.

문제 55 KS 재료기호 중 기계 구조용 탄소강재의 기호는?

① SM 35C   ② SS 490B
③ SF 340A   ④ STKM 20A

해설 SM 35C : 기계 구조용 탄소강재

문제 56 제3각 정투상법으로 투상한 그림과 같은 투상도의 우측면도로 가장 적합한 것은?

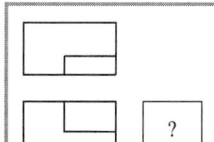

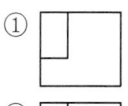 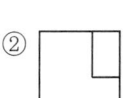

53. ④ 54. ② 55. ① 56. ①

문제 57
기계제도에서의 척도에 대한 설명으로 잘못된 것은?

① 척도는 표제란에 기입하는 것이 원칙이다.
② 축척의 표시는 2 : 1, 5 : 1, 10 : 1 등과 같이 나타낸다.
③ 척도란 도면에서의 길이와 대상물의 실제길이의 비이다.
④ 도면을 정해진 척도값으로 그리지 못하거나 비례하지 않을 때에는 척도를 'NS'로 표시할 수 있다.

해설 축척의 표시는 1 : 2, 1 : 5, 1 : 10 등과 같이 나타냄.

문제 58
다음 용접 기호에서 "3"의 의미로 올바른 것은?

① 용접부 수
② 용접부 간격
③ 용접의 길이
④ 필릿 용접 목두께

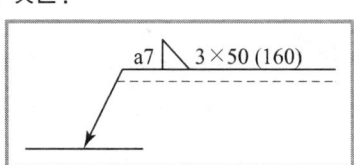

해설 기호의 의미
① 3 : 용접부 수   ② 7 : 필릿 용접 목두께
③ 50 : 용접부 길이   ④ 160 : 용접부 간격

문제 59
다음 배관 도면에 포함되어 있는 요소로 볼 수 없는 것은?

① 엘보
② 티
③ 캡
④ 체크 밸브

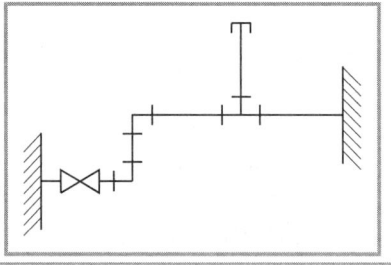

해설 배관 도면에 포함되어 있는 요소로 볼 수 있는 것

① ─⋈─ : 게이트 밸브   ② ─┤ : 90° 엘보
③ ─┤ : 캡   ④ ─┼┼─ : 티

정답 57. ② 58. ① 59. ④

문제 60 리벳 구멍에 카운터 싱크가 없고 공장에서 드릴 가공 및 끼워맞추기할 때의 간략 표시 기호는?

① 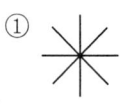 ②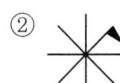

③  ④ ⊕

해답

60. ③

피복아크용접기능사
필기

피복아크용접기능사 기출문제

2025

2025년 1월 CBT 시행

문제 01 다음 중 정지구멍(stop hole)을 뚫어 결함부분을 깎아내고 재용접해야 하는 결함은?

① 균열
② 언더컷
③ 오버랩
④ 용입 부족

해설 결함의 보수 방법
① 균열 : 정지구멍을 뚫어 결함부분을 깎아내고 재용접
② 언더컷 : 가는 용접봉을 사용하여 용접한다.
③ 슬래그의 보수 : 깎아내고 재용접한다.
④ 오버랩의 보수 : 깎아내고 재용접한다.

문제 02 다음 중 용접용 지그 선택의 기준으로 적절하지 않은 것은?

① 물체를 튼튼하게 고정시켜 줄 크기와 힘이 있을 것.
② 변형을 막아줄 만큼 견고하게 잡아줄 수 있을 것.
③ 물품의 고정과 분해가 어렵고 청소가 편리할 것.
④ 용접 위치를 유리한 용접자세로 쉽게 움직일 수 있을 것.

해설 물품의 고정과 분해가 쉽고 청소가 편리할 것.

문제 03 금속간의 원자가 접합되는 인력 범위는?

① 10^{-4}cm
② 10^{-6}cm
③ 10^{-8}cm
④ 10^{-10}cm

해설 금속간의 원자가 접합되는 인력범위 : 10^{-8}cm

문제 04 용접 작업 시의 전격에 대한 방지 대책으로 올바르지 않은 것은?

① TIG 용접 시 텅스텐 봉을 교체할 때는 전원스위치를 차단하지 않고 해야 한다.
② 습한 장갑이나 작업복을 입고 용접하면 감전의 위험이 있으므로 주의한다.
③ 절연 홀더의 절연부분이 균열이나 파손되었으면 곧바로 보수하거나 교체한다.
④ 용접작업이 끝났을 때나 장시간 중지할 때에는 반드시 스위치를 차단시킨다.

해설 TIG 용접 시 텅스텐 봉을 교체할 때는 전원스위치를 반드시 차단하고 교체한다.

해답   01. ① 02. ③ 03. ③ 04. ①

문제 05 용접 시공 시 발생하는 용접 변형이나 잔류응력의 발생을 줄이기 위해 용접 시공 순서를 정한다. 다음 중 용접 시공 순서에 대한 사항으로 틀린 것은?

① 제품의 중심에 대하여 대칭으로 용접을 진행시킨다.
② 같은 평면 안에 많은 이음이 있을 때에는 수축은 가능한 한 자유단으로 보낸다.
③ 수축이 적은 이음을 가능한 한 먼저 용접하고 수축이 큰 이음을 나중에 용접한다.
④ 리벳 작업과 용접을 같이 할 때는 용접을 먼저 실시하여 용접열에 의해서 리벳의 구멍이 늘어남을 방지한다.

해설 수축이 큰 이음을 먼저 용접하고 수축이 적은 이음을 나중에 용접한다.

문제 06 단면적이 10cm²의 평판을 완전 용입 맞대기 용접한 경우의 견디는 하중은 얼마인가? (단, 재료의 허용응력을 1600kgf/cm²로 한다.)

① 160 kgf
② 1600 kgf
③ 16000 kgf
④ 16 kgf

해설 하중 = 허용응력 × 단면적
= 1600kgf/cm² × 10cm²
= 16000kgf

문제 07 산업용 로봇 중 직각좌표계 로봇의 장점에 속하는 것은?

① 오프라인 프로그래밍이 용이하다.
② 로봇 주위에 접근이 가능하다.
③ 1개의 선형축과 2개의 회전축으로 이루어졌다.
④ 작은 설치공간에 큰 작업영역이다.

해설 **산업용 로봇 중 직각좌표계 로봇의 장점**
오프라인 프로그래밍이 용이하다.

문제 08 서브머지드 아크 용접의 다전극 방식에 의한 분류가 아닌 것은?

① 푸시식
② 탠덤식
③ 횡병렬식
④ 횡직렬식

해설 **서브머지드 아크 용접의 다전극 방식에 의한 분류**
① 횡병렬식 ② 횡직렬식 ③ 탠덤식

해답 05. ③ 06. ③ 07. ① 08. ①

문제 09
용접길이가 짧거나 변형 및 잔류응력의 우려가 적은 재료를 용접할 경우 가장 능률적인 용착법은?

① 전진법
② 후진법
③ 비석법
④ 대칭법

해설
전진법 : 용접길이가 짧거나 변형 및 잔류응력의 우려가 적은 재료를 용접할 경우 가장 능률적인 용착법
후진법 : 두꺼운 판의 용접에 사용되며 잔류응력을 균일하게 하여 변형을 작게 할 수 있으나 능률이 좀 나쁘다.
스킵법 : 이음의 전길이에 대해서 뛰어넘어서 용접하는 방법
빌드업법 : 용접 전길이에 대해서 각 층을 연속하여 용접하는 방법. 한랭 시나 구속이 클 때, 판두께가 두꺼울 때는 첫 층에 균열이 생길 우려가 있다.

문제 10
다음 중 비파괴 시험에 해당하는 시험법은?

① 굽힘 시험
② 현미경 조직 시험
③ 파면 시험
④ 초음파 시험

해설 비파괴 시험
① RT(방사선 검사) ② UT(초음파 검사)
③ MT(자분 검사)   ④ PT(침투 검사)
⑤ LT(누설 검사)   ⑥ VT(육안 검사)

문제 11
서브머지드 아크 용접에 대한 설명으로 틀린 것은?

① 가시용접으로 용접 시 용착부를 육안으로 식별이 가능하다.
② 용융속도와 용착속도가 빠르며 용입이 깊다.
③ 용착금속의 기계적 성질이 우수하다.
④ 개선각을 작게 하여 용접 패스 수를 줄일 수 있다.

해설 서브머지드 아크 용접의 특징 (유비기개패사용)
① 용융속도와 용착속도가 빠르며 용입이 깊다.
② **유**해환경이 적게 발생되어 작업환경이 깨끗하다.
③ **비**드 외관이 매우 아름답다.
④ 용착금속의 **기**계적 성질이 우수하다.
⑤ **개**선각을 적게 하여 용접 패스 수를 줄일 수 있다.
⑥ **패**킹재 미사용 시 루트 간격 0.8mm 이하
⑦ 용접설비가 고가이다.
⑧ 용접중 아크가 안 보이므로 용접부의 확인이 곤란하다.
⑨ 용접자세에 제약을 받는다.

해답 09. ① 10. ④ 11. ①

문제 12 용접 후 변형 교정 시 가열온도 500~600℃, 가열시간 약 30초, 가열지름 20~30mm로 하여, 가열한 후 즉시 수냉하는 변형교정법을 무엇이라 하는가?
① 박판에 대한 수냉 동판법
② 박판에 대한 살수법
③ 박판에 대한 수냉 석면포법
④ 박판에 대한 점 수축법

해설 **박판에 대한 점 수축법** : 용접 후 변형 교정 시 가열온도 500~600℃, 가열시간 30초, 가열지름 20~30mm로 하여 가열한 후 즉시 수냉하는 변형 교정법

문제 13 다음 중 테르밋 용접의 특징에 관한 설명으로 틀린 것은?
① 전기가 필요없다.
② 용접작업이 단순하다.
③ 용접시간이 길고 용접 후 변형이 크다.
④ 용접기구가 간단하고 작업장소의 이동이 쉽다.

해설 **테르밋 용접** : 미세한 알루미늄 분말과 산화철 분말을 3~4 : 1의 중량비로 혼합한 테르밋제에 과산화바륨과 마그네슘 분말을 혼합한 점화촉진제를 넣어 연소시키면 화학반응에 의해 약 2800℃ 이상의 고온에 달하며, 매우 짧은 시간이다. 주로 철도 레일, 차축, 선박 프레임 등의 용접에 사용.
[특징] ① 용접작업 후의 변형이 적다.
② 용접작업하는 시간이 비교적 짧다.
③ 전력이 불필요하다.
④ 용접기구가 간단하고 설비비가 싸다. 또한 작업장소의 이동이 용이하다.
⑤ 용접작업이 단순하고 용접결과의 재현성이 높다.

문제 14 용접 전의 일반적인 준비사항이 아닌 것은?
① 사용재료를 확인하고 작업내용을 검토한다.
② 용접전류, 용접순서를 미리 정해둔다.
③ 이음부에 대한 불순물을 제거한다.
④ 예열 및 후열 처리를 실시한다.

해설 **용접 전 일반적인 주의사항**
① 이음부에 대한 불순물을 제거한다.
② 용접전류, 용접순서를 미리 정해 둔다.
③ 사용재료를 확인하고 작업내용을 검토한다.

해답 12. ④ 13. ③ 14. ④

문제 15 불활성 가스 텅스텐 아크 용접(TIG)의 KS 규격이나 미국용접협회(AWS)에서 정하는 텅스텐 전극봉의 식별 색상이 황색이면 어떤 전극봉인가?

① 순텅스텐
② 지르코늄 텅스텐
③ 1% 토륨 텅스텐
④ 2% 토륨 텅스텐

해설 **전극봉의 식별 색상**
① 순텅스텐 : 녹색 [알루미늄 마그네슘(ACHF)]
② 지르코늄 텅스텐 : 갈색
③ 1% 토륨 텅스텐 : 황색
④ 2% 토륨 텅스텐 : 적색

문제 16 스터드 용접의 특징 중 틀린 것은?

① 긴 용접시간으로 용접변형이 크다.
② 용접 후의 냉각속도가 비교적 빠르다.
③ 알루미늄, 스테인리스강 용접이 가능하다.
④ 탄소 0.2%, 망간 0.7% 이하 시 균열 발생이 없다.

해설 **스터드 용접** : 볼트나 환봉판을 피스톤형의 홀더에 끼우고 모재와 볼트 사이에 순간적으로 아크를 발생시켜 용접하는 방법
[특징] ① 용접부의 냉각속도가 비교적 빠르다.
② 알루미늄, 스테인리스강 용접에 적합하다.
③ 탄소 0.2%, 망간 0.7% 이하 시 균열이 발생한다.
④ 대체로 급열, 급냉을 받기 때문에 저탄소강에 좋음.
⑤ 용제를 채워 탈산 및 아크를 안정화함.
⑥ 스터드 주변에 페룰(가이드)을 사용함.
⑦ 페룰은 아크를 보호하고 아크 집중력을 높인다.

문제 17 불활성 가스 금속 아크 용접(MIG)에서 크레이터 처리에 의해 낮아진 전류가 서서히 줄어들면서 아크가 끊어지는 기능으로 용접부가 녹아내리는 것을 방지하는 제어 기능은?

① 스타트 시간
② 예비가스 유출시간
③ 번백 시간
④ 크레이터 충전시간

해설 **번백 시간** : 불활성 가스 금속 아크 용접(MIG)에서 크레이터 처리에 의해 낮아진 전류가 서서히 줄어들면서 아크가 끊어지는 기능으로 용접부가 녹아내리는 것 방지
스타트 시간 : 아크가 발생하는 순간 용접전류와 전압을 크게 하여 아크 발생과 모재의 융합을 돕는 제어
예비가스 유출시간 : 미그 용접 제어 장치의 기능으로 아크가 처음 발생되기 전 보호가스를 흐르게 하여 아크를 안정되게 하고 결함 발생 방지

15. ③ 16. ① 17. ③

문제 18 다음 중 용접 설계상 주의해야 할 사항으로 틀린 것은?

① 국부적으로 열이 집중되도록 할 것.
② 용접에 적합한 구조의 설계를 할 것.
③ 결함이 생기기 쉬운 용접 방법은 피할 것.
④ 강도가 약한 필릿 용접은 가급적 피할 것.

해설 국부적으로 열이 집중되지 않도록 할 것.

문제 19 다음 중 아세틸렌(C_2H_2) 가스의 폭발성에 해당되지 않는 것은?

① 406~408℃가 되면 자연발화한다.
② 마찰·진동·충격 등의 외력이 작용하면 폭발위험이 있다.
③ 아세틸렌 90%, 산소 10%의 혼합 시 가장 폭발위험이 크다.
④ 은·수은 등과 접촉하면 이들과 화합하여 120℃ 부근에서 폭발성이 있는 화합물을 생성한다.

해설 아세틸렌 가스의 폭발성
① 아세틸렌 85%+산소 15%의 혼합 시 가장 폭발 위험이 크다.
② 406~408℃가 되면 자연발화한다.
③ 은, 수은, 구리 등과 접촉하면 이들과 화합하여 120℃ 부근에서 폭발성이 있는 화합물을 생성한다.
④ 마찰, 충격, 진동의 외력이 작용하면 폭발위험이 있다.
⑤ 505~515℃에서는 폭발한다.

문제 20 이산화탄소 아크 용접에 관한 설명으로 틀린 것은?

① 팁과 모재 간의 거리는 와이어의 돌출길이에 아크길이를 더한 것이다.
② 와이어 돌출길이가 짧아지면 용접 와이어의 예열이 많아진다.
③ 와이어의 돌출길이가 짧아지면 스패터가 부착되기 쉽다.
④ 약 200A 미만의 저전류를 사용할 경우 팁과 모재 간의 거리는 10~15mm 정도 유지한다.

해설 이산화탄소 아크 용접
① 와이어의 돌출길이가 짧아지면 스패터가 부착되기 쉽다.
② 약 200A 미만의 저전류를 사용할 경우 팁과 모재 간의 거리는 10~15mm 정도 유지한다.
③ 팁과 모재 간의 거리는 와이어의 돌출길이에 아크길이를 더한 것이다.

해답 18. ① 19. ③ 20. ②

문제 21 강구조물 용접에서 맞대기 이음의 루트 간격의 차이에 따라 보수용접을 하는데 보수방법으로 틀린 것은?

① 맞대기 루트 간격 6mm 이하일 때에는 이음부의 한쪽 또는 양쪽을 덧붙임 용접한 후 절삭하여 규정 간격으로 개선 홈을 만들어 용접한다.
② 맞대기 루트 간격 15mm 이상일 때에는 판을 전부 또는 일부(대략 300mm 이상의 폭)를 바꾼다.
③ 맞대기 루트 간격 6~15mm일 때에는 이음부에 두께 6mm 정도의 뒷댐판을 대고 용접한다.
④ 맞대기 루트 간격 15mm 이상일 때에는 스크랩을 넣어서 용접한다.

해설 강구조물 용접에서 맞대기 이음의 루트 간격 차이에 따른 보수 방법
① 맞대기 루트 간격이 15mm 이상일 때는 판을 전부 또는 일부(대략 300mm 이상의 폭)를 바꾼다.
② 맞대기 루트 간격 6~15mm일 때는 이음부에 두께 6mm 정도의 뒷댐판을 두고 용접한다.
③ 맞대기 루트 간격 6mm 이하일 때는 이음부의 한쪽 양쪽을 덧붙임 용접한 후 절삭하여 규정 간격으로 개선 홈을 만들어 용접한다.

문제 22 이산화탄소 아크 용접법에서 이산화탄소(CO_2)의 역할을 설명한 것 중 틀린 것은?

① 아크를 안정시킨다.
② 용융금속 주위를 산성 분위기로 만든다.
③ 용융속도를 빠르게 한다.
④ 양호한 용착금속을 얻을 수 있다.

해설 이산화탄소 아크 용접법에서 이산화탄소의 역할
① 아크를 안정시킨다.
② 용융금속 주위를 산성 분위기로 만든다.
③ 양호한 용착금속을 얻을 수 있다.

문제 23 다음 중 산소 용기의 각인 사항에 포함되지 않는 것은?

① 내용적
② 내압시험압력
③ 가스충전일시
④ 용기 중량

해설 산소 용기의 각인 사항
① 내용적   ② 내압시험압력   ③ 용기 질량(중량)
④ 최고충전압력   ⑤ 내압시험년월   ⑥ 제조업자의 기호 및 제조번호
⑦ 충전가스명칭 및 화학기호

해답 21. ④ 22. ③ 23. ③

문제 24 다음 중 용접기에서 모재를 (+)극에, 용접봉을 (-)극에 연결하는 아크 극성으로 옳은 것은?

① 직류 정극성
② 직류 역극성
③ 용극성
④ 비용극성

해설 **직류 정극성**
① 후판 용접에 적합
② 비드 폭이 좁다.
③ 용입이 깊다.
④ 용접봉의 용융속도가 느리다.
⑤ 모재(+) 70%열, 용접봉(-) 30%열

문제 25 탄소 아크 절단에 압축공기를 병용하여 전극 홀더의 구멍에서 탄소 전극봉에 나란히 분출하는 고속의 공기를 분출시켜 용융금속을 불어 내어 홈을 파는 방법은?

① 아크 에어 가우징
② 금속 아크 절단
③ 가스 가우징
④ 가스 스카핑

해설 **아크 에어 가우징** : 탄소아크절단장치에다 압축공기 $5\sim7g/cm^2$를 병용하여서 아크열로 용융시킨 부분을 압축공기로 불어날려서 홈을 파내는 작업
[특징] (조용모작응)
① **조**작방법이 간단하다.
② **용**접결함부의 발견이 쉽다.
③ 용융금속을 순간적으로 불어내어 **모**재에 악영향을 주지 않는다.
④ **작**업능률이 2~3배 높다.
⑤ **응**용범위가 넓고 경비가 저렴하다.

문제 26 가스 용접 시 팁 끝이 순간적으로 막혀 가스 분출이 나빠지고 혼합실까지 불꽃이 들어가는 현상을 무엇이라 하는가?

① 인화
② 역류
③ 점화
④ 역화

해설 **인화** : 팁 끝이 순간적으로 막히게 되면 가스 분출이 나빠지고 혼합실까지 불꽃이 들어가는 현상
역화 : 용접 도중 모재에 팁 끝이 닿으므로 불꽃이 순간적으로 팁 끝에 흡입되어 빵빵하면서 꺼졌다가 다시 나타나는 현상
역류 : 토치 내부의 청소상태가 불량하여 토치 내부의 기관 막힘 현상이 일어난다. 이때 고압의 산소가 밖으로 나가지 못하게 되므로 산소보다 압력이 낮은 아세틸렌을 밀어내면서 아세틸렌 호스 쪽으로 거꾸로 흐르는 현상

해답 24. ① 25. ① 26. ①

문제 27
정류기형 직류 아크 용접기에서 사용되는 셀렌 정류기는 80℃ 이상이면 파손되므로 주의하여야 하는데 실리콘 정류기는 몇 ℃ 이상에서 파손이 되는가?

① 120℃   ② 150℃
③ 80℃   ④ 100℃

해설 실리콘 정류기는 150℃ 이상에서 파손이 된다.

문제 28
직류 피복 아크 용접기와 비교한 교류 피복 아크 용접기의 설명으로 옳은 것은?

① 무부하 전압이 낮다.   ② 아크의 안정성이 우수하다.
③ 아크 쏠림이 거의 없다.   ④ 전격의 위험이 적다.

해설 교류 피복 아크 용접기
① 아크 쏠림이 거의 없다.   ② 전격의 위험이 크다.
③ 무부하 전압이 높다.   ④ 아크의 안정성이 낮다.

문제 29
수중 절단작업에 주로 사용되는 연료 가스는?

① 아세틸렌   ② 프로판
③ 벤젠   ④ 수소

해설 수중 절단에 주로 사용되는 가스 : 수소

문제 30
연강용 피복 아크 용접봉 중 저수소계 용접봉을 나타내는 것은?

① E 4301   ② E 4311
③ E 4316   ④ E 4327

해설 연강용 피복 아크 용접봉
① E4301 : 일미나이트계   ② E4303 : 라임티탄계 (삼라)
③ E4311 : 고셀룰로오스계 (고일일)   ④ E4313 : 고산화티탄계 (티일삼)
⑤ E4316 : 저수소계 (겨육)   ⑥ E4324 : 철분산화티탄계 (철이사)
⑦ E4326 : 철분저수소계 (철겨육)   ⑧ E4327 : 철분산화철계
⑨ E4340 : 특수계 (특사)

문제 31
야금적 접합법의 종류에 속하는 것은?

① 납땜 이음   ② 볼트 이음
③ 코터 이음   ④ 리벳 이음

해설 야금적 접합법
① 융접   ② 압접   ③ 납땜

해답 27. ② 28. ③ 29. ④ 30. ③ 31. ①

문제 32. 가스 용접 작업 시 후진법의 설명으로 옳은 것은?

① 용접속도가 빠르다.
② 열 이용률이 나쁘다.
③ 얇은 판의 용접에 적합하다.
④ 용접변형이 크다.

해설 후진법의 특징 (두용용열홈비산)
① 두꺼운 판 용접에 적합
② 용접속도가 빠르다.
③ 용착금속의 조직이 미세하다.
④ 열 이용률이 높다.
⑤ 홈의 각도가 적다.
⑥ 비드 모양이 매끈하지 못하다.
⑦ 산화 정도가 약하다.

문제 33. 산소-아세틸렌가스 용접의 장점이 아닌 것은?

① 용접기의 운반이 비교적 자유롭다.
② 아크 용접에 비해서 유해광선의 발생이 적다.
③ 열의 집중성이 높아서 용접이 효율적이다.
④ 가열할 때 열량 조절이 비교적 자유롭다.

해설 산소-아세틸렌가스 용접의 장점
① 가열 시 열량 조절이 비교적 자유롭다.
② 아크 용접에 비해 유해광선의 발생이 적다.
③ 용접기의 운반이 비교적 자유롭다.
④ 응용범위가 넓다.
⑤ 전원설비가 필요없다.
⑥ 전기 용접에 비해 싸다.
⑦ 박판 용접에 적합하다.

문제 34. 절단의 종류 중 아크 절단에 속하지 않는 것은?

① 탄소 아크 절단
② 금속 아크 절단
③ 플라스마 제트 절단
④ 수중 절단

해설 아크 절단
① 탄소 아크 절단 ② 금속 아크 절단 ③ 플라스마 제트 절단
④ TIG 절단 ⑤ MIG 절단

문제 35. 강재의 표면에 개재물이나 탈탄층 등을 제거하기 위하여 비교적 얇고 넓게 깎아 내는 가공 방법은?

① 스카핑
② 가스 가우징
③ 아크 에어 가우징
④ 워터 제트 절단

32. ① 33. ③ 34. ④ 35. ①

해설 **스카핑** : 강재의 표면에 개재물이나 탈탄층 등을 제거하기 위하여 비교적 얇고 넓게 깎아내는 가공법
가스 가우징 : 용접부의 뒷면을 따내든지 H형, U형의 용접 홈을 가공하기 위해서 깊은 홈을 파내는 방법

문제 36

가스 절단 시 예열 불꽃의 세기가 강할 때의 설명으로 틀린 것은?

① 절단면이 거칠어진다.
② 드래그가 증가한다.
③ 슬래그 중의 철 성분의 박리가 어려워진다.
④ 모서리가 용융되어 둥글게 된다.

해설 **가스 절단 시 예열 불꽃의 세기가 강할 때**
① 드래그가 감소한다.
② 절단면이 거칠어진다.
③ 모서리가 용융되어 둥글게 된다.
④ 슬래그 중의 철 성분의 박리가 어려워진다.

문제 37

피복 배합제의 종류에서 규산나트륨, 규산칼륨 등의 수용액이 주로 사용되며 심선에 피복제를 부착하는 역할을 하는 것은 무엇인가?

① 탈산제
② 고착제
③ 슬래그 생성제
④ 아크 안정제

해설 **고착제** : 심선에 피복제를 고착시키는 역할
① 해초 ② 당밀 ③ 아교 ④ 가제인 ⑤ 규산칼륨 ⑥ 규산나트륨

문제 38

판의 두께(t)가 3.2mm인 연강판을 가스 용접으로 보수하고자 할 때 사용할 용접봉의 지름[mm]은?

① 1.6mm
② 2.0mm
③ 2.6mm
④ 3.0mm

해설 $D = \dfrac{t}{2} + 1 = \dfrac{3.2}{2} + 1 = 2.6\,\text{mm}$

문제 39

조밀육방격자의 결정구조로 옳게 나타낸 것은?

① FCC
② BCC
③ FOB
④ HCP

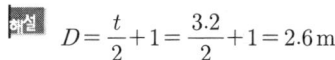
36. ② 37. ② 38. ③ 39. ④

해설 결정격자
① 체심입방격자(BCC) : V, Mo, W, Cr, K, Na, Ba, Ta *(바몰텅크칼나바탈)*
② 면심입방격자(FCC) : Ag, Cu, Au, Al, Pb, Ni, Pt, Ce *(은구금알납니백세)*
③ 조밀육방격자(HCP) : Ti, Mg, Zn, Co, Zr, Be *(티마아코지베)*

참고 Ba : 바륨 Ce : 세슘 Be : 베릴륨 Ta : 탈륨 Zr : 지르코늄

문제 40 납황동은 황동에 납을 첨가하여 어떤 성질을 개선한 것인가?
① 강도　　　　　　　　② 절삭성
③ 내식성　　　　　　　④ 전기전도도

해설 납황동은 황동에 납을 첨가하여 절삭성을 개선한 것

문제 41 순 구리(Cu)와 철(Fe)의 용융점은 약 몇 ℃인가?
① Cu : 660℃, Fe : 890℃　　② Cu : 1063℃, Fe : 1050℃
③ Cu : 1083℃, Fe : 1539℃　　④ Cu : 1455℃, Fe : 2200℃

해설 용융점
① 구리 : 1083℃ *(구일공팔삼)*　　② 철 : 1539℃ *(철일오삼구)*
③ 마그네슘 : 650℃ *(마육오)*　　④ 알루미늄 : 660℃ *(알육땡)*
⑤ 주석 : 232℃ *(주이삼이)*　　⑥ 니켈 : 1453℃ *(니일사오삼)*
⑦ 코발트 : 1495℃ *(코일사구오)*　　⑧ 텅스텐 : 3410℃ *(텅삼사일공)*

문제 42 해드필드(Hadfield)강은 상온에서 오스테나이트 조직을 가지고 있다. Fe 및 C 이외에 주요 성분은?
① Ni　　　　　　　　　② Mn
③ Cr　　　　　　　　　④ Mo

해설 해드필드강은 상온에서 오스테나이트 조직을 가지고 있다.
주요 성분 : Mn+Fe+C

문제 43 그림에서 마텐자이트 변태가 가장 빠른 곳은?
① 가
② 나
③ 다
④ 라

해답

40. ② 41. ③ 42. ② 43. ①

문제 44

전극 재료의 선택 조건을 설명한 것 중 틀린 것은?

① 비저항이 작아야 한다.
② Al과의 밀착성이 우수해야 한다.
③ 산화 분위기에서 내식성이 커야 한다.
④ 금속 규화물의 용융점이 웨이퍼 처리 온도보다 낮아야 한다.

해설 전극 재료의 선택 조건
① 금속 규화물의 용융점이 웨이퍼 처리 온도보다 높아야 한다.
② 산화 분위기에서 내식성이 커야 한다.
③ 알루미늄과의 밀착성이 우수해야 한다.
④ 비저항이 작아야 한다.

문제 45

마우러 조직도에 대한 설명으로 옳은 것은?

① 주철에서 C와 P량에 따른 주철의 조직관계를 표시한 것이다.
② 주철에서 C와 Mn량에 따른 주철의 조직관계를 표시한 것이다.
③ 주철에서 C와 Si량에 따른 주철의 조직관계를 표시한 것이다.
④ 주철에서 C와 S량에 따른 주철의 조직관계를 표시한 것이다.

해설 마우러 조직도 : 주철에서 C와 Si량에 따른 주철의 조직관계를 표시한 것

문제 46

7-3 황동에 주석을 1% 첨가한 것으로, 전연성이 좋아 관 또는 판을 만들어 증발기, 열교환기 등에 사용되는 것은?

① 문쯔 메탈
② 네이벌 황동
③ 카트리지 브라스
④ 애드미럴티 황동

해설 합금
① 문쯔메탈 : Cu(60%)+Zn(40%). 열교환기, 열간단조품, 탄피
② 애드미럴티 : 7:3황동+Sn(1~2%). 탈아연부식 억제. 내수성 및 내해수성 증대
③ 네이벌 : 6:4황동+Sn(1~2%). 파이프, 선반용 기계
④ 켈밋 : Cu+Pb(30~40%). 베어링에 사용
⑤ 델타메탈 : 6:4황동+Fe(1~2%). 모조금, 판 및 선에 사용
⑥ 톰백 : Cu(80%)+Zn(20%). 화폐, 메달 등에 사용
⑦ 인코넬 : Ni(70~80%)+Cr(12~14%). 열전쌍 보호관, 진공관 필라멘트
⑧ 플래티나이트 : Ni(40~50%)+Fe. 진공관이나 전구의 도입선에 사용.
⑨ 화이트메탈 : 구리+안티몬+주석
⑩ 다우메탈 : 아연+주석+납

44. ④ 45. ③ 46. ④

문제 47 황(S)이 적은 선철을 용해하여 구상흑연주철을 제조 시 주로 첨가하는 원소가 아닌 것은?

① Al
② Ca
③ Ce
④ Mg

해설 황이 적은 선철을 용해하여 구상흑연주철을 제조 시 주로 첨가하는 원소
① 칼슘(Ca) ② 세슘(Ce) ③ 마그네슘(Mg)

문제 48 탄소강의 표준조직을 검사하기 위해 A_3 또는 A_{cm} 선보다 30~50℃ 높은 온도로 가열한 후 공기 중에 냉각하는 열처리는?

① 노멀라이징
② 어닐링
③ 템퍼링
④ 퀜칭

해설 노멀라이징(불림) : 탄소강의 표준조직을 검사하기 위해 A_3 또는 A_1 선보다 30~50℃ 높은 온도로 가열한 후 공기 중에서 냉각시키는 열처리

문제 49 소성변형이 일어나면 금속이 경화하는 현상을 무엇이라 하는가?

① 탄성경화
② 가공경화
③ 취성경화
④ 자연경화

해설 가공경화 : 소성변형이 일어나면 금속이 경화하는 현상

문제 50 게이지용 강이 갖추어야 할 성질로 틀린 것은?

① 담금질에 의한 변형이 없어야 한다.
② HRC 55 이상의 경도를 가져야 한다.
③ 열팽창계수가 보통강보다 커야 한다.
④ 시간에 따른 치수 변화가 없어야 한다.

해설 게이지용 강이 갖추어야 할 성질
① 열팽창계수가 보통강보다 적어야 한다.
② HRC 55 이상의 경도를 가져야 한다.
③ 담금질에 의한 변형이 없어야 한다.
④ 시간에 따른 치수 변화가 없어야 한다.

해답 47. ① 48. ① 49. ② 50. ③

문제 51
다음 중에서 이면 용접 기호는?

① ○
② ∨ (위쪽)
③ ⌒ (반원)
④ ∨ (위쪽, 다른 형태)

해설
이면 용접 기호 : ⌒
고정식 환기삿갓 : ⊠
스폿 용접 : ○ 
심 용접 : ⊖ 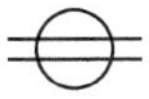
필릿 용접 : ◺

문제 52
나사 표시가 "L 2N M50×2 − 4h"로 나타날 때 이에 대한 설명으로 틀린 것은?

① 왼나사이다.
② 2줄 나사이다.
③ 미터 가는 나사이다.
④ 암나사 등급이 4h이다.

문제 53
그림과 같은 입체도의 제3각 정투상도로 가장 적합한 것은?

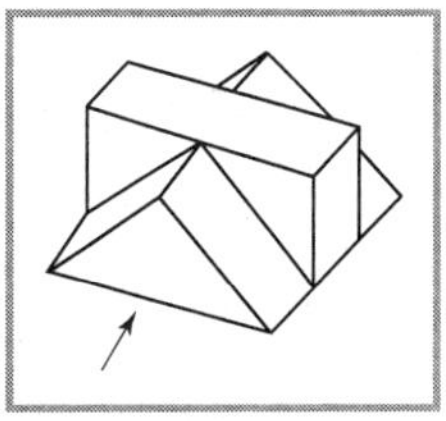

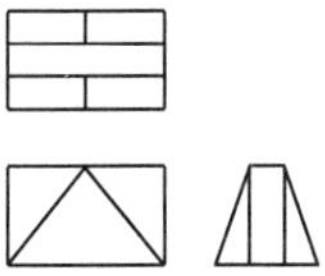

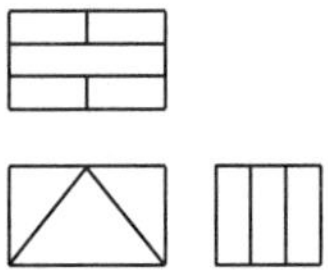

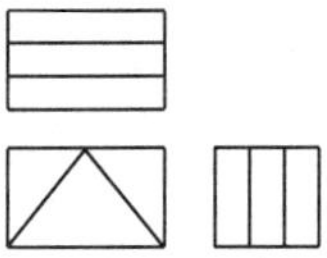

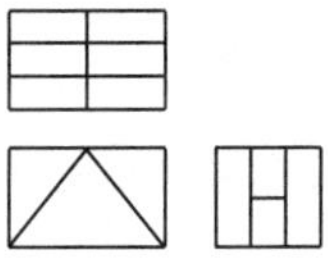

문제 54
다음 중 저온 배관용 탄소 강관 기호는?

① SPPS
② SPLT
③ SPHT
④ SPA

해설 배관용 강관
① SPP : 배관용 탄소강관
② SPPS : 압력배관용 탄소강관
③ SPPH : 고압배관용 탄소강관
④ SPHT : 고온배관용 탄소강관
⑤ SPLT : 저온배관용 탄소강관

해답
51. ③ 52. ④ 53. ② 54. ②

2025년도 시행

문제 55 다음 중 대상물을 한쪽 단면도로 올바르게 나타낸 것은?

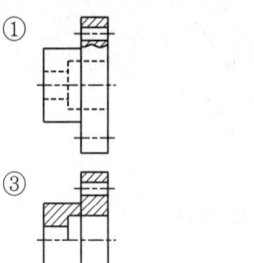

문제 56 다음 중 현의 치수 기입을 올바르게 나타낸 것은?

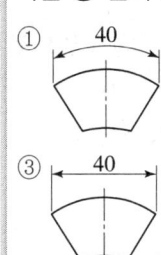
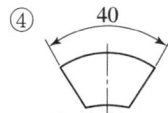

문제 57 무게중심선과 같은 선의 모양을 가진 것은?

① 가상선　　　　② 기준선
③ 중심선　　　　④ 피치선

해설 무게중심선과 같은 선의 모양을 가진 선 : 가상선

문제 58 그림과 같은 입체도에서 화살표 방향에서 본 투상을 정면으로 할 때 평면도로 가장 적합한 것은?

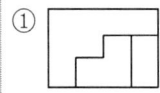
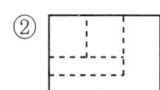
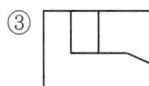
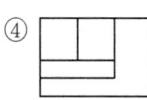
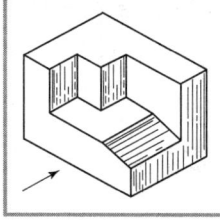

55. ③　56. ③　57. ①　58. ①

문제 59 다음 중 도면에서 단면도의 해칭에 대한 설명으로 틀린 것은?

① 해칭선은 반드시 주된 중심선에 45°로만 경사지게 긋는다.
② 해칭선은 가는 실선으로 규칙적으로 줄을 늘어놓는 것을 말한다.
③ 단면도에 재료 등을 표시하기 위해 특수한 해칭(또는 스머징)을 할 수 있다.
④ 단면 면적이 넓을 경우에는 그 외형선에 따라 적절한 범위에 해칭(또는 스머징)을 할 수 있다.

해설 해칭선은 반드시 주된 중심선에 45°로만 경사지게 하지 않는다.

문제 60 배관의 간략도시방법 중 환기계 및 배수계의 끝장치 도시방법의 평면도에서 그림과 같이 도시된 것의 명칭은?

① 배수구
② 환기관
③ 벽붙이 환기 삿갓
④ 고정식 환기 삿갓

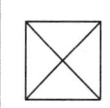

59. ① 60. ④

2025년 4월 CBT 시행

문제 01 용접작업 시 안전에 관한 사항으로 틀린 것은?
① 높은 곳에서 용접작업할 경우 추락, 낙하 등의 위험이 있으므로 항상 안전벨트와 안전모를 착용한다.
② 용접작업 중에 여러 가지 유해가스가 발생하기 때문에 통풍 또는 환기 장치가 필요하다.
③ 가연성의 분진, 화약류 등 위험물이 있는 곳에서는 용접을 해서는 안 된다.
④ 가스 용접은 강한 빛이 나오지 않기 때문에 보안경을 착용하지 않아도 괜찮다.

해설 가스 용접도 보안경을 반드시 착용하여야 한다.

문제 02 다음 전기 저항 용접법 중 주로 기밀, 수밀, 유밀성을 필요로 하는 탱크의 용접 등에 가장 적합한 것은?
① 점(spot) 용접법
② 심(seam) 용접법
③ 프로젝션(projection) 용접법
④ 플래시(flash) 용접법

해설 **심 용접법** : 기밀, 수밀, 유밀성을 필요로 하는 탱크의 용접에 사용.
프로젝션 용접법 : 제품의 한쪽 또는 양쪽에 돌기를 만들어 이 부분에 용접전류를 집중시켜 용접
점 용접법 : 맥동 점용접법, 인터랙 점용접법, 직렬식 점용접법 재료를 2개의 전극 사이에 끼워놓고 가압

문제 03 용접부의 중앙으로부터 양끝을 향해 용접해 나가는 방법으로, 이음의 수축에 의한 변형이 서로 대칭이 되게 할 경우에 사용되는 용착법을 무엇이라 하는가?
① 전진법
② 비석법
③ 캐스케이드법
④ 대칭법

해설 **용착법**
① 대칭법 : 용접부의 중앙으로부터 양 끝을 향해 용접해 나가는 방법으로 이음의 수축에 의한 변형이 서로 대칭이 되게 할 경우에 사용
② 스킵법(비석법) : 이음의 전길이에 대해서 뛰어넘어서 용접하는 방법

③ 빌드업법 : 용접 전길이에 대해서 각 층을 연속하여 용접하는 방법. 능률은 좋지 않지만 한랭 시나 구속이 클 때, 판두께가 두꺼울 때는 첫 층에 균열이 생길 우려가 있다.

해답 01. ④ 02. ② 03. ④

④ 캐스케이드법 : 한 부분에 대해 몇 층을 용접하다가 다음 부분의 층으로 연속시켜 용접

⑤ 전진블록법 : 한 개의 용접봉을 살을 붙일 만한 길이로 구분해서 홈을 한 부분씩 여러 층으로 쌓아올린 다음 다른 부분으로 진행하는 방법. 짧은 용접길이로 표면까지 용착하는 방법이며 첫 층에 균열이 발생하기 쉬울 때 사용

문제 04

불활성 가스를 이용한 용가재인 전극 와이어를 송급장치에 의해 연속적으로 보내어 아크를 발생시키는 소모식 또는 용극식 용접 방식을 무엇이라 하는가?

① TIG 용접
② MIG 용접
③ 피복아크 용접
④ 서브머지드 아크 용접

해설 MIG 용접 : 불활성 가스를 이용한 용가재인 전극 와이어를 송급장치에 의해 연속적으로 보내어 아크를 발생시키는 소모식 또는 용극식 용접 방법

문제 05

용접부에 결함 발생 시 보수하는 방법 중 틀린 것은?

① 기공이나 슬래그 섞임 등이 있는 경우는 깎아내고 재용접한다.
② 균열이 발견되었을 경우 균열 위에 덧살올림 용접을 한다.
③ 언더컷일 경우 가는 용접봉을 사용하여 보수한다.
④ 오버랩일 경우 일부분을 깎아내고 재용접한다.

해설 균열이 발견되었을 경우 드릴로 정지구멍을 뚫어 재용접한다.

문제 06

용접할 때 용접 전 적당한 온도로 예열을 하면 냉각속도를 느리게 하여 결함을 방지할 수 있다. 예열온도 설명 중 옳은 것은?

① 고장력강의 경우는 용접 홈을 50~350℃로 예열
② 저합금강의 경우는 용접 홈을 200~500℃로 예열
③ 연강을 0℃ 이하에서 용접할 경우는 이음의 양쪽 폭 100mm 정도를 40~250℃로 예열
④ 주철의 경우는 용접홈을 40~75℃로 예열

해설 고장력강의 경우는 용접홈을 50~350℃로 예열. 연강이라도 기온이 0℃라도 떨어지면 저온균열을 일으키기 쉬우므로 용접이음의 양쪽 100mm 너비를 40~70℃로 예열 후 용접

문제 07

서브머지드 아크 용접에 관한 설명으로 틀린 것은?

① 장비의 가격이 고가이다.
② 홈 가공의 정밀을 요하지 않는다.
③ 불가시 용접이다.
④ 주로 아래보기 자세로 용접한다.

 해답

04. ② 05. ② 06. ① 07. ②

해설 서브머지드 아크 용접
① 주로 아래보기 자세로 용접
② 장비의 가격이 고가이다.
③ 불가시 용접이다.
④ 비드 외관이 아름답다.
⑤ 기계적 성질이 우수하다.
⑥ 한번 용접으로 75mm까지 가능
⑦ 용접 홈의 크기가 작아도 되며 용접재료의 소비 및 변형이 적다.
⑧ 고전류 사용이 가능하며 용착속도가 빠르고 용입이 깊다.
⑨ 수동용접에 비해 용접속도가 빠르다.
⑩ 용접공 기술의 차에 의한 격차가 없고 용접이음의 신뢰도가 높다.
⑪ 패킹재 미사용 시 루트 간격은 0.8mm 이하이다.

문제 08 안전표지 색채 중 방사능 표지의 색상은 어느 색인가?
① 빨강
② 노랑
③ 자주
④ 녹색

해설 안전 색채
① 방사능 표지 : 자주색(보라색)
② 적색 : 고도의 위험, 정지, 방화 금지
③ 녹색 : 구급, 안전, 진행유도, 위생, 비상구
④ 청색 : 주의, 수리중
⑤ 백색 : 정리정돈, 통로
⑥ 황적색 : 위험, 항공의 보안시설
⑦ 노랑 : 전도, 추락, 충돌
⑧ 파란색 : 안전, 보건표지, 지시 및 사실의 고지

문제 09 용접부의 시험에서 비파괴 검사로만 짝지어진 것은?
① 인장 시험 – 외관 시험
② 피로 시험 – 누설 시험
③ 형광 시험 – 충격 시험
④ 초음파 시험 – 방사선 투과시험

해설 비파괴 시험
① RT(방사선 투과시험)
② UT(초음파 시험)
③ MT(자분탐상시험)
④ PT(침투탐상시험)
⑤ LT(누설시험)
⑥ VT(육안시험)
⑦ ET(와류시험) : 맴돌이 전류를 이용

문제 10 용접 시공 시 발생하는 용접변형이나 잔류응력 발생을 최소화하기 위하여 용접 순서를 정할 때 유의사항으로 틀린 것은?
① 동일 평면 내에 많은 이음이 있을 때 수축은 가능한 자유단으로 보낸다.
② 중심선에 대하여 대칭으로 용접한다.
③ 수축이 적은 이음은 가능한 한 먼저 용접하고, 수축이 큰 이음은 나중에 한다.
④ 리벳작업과 용접을 같이 할 때에는 용접을 먼저 한다.

해설 수축이 큰 이음을 먼저 용접하고 수축이 적은 이음을 나중에 용접한다.

08. ③ 09. ④ 10. ③

문제 11 다음 중 용접부 검사방법에 있어 비파괴 시험에 해당하는 것은?

① 피로 시험
② 화학분석 시험
③ 용접균열 시험
④ 침투 탐상 시험

해설 9번 문제 참조.

문제 12 다음 중 불활성가스(inert gas)가 아닌 것은?

① Ar
② He
③ Ne
④ CO_2

해설 불활성가스
① He(헬륨) ② Ne(네온) ③ Ar(아르곤) ④ Kr(크립톤)
⑤ Xe(크세논) ⑥ Rn(라돈)

문제 13 납땜에서 경납용 용제에 해당하는 것은?

① 염화아연
② 인산
③ 염산
④ 붕산

해설 연납용 용제 : 인산, 염산, 염화아연, 염화암모늄
경납용 용제 : 붕사, 붕산, 염화나트륨, 염화리튬, 산화제일구리, 빙정석

문제 14 논가스 아크 용접의 장점으로 틀린 것은?

① 보호 가스나 용제를 필요로 하지 않는다.
② 피복아크 용접봉의 저수소계와 같이 수소의 발생이 적다.
③ 용접 비드가 좋지만 슬래그 박리성은 나쁘다.
④ 용접 장치가 간단하며 운반이 편리하다.

해설 논가스 아크 용접의 장점 : 보호가스의 공급 없이 와이어 자체에서 발생하는 가스에 의해 아크 분위기를 보호하는 용접방법
[장점] ① 용접길이가 긴 용접물에 아크 중단 없이 연속용접을 할 수 있다.
② 용접 비드가 아름답고 슬래그의 박리성이 좋다.
③ 바람이 있는 옥외에서도 작업이 용이하다.
④ 저수소계 용접봉과 같이 수소 발생이 적다.
⑤ 용접장치가 간단하여 운반이 편리하다.
⑥ 전원으로 직류 또는 교류를 모두 사용할 수 있으며, 전 자세 용접이 가능.
⑦ 보호가스나 용제를 필요로 하지 않는다.
⑧ 일반 피복아크용접보다 용착속도가 약 4배 빠르므로 용착비용이 50~75% 정도 절감된다.

해답 11. ④ 12. ④ 13. ④ 14. ③

문제 15 용접선과 하중의 방향이 평행하게 작용하는 필릿 용접은?

① 전면
② 측면
③ 경사
④ 변두리

해설 용접선과 하중의 방향이 평행하게 작용하는 필릿 용접 : 측면

문제 16 납땜 시 용제가 갖추어야 할 조건이 아닌 것은?

① 모재의 불순물 등을 제거하고 유동성이 좋을 것.
② 청정한 금속면의 산화를 쉽게 할 것.
③ 땜납의 표면장력에 맞추어 모재와의 친화도를 높일 것.
④ 납땜 후 슬래그 제거가 용이할 것.

해설 납땜 시 용제가 갖추어야 할 조건
① 청정한 금속면의 산화를 방지할 것.
② 납땜 후 슬래그 제거가 용이할 것.
③ 땜납의 표면장력에 맞추어 모재와의 친화도를 높일 것.
④ 모재의 불순물 등을 제거하고 유동성이 좋을 것.

문제 17 피복아크용접 시 전격을 방지하는 방법으로 틀린 것은?

① 전격방지기를 부착한다.
② 용접 홀더에 맨손으로 용접봉을 갈아 끼운다.
③ 용접기 내부에 함부로 손을 대지 않는다.
④ 절연성이 좋은 장갑을 사용한다.

해설 맨손으로 용접봉을 갈아 끼우면 안 되고 용접장갑을 착용하고 갈아 끼움.

문제 18 맞대기이음에서 판 두께 100mm, 용접 길이 300cm, 인장하중이 9,000kgf일 때 인장응력은 몇 kgf/cm²인가?

① 0.3
② 3
③ 30
④ 300

해설 인장응력$(kg/cm^2) = \dfrac{9,000 kgf}{10cm \times 300cm} = 3 kgf/cm^2$

15. ② 16. ② 17. ② 18. ②

문제 19 다음은 용접 이음부의 홈의 종류이다. 박판 용접에 가장 적합한 것은?

① K형
② H형
③ I형
④ V형

해설
I형 : 맞대기 용접에서 가장 얇은 박판에 사용
V형 : 맞대기 용접에서 한쪽 방향의 완전한 용입을 얻고자 할 때
X형 : 이음홈 형상 중에서 동일한 판두께에 대하여 가장 변형이 적게 설계된 것
U형 : V형에 비해 홈의 폭이 좁아도 되고 또한 루트간격을 0으로 해도 작업성과 용입이 좋으며 한쪽에서 용접하여 충분한 용입을 얻을 필요가 있을 때 사용
H형 : X형 홈과 같이 양면용접이 가능한 경우에 용착금속의 양과 패스수를 줄일 목적으로 사용되며 모재가 두꺼울수록 유리한 홈의 형상

문제 20 주철의 보수용접방법에 해당되지 않는 것은?

① 스터드법
② 비녀장법
③ 버터링법
④ 백킹법

해설 **주철의 보수용접방법**
① 로킹법 ② 비녀장법 ③ 버터링법 ④ 스터드법

문제 21 MIG 용접이나 탄산가스 아크 용접과 같이 전류밀도가 높은 자동이나 반자동 용접기가 갖는 특성은?

① 수하 특성과 정전압 특성
② 정전압 특성과 상승 특성
③ 수하 특성과 상승 특성
④ 맥동 전류 특성

해설 MIG 용접이나 탄산가스 아크 용접과 같이 전류밀도가 높은 자동이나 반자동 용접기가 갖는 특성 : 정전압 특성과 상승 특성

문제 22 CO_2 가스 아크 용접에서 아크전압에 대한 설명으로 옳은 것은?

① 아크전압이 높으면 비드 폭이 넓어진다.
② 아크전압이 높으면 비드가 볼록해진다.
③ 아크전압이 높으면 용입이 깊어진다.
④ 아크전압이 높으면 아크길이가 짧다.

해설 CO_2 가스 아크 용접에서 아크전압 : 아크전압이 높으면 비드 폭이 넓어진다.

19. ③ 20. ④ 21. ② 22. ①

문제 23
다음 중 가스 용접에서 산화불꽃으로 용접할 경우 가장 적합한 용접 재료는?
① 황동
② 모넬메탈
③ 알루미늄
④ 스테인리스

해설 산소-아세틸렌불꽃
① 탄화불꽃 : ㉠ 아세틸렌 과잉 불꽃
㉡ 아세틸렌 페더가 있는 불꽃
㉢ 적황색으로 매연을 내면서 탐.
㉣ 모넬메탈, 스텔라이트, 스테인리스
② 산화불꽃 : ㉠ 산소 과잉 불꽃
㉡ 구리, 황동 용접에 사용
③ 중성불꽃 : ㉠ 표준불꽃이라 함.
㉡ 산소와 아세틸렌의 비가 1 : 1이다.

문제 24
용접기의 사용률이 40%인 경우 아크 시간과 휴식시간을 합한 전체시간은 10분을 기준으로 했을 때 발생시간은 몇 분인가?
① 4
② 6
③ 8
④ 10

해설 용접기 사용률 = $\dfrac{\text{아크시간}}{\text{아크시간} + \text{휴식시간}} \times 100$

$40\% = \dfrac{x \times 100}{10}$

$x \times 100 = 40\% \times 10$

$x = \dfrac{40\% \times 10분}{100\%} = 4분$

문제 25
얇은 철판을 쌓아 포개어 놓고 한꺼번에 절단하는 방법으로 가장 적합한 것은?
① 분말절단
② 산소창절단
③ 포갬절단
④ 금속아크절단

해설 **포갬절단** : 얇은 철판을 쌓아 포개어 놓고 한꺼번에 절단
산소창절단 : 두꺼운 판, 주강의 슬랙 덩어리, 암석의 천공 등의 절단에 사용
분말절단 : 스테인리스강, 비철금속, 주철 등은 가스절단이 용이하지 않으므로 철분 또는 연속적으로 절단용 산소에 혼합 공급함으로써 그 산화열 또는 용제의 화학작용을 이용하여 절단
산소아크절단 : 중공의 피복용접봉과 모재 사이에 아크를 발생시키고 중심에서 산소를 분출시키며 절단

해답   23. ①   24. ①   25. ③

문제 26

용접봉의 용융속도는 무엇으로 표시하는가?

① 단위시간당 소비되는 용접봉의 길이
② 단위시간당 형성되는 비드의 길이
③ 단위시간당 용접 입열의 양
④ 단위시간당 소모되는 용접전류

해설 용접봉의 용융속도 : 단위시간당 소비되는 용접봉의 길이

문제 27

전류 조정을 전기적으로 하기 때문에 원격조정이 가능한 교류 용접기는?

① 가포화 리액터형
② 가동 코일형
③ 가동 철심형
④ 탭 전환형

해설 교류 아크 용접기의 종류
① 가포화 리액터형 : 원격제어가 되고 가변저항의 변화로 용접전류를 조정
② 가동 코일형 : ㉠ 1차, 2차 코일 중의 하나를 이동하여 누설자속을 변화하여 전류 조정
㉡ 누설 리액턴스값을 변화시킴.
③ 탭 전환용 : ㉠ 코일의 감긴 수에 따라 전류 조정
㉡ 무부하 전압이 높아 전격의 위험이 크다.
㉢ 미세전류 조정이 어렵다.
④ 가동 코일형 : ㉠ 현재 가장 많이 사용.
㉡ 미세한 전류 조정이 가능.
㉢ 가동철심으로 누설자속을 가감하여 전류 조정
㉣ 광범위한 전류 조정이 어렵다.

문제 28

35℃에서 150kgf/cm²으로 압축하여 내부용적 40.7리터의 산소 용기에 충전하였을 때, 용기 속의 산소량은 몇 리터인가?

① 4,470
② 5,291
③ 6,105
④ 7,000

해설 $M = P \times V = 150\,\text{kgf}/\text{cm}^2 \times 40.7 = 6,105\,l$

문제 29

아크 전류가 일정할 때 아크 전압이 높아지면 용융속도가 늦어지고, 아크 전압이 낮아지면 용융속도는 빨라진다. 이와 같은 아크 특성은?

① 부저항 특성
② 절연회복 특성
③ 전압회복 특성
④ 아크길이 자기제어 특성

해설 아크길이 자기제어 특성 : 아크 전류가 일정할 때 아크 전압이 높아지면 용융속도가 늦어지고 아크전압이 낮아지면 용융속도는 빨라진다.

26. ① 27. ① 28. ③ 29. ④

문제 **30** 다음 중 산소-아세틸렌 용접법에서 전진법과 비교한 후진법의 설명으로 틀린 것은?

① 용접속도가 느리다.　　② 열 이용률이 좋다.
③ 용접변형이 작다.　　　④ 홈 각도가 작다.

해설 후진법의 특징 (두용용열홈비산)
① 두꺼운 판 용접에 적합　　② 용접속도가 빠르다.
③ 용접변형이 적다.　　　　　④ 열이용률이 좋다.
⑤ 홈의 각도가 적다.　　　　　⑥ 비드 표면이 매끈하지 못하다.
⑦ 산화 정도가 약하다.

문제 **31** 다음 중 가스 절단에 있어 양호한 절단면을 얻기 위한 조건으로 옳은 것은?

① 드래그가 가능한 클 것.
② 절단면 표면의 각이 예리할 것.
③ 슬래그 이탈이 이루어지지 않을 것.
④ 절단면이 평활하며 드래그의 홈이 깊을 것.

해설 가스 절단에 있어 양호한 절단면을 얻기 위한 조건
① 절단면 표면의 각이 예리할 것.
② 드래그가 가능한 적을 것.
③ 절단면이 평활하여 드래그의 홈이 적을 것.
④ 슬래그의 이탈이 좋을 것.

문제 **32** 피복아크 용접봉의 피복배합제 성분 중 가스발생제는?

① 산화티탄　　　　② 규산나트륨
③ 규산칼륨　　　　④ 탄산바륨

해설 가스발생제 (석탄톱녹셀)
① 석회석　② 탄산바륨　③ 톱밥　④ 녹말　⑤ 셀룰로오스

문제 **33** 가스절단에 대한 설명으로 옳은 것은?

① 강의 절단 원리는 예열 후 고압산소를 불어내면 강보다 용융점이 낮은 산화철이 생성되고 이때 산화철은 용융과 동시 절단된다.
② 양호한 절단면을 얻으려면 절단면이 평활하며 드래그의 홈이 높고 노치 등이 있을수록 좋다.
③ 절단산소의 순도는 절단속도와 절단면에 영향이 없다.
④ 가스절단 중에 모래를 뿌리면서 절단하는 방법을 가스분말절단이라 한다.

해답　30. ①　31. ②　32. ④　33. ①

해설 양호한 절단면을 얻으려면 절단면이 평활하며 드래그의 홈이 낮고 노치 등이 없을 것. 절단산소의 순도는 절단속도와 절단면에 영향이 있다.

문제 34

가스용접에 사용되는 가스의 화학식을 잘못 나타낸 것은?

① 아세틸렌 : C_2H_2
② 프로판 : C_3H_8
③ 에탄 : C_4H_7
④ 부탄 : C_4H_{10}

해설 화학식
① 프로판 : C_3H_8 ② 부탄 : C_4H_{10} ③ 에탄 : C_2H_6
④ 메탄 : CH_4 ⑤ 아세틸렌 : C_2H_2 ⑥ 프로필렌 : C_3H_6
⑦ 부틸렌 : C_4H_8 ⑧ 에틸렌 : C_2H_4

문제 35

다음 중 아크 발생 초기에 모재가 냉각되어 있어 용접입열이 부족한 관계로 아크가 불안정하기 때문에 아크 초기에만 용접전류를 특별히 크게 하는 장치를 무엇이라 하는가?

① 원격제어장치
② 핫스타트 장치
③ 고주파발생장치
④ 전격방지장치

해설 핫스타트 장치 : 아크 발생 초기에 모재가 냉각되어 있어 용접입열이 부족한 관계로 아크가 불안정하기 때문에 아크 초기에만 용접전류를 특별히 크게 하는 장치

문제 36

납땜 용제가 갖추어야 할 조건으로 틀린 것은?

① 모재의 산화 피막과 같은 불순물을 제거하고 유동성이 좋을 것.
② 청정한 금속면의 산화를 방지할 것.
③ 납땜 후 슬래그의 제거가 용이할 것.
④ 침지 땜에 사용되는 것은 젖은 수분을 함유할 것.

해설 문제 16번과 동일.

문제 37

직류 아크 용접 시 정극성으로 용접할 때의 특징이 아닌 것은?

① 박판, 주철, 합금강, 비철금속의 용접에 이용된다.
② 용접봉의 녹음이 느리다.
③ 비드 폭이 좁다.
④ 모재의 용입이 깊다.

해설 직류 정극성 (DCSP)
① 후판 용접에 적합 ② 비드 폭이 좁다.
③ 용입이 깊다. ④ 용접봉의 용융속도가 느리다.
⑤ 모재(+) 70%열, 용접봉(-) 30%열

해답 34. ③ 35. ② 36. ④ 37. ①

문제 38 피복 아크 용접 결함 중 기공이 생기는 원인으로 틀린 것은?

① 용접 분위기 가운데 수소 또는 일산화탄소 과잉
② 용접부의 급속한 응고
③ 슬래그의 유동성이 좋고 냉각하기 쉬울 때
④ 과대 전류와 용접속도가 빠를 때

해설 기공이 생기는 원인 (이용아과수)
① 이음부에 페인트, 기름, 녹 등이 부착해 있을 경우
② 용접부가 급랭 시
③ 용접봉 또는 용접부에 습기가 많을 경우
④ 아크길이 및 운봉법이 부적당 시
⑤ 과대전류 사용 시
⑥ 수소, 산소, 일산화탄소가 너무 많을 때

문제 39 금속재료의 경량화와 강인화를 위하여 섬유 강화금속 복합재료가 많이 연구되고 있다. 강화섬유 중에서 비금속계로 짝지어진 것은?

① K, W
② W, Ti
③ W, Be
④ SiC, Al_2O_3

해설 강화섬유 중에서 비금속계
① SiC(탄화규소) ② Al_2O_3(산화알루미늄)

문제 40 상자성체 금속에 해당되는 것은?

① Al
② Fe
③ Ni
④ Co

해설 상자성체 금속 : Al

문제 41 구리(Cu)합금 중에서 가장 큰 강도와 경도를 나타내며 내식성, 도전성, 내피로성 등이 우수하여 베어링, 스프링 및 전극재료 등으로 사용되는 재료는?

① 인(P) 청동
② 규소(Si) 동
③ 니켈(Ni) 청동
④ 베릴륨(Be) 동

해설 베릴륨 동 : 구리합금 중에서 가장 큰 강도와 경도를 나타내며 내식성, 전도성, 내피로성이 우수하여 베어링, 스프링 및 전극재료 등으로 사용

해답 38. ③ 39. ④ 40. ① 41. ④

문제 42
고 Mn강으로 내마멸성과 내충격성이 우수하고, 특히 인성이 우수하기 때문에 파쇄장치, 기차 레일, 굴착기 등의 재료로 사용되는 것은?

① 엘린바(elinvar) ② 디디뮴(didymium)
③ 스텔라이트(stellite) ④ 해드필드(hadfield)강

해설 해드필드강
① 고망간강으로 내마멸성과 내충격성이 우수
② 인성이 우수
③ 파쇄장치, 기차 레일, 굴착기 등에 사용.

문제 43
시험편의 지름이 15mm, 최대하중이 5,200kgf일 때 인장강도는?

① $16.8 \ kgf/mm^2$ ② $29.4 \ kgf/mm^2$
③ $33.8 \ kgf/mm^2$ ④ $55.8 \ kgf/mm^2$

해설 인장강도 $= \dfrac{P}{A} = \dfrac{5200\,kgf}{\dfrac{3.14 \times 15^2}{4}} = 29.44\,kgf/mm^2$

문제 44
다음의 금속 중 경금속에 해당하는 것은?

① Cu ② Be
③ Ni ④ Sn

해설 ① Cu(구리) : 8.96   ② Be(베릴륨) : 1.84
③ Ni(니켈) : 8.9   ④ Sn(주석) : 7.28
⑤ Al(알루미늄) : 2.7   ⑥ Mg(마그네슘) : 1.74
⑦ Fe(철) : 7.87   ⑧ Pb(납) : 11.37
⑨ Na(나트륨) : 0.97   ⑩ K(칼륨) : 0.86
⑪ Li(리튬) : 0.53   ⑫ Ca(칼슘) : 1.55
(경금속 : 4.5 이하, 중금속 : 4.5 초과)

문제 45
순철의 자기변태(A_2)점 온도는 약 몇 ℃인가?

① 210℃ ② 768℃
③ 910℃ ④ 1,400℃

해설 순철의 자기변태점(A_2) : 768℃
순철의 A_3 변태점(동소변태) : 910℃

문제 46 주철의 일반적인 성질을 설명한 것 중 틀린 것은?

① 용탕이 된 주철은 유동성이 좋다.
② 공정 주철의 탄소량은 4.3% 정도이다.
③ 강보다 용융온도가 높아 복잡한 형상이라도 주조하기 어렵다.
④ 주철에 함유하는 전탄소(total carbon)는 흑연+화합탄소로 나타낸다.

문제 47 포금(gun metal)에 대한 설명으로 틀린 것은?

① 내해수성이 우수하다.
② 성분은 8~12%Sn 청동에 1~2%Zn을 첨가한 합금이다.
③ 용해주조 시 탈산제로 사용되는 P의 첨가량을 많이 하여 합금 중에 P를 0.05~0.5% 정도 남게 한 것이다.
④ 수압, 수증기에 잘 견디므로 선박용 재료로 널리 사용된다.

해설 포금
① 성분은 Sn 8~12% 청동에 아연을 1~2% 첨가
② 수압, 수증기에 잘 견디므로 선박용 재료로 널리 사용
③ 내해수성이 우수하다.

문제 48 황동은 도가니로, 전리고 또는 반사로 중에서 용해하는데, Zn의 증발로 손실이 있기 때문에 이를 억제하기 위해서는 용탕 표면에 어떤 것을 덮어 주는가?

① 소금　　　　　　　　　　② 석회석
③ 숯가루　　　　　　　　　④ Al 분말가루

해설 황동은 도가니로, 전리고 또는 반사로 중에서 용해하는데, Zn의 증발로 손실이 있기 때문에 이를 억제하기 위해서 용탕 표면에 숯가루 첨가

문제 49 건축용 철골, 볼트, 리벳 등에 사용되는 것으로 연신율이 약 22%이고, 탄소함량이 약 0.15%인 강재는?

① 연강　　　　　　　　　　② 경강
③ 최경강　　　　　　　　　④ 탄소공구강

해설 **연강** : 건축용 철골, 볼트, 리벳 등에 사용되는 것으로, 연신율이 약 22%이고, 탄소 함유량이 0.15%인 강재

46. ③　47. ③　48. ③　49. ①

문제 50

저용융점(fusible) 합금에 대한 설명으로 틀린 것은?

① Bi를 55% 이상 함유한 합금은 응고 수축을 한다.
② 용도로는 화재통보기, 압축공기용 탱크 안전밸브 등에 사용된다.
③ 33~66%Pb를 함유한 Bi 합금은 응고 후 시효 진행에 따라 팽창현상을 나타낸다.
④ 저용융점 합금은 약 250℃ 이하의 용융점을 갖는 것이며 Pb, Bi, Sn, In 등의 합금이다.

해설 비스무트를 55% 이상 함유한 합금은 응고, 수축을 못한다.

문제 51

치수 기입 방법이 틀린 것은?

①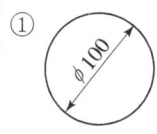
②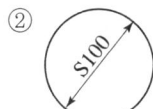
③
④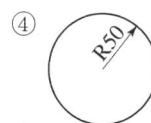

해설 Sϕ : 구의 지름

문제 52

다음과 같은 배관의 등각 투상도(isometric drawing)를 평면도로 나타낸 것으로 맞는 것은?

①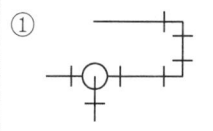
②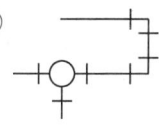
③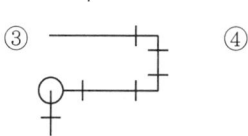
④

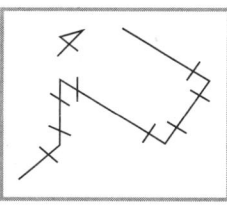

문제 53

표제란에 표시하는 내용이 아닌 것은?

① 재질
② 척도
③ 각법
④ 제품명

해설 **부품란에 기입할 사항** (재수무품)
① 재질 ② 수량 ③ 무게 ④ 품번 ⑤ 품명

해답

50. ① 51. ② 52. ④ 53. ①

문제 54
그림과 같은 용접기호의 설명으로 옳은 것은?

① U형 맞대기 용접, 화살표 쪽 용접
② V형 맞대기 용접, 화살표 쪽 용접
③ U형 맞대기 용접, 화살표 반대쪽 용접
④ V형 맞대기 용접, 화살표 반대쪽 용접

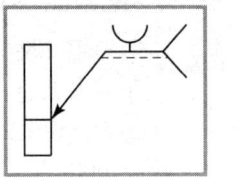

문제 55
전기아연도금 강판 및 강대의 KS기호 중 일반용 기호는?

① SECD
② SECE
③ SEFC
④ SECC

문제 56
보기 도면은 정면도와 우측면도만이 올바르게 도시되어 있다. 평면도로 가장 적합한 것은?

① 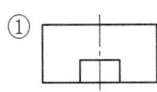　②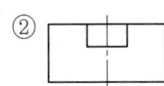

④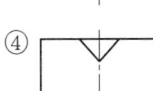

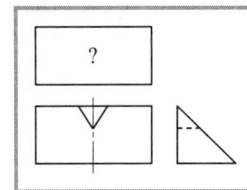

문제 57
선의 종류와 용도에 대한 설명의 연결이 틀린 것은?

① 가는 실선 : 짧은 중심을 나타내는 선
② 가는 파선 : 보이지 않는 물체의 모양을 나타내는 선
③ 가는 1점 쇄선 : 기어의 피치원을 나타내는 선
④ 가는 2점 쇄선 : 중심이 이동한 중심궤적을 표시하는 선

해설 가는이점쇄선
① 인접부분 참고표시　② 공구위치 참고표시　③ 가공전후 표시

문제 58
그림의 입체도를 제3각법으로 올바르게 투상한 투상도는?

① 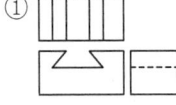　②

③ 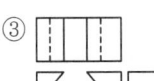　④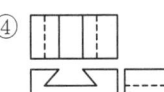

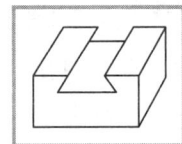

54. ①　55. ④　56. ③　57. ④　58. ③

문제 59 KS에서 규정하는 체결부품의 조립 간략 표시방법에서 구멍에 끼워 맞추기 위한 구멍, 볼트, 리벳의 기호 표시 중 공장에서 드릴 가공 및 끼워 맞춤을 하는 것은?

①    ②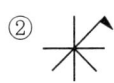

③

문제 60 그림과 같은 단면도에서 "A"가 나타내는 것은?

① 바닥 표시 기호
② 대칭 도시 기호
③ 반복 도형 생략 기호
④ 한쪽 단면도 표시 기호

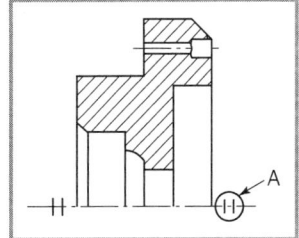

2025년 6월 CBT 시행

문제 01 다음 중 텅스텐과 몰리브덴 재료 등을 용접하기에 가장 적합한 용접은?
① 전자 빔 용접
② 일렉트로 슬래그 용접
③ 탄산가스 아크 용접
④ 서브머지드 아크 용접

해설 **전자 빔 용접** : 텅스텐과 몰리브덴 재료 등을 용접
[특징] ① 고용융재료의 용접이 가능하다.
② 얇은 판에서 두꺼운 판까지 광범위한 용접이 가능
③ 에너지의 집중이 가능하기 때문에 고속으로 용접이 된다.
④ 슬래그 섞임 등의 결함이 생기지 않는다.
⑤ 고진공($10^{-4} \sim 10^{-6}$mmHg) 속에서 용접을 하므로 대기와 반응되기 쉬운 활성재료도 용이하게 용접된다.

문제 02 서브머지드 아크 용접 시, 받침쇠를 사용하지 않을 경우 루트 간격을 몇 mm 이하로 하여야 하는가?
① 0.2
② 0.4
③ 0.6
④ 0.8

해설 서브머지드 아크 용접 시, 받침쇠를 사용하지 않을 경우 루트 간격을 0.8mm 이하로 함.

문제 03 연납땜 중 내열성 땜납으로 주로 구리, 황동용에 사용되는 것은?
① 인동납
② 황동납
③ 납-은납
④ 은납

해설 **납-은납땜** : 내열성 땜납으로 주로 구리, 황동용에 사용.

문제 04 용접부 검사법 중 기계적 시험법이 아닌 것은?
① 굽힘 시험
② 경도 시험
③ 인장 시험
④ 부식 시험

해설 **기계적 시험법**
① 인장 시험 ② 굽힘 시험 ③ 경도 시험 ④ 충격 시험 ⑤ 피로 시험

해답
01. ① 02. ④ 03. ③ 04. ④

문제 05
일렉트로 가스 아크 용접의 특징 설명 중 틀린 것은?

① 판두께에 관계없이 단층으로 상진 용접한다.
② 판두께가 얇을수록 경제적이다.
③ 용접속도는 자동으로 조절된다.
④ 정확한 조립이 요구되며, 이동용 냉각 동판에 급수 장치가 필요하다.

해설 일렉트로 가스 아크 용접의 특징
① 판두께에 관계없이 단층으로 상진 용접한다.
② 용접속도는 자동으로 조절된다.
③ 정확한 조립이 요구되며 이동용 냉각동판에 급수장치가 필요
④ 용접홈의 기계가공이 필요하다.
⑤ 판두께가 두꺼울수록 경제적이다.
⑥ 가스절단 그대로 용접할 수도 있다.

문제 06
텅스텐 전극봉 중에서 전자 방사능력이 현저하게 뛰어난 장점이 있으며 불순물이 부착되어도 전자 방사가 잘되는 전극은?

① 순텅스텐 전극
② 토륨 텅스텐 전극
③ 지르코늄 텅스텐 전극
④ 마그네슘 텅스텐 전극

해설 토륨 텅스텐 전극성 : 전자 방사능력이 현저하게 뛰어난 장점이 있으며 불순물이 부착되어도 전자 방사가 잘 됨.

문제 07
다음 중 표면 피복 용접을 올바르게 설명한 것은?

① 연강과 고장력강의 맞대기 용접을 말한다.
② 연강과 스테인리스강의 맞대기 용접을 말한다.
③ 금속 표면에 다른 종류의 금속을 용착시키는 것을 말한다.
④ 스테인리스 강판과 연강판재를 접합 시 스테인리스 강판에 구멍을 뚫어 용접하는 것을 말한다.

해설 표면 피복 용접 : 금속 표면에 다른 종류의 금속을 용착시키는 것을 말한다.

문제 08
산업용 용접 로봇의 기능이 아닌 것은?

① 작업 기능
② 제어 기능
③ 계측인식 기능
④ 감정 기능

해설 산업용 용접 로봇의 기능
① 작업 기능 ② 제어 기능 ③ 계측인식 기능

해답 05. ② 06. ② 07. ③ 08. ④

문제 09
불활성 가스 금속 아크 용접(MIG)의 용착효율은 얼마 정도인가?
① 58% ② 78%
③ 88% ④ 98%

해설 불활성 가스 금속 아크 용접(MIG)의 용착효율 : 98% 이상

문제 10
다음 중 일렉트로 슬래그 용접의 특징으로 틀린 것은?
① 박판용접에는 적용할 수 없다.
② 장비 설치가 복잡하며 냉각장치가 요구된다.
③ 용접시간이 길고 장비가 저렴하다.
④ 용접 진행 중 용접부를 직접 관찰할 수 없다.

해설 일렉트로 슬래그 용접의 특징
① 아크가 눈에 보이지 않고 아크 불꽃이 없다.
② 최소한의 변형과 최단시간 용접법이다.
③ 한번에 장비를 설치하여 후판을 단일층으로 한번에 용접 가능
④ 압력용기, 주물, 조선, 후판 용접 등에 적합
⑤ 용접시간을 단축할 수 있어 용접 능률과 용접 품질이 우수하다.
⑥ 용접홈의 가공준비가 간단하고 각변형이 적다.
⑦ 장비비가 비싸고 박판용접에는 적용할 수 없다.
⑧ 장비 설치가 복잡하며 냉각장치가 필요하다.
⑨ 용접시간에 비해 용접준비시간이 더 길다.
⑩ 용접 진행 시 용접부를 직접 관찰할 수 없다.

문제 11
용접에 있어 모든 열적 요인 중 가장 영향을 많이 주는 요소는?
① 용접 입열 ② 용접 재료
③ 주위 온도 ④ 용접 복사열

해설 용접에 있어 모든 열적 요인 중 가장 영향을 많이 주는 요소 : 용접 입열

문제 12
사고의 원인 중 인적 사고 원인에서 선천적 원인은?
① 신체의 결함 ② 무지
③ 과실 ④ 미숙련

문제 13
TIG 용접에서 직류 정극성을 사용하였을 때 용접효율을 올릴 수 있는 재료는?
① 알루미늄 ② 마그네슘
③ 마그네슘 주물 ④ 스테인리스강

09. ④ 10. ③ 11. ① 12. ① 13. ④

해설 TIG 용접에서 직류 정극성을 사용하였을 때 용접효율을 올릴 수 있는 재료는 스테인리스강이다.

문제 14 재료의 인장 시험방법으로 알 수 없는 것은?
① 인장강도 ② 단면수축률
③ 피로강도 ④ 연신율

해설 재료의 인장 시험방법으로 알 수 있는 것
① 인장강도 ② 단면수축률 ③ 연신율 ④ 인성

문제 15 용접 변형 방지법의 종류에 속하지 않는 것은?
① 억제법 ② 역변형법
③ 도열법 ④ 취성 파괴법

해설 용접 변형 방지법의 종류
① 도열법 ② 억제법 ③ 역변형법

문제 16 솔리드 와이어와 같이 단단한 와이어를 사용할 경우 적합한 용접 토치 형태로 옳은 것은?
① Y형 ② 커브형
③ 직선형 ④ 피스톨형

해설 솔리드 와이어와 같이 단단한 와이어를 사용할 경우 적합 용접 토치 : 커브형

문제 17 안전·보건표지의 색채, 색도기준 및 용도에서 색채에 따른 용도를 올바르게 나타낸 것은?
① 빨간색 : 안내 ② 파란색 : 지시
③ 녹색 : 경고 ④ 노란색 : 금지

해설 안전표지 색채
① 빨강 : 고도의 위험, 금지, 방화, 정지
② 황적색 : 항해, 항공의 보안시설
③ 노랑 : 주의
④ 백색 : 통로, 정리정돈
⑤ 파란색 : 지시
⑥ 자주(보라) : 방사능
⑦ 녹색 : 안전, 피난, 진행유도, 구급, 위생 및 구호
⑧ 검정 : 위험표지의 문자, 유도표지의 화살표

해답 14. ③ 15. ④ 16. ② 17. ②

문제 18 용접금속의 구조상의 결함이 아닌 것은?

① 변형 ② 기공
③ 언더컷 ④ 균열

해설 구조상 결함
① 오버랩 ② 용입불량 ③ 내부기공 ④ 슬래그 혼입 ⑤ 언더컷
⑥ 선상조직 ⑦ 은점 ⑧ 균열 ⑨ 기공

문제 19 금속재료의 미세조직을 금속현미경을 사용하여 광학적으로 관찰하고 분석하는 현미경 시험의 진행 순서로 맞는 것은?

① 시료 채취 → 연마 → 세척 및 건조 → 부식 → 현미경 관찰
② 시료 채취 → 연마 → 부식 → 세척 및 건조 → 현미경 관찰
③ 시료 채취 → 세척 및 건조 → 연마 → 부식 → 현미경 관찰
④ 시료 채취 → 세척 및 건조 → 부식 → 연마 → 현미경 관찰

해설 현미경 시험의 진행 순서
시료 채취 → 세척 및 건조 → 연마 → 부식 → 현미경 관찰

문제 20 강판의 두께가 12mm, 폭 100m인 평판을 V형 홈으로 맞대기 용접 이음할 때, 이음효율 $\eta = 0.8$로 하면 인장력 P는? (단, 재료의 최저인장강도는 40N/mm² 이고, 안전율은 4로 한다.)

① 960N ② 9,600N
③ 860N ④ 8,600N

해설 이음효율 $= 12\text{mm} \times 100\text{mm} \times 0.8 \times \dfrac{40\,\text{N/mm}^2}{4} = 9,600\text{N}$

문제 21 다음 중 목재, 섬유류, 종이 등에 의한 화재의 급수에 해당하는 것은?

① A급 ② B급
③ C급 ④ D급

해설 화재 등급
① A급 화재(일반화재) : 목재, 섬유류, 종이, 플라스틱
② B급 화재(유류 및 가스) : CO_2, 분말, 포말
③ C급 화재(전기) : CO_2, 분말
④ D급 화재(금속) : 건조사, 팽창질석, 팽창진주암

18. ① 19. ① 20. ② 21. ①

문제 22
용접부의 시험 중 용접성 시험에 해당하지 않는 시험법은?

① 노치 취성 시험 ② 열특성 시험
③ 용접 연성 시험 ④ 용접 균열 시험

해설 용접성 시험
① 노치 취성 시험 ② 용접 연성 시험 ③ 용접 균열 시험

문제 23
다음 중 가스 용접의 특징으로 옳은 것은?

① 아크 용접에 비해서 불꽃의 온도가 높다.
② 아크 용접에 비해 유해광선의 발생이 많다.
③ 전원 설비가 없는 곳에서는 쉽게 설치할 수 없다.
④ 폭발의 위험이 크고 금속이 탄화 및 산화될 가능성이 많다.

해설 가스 용접의 특징
① 가열 조절이 비교적 자유롭다. ② 응용범위가 넓다.
③ 전원설비가 필요없다. ④ 아크 용접에 비해 유해광선의 발생이 적다.
⑤ 열량 조절이 자유롭다. ⑥ 전기 용접에 비해 싸다.
⑦ 금속이 산화, 탄화될 우려가 있다.
⑧ 열의 집중성이 나빠 효율적인 용접이 어렵다.
⑨ 아크에 비해 불꽃이 낮다. ⑩ 용접 후의 변형이 심하게 된다.
⑪ 폭발 및 화재의 위험이 크다. ⑫ 가열시간이 오래 걸린다.

문제 24
산소-아세틸렌 용접에서 표준불꽃으로 연강판 두께 2mm를 60분간 용접하였더니 200L의 아세틸렌가스가 소비되었다면, 다음 중 가장 적당한 가변압식 팁의 번호는?

① 100번 ② 200번
③ 300번 ④ 400번

해설 팁 100 : 1시간의 표준불꽃으로 용접 시 아세틸렌 소비량이 $100l$이다.

문제 25
연강용 가스 용접봉의 시험편 처리 표시 기호 중 NSR의 의미는?

① 625 ± 25℃로써 용착금속의 응력을 제거한 것
② 용착금속의 인장강도를 나타낸 것
③ 용착금속의 응력을 제거하지 않은 것
④ 연신율을 나타낸 것

해설 NSR(Non Stress Remove) : 응력을 제거하지 않은 것
SR(Stress Remove) : 응력을 제거한 것

해답 22. ② 23. ④ 24. ② 25. ③

문제 26
피복 아크 용접에서 사용하는 아크 용접용 기구가 아닌 것은?

① 용접 케이블 ② 접지 클램프
③ 용접 홀더 ④ 팁 클리너

해설 아크 용접용 기구
① 용접 케이블 ② 접지 클램프 ③ 용접 홀더

문제 27
피복아크 용접봉의 피복제의 주된 역할로 옳은 것은?

① 스패터의 발생을 많게 한다.
② 용착금속에 필요한 합금원소를 제거한다.
③ 모재 표면에 산화물이 생기게 한다.
④ 용착금속의 냉각속도를 느리게 하여 급랭을 방지한다.

해설 피복제의 역할 (전공아슬탈합용)
① 전기절연작용   ② 공기중 산화, 질화 방지
③ 아크 안정   ④ 슬래그 제거를 쉽게 한다.
⑤ 탈산정련작용   ⑥ 합금원소 첨가
⑦ 용착효율을 높인다. ⑧ 용착금속의 냉각속도를 느리게 한다.

문제 28
용접의 특징에 대한 설명으로 옳은 것은?

① 복잡한 구조물 제작이 어렵다.
② 기밀, 수밀, 유밀성이 나쁘다.
③ 변형의 우려가 없어 시공이 용이하다.
④ 용접사의 기량에 따라 용접부의 품질이 좌우된다.

해설 용접의 특징 (이중제보수작용품)
① 이종금속재료도 용접이 가능 ② 중량이 가벼워진다.
③ 제품의 성능과 수명이 향상   ④ 재료의 두께에 제한이 없다.
⑤ 보수와 수리가 용이하다.   ⑥ 수밀, 기밀, 유밀성이 양호.
⑦ 작업공정이 단축된다.   ⑧ 용접사의 기량에 따라 용접부 품질 좌우
⑨ 품질검사가 곤란하다.

문제 29
가스 절단에서 팁(tip)의 백심 끝과 강판 사이의 간격으로 가장 적당한 것은?

① 0.1~0.3mm ② 0.4~1mm
③ 1.5~2mm   ④ 4~5mm

해설 가스 절단에서 팁의 백심 끝과 강판 사이의 간격 : 1.5~2mm

해답 26. ④ 27. ④ 28. ④ 29. ③

문제 30 스카핑 작업에서 냉간재의 스카핑 속도로 가장 적합한 것은?

① 1~3m/min ② 5~7m/min
③ 10~15m/min ④ 20~25m/min

해설 스카핑 작업에서 냉간재의 스카핑 속도 : 5~7m/min

문제 31 AW-300, 무부하 전압 80V, 아크 전압 20V인 교류 용접기를 사용할 때, 다음 중 역률과 효율을 올바르게 계산한 것은? (단, 내부손실을 4kW라 한다.)

① 역률 : 80.0%, 효율 : 20.6% ② 역률 : 20.6%, 효율 : 80.0%
③ 역률 : 60.0%, 효율 : 41.7% ④ 역률 : 41.7%, 효율 : 60.0%

해설 효율 $= \dfrac{\text{아크전력}}{\text{소비전력}} \times 100 = \dfrac{6\,\text{kW}}{10\,\text{kW}} \times 100 = 60\%$

아크전력 = 아크전압 × 정격2차전류 = 20 × 300 = 6,000 = 6kW
소비전력 = 아크전력 + 내부손실 = 6kW + 4kW = 10kW

역률 $= \dfrac{\text{소비전력}}{\text{전원입력}} \times 100 = \dfrac{10\,\text{kW}}{24\,\text{kW}} \times 100 = 41.66\,\text{kW}$

전원입력 = 무부하전압 × 정격2차전류 = 80 × 300 = 24,000 = 24kW

문제 32 가스 용접에서 후진법에 대한 설명으로 틀린 것은?

① 전진법에 비해 용접변형이 작고 용접속도가 빠르다.
② 전진법에 비해 두꺼운 판의 용접에 적합하다.
③ 전진법에 비해 열 이용률이 좋다.
④ 전진법에 비해 산화의 정도가 심하고 용착금속 조직이 거칠다.

해설 후진법의 특징 (두용용열홈비산)
① 두꺼운 판 용접에 적합 ② 용접속도가 빠르다.
③ 용접변형이 적다. ④ 열이용률이 높다.
⑤ 홈의 각도가 적다. ⑥ 비드 표면이 매끈하지 못하다.
⑦ 산화 정도가 심하다. ⑧ 용착금속의 조직이 거칠다.

문제 33 피복아크용접에 관한 사항으로 아래 그림의 ( )에 들어가야 할 용어는?

① 용락부
② 용융지
③ 용입부
④ 열영향부

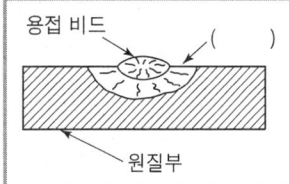

30. ② 31. ④ 32. ④ 33. ④

문제 34
용접봉에서 모재로 용융금속이 옮겨가는 이행형식이 아닌 것은?

① 단락형
② 글로뷸러형
③ 스프레이형
④ 철심형

해설 용접봉에서 모재로 옮겨가는 이행형식
① 스프레이형 : 미세한 용적이 스프레이와 같이 날려보내어 옮겨가서 용착
② 글로뷸러형 : 비교적 큰 용적이 단락되지 않고 모재로 옮겨가서 용착
③ 단락형 : 표면장력의 작용으로 모재로 옮겨가서 용착

문제 35
직류 아크용접에서 용접봉의 용융이 늦고, 모재의 용입이 깊어지는 극성은?

① 직류 정극성
② 직류 역극성
③ 용극성
④ 비용극성

해설 직류 정극성 (DCSP)
① 후판 용접에 적합
② 비드 폭이 좁다.
③ 용입이 깊다.
④ 용접봉의 용융속도가 느리다.
⑤ 모재(+) 70%열, 용접봉(-) 30%열

문제 36
아세틸렌 가스의 성질로 틀린 것은?

① 순수한 아세틸렌 가스는 무취무색이다.
② 금, 백금, 수은 등을 포함한 모든 원소와 화합 시 산화물을 만든다.
③ 각종 액체에 잘 용해되며, 물에는 1배, 알코올에는 6배 용해된다.
④ 산소와 적당히 혼합하여 연소시키면 높은 열을 발생한다.

해설 아세틸렌 가스의 성질
① 순수한 아세틸렌 가스는 무색, 무취이다.
② 각종 액체에 잘 용해되며, 아세톤에는 25배, 알코올 6배, 벤젠에 4배, 석유에는 2배가 용해된다.
③ 공기중의 비중은 0.906이다.
④ 자연발화온도는 406~408℃, 폭발온도 505~515℃
⑤ 산소와 적당히 혼합하여 연소시키면 높은 열을 발생한다.
⑥ 15℃ 1기압에서 아세틸렌 1l의 무게는 1.176g이다.
⑦ 융점이 -81℃, 비점이 -84℃로 비슷하고 고체 아세틸렌은 용해하지 않고 승화한다.
⑧ Cu, Ag, Hg 등의 금속과 화합 시 폭발성 물질인 아세틸라이드 생성.
⑨ 흡열 화합물이므로 압축하면 분해 폭발

해답

34. ④ 35. ① 36. ②

문제 37
아크 용접기에서 부하전류가 증가하여도 단자전압이 거의 일정하게 되는 특성은?

① 절연 특성
② 수하 특성
③ 정전압 특성
④ 보존 특성

해설 용접기 특성
① 정전압 특성 : 부하전류가 증가하여도 단자전압이 일정
② 정전류 특성 : 부하전압이 증가하여도 단자전류는 일정
③ 상승 특성 : 전류의 증가에 따라서 전압이 약간 높아지는 특성
④ 수하 특성 : 부하전류가 증가하면 단자전압이 낮아지는 특성

문제 38
피복제 중에 산화티탄을 약 35% 정도 포함하였고 슬래그의 박리성이 좋아 비드의 표면이 고우며 작업성이 우수한 특징을 지닌 연강용 피복 아크 용접봉은?

① E4301
② E4311
③ E4313
④ E4316

해설 E4313(고산화티탄계)
① 산화티탄을 약 35% 정도 포함
② 슬래그의 박리성이 좋음.
③ 비드의 표면이 고우며 박리성 우수

E4311(고셀룰로오스계)
① 비드 표면이 거칠고 스패터가 많은 것이 결점
② 셀룰로오스를 20~30% 포함한 용접봉
③ 좁은 홈의 용접 시 사용
④ 보관 시 습기가 흡수되기 쉬우므로 건조 필요

E4316(저수소계)
① 석회석, 형석이 주성분
② 기계적 성질, 내균열성 우수
③ 용착금속 중에 수소함유량이 다른 피복봉에 비해 $\frac{1}{10}$ 정도로 매우 낮음.
④ 300~350℃의 온도에서 1~2시간 건조

문제 39
상율(phase rule)과 무관한 인자는?

① 자유도
② 원소 종류
③ 상의 수
④ 성분 수

해설 상율 (phase rule)
① 상의 수 ② 성분 수 ③ 자유도

해답 37. ③ 38. ③ 39. ②

문제 40
공석 조성을 0.80%C라고 하면, 0.2%C 강의 상온에서의 초석페라이트와 펄라이트의 비는 약 몇 %인가?

① 초석 페라이트 75% : 펄라이트 25%
② 초석 페라이트 25% : 펄라이트 75%
③ 초석 페라이트 80% : 펄라이트 20%
④ 초석 페라이트 20% : 펄라이트 80%

해설 초석 페라이트 75% : 펄라이트 25%

문제 41
금속의 물리적 성질에서 자성에 관한 설명 중 틀린 것은?

① 연철(鍊鐵)은 잔류자기는 작으나 보자력이 크다.
② 영구자석재료는 쉽게 자기를 소실하지 않는 것이 좋다.
③ 금속을 자석에 접근시킬 때 금속에 자석의 극과 반대의 극이 생기는 금속을 상자성체라 한다.
④ 자기장의 강도가 증가하면 자화되는 강도도 증가하나 어느 정도 진행되면 포화점에 이르는 이 점을 퀴리점이라 한다.

해설 자성
① 자기장의 강도가 증가하면 자화되는 강도도 증가하나 어느 정도 진행되면 포화점에 이르는 이 점을 퀴리점이라 한다.
② 금속을 자석에 접근시킬 때 금속에 자석의 극과 반대의 극이 생기는 금속을 상자성체라 한다.
③ 영구자석 재료는 쉽게 자기를 소실하지 않는 것이 좋다.

문제 42
다음 중 탄소강의 표준 조직이 아닌 것은?

① 페라이트
② 펄라이트
③ 시멘타이트
④ 마텐자이트

해설 탄소강의 표준 조직
① 시멘타이트 ② 페라이트 ③ 펄라이트

문제 43
주요 성분이 Ni-Fe 합금인 불변강의 종류가 아닌 것은?

① 인바
② 모넬메탈
③ 엘린바
④ 플래티나이트

해답
40. ① 41. ① 42. ④ 43. ②

해설 **불변강의 종류** : 온도변화에도 불구하고 선팽창계수나 탄성계수가 변하지 않는 강
① 인바 : ㉠ Ni 36%＋C 0.2%＋Mn 0.4%의 합금
　　　　㉡ 용도 : 미터기준용 바이메탈, 줄자, 시계의 진자, 계측기 부품
② 초인바 : Ni 32%＋Co 4~6%의 합금
③ 엘린바 : ㉠ Ni 36%＋Cr 13%의 합금
　　　　　㉡ 용도 : 고급시계, 정밀저울의 스프링, 정밀기계의 재료
④ 코엘린바 : ㉠ Ni 10~16%＋Cr 10~11%＋Co 2.6~5.8%
　　　　　　㉡ 용도 : 스프링, 태엽, 기상관측용 기구의 부품
⑤ 플래티나이트 : ㉠ Ni 40~50%의 Ni-Fe합금
　　　　　　　　㉡ 용도 : 전구나 진공관의 도입선
⑥ 퍼멀로이 : ㉠ Ni 75~80%＋Co 0.5%＋C 0.5%
　　　　　　㉡ 큰 투자율을 가진다.
　　　　　　㉢ 용도 : 해저 전선의 장하 코일용

문제 44
탄소강 중에 함유된 규소의 일반적인 영향 중 틀린 것은?

① 경도의 상승　　　② 연신율의 감소
③ 용접성의 저하　　④ 충격값의 증가

해설 **규소의 일반적인 영향**
① 용접성 저하　　② 연신율의 감소
③ 경도의 상승　　④ 강의 고온 가공성을 좋게 한다.
⑤ 충격값 감소

문제 45
다음 중 이온화 경향이 가장 큰 것은?

① Cr　　　　　　② K
③ Sn　　　　　　④ H

해설 **이온화 경향이 큰 순서**
K 〉 Ca 〉 Na 〉 Mg 〉 Al 〉 Zn 〉 Fe 〉 Ni 〉 Sn 〉 Pb 〉 H 〉 Cu 〉 Hg 〉 Ag 〉 Pt 〉 Au

문제 46
실온까지 온도를 내려 다른 형상으로 변형시켰다가 다시 온도를 상승시키면 어느 일정한 온도 이상에서 원래의 형상으로 변화하는 합금은?

① 제진합금　　　　② 방진합금
③ 미정질합금　　　④ 형상기억합금

해설 **형상기억합금** : 실온까지 온도를 내려 다른 형상으로 변형시켰다가 다시 온도를 상승시키면 어느 일정한 온도 이상에서 원래의 형상으로 변화하는 합금

44. ④　45. ②　46. ④

문제 47
금속에 대한 설명으로 틀린 것은?

① 리튬(Li)은 물보다 가볍다.
② 고체 상태에서 결정구조를 가진다.
③ 텅스텐(W)은 이리듐(Ir)보다 비중이 크다.
④ 일반적으로 용융점이 높은 금속은 비중도 큰 편이다.

해설 이리듐 : 22.50
텅스텐 : 19.1

문제 48
고강도 Al 합금으로 조성이 Al-Cu-Mg-Mn인 합금은?

① 라우탈
② Y-합금
③ 두랄루민
④ 하이드로날륨

해설 라우탈 : Al+Cu+Si   Y합금 : Al+Cu+Mg+Ni
두랄루민 : Al+Cu+Mg+Mn   하이드로날륨 : Al+Mg

문제 49
7 : 3 황동에 1% 내외의 Sn을 첨가하여 열교환기, 증발기 등에 사용되는 합금은?

① 코슨 황동
② 네이벌 황동
③ 애드미럴티 황동
④ 에버듀어 메탈

해설 ① 에드미럴티 황동 : ㉠ 7 : 3 황동+Sn(1~2%)
　　　　　　　　　　㉡ 열교환기, 증발기, 탈아연 부식 억제
② 코슨합금 : Cu+Ni(3~4%)+규소(1%)
③ 네이벌황동 : ㉠ 6 : 4황동+Sn 1~2%
　　　　　　　㉡ 파이프 : 선박용 기계
④ 콘스탄탄 : ㉠ 구리 55%+니켈 45%
　　　　　　㉡ 통신기자재, 저항선, 전열선
⑤ 플래티나이트 : ㉠ Ni 40~50%+Fe
　　　　　　　　㉡ 진공관이나 전구의 도입선에 사용
⑥ 모넬메탈 : ㉠ Ni 65~70%+Fe(1~3%)
　　　　　　㉡ 터빈 날개, 펌프, 임펠러 등에 사용
⑦ 인코넬 : ㉠ Ni 70~80%+Cr 12~14%
　　　　　㉡ 열전쌍 보호관, 진공관 필라멘트
⑧ 톰백 : ㉠ Cu 80%+Zn 20%
　　　　㉡ 모조금, 판 및 선에 사용. 화폐, 메탈
⑨ 켈밋 : ㉠ Cu+Pb(30~40%)
　　　　㉡ 베어링에 사용
⑩ 문쯔메탈 : ㉠ Cu 60%+Zn 40%
　　　　　　㉡ 파이프, 선박용 기계
⑪ 쾌삭황동 : 황동+납(1.5~3%)

해답　47. ③　48. ④　49. ③

문제 50 구리에 5~20%Zn을 첨가한 황동으로, 강도는 낮으나 전연성이 좋고 색깔이 금색에 가까워, 모조금이나 판 및 선 등에 사용되는 것은?

① 톰백
② 켈밋
③ 포금
④ 문쯔메탈

해설 49번 문제 참조.

문제 51 열간 성형 리벳의 종류별 호칭길이(L)를 표시한 것 중 잘못 표시된 것은?

①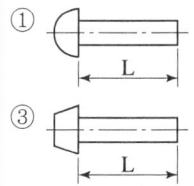
②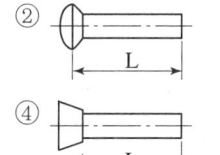
③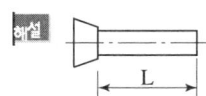
④

해설

문제 52 다음 중 배관용 탄소 강관의 재질기호는?

① SPA
② STK
③ SPP
④ STS

해설 **배관용 강관**
① SPP : 배관용 탄소 강관
② SPPS : 압력배관용 탄소 강관
③ SPPH : 고압배관용 탄소 강관
④ SPHT : 고온배관용 탄소 강관
⑤ SPLT : 저온배관용 탄소 강관

문제 53 그림과 같은 KS 용접 보조기호의 설명으로 옳은 것은?

① 필릿 용접부 토우를 매끄럽게 함.
② 필릿 용접 중앙부를 볼록하게 다듬질
③ 필릿 용접 끝단부에 영구적인 덮개 판을 사용
④ 필릿 용접 중앙부에 제거 가능한 덮개 판을 사용

해답 50. ① 51. ④ 52. ③ 53. ①

문제 54

그림과 같은 경 ㄷ 형강의 치수 기입 방법으로 옳은 것은? (단, L은 형강의 길이를 나타낸다.)

① ㄷ A×B×H×t - L
② ㄷ H×A×B×t - L
③ ㄷ B×A×H×t - L
④ ㄷ H×B×A×L - t

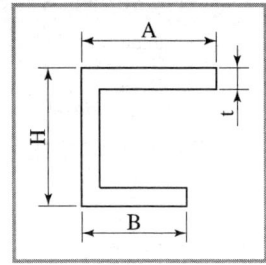

문제 55

도면에서 반드시 표제란에 기입해야 하는 항목으로 틀린 것은?

① 재질   ② 척도
③ 투상법   ④ 도명

해설 표제란에 기입할 사항 (투척소작도)
① 투상법 ② 척도 ③ 소속단체명 ④ 작성년월 ⑤ 도명 ⑥ 도번

문제 56

선의 종류와 명칭이 잘못된 것은?

① 가는 실선 – 해칭선   ② 굵은 실선 – 숨은선
③ 가는 2점 쇄선 – 가상선   ④ 가는 1점 쇄선 – 피치선

해설 **가는실선** : 파단선, 해칭선, 치수선, 치수보조선
가는일점쇄선 : 중심선, 절단선, 기준선, 피치선
가는이점쇄선 : 가상선
굵은실선 : 외형선

문제 57

그림과 같은 입체도에서 화살표 방향을 정면으로 할 때 평면도로 가장 적합한 것은?

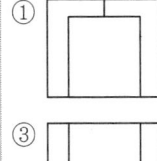
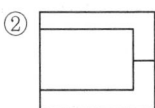
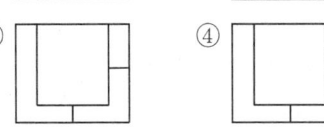
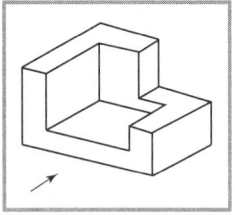

54. ② 55. ① 56. ② 57. ①

문제 58 도면의 밸브 표시방법에서 안전밸브에 해당하는 것은?

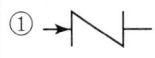

해설) 체크 밸브, 게이트 밸브, 안전밸브, 다이어프램 밸브, 감압밸브

문제 59 제1각법과 제3각법에 대한 설명 중 틀린 것은?

① 제3각법은 평면도를 정면도의 위에 그린다.
② 제1각법은 저면도를 정면도의 아래에 그린다.
③ 제3각법의 원리는 눈 → 투상면 → 물체의 순서가 된다.
④ 제1각법에서 우측면도는 정면도를 기준으로 본 위치와는 반대쪽인 좌측에 그려진다.

해설) 제1각법은 저면도를 정면도의 위에 그린다.

문제 60 일반적으로 치수선을 표시할 때, 치수선 양 끝에 치수가 끝나는 부분임을 나타내는 형상으로 사용하는 것이 아닌 것은?

 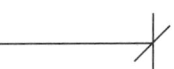

58. ③ 59. ② 60. ④

2025년 9월 CBT 시행

문제 01 초음파 탐상법의 종류에 속하지 않는 것은?

① 투과법　　　　　　　　② 펄스 반사법
③ 공진법　　　　　　　　④ 극간법

해설　초음파 탐상법의 종류
　　　① 투과법　② 공진법　③ 펄스 반사법

문제 02 CO_2 가스 아크 용접에서 기공의 발생 원인으로 틀린 것은?

① 노즐에 스패터가 부착되어 있다.
② 노즐과 모재 사이의 거리가 짧다.
③ 모재가 오염(기름, 녹, 페인트)되어 있다.
④ CO_2 가스의 유량이 부족하다.

해설　CO_2 가스 아크 용접 시 기공 발생 원인
　　　① 노즐과 모재 사이의 거리가 길다.
　　　② 노즐에 스패터가 부착되어 있다.
　　　③ CO_2 가스의 유량이 부족하다.
　　　④ 모재가 오염(페인트, 기름, 녹)되어 있다.

문제 03 연납과 경납을 구분하는 온도는?

① 550℃　　　　　　　　② 450℃
③ 350℃　　　　　　　　④ 250℃

해설　연납과 경납을 구분하는 온도 : 450℃

문제 04 전기저항용접 중 플래시 용접 과정의 3단계를 순서대로 바르게 나타낸 것은?

① 업셋 → 플래시 → 예열　　② 예열 → 업셋 → 플래시
③ 예열 → 플래시 → 업셋　　④ 플래시 → 업셋 → 예열

해설　전기저항용접 중 플래시 용접 과정의 3단계 : 예열 → 플래시 → 업셋

해답

01. ④　02. ②　03. ②　04. ③

문제 05

용접작업 중 지켜야 할 안전사항으로 틀린 것은?

① 보호 장구를 반드시 착용하고 작업한다.
② 훼손된 케이블은 사용 후에 보수한다.
③ 도장된 탱크 안에서의 용접은 충분히 환기시킨 후 작업한다.
④ 전격방지기가 설치된 용접기를 사용한다.

해설 훼손된 케이블은 사용 전에 보수한다.

문제 06

전격의 방지 대책으로 적합하지 않은 것은?

① 용접기의 내부는 수시로 열어서 점검하거나 청소한다.
② 홀더나 용접봉은 절대로 맨손으로 취급하지 않는다.
③ 절연 홀더의 절연부분이 파손되면 즉시 보수하거나 교체한다.
④ 땀, 물 등에 의해 습기찬 작업복, 장갑, 구두 등은 착용하지 않는다.

해설 용접기 내부는 6개월에 1회 정도 청소한다.

문제 07

용접 홈 이음 형태 중 U형은 루트 반지름을 가능한 한 크게 만드는데 그 이유로 가장 알맞은 것은?

① 큰 개선각도
② 많은 용착량
③ 충분한 용입
④ 큰 변형량

해설 용접 홈 이음 형태 중 U형은 루트 반지름을 가능한 한 크게 만드는 이유는 충분한 용입이 되게 하기 위해

문제 08

다음 중 용접 후 잔류응력완화법에 해당하지 않는 것은?

① 기계적 응력완화법
② 저온응력완화법
③ 피닝법
④ 화염경화법

해설 **용접 후 잔류응력완화법**
① 기계적 응력완화법 : 잔류응력이 있는 제품에 하중을 주어 용접부에 약간의 소성변형을 일으킨 다음, 하중을 제거하는 방법
② 저온응력완화법 : 용접선 양측을 가스 불꽃에 의하여 너비 약 150mm를 150~200℃ 정도의 비교적 낮은 온도로 가열한 다음 곧 수냉하는 방법
③ 피닝법 : 해머로서 용접부를 연속적으로 때려 용접 표면에 소성변형을 주는 방법
④ 국부풀림법
⑤ 노내풀림법

해답 05. ② 06. ① 07. ③ 08. ④

문제 09 용접 지그나 고정구의 선택 기준 설명 중 틀린 것은?

① 용접하고자 하는 물체의 크기를 튼튼하게 고정시킬 수 있는 크기와 강성이 있어야 한다.
② 용접응력을 최소화할 수 있도록 변형이 자유스럽게 일어날 수 있는 구조이어야 한다.
③ 피용접물의 고정과 분해가 쉬워야 한다.
④ 용접간극을 적당히 받쳐주는 구조이어야 한다.

해설 용접응력이 최소화할 수 있도록 변형이 일어나지 않는 구조이어야 한다.

문제 10 다음 중 CO_2 가스 아크 용접의 장점으로 틀린 것은?

① 용착 금속의 기계적 성질이 우수하다.
② 슬래그 혼입이 없고, 용접 후 처리가 간단하다.
③ 전류밀도가 높아 용입이 깊고, 용접속도가 빠르다.
④ 풍속 2m/s 이상의 바람에도 영향을 받지 않는다.

해설 CO_2 가스 아크 용접의 장점
① 아크시간을 길게 할 수 있다.
② 가시아크이므로 시공이 편리하다.
③ 용제를 사용하지 않아 슬래그 혼입이 없고, 용접 후의 처리가 간단하다.
④ 용착금속의 기계적 성질 및 금속학적 성질이 우수하다.
⑤ 용입이 깊고 용접속도가 빠르다.
⑥ 전류밀도가 높다.
⑦ 바람의 영향을 받으므로 2m/sec 이상이면 방풍장치 필요.
⑧ 적용재질이 Fe 계통으로 한정되어 있다.

문제 11 다음 중 용접 작업전 예열을 하는 목적으로 틀린 것은?

① 용접 작업성의 향상을 위하여
② 용접부의 수축변형 및 잔류응력을 경감시키기 위하여
③ 용접금속 및 열 영향부의 연성 또는 인성을 향상시키기 위하여
④ 고탄소강이나 합금강의 열 영향부 경도를 높게 하기 위하여

해설 용접 작업전 예열하는 목적
① 용접금속 및 열 영향부의 연성 또는 인성을 향상시키기 위해
② 용접부의 수축변형 및 잔류응력을 경감시키기 위해
③ 용접 작업성의 향상을 위해

해답 09. ② 10. ④ 11. ④

문제 12
다음 중 다층용접 시 적용하는 용착법이 아닌 것은?

① 빌트업법 ② 캐스케이드법
③ 스킵법   ④ 전진블록법

해설 다층용접 시 적용하는 용착법
① 빌드업법 : 용접전길이에 대해서 각 층을 연속하여 용접하는 방법. 능률은 좋지 않지만 한랭 시나 구속이 클 때, 판 두께가 두꺼울 때는 첫 층에 균열이 생길 우려가 있다.
② 캐스케이드법 : 한 부분에 대해 몇 층을 용접하다가 다음 부분의 층으로 연속시켜 용접하며 후진법과 병용하여 사용되며 결함은 잘 생기지 않으나 특수한 경우 이외에는 사용하지 않음.
③ 블록법 : 한 개의 용접봉을 살을 붙일 만한 길이로 구분해서 홈을 한 부분씩 여러 층으로 쌓아올린 다음 다른 부분으로 진행하는 방법. 짧은 용접길이로 표면까지 용착하는 방법이며, 첫 층에 균열이 발생하기 쉬울 때 사용.

문제 13
다음 중 용접자세 기호로 틀린 것은?

① F   ② V
③ H   ④ OS

해설 용접자세
① V : 수직   ② H : 수평
③ F : 아래보기   ④ O(OH) : 위보기

문제 14
피복아크 용접 시 지켜야 할 유의사항으로 적합하지 않은 것은?

① 작업 시 전류는 적정하게 조절하고 정리정돈을 잘하도록 한다.
② 작업을 시작하기 전에는 메인스위치를 작동시킨 후에 용접기 스위치를 작동시킨다.
③ 작업이 끝나면 항상 메인스위치를 먼저 끈 후에 용접기 스위치를 꺼야 한다.
④ 아크 발생 시 항상 안전에 신경을 쓰도록 한다.

해설 작업이 끝나면 용접스위치를 끈 후 메인스위치를 끈다.

문제 15
자동화 용접장치의 구성요소가 아닌 것은?

① 고주파 발생장치   ② 칼럼
③ 트랙   ④ 갠트리

해설 자동화 용접장치의 구성요소
① 칼럼 ② 갠트리 ③ 트랙

해답 12. ③ 13. ④ 14. ③ 15. ①

문제 16
주철 용접 시 주의사항으로 옳은 것은?

① 용접전류는 약간 높게 하고 운봉하여 곡선비드를 배치하며 용입을 깊게 한다.
② 가스 용접 시 중성불꽃 또는 산화불꽃을 사용하고 용제는 사용하지 않는다.
③ 냉각되어 있을 때 피닝작업을 하여 변형을 줄이는 것이 좋다.
④ 용접봉의 지름은 가는 것을 사용하고, 비드의 배치는 짧게 하는 것이 좋다.

해설 **주철 용접 시 주의사항** : 용접봉의 지름은 가는 것을 사용하고, 비드의 배치는 짧게 하는 것이 좋다.

문제 17
다음 중 테르밋 용접의 특징에 관한 설명으로 틀린 것은?

① 용접작업이 단순하다.
② 용접기구가 간단하고, 작업장소의 이동이 쉽다.
③ 용접시간이 길고, 용접 후 변형이 크다.
④ 전기가 필요 없다.

해설 **테르밋 용접의 특징**
① 용접작업이 단순하고 용접결과의 재현성이 높다.
② 전력이 불필요하다.
③ 용접작업 후의 변형이 적다.
④ 용접하는 시간이 비교적 짧다.
⑤ 용접기구가 간단하고 설비비가 싸다.
⑥ 작업장소의 이동이 가능하다.

참고 **점화촉진제** : 산화알루미늄, 알루미늄분말, 마그네슘분말, 과산화바륨
온도 : 2,800℃ 이상

문제 18
용접 진행 방향과 용착 방향이 서로 반대가 되는 방법으로 잔류응력은 다소 적게 발생하나 작업의 능률이 떨어지는 용착법은?

① 전진법   ② 후진법
③ 대칭법   ④ 스킵법

해설 **후진법** : 용접 진행 방향과 용착 방향이 서로 반대가 되는 방향으로 잔류응력은 다소 적게 발생하나 작업의 능률이 떨어지는 용착법
스킵법 : 이음전길이에 대해서 뛰어넘어서 용접하는 방법
1 4 2 5 3 →

해답 16. ④ 17. ③ 18. ②

문제 19

서브머지드 아크 용접의 특징으로 틀린 것은?

① 콘택트 팁에서 통전되므로 와이어 중에 저항열이 적게 발생되어 고전류 사용이 가능하다.
② 아크가 보이지 않으므로 용접부의 적부를 확인하기가 곤란하다.
③ 용접 길이가 짧을 때 능률적이며 수평 및 위보기 자세 용접에 주로 이용된다.
④ 일반적으로 비드 외관이 아름답다.

해설 서브머지드 아크 용접의 특징
① 유해광선이 적게 발생되어 작업환경이 깨끗하다.
② 비드 외관이 아름답다.
③ 기계적 성질이 우수하다.
④ 개선각을 크게 하여 용접패스수를 줄일 수 있다.
⑤ 패킹제 미사용 시 루트간격은 0.8mm 이하
⑥ 용입이 깊다.
⑦ 용융속도 및 용착속도가 빠르다.
⑧ 콘택트 팁에서 통전되므로 와이어 중에 저항열이 적게 발생되어 고전류 사용이 가능하다.
⑨ 장비의 가격이 고가이다.
⑩ 용접 적용자세에 제약을 받는다.(아래보기자세만 적용)
⑪ 용접 재료에 제약을 받는다.
⑫ 용접 진행상태의 양부를 육안 식별이 불가능하다.

문제 20

전기저항용접의 발열량을 구하는 공식으로 옳은 것은? (단, H : 발열량[cal], I : 전류[A], R : 저항[Ω], t : 시간[sec]이다.)

① $H = 0.24\,IRt$
② $H = 0.24\,IR^2t$
③ $H = 0.24\,I^2Rt$
④ $H = 0.24\,IRt^2$

해설 전기저항용접의 발열량 구하는 공식
$H = 0.24\,I^2Rt$

문제 21

비용극식, 비소모식 아크 용접에 속하는 것은?

① 피복아크 용접
② TIG 용접
③ 서브머지드 아크 용접
④ CO_2 용접

해설 비용극식, 비소모식 아크 용접 : TIG 용접
용극식 아크 용접 : 피복아크 용접, CO_2 용접, 서브머지드 아크 용접 등

19. ③ 20. ③ 21. ②

문제 22 TIG 용접에서 직류 역극성에 대한 설명이 아닌 것은?

① 용접기의 음극에 모재를 연결한다.
② 용접기의 양극에 토치를 연결한다.
③ 비드 폭이 좁고 용입이 깊다.
④ 산화 피막을 제거하는 청정작용이 있다.

해설

직류 정극성(DCSP)
① 후판 용접 적합
② 비드 폭이 좁다.
③ 용입이 깊다.
④ 용접봉의 용융속도가 느리다.
⑤ 모재(+)70%열, 용접봉(-)30%열

직류 역극성(DCRP)
① 비드 폭이 넓다.
② 용입이 얕다.
③ 용접봉의 용융속도가 빠르다.
④ 용접봉(+)70%열, 모재(-)30%열
⑤ 산화피막을 제거하는 청정작용이 있다.

문제 23 재료의 접합방법은 기계적 접합과 야금적 접합으로 분류하는데 야금적 접합에 속하지 않는 것은?

① 리벳
② 융접
③ 압접
④ 납땜

해설 야금적 접합법
① 융접 ② 압접 ③ 납땜

문제 24 다음 중 알루미늄을 가스 용접할 때 가장 적절한 용제는?

① 붕사
② 탄산나트륨
③ 염화나트륨
④ 중탄산나트륨

해설 용제
① 연강 : 사용하지 않음.
② 반경강 : 중탄산소다+탄산소다
③ 구리 : 붕사+염화리튬
④ 주철 : 중탄산소다+붕사+탄산소다
⑤ 알루미늄 : 염화칼륨+염화나트륨+염화리튬+플루오르화칼륨+황산칼륨

문제 25 다음 중 연강용 가스용접봉의 종류인 "GA43"에서 "43"이 의미하는 것은?

① 가스 용접봉
② 용착금속의 연신율 구분
③ 용착금속의 최소 인장강도 수준
④ 용착금속의 최대 인장강도 수준

해설 GA43 : 연간용 가스용접봉으로서 용착금속의 최소 인장강도

22. ③ 23. ① 24. ③ 25. ③

문제 26
일반적인 용접의 장점으로 옳은 것은?
① 재질 변형이 생긴다.
② 작업 공정이 단축된다.
③ 잔류 응력이 발생한다.
④ 품질검사가 곤란하다.

해설 용접의 장점
① 이종재료도 용접이 가능.
② 중량이 가벼워진다.
③ 제품의 성능과 수명 향상
④ 재료의 두께에 제한이 없다.
⑤ 보수와 수리가 용이하다.
⑥ 수밀, 기밀, 유밀성이 양호.
⑦ 작업 공정이 간단하다.

문제 27
아크 용접에서 아크쏠림 방지 대책으로 옳은 것은?
① 용접봉 끝을 아크쏠림 방향으로 기울인다.
② 접지점을 용접부에 가까이 한다.
③ 아크 길이를 길게 한다.
④ 직류용접 대신 교류용접을 사용한다.

해설 아크쏠림 방지 대책
① 후진법을 사용할 것.
② 직류용접 대신 교류용접을 할 것.
③ 아크 길이를 짧게 할 것.
④ 접지점을 용접부로부터 멀리 할 것.

문제 28
토치를 사용하여 용접 부분의 뒷면을 따내거나 U형, H형으로 용접 홈을 가공하는 것으로 일명 가스 파내기라고 부르는 가공법은?
① 산소창 절단
② 선삭
③ 가스 가우징
④ 천공

해설 **가스 가우징** : 용접부분의 뒷면을 따내거나 U형, H형으로 용접 홈을 가공하는 것
산소창 절단 : 두꺼운 판, 주강의 슬랙 덩어리, 암석의 천공 등의 절단에 이용.
산소아크 절단 : 중공(가운데가 빈) 피복 용접봉과 모재 사이에 아크를 발생시키고 중심에서 산소를 분출시키며 절단

문제 29
가스절단 시 예열불꽃이 약할 때 일어나는 현상으로 틀린 것은?
① 드래그가 증가한다.
② 절단면이 거칠어진다.
③ 역화를 일으키기 쉽다.
④ 절단속도가 느려지고, 절단이 중단되기 쉽다.

해답   26. ②   27. ④   28. ③   29. ②

해설 가스절단 시 예열불꽃이 약할 때 일어나는 현상
① 절단속도가 느려진다.
② 절단이 중단되기 쉽다.
③ 역화를 일으키기 쉽다.
④ 드래그가 증가한다.

문제 30 환원가스발생 작용을 하는 피복아크 용접봉의 피복제 성분은?
① 산화티탄
② 규산나트륨
③ 탄산칼륨
④ 당밀

해설 환원가스발생 작용을 하는 피복아크 용접봉의 피복제 성분 : 당밀

문제 31 용접작업을 하지 않을 때는 무부하 전압을 20~30V 이하로 유지하고 용접봉을 작업물에 접촉시키면 릴레이(relay) 작동에 의해 전압이 높아져 용접작업이 가능하게 하는 장치는?
① 아크 부스터
② 원격제어장치
③ 전격방지기
④ 용접봉 홀더

해설 **전격방지기** : 용접작업을 하지 않을 때는 무부하 전압을 20~30V 이하로 유지하고 용접봉을 작업물에 접촉시키면 릴레이 작동에 의해 전압이 높아져 용접작업이 가능하게 하는 장치.

문제 32 직류아크 용접기와 비교하여 교류아크 용접기에 대한 설명으로 가장 올바른 것은?
① 무부하 전압이 높고 감전의 위험이 많다.
② 구조가 복잡하고 극성변화가 가능하다.
③ 자기쏠림 방지가 불가능하다.
④ 아크 안정성이 우수하다.

해설

비교	교류	직류
아크 안정	불가능	가능
극성 변화	불가능	가능
무부하전압	70~80V	40~60V
구조	간단	복잡
고장	적다	많다
역률	떨어짐	우수
가격	저가	고가
판 이용	후판	박판

해답 30. ④ 31. ③ 32. ①

문제 33

피복 아크 용접에서 직류 역극성(DCRP) 용접의 특징으로 옳은 것은?

① 모재의 용입이 깊다.
② 비드 폭이 좁다.
③ 봉의 용융이 느리다.
④ 박판, 주철, 고탄소강의 용접 등에 쓰인다.

해설

직류 정극성(DCSP)	직류 역극성(DCRP)
후판 용접 적합 비드 폭이 좁다. 용입이 깊다. 용접봉의 용융속도가 느리다. 모재(+)70%열, 용접봉(-)30%열	비드 폭이 넓다. 용입이 얕다. 용접봉의 용융속도가 빠르다. 용접봉(+)70%열, 모재(-)30%열

문제 34

다음 중 아세틸렌가스의 관으로 사용할 경우 폭발성 화합물을 생성하게 되는 것은?

① 순구리관
② 스테인리스강관
③ 알루미늄합금관
④ 탄소강관

해설 아세틸렌가스의 관으로 사용할 경우 폭발성 화합물 생성
① $C_2H_2 + 2Cu \rightarrow Cu_2C_2 + H_2$
② $C_2H_2 + 2Hg \rightarrow Hg_2C_2 + H_2$
③ $C_2H_2 + 2Ag \rightarrow Ag_2C_2 + H_2$
구리, 은, 수은은 폭발성 물질인 아세틸라이드를 생성하기 때문에 사용 금지.

문제 35

가스용접 모재의 두께가 3.2mm일 때 가장 적당한 용접봉의 지름을 계산식으로 구하면 몇 mm인가?

① 1.6
② 2.0
③ 2.6
④ 3.2

해설 $D = \dfrac{t}{2} + 1 = \dfrac{3.2}{2} + 1 = 2.6\text{mm}$

문제 36

가스 용접에 사용되는 가연성 가스의 종류가 아닌 것은?

① 프로판 가스
② 수소 가스
③ 아세틸렌 가스
④ 산소

해답 33. ④ 34. ① 35. ③ 36. ④

해설 **가연성 가스** : 폭발하한이 10% 이하이거나 하한과 상한의 차가 20% 이상인 가스

               하한 상한
    ① C_2H_2(아세틸렌) : 2.5 ~ 81%
    ② CH_4(메탄) :   5 ~ 15%
    ③ C_3H_8(프로판) : 2.1 ~ 9.5%
    ④ C_4H_{10}(부탄) :   1.8 ~ 8.4%
    ⑤ H_2(수소) :   4 ~ 75%
    ⑥ C_2H_4(에틸렌) : 3.1 ~ 32% 등

조연성 가스 : ① 공기 ② 불소 ③ 염소 ④ 이산화질소 ⑤ 산소
불연성 가스 : ① 질소 ② 이산화탄소

문제 37 피복아크 용접기를 사용하여 아크 발생을 8분간 하고 2분간 쉬었다면, 용접기 사용률은 몇 %인가?
 ① 25   ② 40
 ③ 65   ④ 80

해설 용접기 사용률 = $\dfrac{\text{아크시간}}{\text{아크시간}+\text{휴식시간}} \times 100 = \dfrac{8}{8+2} \times 100 = 80\%$

문제 38 피복제 중에 산화티탄(TiO_2)을 약 35% 정도 포함한 용접봉으로서 아크는 안정되고 스패터는 적으나, 고온 균열(hot crack)을 일으키기 쉬운 결점이 있는 용접봉은?
 ① E 4301   ② E 4313
 ③ E 4311   ④ E 4316

해설 E 4313(고산화티탄계)
 ① 산화티탄을 약 35% 정도 포함.
 ② 아크가 안정됨.
 ③ 스패터가 적음.
 ④ 고온균열을 일으키는 결점이 있음.
 ⑤ 일반 경구조물 용접에 사용.

E 4311(고셀룰로오스계)
 ① 비드 표면이 거칠고 스패터가 많은 것이 결점.
 ② 셀룰로오스를 20~30% 정도 포함한 용접봉
 ③ 좁은 홈의 용접 가능
 ④ 보관 시 습기가 흡수되기 쉬우므로 건조 필요.

E 4316(저수소계)
 ① 주성분 : 석회석, 형석
 ② 내균열성 및 기계적 성질이 우수.
 ③ 건조온도와 건조시간은 300~350℃에서 1~2시간 건조.
 ④ 용착금속 중에 수소함유량이 다른 피복봉에 비해 $\dfrac{1}{10}$ 정도로 매우 낮음.

해답 37. ④ 38. ②

문제 39 알루미늄과 마그네슘의 합금으로 바닷물과 알칼리에 대한 내식성이 강하고 용접성이 매우 우수하여 주로 선박용 부품, 화학장치용 부품 등에 쓰이는 것은?

① 실루민
② 하이드로날륨
③ 알루미늄 청동
④ 애드미럴티 황동

해설 **하이드로날륨** : ① 알루미늄과 마그네슘의 합금
　　　　　　　　② 바닷물과 알칼리에 대한 내식성이 강함.
　　　　　　　　③ 용접성이 매우 우수.
　　　　　　　　④ 선박용 부품, 화학장치용 부품에 사용.
실루민 : 알루미늄과 규소의 합금
에드미럴티 : ① 7 : 3 황동에 주석이 1~2%
　　　　　　　② 증발기, 열교환기에 사용.

문제 40 열과 전기의 전도율이 가장 좋은 금속은?

① Cu
② Al
③ Ag
④ Au

해설 **전기 전도율**
Ag 〉 Cu 〉 Au 〉 Al 〉 Mg 〉 Zn 〉 Ni 〉 Fe 〉 Pb
은　구　금　알　마　아　니　철　납

문제 41 섬유 강화 금속 복합 재료의 기지 금속으로 가장 많이 사용되는 것으로 비중이 약 2.7인 것은?

① Na
② Fe
③ Al
④ Co

해설 **Al(알루미늄)** : 섬유강화금속 복합재료의 기지금속으로 가장 많이 사용. 비중은 2.7, 용융점 660℃이다.
Na(나트륨) : 비중 0.97
Fe(철) : 비중 7.87
K(칼륨) : 비중 0.86
Ca(칼슘) : 비중 1.55
Li(리튬) : 비중 0.53

문제 42 비파괴검사가 아닌 것은?

① 자기탐상시험
② 침투탐상시험
③ 샤르피충격시험
④ 초음파탐상시험

39. ② 40. ③ 41. ③ 42. ③

해설 **비파괴검사**
① RT(방사선검사)　② UT(초음파검사)
③ PT(침투탐상검사)　④ MT(자분탐상검사)
⑤ LT(누설검사)　⑥ ET(와류검사) : 맴돌이전류 이용 검사
⑦ VT(육안검사)

문제 43 주철의 유동성을 나쁘게 하는 원소는?
① Mn　② C
③ P　④ S

해설 주철의 유동성을 나쁘게 하는 원소 : S(황)

문제 44 다음 금속 중 용융 상태에서 응고할 때 팽창하는 것은?
① Sn　② Zn
③ Mo　④ Bi

해설 금속 중 용융 상태에서 팽창하는 것 : Bi(비스무트)

문제 45 강자성체 금속에 해당되는 것은?
① Bi, Sn, Au　② Fe, Pt, Mn
③ Ni, Fe, Co　④ Co, Sn, Cu

해설 강자성체 금속 : Fe(철), Ni(니켈), Co(코발트)

문제 46 강에서 상온 메짐(취성)의 원인이 되는 원소는?
① P　② S
③ Mn　④ Cu

해설 **P(인)** : 상온메짐(취성), 청열취성(200~300℃)
S(황) : 적열메짐(취성)
Mn(망간) : 적열취성 방지, 황의 해를 제거, 고온에서 결정립 성장 억제
Ni(니켈) : 인성 증가, 저온충격저항 증가, 질화 촉진, 주철의 흑연화 촉진
Ti(티탄) : 탄화물 생성 용이, 결정입자의 미세화
Si(규소) : 강의 고온 가공성을 좋게 한다.

문제 47 60%Cu - 40%Zn 황동으로 복수기용 판, 볼트, 너트 등에 사용되는 합금은?
① 톰백(Tombac)　② 길딩메탈(Gilding metal)
③ 문쯔메탈(Muntz metal)　④ 애드미럴티메탈(Admiralty metal)

해답　43. ④　44. ④　45. ③　46. ①　47. ③

해설 **문쯔메탈** : Cu(60%) + 아연(40%)
① 열교환기   ② 열교환기 단조품   ③ 탄피
④ 복수기용 판   ⑤ 볼트, 너트에 사용
켈밋 : ① Cu + Pb(30~40%)   ② 베어링에 사용
톰백 : ① Cu(80%) + Zn(20%)   ② 화폐, 메탈 등에 사용
델타메탈 : ① 6 : 4 황동 + Fe(1~2%)   ② 모조금, 판 및 선에 사용.
콘스탄탄 : ① 구리(55%) + 니켈(45%)   ② 통신기자재, 저항선, 전열선
모넬메탈 : ① Ni(65~70%) + Fe(1~3%)   ② 터빈 날개, 펌프 임펠러 등에 사용
인코넬 : ① Ni(70~80%) + Cr(12~14%) ② 열전쌍보호관, 진공관필라멘트

문제 48 구상흑연주철에서 그 바탕조직이 펄라이트이면서 구상흑연의 주위를 유리된 페라이트가 감싸고 있는 조직의 명칭은?

① 오스테나이트(austenite) 조직   ② 시멘타이트(cementite) 조직
③ 레데뷰라이트(ledeburite) 조직   ④ 불스 아이(bull's eye) 조직

해설 **불스 아이(bull's eye) 조직** : 구상흑연주철에서 그 바탕조직이 펄라이트이면서 구상흑연의 주위를 유리된 페라이트가 감싸고 있는 조직

문제 49 시편의 표점거리가 125mm, 늘어난 길이가 145mm이었다면 연신율은?

① 16%   ② 20%
③ 26%   ④ 30%

해설 연신율 = $\dfrac{\text{늘어난 길이} - \text{표점거리}}{\text{표점거리}} \times 100 = \dfrac{145 - 125}{125} \times 100 = 16\%$

문제 50 주변 온도가 변화하더라도 재료가 가지고 있는 열팽창계수나 탄성계수 등의 특정한 성질이 변하지 않는 강은?

① 쾌삭강   ② 불변강
③ 강인강   ④ 스테인리스강

해설 **불변강** : 주위온도가 변하더라도 재료가 가지고 있는 열팽창계수나 탄성계수 등의 특정한 성질이 변하지 않는 강
① 인바 ② 초인바 ③ 엘린바 ④ 코엘린바 ⑤ 플래티나이트 ⑥ 퍼멀로이

문제 51 그림과 같은 도시 기호가 나타내는 것은?

① 안전 밸브
② 전동 밸브
③ 스톱 밸브
④ 슬루스 밸브

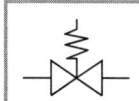

48. ④ 49. ① 50. ② 51. ①

해설
① 안전밸브 : 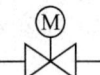 ② 스프링식 안전밸브 :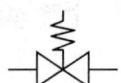

③ 전동밸브 :  ④ 슬로스 밸브(게이트 밸브) :

⑤ 앵글 밸브 :   ⑥ 버터플라이 밸브 :

⑦ 볼 밸브 :   ⑧ 솔레노이드 밸브 :

문제 52 도면에 물체를 표시하기 위한 투상에 관한 설명 중 잘못된 것은?

① 주 투상도는 대상물의 모양 및 기능을 가장 명확하게 표시하는 면을 그린다.
② 보다 명확한 설명을 위해 주 투상도를 보충하는 다른 투상도를 많이 나타낸다.
③ 특별한 이유가 없는 경우 대상물을 가로길이로 놓은 상태로 그린다.
④ 서로 관련되는 그림의 배치는 되도록 숨은선을 쓰지 않도록 한다.

해설 투상에 관한 설명
① 서로 관련되는 그림의 배치는 되도록 숨은선을 쓰지 않도록 한다.
② 특별한 이유가 없는 경우 대상물을 가로길이로 놓은 상태로 그린다.
③ 주투상도는 대상물의 모양 및 기능을 가장 명확하게 표시하는 면을 그린다.

문제 53 KS 기계재료 표시기호 SS 400의 400은 무엇을 나타내는가?

① 경도 ② 연신율
③ 탄소 함유량 ④ 최저 인장강도

해설 SS 400에서 400 : 최저 인장강도

문제 54 그림과 같은 입체도의 화살표 방향 투상도로 가장 적합한 것은?

① 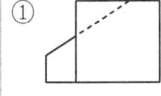 ②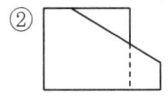

③ 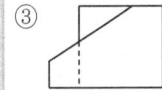 ④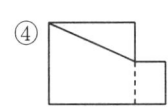

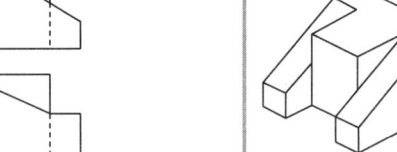

52. ② 53. ④ 54. ③

문제 55 치수 기입의 원칙에 관한 설명 중 틀린 것은?

① 치수는 필요에 따라, 기준으로 하는 점, 선, 또는 면을 기준으로 하여 기입한다.
② 대상물의 기능, 제작, 조립 등을 고려하여 필요하다고 생각되는 치수를 명료하게 도면에 지시한다.
③ 치수 입력에 대해서는 중복 기입을 피한다.
④ 모든 치수에는 단위를 기입해야 한다.

해설 치수 기입 원칙
① 치수 입력에 대해서는 중복 기입을 피한다.
② 대상물의 기능, 제작, 조립 등을 고려하여 필요하다고 생각되는 치수를 명확하게 도면에 지시한다.
③ 치수는 필요에 따라 기준으로 하는 점, 선 또는 면을 기준으로 하여 기입한다.

문제 56 그림과 같은 KS 용접기호의 해석으로 올바른 것은?

① 지름이 2mm이고 피치가 75mm인 플러그 용접이다.
② 폭이 2mm이고 길이가 75mm인 심 용접이다.
③ 용접 수는 2개이고, 피치가 75mm인 슬롯 용접이다.
④ 용접 수는 2개이고, 피치가 75mm인 스폿(점) 용접이다.

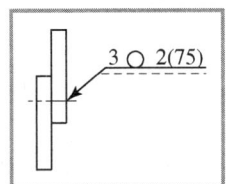

문제 57 그림과 같은 입체도를 3각법으로 올바르게 도시한 것은?

①
②

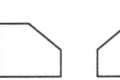

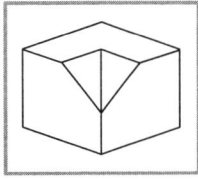

55. ④ 56. ④ 57. ③

문제 58 그림과 같이 기계 도면 작성 시 가공에 사용하는 공구 등의 모양을 나타낼 필요가 있을 때 사용하는 선으로 올바른 것은?

① 가는 실선
② 가는 1점 쇄선
③ 가는 2점 쇄선
④ 가는 파선

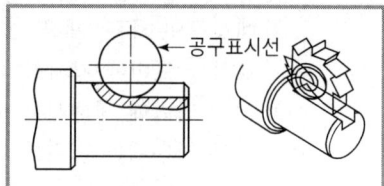
← 공구표시선

해설 가능 이점 쇄선 용도
① 공구위치 참고 표시 ② 인접부분 참고 표시 ③ 가공 전·후 표시

문제 59 도면의 척도 값 중 실제 형상을 확대하여 그리는 것은?

① 2 : 1
② 1 : $\sqrt{2}$
③ 1 : 1
④ 1 : 2

해설 실제 형상을 확대하여 그리는 것 : 2 : 1
실제 형상을 축소하여 그리는 것 : 1 : 2

문제 60 기호를 기입한 위치에서 먼 면에 카운터 싱크가 있으며, 공장에서 드릴 가공 및 현장에서 끼워맞춤을 나타내는 리벳의 기호 표시는?

① ② ③ ④

58. ③   59. ①   60. ②

피복아크용접기능사 필기

초판 발행　　2024년 1월 10일
개정2판 발행　2025년 1월 10일
개정3판 발행　2026년 1월 10일

지은이 · 최갑규
펴낸이 · 홍세진
펴낸곳 · 세진북스

우수회원인증	
닉네임	
신청일	

필히 **(파랑, 빨강)** 볼펜 사용. **화이트** 사용 금지

주소 · (우)10207 경기도 고양시 일산서구 산율길 56(구산동 145-
전화 · 031-924-3092
팩스 · 031-924-3093
홈페이지 · http://www.sejinbooks.kr

출판등록 · 제 315-2008-042호(2008.12.9)
ISBN · 979-11-5745-759-5 13580

값 · 20,000원

- 이 책의 출판권은 도서출판 세진북스가 가지고 있습니다.
- 이 책의 일부 또는 전체에 대한 무단 복제와 전재를 금합니다.

세진북스에는 당신과 나
그리고 우리의 미래가 있습니다.